江苏省高等学校重点教材
（编号：2021-1-099）

辐射环境
监测与评价

杨 毅 王 鹏 龚春慧 ｜编著
符晶晶 林 炬

U0295122

RADIATION ENVIRONMENTS
MONITORING & EVALUATION

上海交通大学出版社
SHANGHAI JIAO TONG UNIVERSITY PRESS

内容提要

目前,我国核电建设和核技术应用迅速发展,对环境的辐射监测需求日益增加。在此背景下,本书通过广泛收集整理我国辐射环境监测相关国家标准和管理规范及国内外相关研究成果,结合编者的教学和科研实践编写而成。全书共分 6 章,主要包括辐射环境监测的基本原则、辐射源监测与辐射应急监测、辐射环境监测仪器、典型环境体系(空气、水、土壤、食品和生物样品、建筑材料)放射性核素测定、环境辐射剂量的估算,以及常见核技术利用项目环境影响评价。

本书可作为高等院校辐射防护与核安全、核科学与核技术等专业的教学用书,也可作为环境工程相关专业的教材。同时,该书还可作为核与辐射相关专业研究生和教师的工具书,以及从事核与辐射环境评价和核安全评价工作的相关工程技术人员的培训和参考用书。

图书在版编目(CIP)数据

辐射环境监测与评价/杨毅等编著.—上海:上海交通大学出版社,2023.12
ISBN 978-7-313-29672-6

Ⅰ.①辐… Ⅱ.①杨… Ⅲ.①辐射监测 Ⅳ.
①X837

中国国家版本馆 CIP 数据核字(2023)第 203454 号

辐射环境监测与评价
FUSHE HUANJING JIANCE YU PINGJIA

编　著：杨　毅　王　鹏　龚春慧　符晶晶　林　炬
出版发行：上海交通大学出版社　　　　　　　　地　　址：上海市番禺路 951 号
邮政编码：200030　　　　　　　　　　　　　　电　　话：021-64071208
印　　制：上海新华印刷有限公司　　　　　　　经　　销：全国新华书店
开　　本：787mm×1092mm　1/16　　　　　　　印　　张：24.75
字　　数：557 千字
版　　次：2023 年 12 月第 1 版　　　　　　　　印　　次：2023 年 12 月第 1 次印刷
书　　号：ISBN 978-7-313-29672-6
定　　价：98.00 元

版权所有　侵权必究
告读者：如发现本书有印装质量问题请与印刷厂质量科联系
联系电话：021-56324200

前　言

近年来,我国核电建设飞速发展。截至 2023 年 7 月,我国大陆地区现有运行和在建核电机组 77 台,居世界第二位。其中,已经商运的核电机组 55 台,额定装机容量达 56 785.74 MWe。根据《"十四五"现代能源体系规划》,预计到 2025 年,我国核电运行装机容量达到 7 000 万千瓦,在建核电装机预计约 5 000 万千瓦。事实上,随着我国大力发展核电以及西方发达国家大量核电站面临退役,对核电站和退役核设施环境辐射监测的需求将更大。同时,我国核科学与核技术在全工业产业体系、医疗卫生、科研教育等领域的广泛应用,对电离辐射环境监测提出了新的要求。此外,随着我国国民生活水平和知识水平的提高,国民对生活环境中核辐射的关注度越来越高,从而对辐射环境的质量及其评价体系和评价指标的要求也越来越严格。因此,加强和完善电离辐射环境监测与评价,已成为国家和相关部门及核设施企业工作的重要部分。

本书第一章讲述辐射环境监测基本原则,主要介绍了辐射环境的监测目的、监测内容、监测基本方法、辐射环境质量监测、工作场所电离辐射监测和放射源豁免等。第二章讲述辐射源监测与辐射应急监测,主要包括辐射(污染)源监测基本原则、核设施等辐射源环境监测、核设施流出物辐射环境监测与评价,以及核事故与辐射事故环境应急监测。第三章主要介绍了辐射环境监测仪器,包括通用放射性测量仪器和几种典型场合的测量仪器,如表面沾污测量仪、空气剂量率监测仪、放射性气溶胶测量仪、液体放射性测量仪和放射性气体测量仪。第四章主要介绍了空气、水体、土壤、食品和生物样品,以及建筑材料等典型环境体系中放射性核素的测定方法与限值规定。第五章讲述环境辐射剂量估算,主要介绍了电离辐射对机体的生物效应、辐射剂量学量和外照射与内照射剂量计算方法。第六章讲述常见核技术利用项目环境影响评价,主要介绍了医用直线加速器项目、后装治疗机项目、核医学项目、DSA 项目和射线探伤项目的环境影响评价。

在编写中,王鹏主要完成了第二章部分内容的编写和第三章的编写,龚春慧主要完成了第五章的编写和全书部分章节的修订,符晶晶主要完成了第六章和第五章部分内容的编写与完善,林炬重点对第六章内容进行了完善和全书的统稿,陈军参与了第一章部分内容的编写,杨毅完成了其他章节的编写和全书的统稿与审定。

在本书的编写过程中,笔者团队得到了南京理工大学泰州科技学院环境与制药工程学院的支持,感谢陈建、王华、詹长娟等老师的倾力相助。感谢江苏省核与辐射安全监督管理中心朱晓翔、周程、韦正等专家的支持和肯定。感谢谭伟洋、陈怡婷等同学在部分章节的数据处理和文字编写上所做的贡献。

由于编者的能力和水平有限,书中存在的不足之处恳请读者批评指正!

编 者

2023 年 10 月

目　录

第一章 辐射环境监测基本原则

辐射环境监测最早出现于第二次世界大战期间,美国为了研制原子弹,在汉福特建造了生产钚的反应堆,并用哥伦比亚河的水来冷却反应堆部件,开始有流出物进入环境,由此引起了人们对辐射环境影响的关注。从此,开始了辐射环境监测的历史。

后来,随着核试验的开展,原子弹爆炸、温茨开尔和三里岛核事故的发生,又进一步把辐射环境监测的深度和广度推进了一步。1986 年的切尔诺贝利核事故和 2012 年日本福岛核事故则把快速报警和自动监测网络技术的重要性提到新的高度。近年来,随着核技术利用和核能的快速发展,公众的环境参与意识得到极大提高,给环境监测提出了新的内容和要求,而且更使环境监测的重要性突破了纯技术的范畴,改善公众关系、提高公众信任度也成为环境监测的重要任务之一。

辐射环境主要指在实施核与辐射生产活动界外的周边环境,也包括涉及核辐射或存在核辐射的自然环境。辐射环境监测是指对操作放射性物质的设施周界之外的辐射和放射性水平所进行的与该设施运行有关的测量,辐射环境监测的对象是环境介质和生物。在本书中,所有未特别指明的辐射,均是指电离辐射或核辐射。

第一节 辐射环境监测概述

一、常见名词术语

(一)源项单位

从事伴有核辐射或放射性物质向环境中释放,并且其辐射源的活度或放射性物质的操作量大于《电离辐射防护与辐射源安全基本标准》(GB 18871—2002)规定的豁免限值的单位。

(二)核设施

从铀钍矿开采、冶炼,核燃料元件制造,核能利用到核燃料后处理和放射性废物处置等所有必须考虑核安全和(或)辐射安全的核工程设施及高能加速器(如图 1.1),都称为核设施。核设施也包括需要考虑安全问题的规模生产、加工、利用、操作、贮存或处安放射性物质的设施[包括其场地、建(构)筑物和设备],诸如铀加工、富集设施、核燃料制造厂、核反应堆(包括临界及次临界装置)、核动力厂、乏燃料贮存设施和核燃料后处理厂等。

图 1.1　高能加速器局部图

(三) 射线装置与同位素应用

与核设施不同,所有装有粒子加速器、X 射线机以及大型放射源并能产生高强度辐射场的构筑物或设施,统称为射线装置。

利用放射性同位素和(或)辐射源进行科研、生产、医学检查、治疗,以及辐照、示踪等实践活动的,称为同位素应用。

(四) 电离辐射与天然辐射源

电离辐射指能够通过初级过程或次级过程引起电离事件的带电粒子和(或)不带电粒子。在电离辐射防护领域中,电离辐射也简称为辐射。

天然存在的电离辐射源所产生的辐射称为天然本底辐射,来源于三个方面:宇宙辐射、宇宙放射性核素、地球原生放射性核素。

(五) 核设施的退役与核事故

辐射源或相关设施使用寿期终了时,或因计划改变、发生事故等原因而将设施提前关闭时,为使其退出服役,在充分考虑保护工作人员和公众的健康与安全,以及保护环境的前提下所进行的各种活动称为核设施退役。退役的最终目标是厂址的无限制释放或利用,完成这一过程一般需要数年、数十年或更长的时间。

核事故是指从防护和安全的观点看,其后果或潜在后果包含不容忽视的任何意外事件或事件序列,包括人为错误、设备失效或其他损坏。这类事件很有可能对外界环境造成不良后果(主要指放射性物质失去控制地向环境释放),并可能危及公众的健康。

(六) 伴生放射性矿物的开采与利用

伴生放射性矿物的矿山是指放射性核素在与被开采的其他矿物共生时,其数量或品位按审管部门的规定应采取辐射防护措施的矿山。放射性物质不是开采的对象,但其与所开采的矿石一起被开采与利用。

(七) 环境本底调查、常规环境监测与监督性环境监测

源项单位在运行前对其周围环境中已存在的辐射水平、环境介质中放射性核素的含量,以及为评价公众辐射剂量所需的环境参数、社会状况等所进行的调查,称为环境本底调查。

常规环境监测是指源项单位在正常运行期间,对其周围环境中的辐射水平以及环境介质中放射性核素的含量所进行的定期测量。

监督性环境监测是指针对各核设施及放射性同位素应用单位对环境造成的影响,生态环境监督管理部门基于管理目的而对所造成的影响进行的定期或不定期测量。

(八) 质量保证与质量控制

质量保证是为使监测结果足够可信,在整个监测过程中所进行的全部有计划有系统的活动。质量控制是为实现质量保证所采取的各种措施。

(九) 准确度与精密度

准确度表示一次监测结果的数值或一组监测结果的平均值,与对应的正确值之间差别程度的量。精密度是指在数据处理中,用来表示一组数据相对于它们平均值偏离程度的量。

二、环境放射性来源

人类受天然辐射源照射是一种持续性不可避免的现象,由于核技术的发展,20 世纪初开始,又增加了人工辐射照射。在联合国原子辐射效应科学委员会(United Nations Scientific Committee on the Effects of Atomic Radiation,UNSCEAR)的 2000 年度报告中,列出了人类所受天然和人工辐射照射状况。

表 1.1 和图 1.2 分别示出了人类所受天然和人工辐射照射状况,以及环境放射性照射途径情况。

表 1.1　人类所受天然和人工辐射照射状况

辐 射 源	世界范围个人年均有效剂量/mSv	照射的范围和趋势
天然本底	2.4	典型范围为 1~10 mSv,这与具体地点的环境有关,也有相当多的人口所受剂量达 10~20 mSv
医学检查	0.4	范围在约 0.04 mSv(最低健康医疗水平)和 10 mSv(最高健康医疗水平)之间
大气核试验	5×10^{-3}	已从 1963 年最大的 0.15 mSv 逐渐降低,北半球相对较高,南半球相对较低
切尔诺贝利事故	2×10^{-3}	已从 1986 年最大的 0.04 mSv(北半球的平均值)逐渐降低,事故现场附近较高
核能生产	2×10^{-4}	随着核能计划的发展而增加,但又随着技术的完善而降低

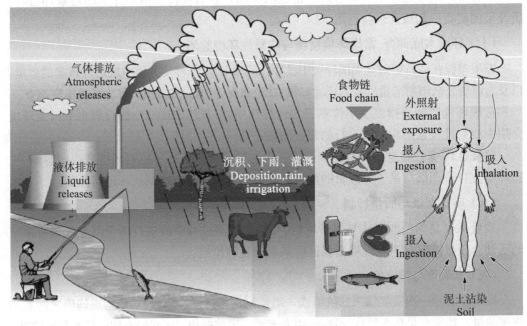

气体排放
Atmospheric releases

液体排放
Liquid releases

沉积、下雨、灌溉
Deposition, rain, irrigation

食物链
Food chain

外照射
External exposure

摄入
Ingestion

吸入
Inhalation

摄入
Ingestion

泥土沾染
Soil

图 1.2　环境放射性照射途径

(一) 天然环境放射性

环境中放射性背景情况对环境放射性监测至关重要。环境放射性监测是在较高的放射性背景情况之下去探查一个小的附加增量,环境中较高的放射性背景值主要来源于天然放射性。从事环境放射性监测的人员需要了解对监测有重大影响的天然放射性的状况。

天然放射性射线按其来源可分为两部分:陆生射线和宇生射线(含宇宙射线)。陆生射线主要是指地球上生来就有的射线,来源于地球上的放射性物质所产生的射线;宇宙射线主要来自外层空间和太阳表面;宇生射线就是宇宙射线与大气层相互作用所产生的射线。宇宙射线和宇生射线所产生的辐射统称为宇宙辐射。

地球形成至今约有 46 亿年,经历这么长时间的衰变,目前仍然存在于地球上的放射性物质都是一些长寿命放射性核素及其衰变子体。陆生放射性主要来自于 Th-232 系、U-238 系和 U-235 系的衰变。此外,还有一些半衰期长的单个放射性核素,如 K-40、Rb-87、La-138、Sm-147 和 Lu-176 等。陆地辐射主要来自存在于地壳、建材、空气、水、食物和人体中的天然放射性核素,包括 Th-232 系、U-238 系和 K-40。

宇生放射性包括两部分:来自外层空间的宇宙射线,以及宇宙射线与大气层相互作用产生的次级射线;宇宙射线与大气层相互作用产生的放射性核素。宇宙射线主要来自太阳系,一部分高能宇宙射线可能来自太阳系之外更远的宇宙空间。宇宙射线经与大气层相互作用,不仅强度发生变化,能谱也发生变化。在人类生活的地球表面,很难见到高能宇宙射线,近地表的宇宙射线主要是其低能部分。宇宙射线强度随海拔高度的增加而增加，在海拔一万米以上的高度上，宇宙射线对飞机机组人员及乘客产生的剂量率比海平面高度宇宙射线的贡献可大 100 倍。宇生放射性核素主要包括 H-3、Be-7、C-14 和 Na-22，其年有效剂量（估算）分别为 12 μSv、0.15 μSv、0.01 μSv 和 0.03 μSv。

天然放射性一般不属于辐射环境监测的范围，但是出于以下几种原因，它们同样受到很大的关注。

（1）天然放射性无所不在，常常构成对人工放射性监测的一种干扰因素或本底读数，要区分人类活动对环境辐射水平的影响，必须以天然辐射本底为基准。因此，为了环境监测和环境评价工作的需要，也必须弄清该地区天然辐射的情况（本底调查）。

（2）天然放射性产生对人类照射的最大部分，因此当需要估算人类所受到的总照射时，要把天然照射也考虑在内。

（3）在少数场合，由于人类活动所引起的工作场所或居住环境中的天然放射性水平的升高也可能被辐射安全审管部门宣布划入应该管理和监测的范围（如航空、非铀矿），或者需要采取补救措施进行干预。

总之，在讨论辐射环境监测问题以前，了解天然环境中放射性的情况以及它们对环境监测工作的可能影响是十分必要的。

（二）人工环境放射性

了解天然放射性的来源与水平，既是环境放射性监测所需的基础知识，也是评价伴生天然放射性矿物资源开发利用项目的必备知识。了解人工放射性的来源与水平同样是必要的。许多核与辐射设施在运行期间放出的人工放射性核素的水平很低，对人工放射性核素的监测常常是在低水平上对辐射强度接近的量进行区分。以往人为活动产生的人工放射性核素的残留物对环境放射性监测同样产生影响。因此，从事环境放射性监测的人员不仅需要了解天然放射性的来源与水平，同时还需要知晓人工放射性的来源与水平。

人工放射性核素的来源途径包括：核武器生产和试验、核能生产、核技术利用等。

全世界公开报道的核试验总计两千多次，其中各主要国家核试验次数（括号内为最近一次核试验年份）：美国 1032 次（1992 年）、苏联 715 次（1990 年）、法国 210 次（1996 年）、英国 45 次（1991 年）、中国 45 次（1996 年）、印度 6 次（1998 年）、巴基斯坦 6 次（1998 年）、朝鲜 6 次（2017 年）。

大气层核试验产生的人工放射性核素，对公众影响的高峰在 1963 年。现在由于核试验落下灰沉降率已接近于零，仍在环境中残留的主要是 Sr 和 Cs。虽然，大气层核试验对环境和公众的影响很小，但是作为环境监测，特别是针对那些会产生人工放射性核素设施的本底调查，测定出拟评价核与辐射设施附近土壤、环境介质中残余的 Sr 和 Cs 等的放射性核素仍是有必要的。

地下核试验的爆炸当量一般较大气层核试验小。采取地下核试验的一个目的是希望利用土壤岩石等将核裂变产物包容起来，因此地下核试验较大气层核试验对环境的辐射影响要小，仅有裂变气体在核试验后排出和扩散，使核试验场附近局部公众受到一些附加辐射照射。但如果地下核试验出现冒顶，会有较多的裂变产物进入环境。通常，地下核试验后总会有 H-3 和 Kr-85 进入环境。

核武器除了在试验时产生环境污染之外，在核武器的生产制造环节，也有放射性流出物进入环境。核武器的生产环节包括铀浓集、钚生产、氚生产、武器加工制造等。在过去几十年中，美国和苏联为研究生产核武器产生了大量的放射性废物，并且也出现过严重的放射性污染事故。例如，在 1957 年 9 月 29 日，苏联车里雅宾斯克的一个贮存放射性废液的贮存罐由于冷却系统故障导致了化学爆炸，有接近 7.4×10^{16} Bq 的放射性物质释放到了环境中。其中主要核素是 Ce-144，Zr-95，Sr-90 和 Cs-137 等，放射性污染的区域面积达 23 000 km²。我国在核武器生产过程中也形成了一套研发体系。现在许多当年为研发核武器修建的设施在退役或准备退役。此外，也产生了一定数量的放射性废物，其中一些高、中放射性废液还没有完全处理，仍然是环境放射性污染的潜在因素。

三、辐射环境监测分类

辐射环境监测是对环境 γ 辐射水平及中子剂量当量率进行监测。

针对核与辐射设施的运行时间顺序，环境监测可分为：核与辐射设施运行前本底调查；核与辐射设施运行期间的监测；核与辐射设施退役终态监测。

特别地，对于含Ⅰ、Ⅱ类密封源的设施，其辐射环境监测按时间顺序包括：①运行前监测，在装源前进行辐射环境监测，应对工作场所、邻近房间和室外环境的 γ 辐射水平和分布情况进行全面监测，运行前监测的范围是以放射源安装位置为中心，半径 30～300 m，监测对象包括环境 γ 辐射水平及中子剂量当量率，监测布点主要位于放射源安装位置四周室内外，监测任务是提供运行前环境辐射水平本底资料，尽可能获得关键途径和关键居民组的资料，为制定针对性监测计划服务，为运行时监测所需的监测方法和程序提供参考，监测时间为装源前；②运行中监测，按使用前环境辐射水平调查方案进行监测，主要监测任务是获得评价关键组平均剂量的相关资料，对于关键途径产生的照射进行常规监测，评价剂量大小，并随时监测 γ 辐射场的变化以判断源是否处于安全贮存位置或照射位置；③退役监测，对退役过程中及退役后的环境监测可参照运行期间的环境监测，再增加工作场所监测和设备的污染水平监测。

辐射环境监测按监测对象一般可分为：针对较大区域内的一般环境质量监测；针对特定核与辐射设施的监测。

辐射环境监测按监测的属性可分为：按计划开展的常规监测；应对突发情况的应急监测。

针对核与辐射设施监测的实施主体，环境监测可分为：由企业组织的监测；由政府组织的监督性监测。

四、辐射环境监测目的

1. 辐射环境监测的目的

辐射环境监测的目的在于检验核设施运行对周围环境中造成的辐射和放射性水平是

否符合国家和地方的有关规定,并对人为的核活动所引起的环境辐射的长期变化趋势进行监测,其中也包括对由人为活动所造成的天然放射性核素的重新分布所引起的环境辐射水平的变化进行监测。

环境监测具体的目的和意义主要有以下几个方面:

(1)评价设施运行时释放到环境中的放射性物质或辐射对人产生的实际的或潜在的照射水平,或估计这种照射的上限,并监测和评价其长期趋势,发现问题及时改进。

(2)收集设施运行状态与污染物进入环境的历程,产生的环境辐射水平等因素之间的相关性资料,注意发现尚未注意到的照射途径和释放方式,或其他释放源带来的影响。

(3)方便异常释放或发生事故时作出迅速响应,通过监测为评价事故后果和应急决策提供依据。

(4)证明向环境的释放符合相应规程的要求,向公众提供相关信息,改善与公众的关系。

2. 辐射环境监测的作用

辐射环境监测是辐射环境管理的重要手段,辐射环境监测的主要作用包括:①验证核与辐射设施对环境的实际影响是否处在可控制的范围之内;②发现核与辐射设施的异常排放;③发生严重事故时可以判定污染的范围和水平;④改善与公众的关系。

3. 辐射环境监测的特点

在核与辐射环境监测工作中,监测具有一定的特点:①环境中辐射及放射性核素种类繁多,开展辐射环境监测时它们有时彼此相互干扰;②环境介质复杂,对不同的环境介质需采用不同的监测(取样)方法;③辐射环境监测往往是在很高的环境背景值下探查一个附加的小增量,辐射环境监测受环境放射性背景值及其他环境因素的影响较大,只有在良好的质量保证条件下才能取得准确的监测结果。

五、环境核辐射监测内容

(一) 一般环境辐射监测内容

在日常工作中,辐射环境监测网络最主要的内容是开展全国辐射环境质量监测、重点核与辐射设施监督性监测、核与辐射事故预警监测和应急监测,以便掌握污染源现状,了解环境质量现状及其变化趋势,分析潜在的辐射环境危险。

辐射环境监测的方式有连续测量和定期测量,除了环境 γ 辐射水平外,其他环境样品主要测量一些与核设施运行有关的关键核素,如 $H-3$, $C-14$, $Sr-90$, $Cs-137$ 等。辐射环境监测内容或采样样品包括:

(1)环境 γ 辐射,是对连续 γ 辐射空气吸收剂量率的测量,通过固定的监测站自动测量。

(2)空气,在大气环境中采集空气样品以及气溶胶、沉降物、降水等。

(3)水,包括地表水、地下水、饮用水和海水等。

(4)水生生物,包括鱼、虾类、螺蛳类、牡蛎、海蜇等。

（5）陆生生物,主要以采集食物链上的食品为样品,如大米、蔬菜、鲜奶、肉类等,采样时会参考当地的膳食结构来选取。

（6）土壤及岸边沉积物等。

截至 2022 年,我国有辐射环境质量监测国控点 1501 个,基本覆盖了中国大陆主要地级及以上城市、主要江河湖泊、重要的国际河流(界河)和近海海域等。

（二）特殊环境辐射监测内容

特别地,对于核与辐射设施运行期间的辐射环境监测内容,依据核与辐射设施的性质、规模及可能环境影响范围不同而不同。

对于核动力厂,辐射环境监测内容包括:γ 辐射剂量率和环境介质中的放射性核素(特别是可能的关键核素)含量。①对于 γ 辐射剂量率的测量,要在核电范围布设若干个监测点实施同步、连续监测。γ 辐射剂量率监测点一般布设在距核动力厂几公里的范围内。γ 辐射剂量率仪应足够灵敏,能够反映出天然本底的水平和涨落变化。②对于环境介质中的放射性核素的测量而言,环境介质包括大气、水、土壤、水生生物、陆生生物等,需要测量的放射性核素包括 I-131、H-3、C-14、Cs-137、Sr-90、Co-60、Ag-110 等。

对于铀矿冶和核燃料加工设施,主要包含的放射性核素是铀。因此对于环境介质中的放射性核素的测量主要针对铀及其衰变产物。对于铀矿冶来说,氡的测量是不可缺少的。

对于核技术利用项目,依据使用的放射性核素是密封源还是开放源(开放式操作),辐射环境监测的内容有所不同。使用密封源时重点监测贯穿辐射;开放式操作放射性核素时,主要对环境介质中的放射性核素进行测量。

对于伴生天然放射性矿物资源开发利用项目,辐射环境监测内容依据实际可能伴生的天然放射性种类来确定。

六、环境核辐射监测机构和职责

我国的辐射环境监测工作起步于 20 世纪 80 年代,经过近三十多年的发展,已基本建成了由国家、省级、部分地市级组成的三级监测机构,建立了具有相当水平和能力的应急监测队伍。全国辐射环境监测网络是以生态环境部(国家核安全局)为中心,以各省辐射环境监测机构为主体,涵盖部分地市级辐射监测机构的监测网络。

一切源项单位都必须设立或聘用环境核辐射监测机构来执行环境核辐射监测。核设施必须设立独立的环境核辐射监测机构,其他伴有核辐射的单位可以聘用有资格的单位代行环境核辐射监测。

源项单位的核辐射监测机构的规模依据其向环境排放放射性核素的性质、活度、总量、排放方式以及潜在危险而定。源项单位的环境核辐射监测机构负责本单位的环境核辐射监测,包括运行前的环境本底调查,运行期间的常规监测,以及事故时的应急监测;评价正常运行及事故排放时的环境污染水平;调查污染变化趋势,追踪测量异常排放时放射性核素的转移途径;并按规定定期向有关生态环境监督管理部门和主管部门报告环境核辐射监测结果(发生环境污染事故时要随时报告)。

各省、自治区、直辖市的生态环境监督管理部门要设立环境核辐射监测机构。生态环境监督管理部门的环境核辐射监测机构的规模依据所辖地区当前及预计发展的伴有核辐射实践的规模而定。生态环境监督管理部门的环境核辐射监测机构负责对本地区的各源项单位实施监督性环境监测;对所辖地区的环境核辐射水平和环境介质中放射性核素含量实施调查、评价和定期发布监测结果;在核污染事故时快速提供所辖地区的环境核辐射污染现状;并负责审查和核实本地区各源项单位上报的环境核辐射监测结果。

(一) 国家核安全局职责与监管对象

生态环境部对外保留国家核安全局牌子。国家核安全局作为国务院核与辐射安全监督管理部门,负责核与辐射安全的监督管理。拟订有关政策、规划、标准,牵头负责核安全工作协调机制有关工作,参与核事故应急处理,负责辐射环境事故应急处理工作。监督管理核设施和放射源安全,监督管理核设施、核技术应用、电磁辐射、伴有放射性矿产资源开发利用中的污染防治。对核材料管制和民用核安全设备设计、制造、安装及无损检验活动实施监督管理。

国家核安全局依据"三定"职责和有关政策法规,对我国核安全、辐射安全和辐射环境进行监管,对核设施、核材料、核活动以及放射性物质实施全链条、全生命周期、分阶段审评许可,对核设施和从事核活动的单位开展全过程监督执法,对辐射环境开展全天候监测。

国家核安全局监管对象主要包括:核电厂、核热电厂、核供热供汽厂等核动力厂及装置,核动力厂以外的研究堆、实验堆、临界装置等其他反应堆,核燃料生产、加工、贮存和后处理设施等核燃料循环设施,放射性废物处理、贮存、处置设施,核材料管制活动,放射性物质运输活动,核技术利用项目,铀(钍)矿和伴生放射性矿,电磁辐射装置和设施,民用核安全设备设计、制造、安装及无损检验活动,核与辐射安全相关从业人员。

(二) 国家核安全局内设机构

核设施安全监管司、核电安全监管司、辐射源安全监管司既是生态环境部的内设机构,也是国家核安全局的内设机构。此外,还有国际合作司(核安全国际合作司),主要负责组织开展生态环境国际合作交流,下设的核安全国际合作处(简称核国际处)负责核与辐射安全领域的国际合作与交流、国际公约谈判、国际组织的统一对外联系等工作。

(三) 国家核安全专家委员会

国家核安全专家委员会依据核安全法设立,为我国核安全决策提供独立咨询意见,是国家核安全监管组织体系的重要组成部分。国家在制定核安全规划和标准,进行核设施重大安全问题技术决策及相关重要行政许可,应当咨询核安全专家委员会的意见。

最新一届国家核安全专家委员会成立于 2019 年 7 月 25 日,专家委员会由来自我国政府部门、科研、设计、生产、制造、营运单位及高等院校等的核科学相关领域资深委员和委员组成。主席由生态环境部副部长、国家核安全局局长担任,秘书长由生态环境部(国家核安全局)核安全总工程师担任,副秘书长由核设施安全监管司、核电安全监管司、辐射源安全监管司司长及核与辐射安全中心主任担任。秘书处设在生态环境部核与辐射安全中心,负责专家委员会日常运作、协调管理、服务保障等工作。

专家委员会下设核安全战略与政策、核设施设计建造运行、核燃料循环废物与厂址、仪控电与机械设备、应急与辐射安全、核设施安全分析与软件评价等 6 个专业分委会。专家委员会不仅为核安全监管科学决策提供全面技术咨询,也为国家核安全工作协调机制、核安全国际合作、履行国际义务等战略决策提供决策咨询服务,为我国核事业安全健康可持续发展发挥了重要作用。

(四) 国家核安全局派出机构与技术支持机构

国家核安全局在全国有华北、华东、华南、西南、东北和西北等 6 个地区核与辐射安全监督站(示例全称:生态环境部华北核与辐射安全监督站),作为派出机构实施区域核与辐射安全监督检查。

生态环境部核与辐射安全中心(生态环境部核安全设备监管技术中心)、国家海洋环境监测中心、中国核安全与环境文化促进会、辐射环境监测技术中心等专业技术机构和社会团体,作为技术支持机构,为国家核安全局提供技术支持。另有苏州核安全中心、中机生产力促进中心、北京核安全审评中心、上海核安全审评中心等长期合作的技术支持单位。

七、我国及欧洲的辐射环境监测

(一) 我国辐射环境监测的起步

辐射环境监测是环境监测的重要组成部分,也是辐射环境管理的基础,对环境放射性污染的防治是公众所关心的热点之一。我国的辐射环境监测最早开始于 20 世纪 50 年代(真正起步于 20 世纪 80 年代),当时主要由核设施营运者自行监测,监测范围局限于核设施周围地区。1964 年我国开始进行大气层核试验,随后于 20 世纪 90 年代又组织开展了针对核设施和核技术利用项目的放射性污染源调查和重点源监测。

第一阶段,全国环境天然放射性水平调查研究。1983—1990 年,结合我国核工业、核技术利用情况,在全国范围内组织开展了以摸清环境天然放射性水平及其分布为主要目的的"全国环境天然放射性水平调查研究"。该课题覆盖全国范围,基本上以 25 km × 25 km 网络均匀布点,调查了环境陆地(原野、道路、建筑物室内)γ 辐射剂量率(离地 1 m 高处的空气吸收剂量率)。与此同时,同位布点采集土壤样品,分析测定了土壤中 U - 238、Ra - 226、Th - 232 和 K - 40 的含量。与非放射性常规监测同位布点,调查了我国主要流域水体中 U、Th、Ra - 226 和 K - 40 的浓度。

第二阶段,20 世纪 90 年代开展的放射性污染源调查与重点源监测。随着核能和核技术在我国的发展与应用日益广泛,环境放射性污染问题日渐受到关注。原国家环境保护总局从 1993 年起对全国各类放射性污染源进行了历时 2 年的统计调查,这次调查基本掌握了全国放射性污染源的数量、行业与地区分布、放射源的种类、放射性"三废"排放方式、对环境的污染情况与治理的现状。

第二阶段另外一部分工作,就是于 20 世纪 90 年代开展的放射性石煤伴生矿开发和利用对环境影响的研究。1991—2002 年,原国家环境保护总局和原中国核工业总公司开展了放射性石煤伴生矿开发利用对环境影响的研究。该课题调查了石煤矿区及其周围环境陆地 γ 辐射剂量率(离地 1 m 高处的空气吸收剂量率);地区的石煤矿区石煤、石煤渣、碳化砖、周围环境土壤、气溶胶,以及石煤矿区和周围环境水体中 U－238、Ra－226、Th－232 和 K－40 的含量;石煤矿区及其周围环境中碳化砖和普通红砖建筑物内、外的氡浓度。通过本次调查可以看出,石煤的开采与综合利用已导致石煤矿区原野、道路和碳化砖房室内 γ 辐射水平有明显的升高,矿区和生活区大气气溶胶天然放射性核素浓度较高,碳化砖房室内氡浓度普遍较高;调查地区的石煤矿区环境介质中核素 U－238 和 Ra－226 的比活度较高。

(二) 我国辐射环境监测的发展

近年来,国家生态环境部组织建设了全国辐射环境监测网络,对重点核设施进行流出物监测和环境监测。目前,我国已建成全国辐射环境监测的"三张网":辐射环境质量监测、重点核与辐射设施周围辐射环境监督性监测和核与辐射应急监测,实现了辐射环境监测全覆盖、全天候监控。按照《全国辐射环境监测方案》,2022 年国控网环境 γ 辐射监测(2023 年 7 月发布)包括 324 个地级及以上城市(含部分地、州、盟所在地,以下同)辐射环境自动监测站环境 γ 辐射剂量率连续自动监测,235 个地级及以上城市的环境 γ 辐射剂量率累积监测;空气监测包括 320 个地级及以上城市的气溶胶监测,280 个地级及以上城市的沉降物和气态放射性碘同位素监测,32 个地级及以上城市的空气水蒸汽和降水监测;水体监测包括长江、黄河、珠江、松花江、淮河、海河、辽河七大流域和浙闽片河流、西北诸河、西南诸河及重要湖泊(水库)的地表水监测,336 个地级及以上城市的集中式饮用水水源地水监测,31 个城市的地下水监测,沿海 11 个省份的近岸海域海水和海洋生物监测;土壤监测包括 337 个地级及以上城市的监测。此外,还包括 35 个地级及以上城市的环境电磁辐射监测。

辐射环境监测是一门综合性的应用科学,它涉及许多科学技术领域,要真正做好辐射环境监测工作需要多学科、多专业的技术力量支持。近几年,我国的辐射环境监测正在或即将开展以下几个方面的工作。

1. 完善全国辐射环境监测网络

这方面工作主要涉及:环境辐射剂量率监测的自动化、网络化和标准化;放射性气溶胶监测的自动化、网络化和标准化;环境样品分析的流程化、自动化和标准化;标准物质的研制和开发;辐射环境监测网络的质量保证;氡监测技术及其应用。

2. 加强辐射预警监测,防范核与辐射恐怖袭击

这部分工作主要包括:建立核恐怖预警监测系统和开发核与辐射恐怖事件的应急监测技术。

3. 全面开展核设施辐射环境监测和评价

这方面工作主要包括:核设施周围环境辐射监测方案的优化设计;完善核设施流出物

及周围环境中人工放射性核素的监测技术,以及建立和完善核设施流出物的监督性监测制度和监测技术。

4. 高度重视核事故应急快速响应和应急监测

主要包括三个方面:完善核事故应急快速响应和监测系统;建立核事故应急监测远程、自动、现场无人值守监测系统;以及开展跨国辐射监测和合作。

5. 研究开发海洋环境放射性监测和评价技术

主要涉及建立海洋环境放射性监测实验室和研发海洋环境放射性监测方法和技术。

(三) 欧洲各国辐射环境监测情况

自 20 世纪 60 年代起,欧洲各国建设了大量的核电厂。在核电发展初期,由于对辐射环境监测认识不足,因此对监测能力建设投入较少。切尔诺贝利事故以后,以法国、德国、英国为首的欧洲国家加强了辐射环境监测工作的力度,开展辐射环境监测关键技术的研究,每年组织人员进行大量的辐射监测工作,建设辐射监测基础设施并配备先进的监测仪器,形成完整的辐射环境监测网络,可随时了解全国境内的辐射环境状态,并通过数据交换平台了解欧洲其他国家的环境辐射水平。至今,已建立了完善的辐射环境监测基础设施和核与辐射应急预警机制,为环境质量评价和应急决策提供支持,查到目前为止,数据仍未更新可向作者确认为核能发展提供了保障。

法国是全世界核电占比最高的国家,截至 2006 年底,法国共有 19 座商用核电厂,在役机组 58 个,总装机容量达到 63.1 GW。法国对辐射环境监测非常重视,目前已在全国范围内建立了大气、水以及其他介质的辐射环境监测系统。法国的辐射环境监测系统主要包括环境 γ 剂量率监测网(TELERAY)、放射性监测站(OPERA)、河流自动取样监测(HYDROTELERAY)、废水自动取样监测网(TELEHYDRO)、大气气溶胶连续监测网(SARA),以及核电厂设置的厂区及周围辐射环境监测网络。

在切尔诺贝利事故后,德国加强了对环境放射性的监测,将核设施以及常规辐射环境监测纳入监管范围。德国对核设施的监测采用双轨制,即政府与核电厂各自负责,其中作为政府部门负责的监测设施主要是核电厂远程监测系统(KFU)。另外,德国还建立了综合测量与信息系统(IMIS),对德国全境的辐射环境进行日常监测。

同样,在切尔诺贝利事故后,英国政府也建立了各种辐射环境监测联盟,以评估环境中的辐射水平。这种联盟可以委托独立的监测机构进行监测,包括大学、医院的监测机构或商业实验室均可承担。地方政府辐射环境监测联盟主要有北爱尔兰辐射环境监测组织(NIRMG)、南英格兰辐射环境监测组织(SERMG)、兰开夏郡(英格兰西北部一个郡)放射性监测组织(RAD - MIL)、西苏格兰辐射环境监测组织(WSERM)等。地方政府的监测形成了覆盖全英国的地方辐射环境监测网(LARNET),并最终为英国最高层次的辐射事故监测网(RIMNET)提供数据支持。除了政府部门组织的监测网络外,英国的核电厂运营单位也建立了辐射环境实验室,配备各种监测仪器,负责电厂周围 15~40 km 范围的辐射环境监测,在核事故应急时为辐射事故监测双网(RIMNET)补充数据。

第二节　辐射环境监测的基本方法

一、环境核辐射监测大纲

在实施环境核辐射监测之前,必须制定切实可行的环境核辐射监测大纲。制定环境核辐射监测大纲,要遵循辐射防护最优化原则。

制定环境核辐射监测大纲,首先要考虑实施监测所期望达到的目的。通常包括:①评价核设施对放射性物质包容和排出流控制的有效性;②测定环境介质中放射性核素浓度或照射量率的变化;③评价公众受到的实际照射及潜在剂量,或估计可能的剂量上限值;④发现未知的照射途径和为确定放射性核素在环境中的传输模型提供依据;⑤出现事故排放时,保持能快速估计环境污染状态的能力;⑥鉴别由其他来源引起的污染;⑦对环境放射性本底水平实施调查;⑧证明是否满足限制向环境排放放射性物质的规定和要求。

制定环境核辐射监测大纲,还要考虑下列客观因素:①源项单位排出流中放射性物质的含量、排放量、排放核素的相对毒性和潜在危险;②源项单位的运行规模,可能发生事故的类型、概率以及环境后果;③排出流监测现状,对实施环境核辐射监测的要求程度;④受照射群体的人数及其分布;⑤源项单位周围土地利用和物产情况;⑥实施环境核辐射监测的代价和效果;⑦实用环境核辐射监测仪器的可获得性;⑧环境核辐射监测中可能出现的各种干扰因素。

对于核设施,其环境核辐射监测大纲应包括运行前环境本底调查大纲和运行期间的环境核辐射监测大纲。

(一)运行前环境本底调查大纲

运行前环境本底调查大纲应体现下述目的:鉴别出核设施向环境排放的关键核素、关键途径和关键居民组;确定环境本底水平的变化;对运行时准备采用的监测方法和程序进行检查和模拟训练。

核设施运行前环境本底调查的内容应包括环境介质中放射性核素的种类、浓度、γ辐射水平及其变化;核设施附近的水文、地质、地震和气象资料;主要生物(水生、陆生)种群与分布;土地利用情况;人口分布、饮食及生活习惯等。

核设施运行前放射性水平调查至少要取得运行前连续两年的调查资料,要了解一年内放射性本底的变化情况以及年度间的可能变化范围。运行前环境本底调查的地理范围决定于源项单位的运行规模,对于大型核设施供评价用的环境参数一般要调查到80 km。

(二)运行期间的环境监测大纲

核设施运行期间环境核辐射监测大纲的制定,要依据监测对象的特点以及运行前本底调查所取得的资料而定。核设施运行期间的环境核辐射监测,应考虑运行前本底调查所确定的关键核素、关键途径、关键居民组,测量或取样点必须至少有一部分与运行前本底调查时的测量或取样位置相同。

对于存在事故排放危险的核设施,运行期间环境核辐射监测大纲必须包括应急监测内容。对于准备退役的核设施,必须制定退役期间以及退役后长期管理期间的环境核辐射监测大纲。对于放射性同位素及伴生放射性矿物资源的利用活动,环境核辐射监测大纲的内容可相应简化:一般不需要进行广泛的运行前本底调查工作,但在运行前应取得可以作为比较基础的环境放射性本底数据;在正常运行条件下,其环境核辐射监测主要应针对放射性排出流的排放口或排放途径进行。

随着情况(源和环境)的变化,以及环境核辐射监测经验的积累,监测大纲要及时调整。一般在积累足够监测资料后,环境核辐射监测大纲应当从简。

二、就地测量

(一)就地测量准备

就地核辐射测量之前,必须先要制定详细的测量计划。在制定计划时,下列因素应予以考虑:

(1)测量对象的性质,包括要测量核素的种类、预期活度范围、物理化学性质等。

(2)环境条件(地形、水文、气象等)的可能影响。

(3)测量仪器的适应性,包括量程范围,能量响应特性和最小可探测限值等。

(4)设备及测量仪器在现场可能出现的故障及补救办法。

(5)测量人员的技术素质。

(6)测量的重要性以及资金的保障情况。

就地测量之前必须准备好仪器和设备。对于常规性的就地测量,每次出发前均要清点仪器和设备,检查仪器工作状态。作为应急响应的就地测量,事先必须准备好应急监测箱,应急监测箱内的仪表必须保持随时可以工作的状态。从事就地核辐射监测的人员事先必须经过培训,使之熟悉监测仪器的性能,在现场可以进行简单维修,并应具备判断监测数据是否合理的能力。

(二)就地测量实施

就地核辐射监测必须选在有代表性的地方进行,通常测量点应选择在平坦开阔的地方。在测量现场核对仪器的工作状态,确保仪器工作正常后方可读取数据。当辐射场自身不稳定,应增加现场测量时间,以求测出辐射场的可能变化范围。在现场进行放射性污染测量时,一定要防止测量仪器受到污染。

就地测量数据应在现场进行初步分析,判断数据是否有异常,以便及时采取补救措施。就地测量的一切原始数据必须仔细记录,对可能影响测量结果的环境参数应一并记录。所有需要记录的事项,事先均应编印在原始数据记录表中。

三、实验室分析测量

(一) 样品采集

在进行实验室分析测量之前,必须要按规定采集和处理样品,并确保所采集的样品的代表性和样品处理的科学性,以及在样品储存和运输过程中确保样品中的目标检测核素没有变化或不受影响。

不同种类样品的采集,可见本书第二章有关样品的采集要求。

(二) 实验室分析测量

1. 放化分析

样品处理要采用标准的或已证明是合适的程序。在对样品进行处理时要防止核素损失和样品受到污染。

放化分离要采用标准的或已证明是合适的程序。分析时要加进适量的平行样和放射性含量已知的加标样,但不能让分析者识别出哪些是平行样和加标样。放化实验室应定期参加实验室间的比对活动。

在制备供放射性测量的样品时,必须严格操作,要保证样品厚薄均匀、大小一致,要防止样品起皱变形。对于精确的测量,要制备与样品同样形状和质量的本底样品和标准样品。

2. 放射性测量

1) 测量仪器选择

要根据待分析核素的种类、样品的活度范围、样品的理化状态选择出合适的仪器。要选用的仪器必须足够灵敏,务必使它的最小可探测限低于推定的管理限值。

2) 测量准备

任何测量仪器在进行测量之前必须仔细检查,使之处于正常工作状态。任何严格的测量,在测量样品之前要用与样品形状、几何尺寸以及质量相同的标准源测定计数效率。对于低本底 α、β 测量,事先必须进行本底检验。严格测量时应该用与样品形状、几何尺寸以及质量相同的本底样品进行本底计数。

3) 放射性测量

在进行放射性测量时,应采用本底、样品、本底,或本底、标准源、样品的程序进行。在用 γ 谱仪时,应定期用标准源进行仪器稳定性检验。在用液体闪烁计数器测低能 β 时,必须注意猝灭校正。对热释光剂量片测量时,须按环境热释光剂量计技术标准进行。

4) 测量结果记录

测量结果记录必须完整,对任何显著影响测量值的因素应一并记录。

四、放射性本底调查

环境放射性本底调查是以环境辐射水平评价为目的,对特定范围的放射性背景值进行测量和分析,并对其他相关资料进行收集和整理的活动。环境放射性本底调查可按调查目的分为两类:大范围环境放射性本底普查和针对特定核与辐射设施周边环境开展的调查。

对于大范围环境放射性本底调查,可以是一个国家或一个地区,例如20世纪80年代原国家环保总局(现生态环境部)组织开展的全国环境天然放射性本底调查。调查对象既可以是环境介质中所有放射性核素含量和贯穿辐射水平的调查监测,也可以是针对某一特定因素的调查,例如对氡的放射性水平进行普查。针对特定核与辐射设施的放射性本底调查是辐射环境管理中最常见的一种本底调查,例如对于像核动力厂这样的核设施,要求在首次装料前必须完成连续两年以上的本底调查。

1. 本底调查的作用

对于大范围普查性的本底调查,其目的往往是获得平均水平,比如公众平均接受的陆地γ剂量率、近地面宇宙射线、环境及室内氡的放射性水平等。

对于针对特定核与辐射设施所开展的本底调查,主要目的有:①在该核与辐射设施的评价范围内,确定天然放射性本底状况;②在上述评价范围内,确定由大气层核试验、切尔诺贝利等核动力厂事故、其他邻近核与辐射设施等所产生的人工放射性影响(这种影响包括环境介质中的放射性核素含量以及所引起的辐射剂量升高);③判断本底贡献处于正常范围还是存在异常;④确定本底水平(作为基线或基准值),以便与今后运行时的环境影响作比较;⑤为核与辐射设施在实施退役时的环境影响评价提供基础资料。

2. 本底调查的地理范围

对于大范围普查性的调查,其范围是由调查目的决定的。

针对核与辐射设施,本底调查范围随设施的性质、规模及可能环境影响范围不同而变化,一般在以设施为中心、半径几十公里的范围内。对于核技术利用项目,本底调查一般在以设施为中心的几百米到几公里范围内进行。对于伴生天然放射性矿物资源开发利用项目,本底调查的范围视实际影响程度不同,从几百米到几公里不等。

以上所述的范围,是以气态流出物的可能影响确定的。对于液态流出物的影响,若上述范围包容不了,可依据液态流出物的实际影响范围来确定调查范围。

3. 本底调查的内容

本底调查,特别是针对特定核与辐射设施的本底调查,最终目的是评价该设施对环境的影响。由于评价一个设施对环境的影响时,除了要考虑该设施向环境可能排放的放射性物质(即流出物)之外,还需考虑气、液态流出物在环境中的传输、弥散,以及人口分布、食谱和土地利用情况。因此,放射性本底调查还应对与环境影响评价相关的气象、水文、土地利用、人口分布、饮食习惯等情况一并调查。

4. 运行前环境本底调查的实施

1) 本底调查实施单位

本底调查既是一项独立的调查工作,又是辐射环境管理链条中的一个环节。本底调查是一项专业性很强的任务,本底调查应由有资质的单位来开展调查工作。

2) 本底调查大纲

调查工作开始之前,必须依据核与辐射设施的特点和设施周边的环境条件,并基于调查目的制定出具体的本底调查大纲。本底调查大纲应以文件形式明确规定拟调查事项，主要包括：调查内容、地理范围、调查方法、监测或取样频次、监测仪器仪表、本底调查的组织管理、本底调查数据处理、本底调查的资源保证以及本底调查的质量保证等。

3）本底调查质量保证

要想取得有代表性、可比、可信的本底调查结果，必须作好本底调查的质量保证工作。质量保证应贯穿于本底调查的始终，从制定本底调查的大纲起，直到整理发布本底调查报告止，都要考虑并达到质量保证要求。

4）调查资料的甄别和筛选

本底调查的资料可能非常丰富，要甄别这些大量的资料是否为本底调查所需要的，要进行筛选。

对本底调查资料的甄别和筛选工作要及时开展。在对本底调查的资料进行分析判断时，以下两点应特别关注：①时效性，有的资料时间久远，随着时间的推移，情况已发生重大变化，这类资料可能已不具代表性，不宜采用；②科学性，有的资料记录不完整，或者获取这些资料时没有相应的质量保证措施，这些资料的科学性难以判断，一般对这些科学性难以判断的资料也不宜采用。

5）统计处理

本底调查中经搜集或经实际测量得到的资料，在对它们进行整理和总结时常常会发现它们并不一致，经甄别和筛选后往往仍然差别较大。此时不宜把资料简单地罗列或平均，应对数据资料进行统计处理，力求找出合理的平均水平和分布范围。对于明显异常的数据，也不宜轻易舍弃，应力求找出可能的原因。

五、环境监测结果评价与质量保证

（一）评价

环境监测结果的评价要按事先确定的监测目的进行。为评价公众受到的剂量，必须根据有关模式、参数估算出公众剂量，并将计算得到的剂量与有关剂量限值进行比较。如果监测目的是估计放射性物质在环境中的积累情况，监测结果应以比活度表示，并且将之与运行前调查以及以往监测结果做比较，评价变化趋势。如果监测目的是检查源项单位向环境的排放量是否在所规定的排放限值内，监测结果应同时给出排放浓度和排放总量，并与规定的排放导出限值和总量限值进行比较。

（二）报告

各源项单位上报的环境监测报告的内容、格式及频度应根据报告的目的决定。各源项单位向主管部门和生态环境监督管理部门上报的监测报告的内容应包括：①取样或现场测量地点的几何位置；②核素种类；③分析方法；④测量方法；⑤监测结果及其误差；⑥简单评价。

（三）质量保证

质量保证必须贯穿于环境核辐射监测的整个过程。

环境核辐射监测所用的仪器仪表必须可靠,在选购时就需考虑其技术指标能否满足环境监测的要求。测量仪器必须定期校准,校准时所用的标准源应能追踪到国家标准。当有重要元件更换、工作位置变动,或维修后,必须重新进行校准并做记录。环境核辐射监测仪在开始测量前,应检查本底计数率和探测效率,并且将它们记入质量控制图中。环境核辐射监测仪必须执行日志登记制度。环境样品的采集必须由有经验的人员按照事先制定的程序进行。

放化实验室必须建立严格的质量控制体系。从事环境监测的人员必须经过专业训练,不经考试合格不能独立从事环境核辐射监测工作。监测数据必须经复核或复算,并签字。环境核辐射监测机构应建立相关制度,完整保存有关质量保证文件。

第三节　辐射环境质量监测与评价

随着核技术的发展和社会对环境要求的逐渐提高,辐射环境监测技术规范也更加完善。从监测工作的原则到具体的技术规范,从正常情况下的常规监测到应急情况下的监测,相关的规范更加完善。例如,IAEA 于 1996 年出版的《核或辐射应急通用监测程序》(IAEA - TECDOC - 1092,1996.6),对应急情况下的监测原则和各种具体监测方法做了相当全面的介绍。在常规监测方面,各国的相应技术规范也更加完善。例如我国于 2021 年颁布了生态环境行业标准《辐射环境监测技术规范》(HJ 61—2021)。

从监测目的来看,更加重视对公众心理和要求的考虑;从方案设计上看,更加重视把事故早期报警和常规监测结合起来。此外,我国还非常重视监测和信息的网络化和及时性,监测网、信息管理和传输技术也随之快速发展。同时,从监测技术本身而言,测量分析技术方面也取得较大进展。此外,环境保护的对象从只考虑人类到向其他生物种群扩展,这对今后环境监测工作的发展会产生影响。

辐射环境监测主要是监测特定范围、特定场所的辐射环境各项指标,并用于描述、比较和评判辐射环境质量的优劣程度。依据《辐射环境监测技术规范》(HJ 61—2021)的规定,下面将重点阐述辐射环境质量监测、辐射污染源监测、放射性物质安全运输监测,以及辐射设施退役废物处理和辐射事故应急监测等的监测项目、监测布点、采样方法、数据处理和质量保证,同时还将给出监测报告的编写格式与内容等。

一、术语与定义

(一) 辐射环境监测

为了解环境中的放射性水平,测量环境中的辐射水平(外照射剂量率)和环境介质中放射性核素含量,并对测量结果进行解释的活动,称为环境辐射监测。狭义的辐射环境监测专指电离辐射环境监测,也称为环境放射性监测。广义的辐射环境监测还包含电磁辐射环境监测。除了特别注明的,本书均指狭义的辐射环境监测。

（二）辐射环境质量监测与评价

辐射环境质量监测是指为全面、准确、及时地反映特定区域内环境质量现状及变化趋势，为环境管理、环境规划等提供科学依据而开展的辐射环境监测，一般由政府部门组织实施。

辐射环境质量评价是指按照剂量限值和最优化原则对释放到环境一定区域内的放射性物质对环境质量的影响进行分析、预测和评估，提出预防或者减轻不良环境影响的对策和措施，并进行跟踪监测的方法与制度。

（三）辐射源环境监测

为满足环境监督管理需要和公众环境信息需求而开展的针对特定辐射源或伴有辐射的监测活动称为辐射环境监测，有时也叫做辐射污染源监测。

（四）环境监测方案

环境监测方案也称环境监测大纲，简称监测方案或监测大纲，是针对特定监测目标任务制定的，指导和规范监测活动实施的计划性文件，方案内容主要包括采样布点、监测项目、监测频次和测量要求等。监测方案的制定应始终围绕监测目的。

（五）监督性监测、应急监测和流出物监测

监督性监测指监督管理部门针对特定的辐射源，为监督该辐射源对周围环境是否造成影响，或影响的程度是否在控制标准内而进行的监测，主要目的是为监督管理和行政执法提供依据。

应急监测是指在应急情况下，为及时查明放射性污染情况和辐射水平，并为应急决策提供支持而进行的监测。

（放射性）流出物监测是指为监控或查明从辐射源排到环境中的放射性流出物的数量、种类和其他特征，在排放口对流出物进行采样、分析或其他测量的监测活动。

（六）生物监测、指示生物与放射性污染指示生物

生物监测指利用生物个体、种群或群落对环境污染或变化所产生的反应和影响，阐明环境污染的性质、程度和范围，从生物学角度评价环境质量的过程，并为环境质量的监测和评价提供依据。

指示生物又称生物指示器，是指那些在一定地区范围内，能通过其特征、数量、种类或群落等变化，指示环境或某一环境因子特征的生物。在环境保护上，常用一些敏感生物指示环境污染状况。

放射性污染指示生物是指对放射性污染比较敏感的指示生物。该种生物对某种或某几种放射性核素表现出很高的浓集因子，而且伴随有某些特征生物学指标的变异。

（七）剂量当量与有效剂量当量

一般来说，某一吸收剂量所产生的生物学效应与辐射的类型、照射条件、辐射剂量和剂量率大小、生物种类和个体差异等相关，因此相同的吸收剂量未必产生同样程度的生物学效应。例如，由于 α 射线比 β 射线的传能线密度大，所以吸收相同剂量的生物组织，α 射

线电离损伤比 β 射线的要大,即 α 射线的相对生物学效应大于 β 射线。为了比较不同类型辐射引起的不同生物学效应,统一表示各射线对机体的危害效应,在辐射防护中引进了一些系数,当吸收剂量乘上这些系数后成为一个新的物理量,称之为剂量当量(equivalent dose,H)。剂量当量就是用同一尺度来比较不同类型辐射照射所造成的生物学效应的严重程度或产生概率。

剂量当量用符号 H 表示(单位 Sv),只限于防护中应用。组织或器官中 H 是此组织或器官的平均吸收剂量 D 与品质因数 Q(或称线质系数)及 N(其他修正因子)的乘积:

$$H = DQN, \tag{1.1}$$

式中:D——吸收剂量,Sv;

Q——射线品质因数系数,无量纲。在放射生物学中称为相对生物学效应系数,是表示吸收剂量的微观分布对危害的影响所用的系数,它的值是根据水中的传能线密度值而定的。

N——其他修正因子。目前国际放射防护委员会(ICRP)指定 $N=1$。

当所考虑的效应是随机性效应时,在全身受到非均匀照射的情况下,受到危险的各组织的剂量当量与相应的权重因子的乘积的总和,称为有效剂量当量 H_e:

$$H_e = \sum_T W_T H_T, \tag{1.2}$$

式中:H_e——有效剂量当量;

H_T——组织和器官 T 所受的剂量当量;

W_T——权重因子。

对单个器官的照射剂量(或个人有效剂量当量),应按照器官相应的相对危险度权重因子 W_T 与组织或器官的年剂量当量 H_T(mSv)的积进行求和,即 $\sum_T H_T W_T$。 其中,W_T 的取值见表1.2。

表 1.2　器官的相对危险度权重因子

组织或器官	W_T	组织或器官	W_T
性腺	0.25	甲状腺	0.03
乳腺	0.15	骨表面	0.03
红骨髓	0.12	其余组织[注]	0.03
肺	0.12	全身	1.00

注:指其余 5 个接受最高剂量当量的组织或器官,每一个的相对危险度权重因子 W_T 取 0.06,所有其他剩下的组织所受的照射可忽略不计。

(八) 集体剂量当量与关键人群组

集体剂量当量是指受照群体的各人群组平均每人所受剂量当量 $\bar{H}_i$(全身或任一特定器官或组织的剂量当量)与各组成员数 N_i 的乘积的总和:

$$S = \sum_i \bar{H}_i N_i 。 \tag{1.3}$$

关键人群组是指从某一给定实践中受到的照射在一定程度内是均匀的,且高于受照射群体中的其他成员的人群组,称为关键人群组。他们受到的照射可用来量度该实践所产生的个人剂量的上限。

(九) 关键核素与关键照射途径

在某一给定实践所涉及的各种照射途径中,就对人体的照射来说,其中的某一种核素比其他的核素有更为重要的意义时,称其为关键核素。

在某一给定实践所涉及的各种照射途径中,就对人体的照射来说,其中的某一照射途径比其他的照射途径有更为重要的意义时,称其为关键照射途径。

二、辐射环境质量监测内容与监测方案

(一) 监测目的

辐射环境质量监测的目的包括:获取区域内辐射背景水平,积累辐射环境质量历史监测数据;掌握区域辐射环境质量状况和变化趋势;判断环境中放射性污染及其来源;报告辐射环境质量状况。

持续开展定时、定点的辐射环境质量监测,掌握区域内辐射环境背景数据,可以为环境辐射水平和公众剂量提供评价依据,在评判核与辐射突发事故/事件(包括境外事故/事件)对公众和环境的影响时提供必不可少的对比参考依据。

(二) 监测原则

辐射环境质量监测的基本原则包括:①能够准确、及时、全面客观地反映环境质量现状;②监测计划应保持连续,以反映环境质量的变化趋势;③辐射环境监测方案必须是综合性的,能够提供分析和评估公众有效剂量所需的数据,要充分考虑各种重要环境照射途径,并关注现场环境特性、居民特点和生活习惯;④在现有监测技术条件下应能探测到环境中有主要剂量贡献的放射性核素。

辐射环境质量监测是与人相关的环境监测,主要关注公众对环境质量和环境信息的需求。辐射环境质量监测应同时关注天然放射性和人工放射性,人工放射性主要考虑区域内可能有环境影响的辐射源以及区域外(包括境外)核与辐射活动的潜在影响。辐射环境质量监测的范围较大,可大至覆盖整个国家领土,或是某个地方的行政辖区范围。辐射环境质量监测是一项长期的持续性工作,监测方案应保持相对稳定,监测点位应选择不易受自然破坏和人为干扰的固定地点。

大规模的环境放射性水平调查是一项特殊的辐射环境质量监测活动,在必要时开展。一般采用网格化布点,主要目的是全面、系统地获取调查区域内环境放射性水平状况数据,作为重要的背景参考资料,也可用于评价居民的辐射剂量水平。辐射环境质量监测一般由政府主导实施。

辐射环境质量监测包括陆地辐射环境质量监测和海洋辐射环境质量监测。

(三)陆地辐射环境质量监测

1. 陆地 γ 辐射

陆地 γ 辐射监测有 γ 辐射空气吸收剂量率连续监测和 γ 辐射累积剂量监测。还应测量辐射空气吸收剂量率和 γ 辐射累积剂量监测中的宇宙射线响应。γ 辐射空气吸收剂量率连续监测通常在某一重点区域具有代表性的环境点位布点,布点侧重人口聚集地,如城市环境;可设置自动监测站,实施不间断 γ 辐射空气吸收剂量率连续监测,重点关注剂量率的变化,特别是异常升高的情况。

2. 空气

空气监测主要包括空气中的 I-131、H-3(HTO)、C-14、Rn-222、气溶胶和沉降物中的放射性核素等。采样点要选择在周围没有高大树木、没有建筑物影响的开阔地,或者没有高大建筑物影响的建筑物无遮盖平台上。

对于 I-131 的监测,用复合取样器收集空气微粒碘、无机碘和有机碘。

对于沉降物的监测,分别监测干沉降和湿沉降中的放射性核素活度浓度,干沉降即空气中自然降落于地面上的尘埃,湿沉降包括雨、雪、雹等降水。干、湿沉降物应分开采样和测量。

对于气溶胶的监测,主要是监测悬浮在空气中的微粒态固体或液体中的放射性核素活度浓度,通常选在与沉降物同点开展监测。采样频次可以连续采样或每个月(或每季)的某个时间段连续采样,必要时,可设置连续监测点。

对于 H-3(HTO)的监测,主要是监测空气中氚化水蒸气中氚的活度浓度,通常与气溶胶同点开展监测。

对于 C-14 的监测,主要是监测空气中 C-14 的活度浓度,通常与气溶胶同点开展监测。

对于 Rn-222,主要是监测环境空气中 Rn-222 浓度,布设累积采样器监测。

3. 土壤

监测辖区内典型类别的土壤,常选择无水土流失的原野或田间。若采集农田土,应采样至耕种深度或根系深度。土壤监测点应相对固定。

4. 陆地水

陆地水环境的监测类别包括江、河、湖泊、水库等地表水以及地下水等,对饮用水水源地可开展专门监测。监测点位应远离污染源,避免受到人为干扰。

5. 生物

包括陆生生物和陆地水生物。通常根据区域内农、林、渔、牧业的具体情况,设定一个相对固定的原产生物监测点。应充分调查和了解监测点所在地的规划情况,以保证样品采集的持续性。

采集的谷类和蔬菜样品均应选择当地居民摄入量较多且种植面积大的种类。应在成熟期采样,监测频次可根据生长周期长短确定,一般每年一次,对于生长周期较短的,如蔬菜等,可适当增加监测频次。陆地水生物采样点应尽量和陆地水的监测采样区域一致,不可采集饵料喂养为主的水产品。

此外,为避免不确定性发生,还应另外确定若干个条件与设定的监测点类似的地点,作为备选监测点。

(四) 海洋辐射环境质量监测

海洋辐射环境质量监测范围为我国管辖海域,必要时也应监测我国临近的国际公共海域。监测点位应远离核设施等大型辐射源,可通过浮标(漂流或固定)监测、船舶定点监测与船舶走航监测相结合的方式实施。监测对象包括海水、沉积物、生物。

1. 海水

海水定点监测采样层次可根据实际情况,可选择为 $0.1 \sim 1\,m$、$100\,m$、$200\,m$、$300\,m$、$500\,m$、$1\,000\,m$。视实际需要,部分点位加采 $1\,500\,m$ 和 $2\,000\,m$,海水船舶走航监测采样层次为表层。

2. 海洋沉积物

沉积物样品在海水取样区域采集,一般采集表层沉积物,可参照《海洋监测规范 第3部分:样品采集、贮存与运输》(GB 17378.3—2007)的相关规定进行。

3. 海洋生物

海洋生物采样区域应尽量和海水取样区域一致,采集方法可参照 GB 17378.3—2007 的相关规定进行。不可采集饵料喂养为主的海产品。

(五) 辐射环境质量监测方案

陆地和海洋辐射环境质量监测方案如表 1.3 所示。

表 1.3 辐射环境质量监测方案

监测对象		监测项目	监测频次
陆地环境	陆地 γ 辐射	γ 辐射空气吸收剂量率	连续监测
		γ 辐射累积剂量	1 次/季
		宇宙射线响应(剂量率、累积剂量)	1 次/a
	(室外)环境氡	Rn - 222 浓度	累积剂量,1 次/季
	空气中碘	I - 131	1 次/季
	气溶胶	总 β、γ 能谱	连续监测,每天测一次总 β,当总 β 活度浓度大于该站点周平均值的 10 倍,进行 γ 能谱分析
		γ 能谱、Po - 210、Pb - 210	1 次/月或 1 次/季
		Sr - 90、Cs - 137	1 次/a(1 季采集 1 次,每次采样体积应不低于 10 000 m^3,累积全年测量)
	沉降物	γ 能谱	累积样/季
		Sr - 90、Cs - 137	1 次/a(1 季采集 1 次,累积全年测量)

（续表）

监测对象		监测项目	监测频次
陆地环境	降水（雨、雪、雹）	H-3	累积样/季
	空气中氚、碳-14	氚化水蒸气（HTO）、C-14	1次/季
	地表水	总α、总β、U、Th、Ra-226、Po-210、Pb-210、Sr-90、Cs-137	2次/a（枯水期、平水期各1次）
	饮用水源地水	省会城市：总α、总β、Po-210、Pb-210、Sr-90、Cs-137	2次/a
		其他地市级城市：总α、总β、有核设施的加测 Sr-90、Cs-137	2次/a
	地下水	总α、总β、U、Th、Ra-226、Po-210、Pb-210	1次/a
	生物	Sr-90、Po-210、Pb-210、γ能谱	1次/a
	土壤和底泥	γ能谱、Sr-90	1次/a
海洋环境	海水	U、Th、Sr-90、γ能谱	1次/a
	沉积物	Sr-90、γ能谱	1次/a
	生物（藻类、软体类、甲壳类、鱼类）	Sr-90、Po-210、Pb-210、C-14、H-3（TFWT、OBT）、γ能谱	1次/a

注：①气溶胶、沉降物γ能谱分析项目一般包括 Be-7、U-238（Th-234）、Th-232（Ac-228）、Ra-226、Cs-137、Cs-134、I-131 等放射性核素；陆地环境生物和土壤γ能谱分析项目一般包括 U-238（Th-234）、Th-232（Ac-228）、Ra-226、K-40、Cs-137 等放射性核素；海水能谱分析项目一般包括 Ra-226、K-40、Mn-54、Co-58、Co-60、Zn-65、Zr-95、Ag-110m、Sb-124、Cs-137、Cs-134、Ce-144 等放射性核素；海洋沉积物和海洋生物γ能谱分析项目一般包括 U-238、Th-232、Ra-226、K-40、Mn-54、Co-58、Co-60、Zr-95、Ag-110m、Cs-137、Cs-134、Ce-144 等放射性核素；人工核素不限于上述所列；②Cs-137 应采用放化分析方法进行测量分析；③若总α、总β超过《生活饮用水卫生标准》（GB 5749—2022）规定的饮用水指导值，则加测能谱，地表水、饮用水源地水再加测 Ra-228；④TFWT 表示组织自由水氚，OBT 表示有机结合氚，余表同。

三、辐射环境质量监测分类

辐射环境质量指环境中辐射品质的优劣程度。具体就是在一个有限的环境内，针对不同的环境状态，选择一些具有可比性的关键辐射参数作为衡量辐射环境质量的指标，以实现对辐射环境质量的描述、比较与评判。在辐射环境监测中，存在不同类型的监测，主要包括以下几种。

（一）辐射监测

与在辐射源所在场所的边界以外环境中进行的辐射环境监测不同，辐射监测是指为了评估和控制辐射或放射性物质的照射，对剂量或污染所完成的测量及对测量结果所作的分析和解释。核电厂辐射监测一般包括工艺辐射监测、流出物监测和场所辐射监测三大部分。可以实现对核电厂屏蔽完整性、设备工作状态、人员受照剂量的有效监测和控制,并具有防止核电厂工作人员受辐射照射,防止广大居民受辐射照射,屏蔽监测,以及自动启动隔离设备或其他系统等四大功能。

(1)工艺辐射监测。即对核电厂设置的多层屏障的完整性进行放射性监测,具有其他常规监测方法所不具备的反应灵敏、响应快、判断准确等优点。同时,对于其他工艺环节进行的监测,还可以实现不同的功能,及时发现工艺操作上的事故或设备故障等。如通过对化学和容积控制系统(RCV)和回收系统(TEP)前端过滤器上的 γ 放射性累积情况的监测,可以及时通知运行人员更换过滤器芯;通过对固体废物处理系统(TES)废树脂槽内废树脂和蒸发器浓缩液槽内废液的放射性活度进行监测,可以确定应采用的废物装桶方法和应使用的废物桶的种类,检查是否符合放射性物质的安全运输标准。

(2)流出物监测。开始运行后的核电厂,不可避免地要向外环境排放一定的放射性物质。核电厂废气的排放一般通过烟囱来进行,废液的排放通过核岛废液排放系统(TER)和常规岛废液排放系统(SEL)排出。流出物监测就是通过核电厂辐射监测系统对排出流通道中的这两类流出物进行监测,其监测结果用于控制排放和计算排出的放射性总活度。

(3)场所辐射监测。整个核电厂的系统设备复杂繁多,厂房房间和区域也同样众多。其中许多房间和区域是电厂工作人员要经常出入的地方,这些地方多数都存在着一定的放射性,或者其放射性水平有可能发生突变。对这些房间或区域的放射性水平进行连续的监测,可以有效地防止工作人员受过量辐射的照射。为此,核电厂设计了控制室进风空气 γ 剂量率监测系统、工作场所 γ 剂量率监测系统和区域剂量率放射性监测系统,以开展场所辐射监测。

(二) 本底调查

本底辐射是指人类生活环境中本来存在的辐射,主要来自于宇宙射线和自然界中天然放射性核素发出的射线。生活在地球上的人都受到天然本底辐射,不同地区、不同居住条件下的居民,所接受的天然本底辐射的剂量水平有很大差异。通过对天然本底辐射的组成和地区差异的讨论,可以更好地理解实践中辐射防护体系的剂量限值和核事故情况下干预水平值的含义,以及它们包含的危险概念。本底辐射主要有外照射与内照射两种,产生原因有锅炉燃煤、工业废料利用、铀与钍矿工业以及其他因素,具有一定的潜在危害,需要对其进行监测与防护。公众一直生活在辐射环境之中,在一般情况下,天然辐射的剂量最大。这些天然辐射源主要包括:宇宙射线、室内外地表层的 γ 贯穿辐射,以及放射性氡气体和摄入天然放射性物质的辐射。前两者基本构成外照射,后两者主要构成内照射。据联合国原子辐射效应科学委员会估计,全世界人均天然辐射剂量约为 2.4 mSv/年,我国人均天然辐射剂量约为 2.3 mSv/年。

本底调查主要针对本底辐射开展监测调查,是指在新建设施投料(或装料)运行之前,或在某项设施实践开始之前,对特定区域环境中已存在的辐射水平、环境介质中放射性核素的含量,以及为评价公众剂量所需的环境参数、社会状况所进行的全面调查。

按照规定,核电厂在首次装料运行前必须完成至少两年的辐射环境本底调查,以取得核电厂周围环境的本底监测数据,包括环境 γ 辐射水平、陆地介质中的放射性核素含量、海洋介质中的放射性核素含量,并作为核电厂装料运行前辐射环境状况的基础资料。其中,需要调查的陆地介质包括空气、地表水、地下水、土壤、陆上动植物等;需要调查的海洋介质包括海水、海洋生物、海洋沉积物等。该基础资料对于核电厂后续工作的开展具有非常重要的意义和价值。

(1) 在核电厂正式运行前,核电厂辐射环境本底监测数据是运营单位向国家主管部门申请反应堆首次装料许可证的必要条件之一,也是核电机组反应堆首次装料前环境影响报告书(运行阶段)的重要组成部分。

(2) 在核电厂运行期间,需要利用辐射环境本底调查数据判断核电厂对周围环境的辐射影响情况。

(3) 在核电厂事故状态下,需要利用辐射环境本底调查数据作为参考判断事故的影响范围和程度。

(4) 在核电厂退役后,需要以辐射环境本底调查数据作为参考判断核电厂退役治理措施的效果和评价核电厂退役后对环境的最终影响。

(三) 常规监测

常规监测是指在预定场所按预定的时间间隔进行的监测。在核电厂机组运行期间,受机组运行状态变化、设备状态变化、腐蚀活化产物、检修活动等因素的影响,辐射控制区内各区域的辐射状态可能存在一定的变化,为评价辐射控制区内各区域的辐射状态,为工作人员作业风险分析、人员防护及职业照射评价等提供数据支持,需开展辐射工作场所辐射常规监测活动。

核电厂运行期间的主要辐射来源包括:外照射、表面污染和空气污染。其中,外照射主要辐射来源于放射性设备、管道、废物及放射源等;表面辐射污染主要来源于空气中放射性微尘的沉降、检修时开启带放射性的系统、放射性系统的泄漏及对放射性零部件的机加工等;空气污染辐射主要来源于打开一回路相关系统的作业、一回路相关系统泄漏、放射性零部件的机加工、不良工作习惯导致放射性污染转移等。

因此,核电厂运行期间辐射控制区内场所监测项目应当包括:外照射监测、表面污染监测、空气污染监测,以及场所污染源监测、场所设施效能监测及场所本底调查。各核电厂运行期间,对场所辐射常规监测的要求存在一定的差异,但测量的基本内容及基本原则是一致的。表 1.4 为国内某核电厂辐射控制区内场所辐射常规监测的周期、内容及方式。

表 1.4　常规监测的周期、内容及方式

测量周期	测量对象	测量内容	测量方式
日测量	人员及物品经常通过的区域和表面污染主要出入口	表面污染	直接测量
周测量	剂量率水平可能产生较大变化的设备和房间	设备接触剂量率、场所剂量率	直接测量

（续表）

测量周期	测量对象	测量内容	测量方式
月测量	主要放射性设备间及操作间	场所剂量率、接触剂量率；表面直接测量污染；空气污染	取样测量
年测量	低辐射水平区域（周、月测量中已有的测量点之外）	场所剂量率	直接测量

在核电厂运行期间，对于辐射控制区内场所辐射的常规监测，一般的工作流程包括以下几点：

（1）指定监测计划。

（2）确定测量任务，明确测量人员。

（3）校准仪表及相关物品。

（4）测量及记录工作。

（5）物品归位及废物处理。

（6）数据整理、分析评价及记录存档。

（四）应急监测

应急是指需要立即采取某些超出正常工作程序的行动，以避免事故的发生，或减轻事故后果的状态，有时也称紧急状态。在应急情况下，为查明放射性污染情况和辐射水平而进行的监测叫做应急监测。

（五）放射性流出物监测

放射性流出物指实践中的源所造成的以气体、气溶胶、粉尘或液体等形态排入环境的放射性物质。通常情况下，其目的是使之在环境中得到稀释和弥散。为说明从该设施排到环境中的放射性流出物的特征，须在排放口对流出物进行采样、分析或其他测量工作，即流出物监测。

四、评价范围与评价剂量基本标准

为了提高核辐射环境质量评价工作的科学性，改善环境质量，保证公众的辐射安全，十分有必要规范核辐射环境质量评价的一般原则和应遵循的技术规定。根据《核辐射环境质量评价一般规定》（GB 11215—1989）的要求，应进行核辐射环境质量评价的企事业单位包括：核燃料循环系统的各单位；陆上固定式核动力厂和核热电厂；拥有生产或操作量相当于甲、乙级实验室（或操作场所）并向环境排放放射性物质的研究、应用单位。

（一）评价范围与评价子区划分

对于核燃料循环系统的各个单位和陆上固定式核动力厂和核热电厂，应以主要放射性污染物排放点为中心，以半径 80 km 范围作为评价区域。应以向环境释放放射性的主要排放点作为评价半径的圆心。核电站以及核燃料循环的大、中型企业以 80 km 半径为评价范围。

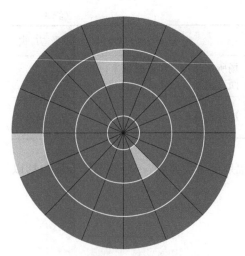

图 1.3　辐射环境评价子区的划分

子区划分原则：评价子区应以释放到环境中的放射性核素的运输途径（气途径、水途径），结合单位所在地的环境特性来划分。

子区划分方法：在评价范围内按一定距离划分同心圆，再按 16 个方位划分扇形区，两相邻同心圆与两相邻方位线围成小区域作为评价子区，如图 1.3 所示。

（二）辐射环境质量评价的剂量基本标准

根据《电离辐射防护与辐射源安全基本标准》（GB 18871—2002）中对公众关键人群组成员的年有效剂量当量的基本限值，核辐射环境质量评价的剂量基本标准规定如下：全身为 1 mSv（某些年份允许 5 mSv）。

对于陆上固定式核动力厂和核热电厂，其潜在的关键组个人年平均有效剂量当量，在正常工况下不得大于 0.25 mSv。对于核燃料循环系统的各个单位和拥有生产或操作量相当于甲、乙级实验室（或操作场所）并向环境排放放射性物质的研究、应用单位，在使用剂量基本标准时要考虑合理的分配份额。

（三）评价指标

核辐射环境质量评价采用的剂量评价指标为关键人群组的个人年有效剂量当量以及评价范围内集体剂量当量。

对于向环境释放放射性碘和稀有气体的核设施和放射性操作场所，除上述所列的评价指标外，尚需考虑涉及甲状腺和皮肤的器官、组织剂量，不应超过《电离辐射防护与辐射源安全基本标准》（GB 18871—2002）中对公众成员的器官、组织所规定的剂量限值。

对大、中型核设施的环境影响评价，除估算上述所列的量值外，还要预测设施对生态系统、社会经济、文化古迹、自然保护区、旅游风景区、温泉疗养区等的影响。应重视对生态系统的影响分析，特别要注意分析那些可能造成环境不可逆转的有害影响，评价可能采取的减缓有害影响的工程措施及其效能。

对核电站的环境影响评价，应考虑化学污染物和温排水的环境影响分析，其评价标准按国家相应的有关规定执行。

（四）评价方法

把环境的辐射照射减到可合理达到的最低水平是核辐射环境评价和管理的基本原则，应贯穿在整个核辐射环境质量评价工作中，特别是评价结论的分析和建议中。

核辐射环境影响评价系预断评价，应选用合适的模式和参数，以模式估算正常工况和事故工况下关键人群组的个人年有效剂量当量和评价范围内集体剂量当量两种剂量的量值。核辐射环境质量现状评价应以模式计算为主，并结合环境监测资料估算正常工况和事故工况下关键人群组的个人年有效剂量当量和评价范围内集体剂量当量两种剂量的量值。

退役核设施的核辐射环境影响评价内容,应包括核设施拆除过程和核设施封存后的辐射环境质量评价。前者采用以模式计算为主的方法估算剂量,后者采用模式估算方法估算剂量。

对核电站的环境影响评价,应按照核电站环境影响报告书的内容和格式执行。

第四节 工作场所电离辐射监测

开展电离辐射环境工作场所日常运行过程中的辐射状态监测,对于保护操作人员身体健康具有重要意义。因此,有必要针对非事故状态下的电离辐射工作场所开展常规监测和操作监测,并规定其监测的原则和要求。这些原则与要求也可供其他监测参照使用。

一、工作场所监测的基本原则

依据国家辐射防护规定《电离辐射工作场所监测的一般规定》(EJ 381—1989)划定的电离辐射工作场所,必须按有关要求进行场所监测。工作场所监测的目的是:

(1) 确认工作环境的安全程,及时发现辐射安全上的问题和隐患。

(2) 鉴定操作程序及辐射防护大纲的效能是否符合规定要求。

(3) 估计个人剂量可能的上限,为制订个人监测计划提供依据。

(4) 为辐射防护管理提供依据,也可为医学诊断提供参考资料。

非事故状态下的场所监测分为常规监测、操作监测和特殊监测。常规监测适用于重复性操作,操作监测是为了提供有关特定操作的资料。场所内的常规监测与操作监测可同时进行,也可分别单独进行。

工作场所监测项目主要包括:外照射监测、表面污染监测、空气污染监测,以及场所污染监测、场所防护设施效能监测及场所本底调查。

工作场所监测的完整程序包括:制订监测计划、就地测量或取样测量、数据处理、评价测量结果、处理与保存监测记录。

二、监测计划的制订

监测计划是决定场所监测质量的重要环节,监测计划的内容包括:

(1) 监测的目的和要求。

(2) 测量的数量、估算量及估算模式与参数。

(3) 相应的评价标准或限值。

(4) 测量频度与取样、分析程序(包括测量仪器与设备)。

(5) 监测结果的评价。

(6) 对记录的要求与监测记录的管理。

(7) 对监测计划生产与修改的程序。

（8）质量保证措施。

监测计划的制订应体现最优化原则，应不断提高监测计划的有效性和经济性。应根据场所内操作的辐射源的类型与水平，并结合辐射防护设施的现状及管理水平，确定常规监测项目及频度。能否实现监测目的是判别监测计划有效性的唯一标准。有时，为提高监测结果的可靠性，可同时选择几个平行的监测项目进行监测。监测计划每隔适当的时间（一般为一年）应进行修订。应对监测项目、监测频度，以及估算模式等进行全面审查，以利于实现监测目的和提高监测效率。

表 1.5 为常规监测计划的制订推荐了若干指导原则。不同场所监测计划的制订应结合本场所的具体情况参照使用。

表 1.5 制订常规监测计划的指导原则

监测项目	辐射源类型	场所等级或工作条件分类①	监测的必要程度	常规监测的推荐频度
外照射监测	开放源	甲级 乙级 丙级	必要或有时必要 有时必要 一般不必要	连续监测或周期监测 周期监测或巡测 一般不需要
	密封源	甲类 乙类	必要 必要	连续监测并由报警系统周期监测
表面污染监测	开放源	甲级 乙级 丙级	必要 必要 必要	巡测并每班普查一次 巡测并每周或每月普查一次 巡测并每月或每季度普查一次
空气污染监测	开放源	甲级 乙级 丙级	必要 必要 有时必要	连续监测或周期监测② 周期监测 周期监测
密封源泄漏监测	易泄漏 不易泄漏	各类 无	必要 有时必要	每半年一次 每年一次
防护设施效能检查	开放源	甲级 乙级 丙级	必要 必要 必要	每季度一次 每半年一次 每年一次
	密封源	甲类 乙类	必要 有时必要	每季度一次 每年一次

注：① 开放型放射工作场所，按所用放射性核素的最大等效日操作量（日操作量毒性组别系数）分为 3 级：甲级 $>1.85 \times 10^{10}$ Bq，乙级 $1.85 \times 10^{7} \sim 1.85 \times 10^{10}$ Bq，丙级 $3.7 \times 10^{4} \sim 1.85 \times 10^{7}$ Bq。
② 必要时使用个人空气取样器。

每年度的监测计划应于当年第一季度与上年度工作场所监测报告同时上报辐射防护主管部门审查。为实现辐射防护整体监测的最优化，在制订场所监测计划时，应注意与个人监测、环境监测的互相衔接与配合。

三、工作场所的本底与外照射监测

(一) 工作场所本底调查

辐射工作场所在使用之前,必须进行辐射本底调查。辐射工作场所在竣工验收时,必须对场所防护设施的效能进行检查和监测;在其后的使用过程中,这些检查和监测也须定期或根据需要随时进行。检查和监测的内容一般包括:场所通风换气的一般指标及特殊指标;密封设备的密封性及负压要求;辐射屏蔽的效能;放射性废气、废水处理系统的净化效率;某些特殊使用的场所防护设备(报警系统、安全连锁装置等)和个人防护用具的效能。

对辐射工作场所中开放源的放射性核素等效年用量、最大等效日操作量及密封源的放射性活度,应进行调查和测量,并将结果记入场所监测档案。

(二) 外照射监测

外照射监测的主要目的包括:检查场所外照射控制的效能;估计个人剂量可能的上限,为制订个人监测计划提供依据;鉴定操作程序的合理性,控制工作人员在场所内的活动空间与时间。

下列情况必须对场所的外照射进行监测:①任何能够产生贯穿辐射的新设施和新装置投入使用;②当工作场所的辐射水平已经发生或可能发生任何重大变化时,如反应堆或临界装置的启动,以及使用新的医用放射学程序等。

应根据场所内存在的辐射类型、辐射水平与能量,选择测量仪器和方法。测量仪器必须定期按使用条件进行校准,并在使用前检验仪器的工作状态是否正常。常规监测的频度取决于辐射场的预期变化,可分为三种情况:

(1) 辐射场不易变化的,只需进行一般性的巡测。

(2) 辐射场容易变化的,应对预先确定的监测点进行周期性的测量。

(3) 辐射水平可能迅速增加并造成严重后果的,需设置报警系统进行连续测量。

操作监测计划的制订取决于操作程序对辐射场的影响程度。当影响不大时,只需一般性巡测;当影响较大时,应进行连续测量。β外照射受操作程序影响很大,对存在β辐射的混合辐射场的监测必须重视。

由于辐射的性质与水平随空间、时间而变化,加之工作人员在辐射场内活动的方式也难以控制,因而由场所外照射监测结果来评价工作人员所受的照射极其复杂,可以引入下述一些简化假设来评价监测结果。

(1) 当工作场所中被测量的量近似等于工作人员所受的剂量当量时,可由辐射场的时空分布估算工作人员接受的剂量当量。

(2) 对辐射水平足够低的场所,可以假定工作人员在整个工作时间内始终处于辐射场中剂量当量率最大的地方,由此确定工作人员可能接受的剂量当量上限。此时不需要限制工作人员在工作场所内的活动时间。如果辐射水平不是足够低,则必须估定,并且有时还要限制在高辐射水平区域活动的时间。

(3) 对于操作监测,评价往往是针对特定的工作时间进行的。这就需要了解在特定的时间内工作人员是否还受到其他附加照射的情况,以控制在此期间内工作人员接受的总剂量不会超过某一限值。

应根据场所外照射监测结果来评价与提高场所外照射防护设施的效能,以减少工作人员所受的外照射。

四、工作场所的表面污染监测

(一) 表面污染监测的目的与原则

表面污染监测的主要目的在于:检查场所污染控制的有效性,防止污染的扩散;检查是否违反规定的操作程序;把表面污染限制在一定的水平,以满足管理上的要求;为制订个人和空气污染监测计划及修改操作程序提供资料。

表面污染控制的有效性通常表明场所辐射控制与管理的水平。虽然表面污染与工作人员所受的照射未必相关,但一切开放型辐射工作场所,均应以不同的方式与频度进行表面污染监测。

表面污染的常规监测,可按由经验确定的频度去直接或间接测量场所内有代表性的表面。对缓慢扩散的污染,定期检查清洁工具、工作鞋、手套等代表性物品的污染可以给出污染水平的一般指示。对于可能发生大量或急剧扩散污染的场所,可以在场所出口的两侧进行人员污染监测作为常规监测的补充。此时,非清洁一侧的测量可作为场所污染的常规检查,而清洁一侧的测量可确保工作人员离开场所之前是清洁的。

表面污染的操作监测可作为常规监测的重要补充,在操作过程中及结束时,测量与操作有关的表面,有助于控制污染的扩散。操作监测还应包括检查离开辐射工作场所的物件。

对于使用密封源的场所,一般不需要进行场所的表面污染监测。但如果密封源可能出现泄漏,则必须定期检查源的密封性。检查周期要根据源的等级和使用情况决定。检查方式可以是擦拭检验源表面或源容器内表面,也可探测源泄漏的气载物质。对表面污染测量结果的评价应包括:

(1) 可由表面污染的导出限值建立相应的管理限值,以此来评价常规监测结果,管理限值的高低取决于场所的正常工作条件及污染监测仪器的灵敏度。

(2) 在很少发生污染的区域,一旦发现污染就应引起足够重视,应调查并控制污染源;在污染较为普遍的区域,污染趋势的变化可反映场所污染控制的程度,可在达到管理限值之前采取措施。

(3) 对高水平的开放型场所,应估算污染表面的放射性活度,这可为空气污染的预测及场所辐射性物质的平衡提供资料。

当前,我国现行的与放射性表面污染监测相关的国家标准和行业标准有:

《表面污染测定 第 1 部分:β 发射体($E_{\beta max} > 0.15$ MeV)和 α 发射体》(GB/T 14056.1—2008),《辐射防护仪器 α、β 和 α/β(β 能量大于 60 keV)污染测量仪与监测仪》

(GB/T 5202—2008),《α、β表面污染仪》(JJG 478—2016),《α、β表面污染测量仪与监测仪的校准》(GB/T 8997—2008)。

(二) 表面污染测量的区域划分

开展表面污染测量前,应先察看现场,了解生产工艺,分析可能存在污染的场地。首先判断是否存在β污染,再确定是否为表面污染。表面污染测量中,根据可能存在的污染程度,一般将测量区域划分为3类:控制区、监督区和非限制区。

1. 控制区

任何需要或可能需要特殊防护措施或安全条件的区域被划为控制区。在其中连续工作的人员一年内受到的照射剂量可能超过年限值的十分之三。核医学的控制区包括可能用于制备、分装放射性核素和药物的操作室、放射性药物给药室、放射性核素治疗的床位区等。

2. 监督区

未被定为控制区的区域,在其中通常不需要采取专门的防护手段或安全措施,但需要经常对这些照射条件进行监督和评价。核医学的监督区包括标记实验室、显像室、诊断病人的床位区、放射性废物贮存区等。

3. 非限制区

除了控制区和监督区以外的区域。在此区域内不需要专门的防护手段和措施,也不需要对职业照射条件进行监督和评价,可以自由出入,在其中连续工作的人员一年内受到的照射剂量一般不超过年限值十分之一,包括办公室、电梯和走廊等。

测量时先选择在非限制区测量,并以某不受影响的监测点作为本底。对于核医学而言,重点关注区域包括:控制区和监督区,即核素可能撒漏的地方;职业人员工作或途经的区域和患者停留的地方;污染物或废物暂存区。

(三) 表面污染的测量方法

表面放射性污染主要包含α、β和γ三种污染类型。放射性污染的方式包括表面污染和非表面污染,其中,表面污染又包括松散污染和固定污染。表面污染的测量方法包括直接测量法和间接测量法。

直接测量法是指用仪器在待测物(场所)的表面适当距离进行测量。通过同样测试条件下的已知源活度来确定表面污染测量值。其中,已知源应当与被测点可能污染核素相同或其发射的β射线能量相近。该方法属于定量测量。

间接测量法是通过擦拭或去污等方式将待测物(场所)一定面积上的污染物转移至实验室固定的仪器设备进行测量。该方法需要确定擦拭面积和转移(去污)系数2个因子,才能根据固定实验设备测得值计算表面污染值。该方法属于半定量测量,主要用于定性是否为表面污染。

比较而言,间接测量法更适合表面有非放射性液体或固态的沉淀物,或有干扰辐射场存在,可能影响辐射监测仪工作的情况;以及测定目标场所相对位置局限,采用直接测量不易接近测量表面的方法。间接测量法不能测量固定污染,去除因子有较大的不确定性,只适合于可去除(松散)污染的测量。两种方法同时使用,可保证测量结果更好地满足监测目的。

在实际工作中要选用合适的仪器与方法。首先判断是否存在 β 污染,再确定是否为表面污染。若采用直接测量法,测量时间要足够长,保证探测限小于标准规定的限值;若采用间接测量法,要给出取样过程、测量仪器和计算过程(参数)。

(四) 表面污染控制水平

工作场所的表面污染控制水平如表 1.6 所列。应用这些控制水平时应注意:

(1) 表 1.6 中所列数值指表面上固定污染和松散污染的总数。

(2) 手、皮肤、内衣、工作袜被污染时,应及时清洗,尽可能清洗到本底水平。其他表面污染水平超过表 1.6 中所列数值时,应采取去污措施。

(3) 设备、墙壁、地面经采取适当的去污措施后,仍超过表 1.6 中所列数值时,可视为固定污染,经审管部门或审管部门授权的部门检查同意,可适当放宽控制水平,但不得超过表 1.6 中所列数值的 5 倍。

(4) β 粒子最大能量小于 0.3 MeV 的 β 放射性物质的表面污染控制水平,可为表 1.6 中所列数值的 5 倍。

(5) Ac-227、Pb-210、Ra-228 等 β 放射性物质,按 α 放射性物质的表面污染控制水平执行。

(6) 氚和氚化水的表面污染控制水平,可为表 1.6 中所列数值的 10 倍。

(7) 表面污染水平可按一定面积上的平均值计算:皮肤和工作服取 100 cm^2,地面取 $1\,000 \text{ cm}^2$。

表 1.6　工作场所的放射性表面污染控制水平(单位:Bq/cm^2)

表面类型	所属区域	α 放射性物质		β 放射性物质
		极毒性	其他	
工作台、设备、墙壁、地面	控制区[注]	4	40	40
	监督区	0.4	4	4
工作服、手套、工作鞋	控制区、监督区	0.4	0.4	4
手、皮肤、内衣、工作袜	控制区、监督区	0.04	0.04	0.4

注:该区域的高污染子区除外。

工作场所中的某些设备与用品,经去污使其污染水平降低到表 1.6 中所列设备类的控制水平的 1/50 以下时,经市管部门或审管部门授权的部门确认同意后,可当作普通物品使用。

五、工作场所的空气污染监测

由于吸入气载放射性物质是工作人员接受内照射的主要途径,因此场所空气污染的监测是防止工作人员体内污染的重要措施。空气污染监测的目的包括:发现意外的气载污染,对工作人员进行保护并采取措施改进场所的污染控制;空气污染监测不能代替个人内照射监测,但可为估算工作人员群体摄入量提供资料;为制订个人内照射监测计划提供依据。

一般低水平开放型辐射工作场所,在正常操作与管理情况下,只进行表面污染监测作为污染控制的常规严重手段是可行的。当操作水平较高时,就需要常规的空气污染监测。如下列几种情况:操作放射性气体或挥发物质,其等效日操作量为该核素年摄入量限制的数千倍,如大规模生产氚及其化合物;经验表明经常污染工作场空气的操作,其污染浓度超过导出空气浓度的1/10,如反应堆燃料的制造和后处理、天然铀和浓缩铀的加工等;操作钚、超铀核素、钍、镭或其他高比活度的α放射性核素;铀的开采、冶炼和精炼;热室、反应堆和临界装置的运行;医院中治疗量级开放型放射性物质的操作。

空气污染监测计划的制订,在很大程度上依赖于操作的性质与程序、场所空气污染及其控制设施的现状以及场所管理与监测的水平。制订完善的监测计划还依赖于场所管理与监测方面的长期经验。在制订监测计划时,可依据下述原则:

(1)对于常规监测,应在场所内若干能合理代表工作人员呼吸带的位置上,使用固定取样器或可移动的取样器,在不同的运行阶段以不同的频度进行区域取样,获取短期样品。

(2)对于操作监测,为了反映操作程序对污染的影响,应在若干呼吸带的位置上,在不同的操作阶段,获取相应的样品,如果需要得到更具有代表性的呼吸带空气样品,应使用个人空气采样器。

(3)在空气污染水平有可能发生急剧变化的场所,必须进行连续监测,并对空气污染浓度的异常变化报警。在很多情况下,这种监测针对污染源附近的空气要比对呼吸带更为有效。

(4)在对空气污染进行核素浓度定量监测的同时,必须对污染物的物理化学性质及其可转移性,污染物的粒度分布进行调查或测量。

对空气污染监测结果的评价通常要做一些简化的假设,以便于将监测结果与导出空气浓度(DAC)或年摄入量限值(ALI)比较。不同类型的样品,可采用下述不同的评价方法。

区域样品的代表性依赖于取样速率、取样器粒度选择性及工作人员在场所中的活动情况。不能将区域样品的监测结果简单地等同于工作人员的吸入浓度,两者可能有2~3个数量级的差别。应通过个人空气取样器监测结果与区域取样器监测结果的比较,或其他方法制定区域样品的管理限值。可采用这样的假设,即工作人员实际吸入平均浓度等于区域样品长期平均值与校正因子的乘积,校正因子应由实验测定,这样可由吸入平均浓度估算工作人员群体摄入量。当区域样品长期平均值超过管理限值时,应使用个人空气取样器样品长期平均值。个人空气取样器样品的单次测量值(取样时间在一周以下)对空气中的热粒子十分敏感,不适宜于估算摄入量。对单次测量也可制定一个管理限值,如若超过,就需要个人内照射监测。个人空气取样器样品的长期平均值可用来估算摄入量,或直接与导出空气浓度进行比较。操作监测结果对应于操作程序的特定时间与空间,因此有较好的代表性。可由不同操作阶段的多次平均结果估算工作人员在操作期间的总摄入量。在应用导出空气浓度和年摄入量限值评价空气污染监测结果时,应考虑实际气溶胶活性中值空气动力学直径(AMAD)与标准气溶胶的偏离,还应考虑空气取样器对粒子大小的选择性。对这些因素,必须引入校正因子。

当气载污染引起的外照射和通过其他非吸入途径引起的内照射不能忽略时,在空气污染监测结果的评价中应对这些问题给予专门考虑。

第五节　放射源的豁免原则

一、豁免准则

根据国标 GB 18871—2002,放射源或放射实践豁免的一般准则是:

(1) 被豁免实践或源对个人造成的辐射危险足够低,以至于再对它们加以管理是不必要的。

(2) 被豁免实践或源所引起的群体辐射危险足够低,在通常情况下再对它们进行管理控制是不值得的。

(3) 被豁免实践和源具有固有安全性,能确保上述准则始终得到满足。

如果经审管部门确认,在任何实际可能的情况下下列准则均能满足,则可不作更进一步的考虑而将实践或实践中的源予以豁免:

(1) 被豁免实践或源使任何公众成员一年内所受的有效剂量预计为 $10\ \mu Sv$ 量级或更小。

(2) 实施该实践一年内所引起的集体有效剂量不大于约 1 人·Sv,或防护的最优化评价表明豁免是最优选择。

二、可豁免的源与豁免水平

根据上述豁免准则,下列各种实践中源经审管部门认可后可被要求豁免。

(1) 符合下列条件并具有审管部门认可的型式的辐射发生器,和符合下列条件的电子管件(如显像用阴极射线管):正常运行操作条件下,在距设备的任何可达表面 0.1 m 处所引起的周围剂量当量率或定向剂量当量率不超过 $1\ \mu Sv/h$;或所产生辐射的最大能量不大于 5 keV。

(2) 符合以下要求的放射性物质,即任何时间段内在进行实践的场所存在的给定核素的总活度或在实践中使用的给定核素的活度浓度不超过附录1(即 GB 18871—2002 中附录 A 的表 A1)所给出的或审管部门所规定的豁免水平。

附录1给出的放射性核素的豁免活度浓度和豁免活度,是根据某些可能还不足以可无限制使用的照射情景和模式、参数推导得出的,仅可作为申报豁免的基础。考虑豁免时,审管部门应根据实际情况逐例审查,某些情况下,也可以要求采用更为严格的豁免水平。

应用附录 1 所给出的豁免水平时,还应注意以下各点:

(1)这些豁免水平原则上只适用于在组织良好、人员训练有素的工作场所对小量放射性物质和源的工业应用,以及实验室或医学应用,例如,利用小的密封点源校准仪器,将小量非密封放射性溶液装进容器进行工业示踪,以及一瓶低活度气体的医用等。

(2)对于未被排除的天然放射性核素豁免的应用,仅限于引入到消费品中的天然放射性核素,或是将它们作为一种放射源使用(如 Ra‐226、Po‐210),或是利用它们的元素特性(如钍、铀)等情况。

(3)如果存在一种以上的放射性核素,仅当各种放射性核素的活度或活度浓度与其相应的豁免活度或豁免活度浓度之比的和小于 1 时,才可能考虑给予豁免。

(4)除非有关的照射已被排除,否则,对于较大批量放射性物质的豁免,即使其活度浓度低于附录 1 中给出的豁免水平,也需要由审管部门作更进一步的考虑。

(5)严禁为申报豁免而采用人工稀释等方法来降低放射性活度浓度。

遵循审管部门规定的条件(例如与放射性物质的物理或化学形态有关的条件和与放射性物质的使用或处置有关的条件等)时,可以给予有条件的豁免。

对于符合下列条件的内装有按照前述第(2)项未予豁免的放射性物质的设备,可以给予这种有条件的豁免:

(1)具有审管部门认可的型式。

(2)其放射性物质呈密封源形式,能有效地防止与放射性物质的任何接触或能有效地防止放射性物质的泄漏。

(3)正常运行操作条件下,在距设备的任何可达表面 0.1 m 处所引起的周围剂量当量率或定向剂量当量率不超过 $1\,\mu Sv/h$。

(4)审管部门已明确规定了处置时必须满足的条件。

三、豁免备案与管理

按照原环境保护部(现为生态环境部)于 2011 年公布的第 18 号令《放射性同位素与射线装置安全和防护管理办法》(以下简称 18 号令)我国目前对豁免实行的是两级管理。对于含放射源设备的有条件豁免,由生态环境部办理,其他由省级生态环境部门办理。

(一)省级生态环境部门备案

按 18 号令规定,省级以上人民政府生态环境主管部门依据 GB 18871—2002 及国家有关规定负责对射线装置、放射源或者非密封放射性物质管理的豁免出具备案证明文件。

1. 有证且使用小批量低于豁免要求的单位

已取得辐射安全许可证的单位,在使用低于 GB 18871—2002 规定豁免水平的射线装置、放射源或者少量非密封放射性物质时,因为在许可证审批时已对其人员资质、辐射安全与防护等进行了审查,原则上认为满足 GB 18871—2002 要求的"在组织良好、人员训练有素的工作场所对小量放射性物质和源的使用"。因此,用户单位只要提交其使用的射线装置、放射源或者非密封放射性物质辐射水平低于 GB 18871—2002 豁免水平的证明材料,经所在地省级人民政府生态环境主管部门备案后,可以被豁免管理。

2. 有证且使用较大批量低于豁免要求的单位

这类单位虽然已取得辐射安全许可证,但使用较大批量低于 GB 18871—2002 规定豁免水平的非密封放射性物质的,除提交其使用的射线装置、放射源或者非密封放射性物质辐射水平低于 GB 18871—2002 豁免水平的证明材料外,还应当提交射线装置、放射源或者非密封放射性物质的使用量、使用条件、操作方式以及防护管理措施等情况的证明,报请所在地省级人民政府生态环境主管部门备案认可后,可以被豁免管理。

3. 未取得辐射安全许可证的单位

这类单位在申请使用低于 GB 18871—2002 规定豁免水平的射线装置、放射源以及非密封放射性物质时,无法判断是否满足 GB 18871—2002 要求的"在组织良好、人员训练有素的工作场所对小量放射性物质和源的使用"的标准要求。此外,对于已经取得辐射安全许可证的单位,虽然使用低于 GB 18871—2002 规定豁免水平非密封放射性物质,但其使用量较大,也需要按未取得辐射安全许可证单位的情况,提交相应的证明材料并报请相关部门备案认可。

(二) 生态环境部备案

对装有超过 GB 18871—2002 规定豁免水平放射源的设备,经检测符合 GB 18871—2002 确定的有条件豁免辐射水平的,提交如下资料,并由设备的生产或者进口单位向生态环境部门报请备案后,该设备相关转让、使用活动可以被豁免管理。

(1) 辐射安全分析报告,包括活动正当性分析,放射源在设备中的结构,放射源的核素名称、活度、加工工艺和处置方式,对公众和环境的潜在辐射影响,以及可能的用户等内容。

(2) 有相应资质的单位出具的证明设备符合 GB 18871—2002 有条件豁免要求的辐射水平检测报告。

(三) 豁免申请

不同省市对于放射性源和实践的豁免申请所要求提交的材料不尽相同,但基本上相差不多。一般而言,依据是否取得辐射安全许可证,可以分以下两种情况。

未取得辐射安全许可证单位,一般需要提交以下申请材料:

(1) 放射性同位素与射线装置管理豁免申请表。

(2) 企业法人营业执照正、副本,或事业单位法人证书正、副本,以及法定代表人身份证复印件。

(3) 申请豁免的射线装置、放射源或者非密封放射性物质辐射水平低于 GB 18871—2002 豁免水平的证明材料;申请放射性同位素豁免的出具出厂活度证明;申请射线装置豁免的出具产品说明书,以及有资质的辐射环境监测机构出具的射线装置辐射剂量水平监测及评估报告。

(4) 射线装置、放射源或者非密封放射性物质的使用量、使用条件、操作方式以及防护管理措施等情况的证明。

已取得辐射安全许可证单位,一般应提交以下申请材料:

(1) 放射性同位素与射线装置管理豁免申请表。

(2) 辐射安全许可证正、副本复印件。

(3) 申请豁免的射线装置、放射源或者非密封放射性物质辐射水平低于 GB 18871—2002 豁免水平的证明材料;申请放射性同位素豁免的出具出厂活度证明;申请射线装置豁免的出具产品说明书,以及有资质的辐射环境监测机构出具的射线装置辐射剂量水平监测及评估报告。

(4) 使用较大批量低于 GB 18871—2002 规定豁免水平的非密封放射性物质的,还应提供非密封放射性物质的使用量、使用条件、操作方式以及防护管理措施等情况的证明。

(四) 豁免效力

为了简化行政审批流程,18 号令规定:省级人民政府生态环境主管部门应当将其出具的豁免备案证明文件报生态环境部。生态环境部对已获得豁免备案证明文件的活动,或者活动中的射线装置、放射源或非密封放射性物质定期公告。经生态环境部公告的活动,或者活动中的射线装置、放射源或非密封放射性物质,在全国有效,可以不再逐一办理豁免备案证明文件。

四、含多种放射性核素物质的豁免

按照 GB 18871—2002 要求,如果存在一种以上的放射性核素,仅当各种放射性核素的活度或活度浓度与其相应的豁免活度或豁免活度浓度之比的和小于 1 时,才可能考虑给予豁免。即应当满足:

$$\sum_{i=1}^{n} \frac{C_i}{C_{iE}} \leqslant 1, \tag{1.4}$$

式中:C_i——第 i 种核素的活度或活度浓度;

n——核素的种类数;

C_{iE}——第 i 种核素的豁免活度或豁免活度浓度。

式 1.4 的应用有两种情况:一是某种放射性物料(如 γ 谱刻源和天然放射性物料)中含有多种放射性核素;另一种是一批源(可能是同种核素多个源,也可能是不同核素多个源)的豁免。有些放射源销售单位拟申请对销售给不同用户的不同核素刻度源申请豁免,此时只需要看销售给某一用户的源是否在豁免水平以下即可,除非是一批不同核素的刻度源销售给同一用户,才需用式 1.4 核算是否满足豁免条件。

作为申报豁免基础的豁免水平,附录 1 列出了放射性核素的豁免浓度与豁免活度。

📖 习题 1

1. 核设施、射线装置、源项单位、环境本底调查等的定义。

2. 剂量当量、有效剂量当量、集体剂量当量的含义。

3. 三关键(关键人群组、关键核素、关键照射途径)的内涵。

4. 天然放射性射线的来源。

5. 天然放射性在辐射环境监测中受到很大关注是出于哪几种原因?

6. 开展辐射环境监测的目的。

7. 放射性本底调查定义及其目的。

8. 辐射环境监测与辐射环境质量监测的差异。

9. 辐射本底调查与工作场所本底调查的关系与异同。

10. 辐射本底调查资料对核电厂后续工作的作用。

11. 外照射监测目的及其必须开展的情况。

12. 放射源的豁免原则。

第二章 辐射源监测与辐射应急监测

辐射环境监测中,一个重要工作就是开展辐射源或辐射污染源的监测。通过辐射源监测,可以为开展辐射污染治理提供准确可靠的目标对象。特别是在辐射源丢失情况下,有针对性地开展辐射源的监测和搜寻,具有重要意义。

对于辐射应急监测而言,一方面需要针对辐射污染源进行监测,另一方面还需要进行辐射环境污染状况监测。前者用于为决策部门提供应急措施,后者为决策者制定应急方案提供数据。

第一节 辐射源监测基本原则

一、监测目的和原则

(一)监测目的

辐射源环境监测是为了评判特定辐射源或伴有辐射活动,对周围环境是否造成影响及影响程度而进行的监测,目的是为环境监督管理提供依据,为公众提供环境信息,监测辐射源排放情况,核验排放量,检查辐射源营运单位的环境管理效能,评价排放对环境的影响,检查和证实环境影响评价中的假设和结论。

(二)监测原则

1. 基本原则

并不是所有的辐射源都需要开展辐射环境监测,对周围环境和公众的辐射影响可以忽略的辐射源,不需要开展环境监测,如豁免的放射源。本书中所指的辐射源,是指对周围环境和公众具有已确定或潜在辐射影响的辐射源。

辐射源环境监测通常在设施外围的环境中实施,用以查明公众照射和环境中辐射水平增加值。环境监测方案包括辐射场测量和环境样品中放射性核素活度浓度测量,监测和样品的种类要覆盖辐射源对公众的主要照射途径,并选择可以浓集的放射性核素指示生物,用以强化监测放射性水平变化趋势的机制。

辐射源环境监测需要考虑辐射源的放射性总量、组分以及预计排放量和排放速率；需要考虑排放途径、排放方式、照射途径、现场的环境特性、周围居民的特点与习惯，以及来自邻近任何其他辐射源或活动的可能贡献。

2. 辐射污染源环境监测类别

辐射源环境监测按实施主体分为政府主管部门实施的监督性监测和辐射源业主（或营运单位）实施的自行监测，两种监测的目的有所不同。

监督性监测的目的主要是监控辐射源的环境排放，为辐射环境监管提供科学依据；监测辐射源周围环境质量，为公众提供环境安全信息；预警核与辐射事件、事故，确保公众安全和环境安全。

自行监测的目的主要是检验和评价营运设施对放射性物质包容的安全性和流出物排放控制的有效性，反馈有利于优化或改进三废排放和辐射防护设施的信息；对流出物或环境中的异常或意外情况提供报警，在合适的时候启动专门程序；检验排放对环境影响的程度是否被控制在目标值内；评价公众受到的实际照射及潜在剂量，证明设施对环境的影响是否符合国家标准。

虽然两种监测的目的有所不同，监测方案各有侧重，但监测内容总体上一致，监测数据经过比对认可后可以互补，但两种监测不能互相替代。营运单位的自主监测方案应当系统全面，而政府主管部门实施的监督性监测方案在满足监测目的的条件下可以适当优化。

3. 监测方案制定原则

监测方案应重点关注关键人群组位置、关键途径和关键放射性核素。监测方案的内容应随设施运行的不同阶段而改变。必测方案应定期开展回顾性评价，以确保监测方案始终和其监测目的保持相适应，以及重要的排放或环境迁移途径、重要的照射途径不被忽略。

监测方案应充分考虑设施所在地（厂址）的地域特征，监测方案应与厂址周围的地理特征、气候特征、社会环境以及居民生活习惯相适应。对于大型核与辐射设施，应制定适合厂址当地特征的监测方案，原则上应"一址一方案"。在实施监测方案时，采用的监测技术方法也应与厂址周围的特征相适应，如空气中水汽氚的采集方法，北方寒冷干燥地区和南方暖湿地区应分别采用适合于当地气候特点的采样技术方法。本书中提到的各类辐射源监测方案，在执行时可以根据厂址特征等实际情况作适当调整。

监测方案的制定是优化的结果，需要考虑监测资源的可利用性、不同照射途径的相对重要性。在设施运行的初期阶段，为证实环境中放射性核素的行为和迁移情况与预测结果的一致性，频繁而详细的环境监测是必要的，监测方案可以与运行前本底调查方案一致或接近。环境监测的规模不能任意缩减，只有在若干年后，根据取得的实际经验并且掌握充分的理由，才有可能缩减环境监测的规模。尽管在正常排放情况下，无论是在设施运行的初期还是在运行若干年后，环境中的辐射水平和放射性核素活度浓度水平仍可能探测不到，但决定减少采样频次或缩减环境监测规模必须经仔细审查，并应考虑排放范围的改变或计划外排放的可能性以及公众关注度。

对于多个辐射源相邻的情况,如果其环境影响范围重叠,那么制定一个环境监测方案是可行的。该方案应考虑多个辐射源的排放情况,如 GB 6249—2011《核动力厂环境辐射防护规定》规定的多堆核电厂址,应制定统一的环境监测方案。但是,如果两个辐射源相距过远,且其主要环境影响范围基本没有重叠,则应分别制定环境监测方案。

二、样品的采集、预处理和管理

(一) 样品采集原则

样品的采集应遵从如下原则:

(1) 从采样点布设到样品分析前的全过程,都必须在严格的质控措施下进行,现场监测和采样应至少有 2 名监测人员在场;

(2) 采集的样品必须有代表性,即该样品的监测结果能够反映采样点的环境;

(3) 根据监测目的、内容和现场具体情况有针对性地确定相应的采样方案,包括项目、采样容器、方法、采集点的布置和采样量。采样量除保证分析测量用以外,应当有足够的余量,以备复查;

(4) 采样器具和容器的选用,必须满足监测项目的具体要求,并符合国家技术标准的规定,使用前须事先清洁并经过检验,保证采样器和样品容器的合格和清洁,容器壁不应吸收或吸附待测的放射性核素(或采取措施有效避免),容器材质不应与样品中的成分发生反应;洗涤塑料容器时一般可以用对该塑料无溶解性的溶剂,如乙醇等;如塑料容器被金属离子或氧化物沾污,可用体积比为 1∶3 的盐酸溶液浸泡洗涤。采样桶应用体积比为 1∶10 的盐酸溶液洗涤,再用去离子水洗净后盖上盖子;放射性活度高于 1×10^3 Bq·kg^{-1} 的被沾污容器应与普通容器分开洗涤,设置专用储存柜单独存放,避免交叉污染;

(5) 在样品采集和制备过程中应严防交叉污染和制备过程中的其他污染,包括通过空气、水和其他与样品可能接触的物质带来的污染,以及加入试剂带来的干扰或污染。

(二) 样品采集与预处理方法

1. 空气——气溶胶

1) 采样设备与过滤材料

气溶胶采集器,一般由滤膜夹具、流量调节装置和抽气泵等三部分组成。取样系统应放置在闭锁的设备中,以防止受到气候的直接影响和意外受损。应根据监测工作的实际需要选择滤纸,包括表面收集特性和过滤效率好的滤材。

2) 取样位置的选择

取样高度通常选在距地面或基础面约 1.5 m 处。注意保持取样系统进气口和出气口之间有足够大的距离,以防止形成部分气流自循环。取样地点应避免选择在异常微气象情况或其他由于人为因素的影响可能导致空气浓度偏高或偏低的地点,如公路旁或高大建筑物附近。

3) 采集方法

采样系统采用的流量计、温度计、湿度计、气压计必须经过计量检定,确认性能良好后方可采用。空气取样的流量一般为每分钟数立方米。理论上,取样流量越大,同时间内采样体积越大,探测下限越低。但空气的含尘量会对最大流量构成限制,在太大流量下工作会造成滤纸堵塞甚至破损。因此需视情况优化取样流量。

取样体积的测定,直接影响空气中放射性气溶胶浓度的测定,取样体积的不确定度应在 10% 以内。取样流量在取样过程中要保持稳定,在正常运行和预期的滤纸负荷变化范围内,流量变化不应大于 5%。滤纸上的尘埃量有可能直接影响取样流量,因此必须根据具体情况及时更换滤纸。

环境条件(温度、气压)的变化,可能影响取样体积估算的准确度,为了修正这种影响,空气取样体积 $V(m^3)$ 应换算为标准状态下的取样空气体积。

因采样时实时的气象条件与标准状态可能不一致,故应对流量调节装置中的流量计记录的流量进行修正,并根据换算得到标准状态下流量和取样时间算得取样体积。能自动修正到标准状态下流量和取样体积的采样器,不必重复以上修正,但在进行计量校准时,应对其修正结果进行验证。

4) 样品预处理

对小型滤纸,可将其小心装入稍大一些的测量盒中封盖好。对大型滤纸可把载尘面向里折叠成较小尺寸,用塑料膜包好密封。

2. 空气——常见放射性核素

1) I-131

采用组合式全碘取样器,它由以下几部分组成:最前面一层为滤纸,用于收集气流中的气溶胶状态碘;第二层为活性炭滤纸,用于收集元素状态的碘;再下一层是浸渍 TEDA (三乙烯二胺)的活性炭盒,用于收集有机碘。

采样体积视采样目的、预计浓度及测量探测下限而定。一般 I-131 采样体积大于 $100\ m^3$。采样结束后,将滤膜与活性炭盒放进样品盒,用胶黏纸封好,放入塑料袋中密封。

2) H-3

空气中的氚,可以分为降水中的氚、水蒸气和氢气中的氚。对于降水中的氚取样,与下述降水取样方法基本相同,但采样容器中不加入酸。对于氢气中氚的收集,一般先通过催化剂(如钯、铂和氧化铜)使元素态氚被氧化成氚化水,再用下述水蒸气收集法采集。对于水蒸气中氚的收集,有干燥剂法、冷冻法和鼓泡法。

干燥剂法比较普遍,可用的干燥剂有硅胶、分子筛、沸石等。硅胶方法比较简单、便宜,即在直径 5 cm、长 50 cm 左右的硬质玻璃或硬质塑料管中,填充粒度为 1.98～2.36 mm 的干燥硅胶,称出其质量,上下端塞以石英棉将其固定。使空气通过该管一定时间,把水分捕集在硅胶上。从流量计读数和抽气时间可以确定抽取的空气体积,再通过称量吸收水分前后的硅胶的质量差,即可求出收集的水蒸气质量和空气的含水量,最后,将硅胶中吸收的水分驱离(分离)出来,作为水样供测量氚使用。

冷冻法是将待测气流引入冷阱中,气流中的氚化水蒸气在冷阱中凝结下来,供分析之用。

鼓泡法是使待测气流流经鼓泡器(如盛蒸馏水或乙二醇的容器瓶),使气流与液体发生气液两相交换以便把氚化水蒸气收集在液体中。

3) C-14

空气中 C-14 的采样方法主要采用碱液吸收。采样原理主要是用抽气空气采样泵抽取一定体积的空气经过气动滤水器、粒子过滤器除去空气中的灰尘,然后通过 400 ℃ 高温氧化床,使其中微量的 CO 和碳氢化合物氧化成 CO_2,最后气流经过 4 个串联连接的装有氢氧化钠碱液的吸收瓶,CO_2 气体完全被碱液吸收。采样结束后将吸收瓶取下,带回实验室待处理。

根据液闪谱仪的探测灵敏度与空气中 C-14 的浓度水平选择适当的取样时间,使总的累积取样空气体积不少于 3~4 m^3,采集时长不少于 7 d。

3. 空气——沉降物

空气中沉降物采样设备(即采样盘)是接受面积为 0.25 m^2 的不锈钢盘,盘深 30 cm。采样盘安放在距地面定高度周围开阔、无遮盖的平台上,盘底面要保持水平,上口离基础面 1.5 m。

湿法采样:采样盘中注入蒸馏水,水深经常保持在 1~2 cm。收集样品时,将采样盘中采集的沉降物和水一并收入塑料或玻璃容器中封存。一般一个季度收集一次。

干法采样:在采样盘内表面底部涂一薄层硅油(或甘油),用以黏结沉降物。收集样品时,用蒸馏水冲洗干净,将样品收入塑料或玻璃容器中封存。

当降雨量大时,无论是湿法采样还是干法采样,为了防止降雨冲走沉积物和防止降水样与气载沉降物相混,应采用降雨时会自动关上顶盖、不降雨时自动打开顶盖的沉降收集器。要防止地面扬土,沉降盘位置不能太靠近地表。

采样结束后,把整个采集期间采集到的沉降物样品全部移入样品容器。附着在水盘上的尘埃,用橡胶刮板把它们刮下来,放入样品容器,待分析。

当采用双采样盘(A、B)模式采集沉降物时,采样盘 A 在无降水时开启收集沉降物,应在其中注入蒸馏水(对于极寒地区,采样器没有加热装置的,可加防冻液,防冻液应经过辐射水平测量),水深经常保持在 1~2 cm;也可在其表面及底部涂一层薄薄的硅油或甘油。采样盘 B 在降水时开启收集沉降物。

收集样品时,用蒸馏水冲洗采样盘壁和采集桶 3 次,收入预先洗净的塑料或玻璃容器中封存。采样盘 A 和 B 的样品分别收集。

采集期间,每月应至少观察一次收集情况,清除落在采样盘内的树叶、昆虫等杂物。定期观察采集桶内的积水情况,当降水量大时,为防止沉降物随水溢出,应及时收集样品,待采样结束后合并处理。

4. 水——地表水

地表水是地球上表面循环水的一部分,包括河川水、湖泊水、溪流、池塘水等。地表水一般用自动采水器或塑料桶采集水样。容器预先用体积比为 1∶10 的盐酸溶液洗涤后,再用净水冲洗干净,盖上盖子。分析 H-3 样品用棕色玻璃瓶采集。

1) 采样位置

地表水的采集位置主要考虑以下几类:在水的使用地点,如娱乐区、公共供水源等;在动物饮水或取水后用于喂养动物的地方;用于灌溉的水源。

对于本底水样。一般应选在设施排放点的河流上游处,但要避免在紧靠汇合处的上游处取样。对湖泊和池塘水体,应在不受设施排放影响的附近类似水体取样。取水点选择主要应考虑水体中放射性核素浓度是否均匀。

对于港湾水样。在港湾内或靠近港湾的水体内收集代表性样品可能比较困难,因为淡水和海水之间的温度和密度差可以形成层流。采样前应当对水样进行盐度分析,因为盐度可由于潮汐运动引起浓度的瞬时变化而进一步复杂化。此时,有必要增加样品的数量,并根据潮汐条件来决定取样时间。最好在逐次潮汐之间的间歇时间内取样。

对于河川水、湖泊和池塘,具体取样位置主要考虑如下:①河川水,一般选择河川水流中心的部位(河川断面流速最大的部分),除特别目的外,可采表面水;水断面宽小于等于10 m时,在水流中心采样;水断面宽大于10 m时,在左、中、右三点采样后混合。在有排放水和支流汇入处,则选在其汇合点的下游,两者充分混合的地方;河川涨水时,当有浊流等情况出现时,原则上暂停取样;②湖泊水、池塘水,一般选湖泊中心部位取样,避开河川的流入或流出处采集表面水,由于比较容易分层,因此须多点采样。水深小于等于10 m时,在水面下50 m处采样;水深大于10 m时,增加一次中层采样,采样后混匀。

2) 采样方法

采样前洗净采样设备。采样时用待采水样洗涤采样器具三次后开始采集。取样器浸入水中时,要让开口向着上游方向,小心操作,尽量防止扰动水体和杂物进入。先用取样器取水,再移入容器可以防止容器外壁污染。对于深度小于6 m的水体取样,也可采用潜水泵取样。

3) 预处理

采样以后,立即在样品中加入体积比为1∶1的盐酸溶液或者体积比为1∶1的硝酸溶液,每升样品水加2 mL酸(酸化到pH=1~2),然后盖严。监测H-3(HTO)、C-14、I-131的水样不用加酸酸化,监测Cs-137的水样用盐酸酸化。如有需要,应测量pH值和水温。为了排除沉淀物的影响而进行过滤(澄清)时,要在野外记录表上记录清楚后再开始采样。

5. 水——饮用水、海水及降水

1) 自来水

自来水的采样设备和预处理均与地表水相同,但水样取自自来水管末端水。在采样时,首先让自来水先放水几分钟,并冲洗采样器具2~3次;然后用漏斗把样品采集到容器中;最后把样品水充入样品容器中,至预定体积。

2) 地下水

地下水主要面向用于饮用的井水和泉水,其采样设备和预处理方法也均与地表水相同。井水采自饮用水井,泉水采自水量大的泉眼。在采样时,首先用采样水(井水或泉水)冲洗采样器具2~3次;然后用漏斗把样品采集到容器中;最后把样品水充入样品容器中,至预定体积。

3) 海水

海水的采样设备与地表水相同。在采样时,近岸海域海水在潮间带外采集,近海海域

（潮间带以外）海水水深小于 10 m 时，采集表层（0.1～1 m）水样；水深为 10～25 m 时，分别采集表层（0.1～1 m）水样和底层（距海底 2 m）水样，混合为一个水样；水深为 25～50 m 时，分别采集表层（0.1～1 m）水样、10 m 处水样和底层（距海底 2 m）水样，混合为一个水样；水深 50～100 m 时，分别采集表层（0.1～1 m）水样、10 m 处水样、50 m 处水样和底层（距海底 2 m）水样，混合为一个水样。其他海洋环境海水的采集参见 GB 17378.3—2007。

海水样品采集后，原则上不进行过滤处理（当水中含泥沙量较高时，应立即过滤）。供 γ 能谱分析的海水，应在每升样品中加入 1 mL 浓盐酸进行预处理。供总 α、总 β、Sr-90、Cs-137 分析的海水预处理方法为：在 30～50 L 的塑料桶中进行，取上清液 40 L，用浓盐酸调节至 pH<2，密封塑料桶后送回实验室等待分析。供 H-3 分析的海水不作预处理，采集后送实验室，由相关人员处置。

4）降水

降水采集装置（即受水器）应安放在周围至少 30 m 内没有树林和建筑物的开阔平坦地。采集器边沿上沿离地面高 1 m，采取适当措施防止扬尘的干扰。

采样过程中应注意：贮水器要定时观察，在降暴雨情况下，应随时更换，以防止外溢；采样完毕后，贮水器用蒸馏水充分清洗，以备下次使用；采集到的样品充分搅拌后用量筒测量降水总体积。

采集到的雪样，要移至室内自然融化，然后再对水样进行体积测量。降水样品采集后，应于棕色玻璃瓶中加盖密封保存。

6. 沉积物

此处的沉积物，一般指河川、湖泊、海水自然沉积下来的物质中粒度较细（直径小于 2 mm）的成分，主要指底泥。

深水部位的沉积物用专用采泥器采集，浅水处可用塑料勺直接采取。可用抓斗式采泥器或柱状采泥器，取到所需样品量，装入样品盘，将用具净水洗涮后，进行干燥。采样后，将样品放入盘中以后静置一段时间，除去上面的澄清液和异物，把底泥样品放入容器中，密封。

海洋沉积物的采集参见 GB 17378.3—2007。

7. 土壤

对农耕地，要考虑作物种类、施肥培植管理等情况，选定能代表该地区状况的地点采集。对未耕地，最好选在有草皮（植皮）、无表面流失等引起的侵蚀和崩塌，周围没有建筑物和人为干扰的地点。农耕地的取样时间，最好选在作物生长的后期（能突出显示土壤条件对作物生长产量的影响）到下一期作物播种前。

采用梅花形布点或根据地形采用蛇形布点，采点不少于 5 个。每个点在 10 m×10 m 范围内，采取 0～10 cm 的表层土。

土壤样品的采集步骤：首先，对选定的取样点编上系列号，去除散在表面上的植物，杂草石等。然后，把土壤采样器垂直于取样点表面放置，用锤子或大木锤把采样器冲打到预定深度（0～10 cm）。再用铁锹、移植镘刀等物，把采集器从冲打的深度回收上来，这时要注意去除其外围的土壤。最后，把采集器内采集到的土壤放入聚乙烯口袋内。如果是砂质土壤,在回收取样器时,采样器内的土壤可能滑落。此时可用薄铁板或移植镘刀把采样器前端的开口部位堵住后再回收。

将同一地方多点采集的土壤样品平铺在搪瓷盘中或塑料布上去除石块、草根等杂物,现场混合后取 2～3 kg 样品,装在双层塑料袋内密封,再置于同样大小的布袋中保存待用。

进行核设施运行前后的常规监测、核事故应急监测时,土壤样品布点和采集的详细要求,可见第四章土壤中放射性核素分析方法。

8. 陆生生物

1) 谷类

食用作物中,特别是以其籽实供食用的作物中,除了大米、麦类之外,还有玉米、小米、稗子、荞麦等,其中,大米和麦是代表性谷物,占主要地位。

以当地居民消费较多和(或)种植面积较大的谷类为采集对象,于收获季节现场,把收割下来的作物晾晒风干后脱粒处理,去除夹杂物,只收集干籽实数 25 kg。

2) 蔬菜类

以普通蔬菜或者当地居民消费较多或种植面积较大的蔬菜为采集对象,原则上不选择大棚或水箱中培植的蔬菜样品。蔬菜细分又可分为叶菜类(菠菜、白菜)、果菜类(西红柿、瓜、大豆)、根菜类(胡萝卜、萝卜)以及芋类(甘薯、土豆)等。

对非结球性叶菜(菠菜、油菜),选定菜园中央部分几处叶菜生长均匀的区域,采集生长在该垄上一定距离(如 1 m)范围内的全部作物;对结球性叶菜(白菜、卷心菜等),大型果菜、根菜以及芋类,由于个体差异大,为了方便,可在菜园中央部位选择 5～7 处生长均匀的区域,选择大小均匀的个体作为样品。新鲜蔬菜需 25 kg 左右,大豆等需 20 kg 左右。

3) 牧草

考虑牧草地纵横面积情况,划分 10 个等面积区域。在每个区域中央位置,各取样1～2 kg。采集牧草时不可将土带入,把收集到的牧草样品放入聚乙烯口袋,封口。

4) 牛(羊)奶

指直接从母牛(羊)身上挤得的原汁牛(羊)奶和经过消毒杀菌、脂肪均匀化等加工处理以后直接在市场上销售的市奶,以及脱水处理后的奶粉。挤出来的鲜奶先在冷冻机中冷却搅拌后供取样,或装在奶罐里搅拌均匀后供取样用。

采样前洗净采样设备(聚乙烯瓶,5 L),采样时用采样奶洗涤 3 次后采集,样品采集后应立即分析,如需放置时,要在鲜奶中加入质量分数为 37% 的甲醛防腐(加入量为5 mL/L)。也可从当地加工厂或市场购置同一批市奶(酸奶)或奶粉进行检测,但要确认原料产地。

5) 家禽、畜

根据与牧草、水体等介质的相关性,选择合适的采样场,首先选择健康的群体,随机选取若干个体。根据监测目的取其整体或可食部分(肉、脂或内脏等)。在取内脏组织作为样品时,不要使内脏破损、汁液流出,并注意保鲜。

为分析和保存,一般采集数千克。将采来样品的可食部分洗净、晾干表面水分,称鲜重并记录。若委托采样,应做好相关记录。一般不可从市场采集,更不能采集加工后的产品(如罐头)。

9. 陆地水生生物(淡水生物)

淡水生物以食用鱼类和贝类为取样对象,在捕捞季节在养殖区直接捕集,或从渔业公司购买确知其捕捞区的淡水生物,不能采集以饵料为主养殖的水产品。

根据监测目的取其所需部位,包括整个或可食部分,或者内脏、肌肉等。采集量一般为数千克,用作分析和保存。另外,还要考虑处理和制备过程的干燥物、灰分与鲜料的比例,以及所需部位与整体之间的比例。

对于采集用具,一般可委托捕捞,再购入所需样品,若由自己直接捕捞,也需与渔业人员商定。根据鱼贝种类的不同,捕捞期也不同。多数情况下无渔业权者不能捕捞,所以需委托有关部门进行取样。此时,应向受委托部门交待清楚应当详细记录的各项有关内容。

在采集到鱼类样品后,应在其新鲜时用净水迅速洗净。直接供分析和测定用的小鱼、鱼苗等全体样品,放入竹篓等器具内,控水 10~15 min。大鱼则用纸张之类擦干,去鳞,去内脏,称鲜重(骨肉分离后分别称重)。分取肌肉、内脏等部位时,注意不要损伤内脏,以免污染其他组织;勿使体液流出,以免引起损失。

对于采集到的贝类样品,应在原水中浸泡一夜,使其吐出泥沙。用刀具取出贝壳中软体部分,称重(鲜重)。

10. 海洋生物

根据海洋生物的不同,取样方法可以分为以下 4 类:鱼类、乌贼类等浮游生物;贝类、甲壳类、海参类、海星类、海胆类、海绵类底栖生物;裙带菜、羊栖菜、石花菜、苔菜、马尾藻、黑海带、褐海带等海藻类;淡菜类、牡蛎、海鞘等生息在岩石礁石上的附着生物。

海洋生物取样的一般做法是委托取样,然后购入,但必须交待和记录清楚具体要求。若自行取样也得取得相关部门同意和协助。海洋生物的采集部位包括全体(整体)或可食部分,或者内脏、肌肉等。根据监测目的不同,采集不同部位。海洋生物的采集量一般也为数千克。

海洋生物的采集方法根据生物种类存在差别:对于浮游生物,在捕鱼期随鱼种而定。若委托取样,需交待清楚必须详细记录的内容。对于底栖生物,海星类生物需雇用拖网采集,海滨岩石上未利用的贝类采用凿石、钢凿和刮刀。对于海藻类和附着生物,一般均委托他人采集,需交待清楚必须详细记录的内容。

海洋生物的预处理,浮游生物、底栖生物和附着生物均与淡水生物相同。只是浮游生物在采集到样品后,应尽量在其新鲜时迅速用净水洗净。由于海藻类多数附着在其他动植物上,且其根部常常容易附着岩石碎片等杂物,所以要注意把杂物除去。海藻类生物用作指示生物时,要直接进行控水,控水以后称样品质量(鲜重)。

11. 指示生物

作为监测放射性核素用的指示生物,陆上生物有松叶、杉叶、艾蒿、苔藓、菌菇等,海洋生物有紫贻贝、马尾藻等。

对于松叶等,原则上采集二年生叶。艾蒿等野草,也以其叶部为样品,茎、花蕾、花、枯叶应去除。对海洋指示生物,其采集部位与采集海洋生物相同。

在采集松叶时,为防刺伤,要戴上乙烯手套。选择树高 4 m 以下、树干直径小于 10 cm 的年轻树,并且尚未经过人工修枝。只采集二年生的松叶,共采集 20 kg 左右装入聚乙烯口袋。采集艾蒿等野草时,选择上空没有树木覆盖的场所,不要花梗之类,只取新鲜叶子。苔藓可借助专门工具采集,取整体,不必去除假根,但需去除泥沙。

采集到的样品,去除枯叶等杂物。把茎和枝等一起带回时,只把叶子选出来。清洗干净后保存。

(三) 生物样品的处理方法原则

1. 样品的干化处理

动物取瘦肉为主,用搅肉机搅碎。置于烤箱中于 200 ℃ 左右烘干,在烘干过程中可经常翻动,加快烘干速度,烘干后称干重,记录干鲜比。

2. 样品的炭化处理

将烘干称重后的样品碾碎,使之尽量细小,加快炭化速度。将炭化温度控制在 450 ℃ 以下。炭化过程中要注意经常翻动样品,使其受热均匀,防止底面温度过高,造成放射性核素的损失。待样品全部变成结块的焦炭状后,可将其转移至研钵中粉碎再继续加热,当无黑烟冒出时,可认为炭化完全。

3. 样品的灰化处理

将炭化好的样品移入马弗炉内灰化。关好炉门,按待检核素所要求的温度灰化,如待测核素包含铯的同位素,则灰化温度不高于 450 ℃,直至灰分呈白色或灰白色疏松颗粒状为止。

为了避免某些元素在灰化样品时挥发损失,小样品可采用高频低温灰化法。测量 I-131 时,样品可用 0.5 mol/L 的氢氧化钠浸泡 16 h 后,再进行灰化(在 660 ℃ 以内灰化,碘几乎不损失)。

样品灰化后,取出置于干燥器中,冷却至室温,称重、记录,计算灰鲜(干)比。将样品充分混匀后装入磨口瓶中保存,贴好标签。

(四) 各环节的样品管理

1. 现场记录

所有采样过程中记录的信息应原始、全面、翔实,必要时,可用卫星定位、摄像和数码拍照等方式记录现场,以保证现场监测或采样过程客观、真实和可追溯。电子介质存储的记录应采取适当措施备份保存,保证可追溯和可读取,以防止记录丢失、失效或被篡改。当输出数据打印在热敏纸或光敏纸等保存时间较短的介质上时,应同时保存记录的复印件或扫描件。

采样人员要及时、真实地填写采样记录表和样品卡(或样品标签),并签名。记录表和样品卡由他人复核,并签名。保持样品卡字迹清楚,不能涂改。所有对记录的更改(包括电子记录)要全程留痕,包括更改人签字。样品卡不得与样品分开。记录表的内容要尽量详尽,其格式与内容可以随采样类别的不同而不同。

2. 样品的运输

样品采集完毕应尽快运输至分析实验室,应采用样品运输车辆专门运输,在法律法规许可条件下可以委托物流公司运送,但必须保证样品不被污染以及性状不发生改变。

妥善包装,防止样品受到污染,也防止样品破损洒落污染其他样品,特别是水样瓶颈部和瓶盖在运输过程中不应破损或丢失,注意包装材料本身不能污染样品。为避免样品容器在运输过程中因震动碰撞而破碎,应用合适的装运方式并采取必要的减震措施。

需要冷藏的样品(如生物样品)必须达到冷藏的要求,运输车辆需经特别改装。水样存放点要尽量远离热源,不要放在可能导致水温升高的地方(如汽车发动机、制冷机旁),避免阳光直射。冬季采集的水样可能结冰,若容器是玻璃瓶,则应采取保温措施防止破裂。

对于半衰期特别短的样品,要保证运输时间不影响测量。严禁将环境样品与放射性水平特别高的样品(如流出物样品)一起运输。

3. 样品的保存

经过现场预处理(方法见前述地表水预处理)的水样,应尽快分析测定,保存期一般不超过 2 个月。密封后的土壤样品必须在 7 d 内测定其含水率,晾干保存。生物样品在采集和现场预处理后要注意保鲜。牛(羊)奶样品采集后,立即加适量甲醛,防止变质。

采集后的样品要分类分区保存,并设置明显标识,以免混淆和交叉污染。测量完后的样品,仍应按要求保存相当长一段时间,以备以后复查。对于运行前本底调查样品,以及部分重要样品需要保存至设施退役后若干年(如 10 年)。

4. 样品交接、验收和领取

送样人员、接样人员会同质保人员应按送样单和样品卡信息认真清点样品,接样人员应对样品的时效性、完整性和保存条件进行检查和记录,对不符合要求的样品可以拒收,或明确告知送样人有关样品偏离情况,并在报告中注明。确认无误后,双方在送样单上签字。

样品验收后,存放在样品贮存间或实验室指定区域内,由样品管理人员妥善保管,严防丢失、混淆和污染,注意保存期限。分析人员持测定任务书(表),按规定程序领取样品。

5. 建立样品库

监测完成后的样品可入库保存。放射性活度较高的样品由委托单位收回或暂存至城市放射性废物库。进库的样品应为物理化学性质相对稳定的固体环境样品,适合长期保存。

样品库应为独立房间,并应防止外界污染,保证安全。样品库的环境条件应满足长期稳定保存样品,根据样品的性质合理分区。样品库由样品管理人员负责,并建立样品保存档案。

三、辐射环境监测的分析方法标准

(一) 监测方法标准选用原则

在采用一种监测方法时,要特别注意关键技术指标是否能满足环境监测的需要。大部分放射性核素的测量方法都有国家标准方法,但有些标准并不是为环境监测专用的,如某些核素的分析方法。监测标准与测量标准是有区别的,除了探测下限和测量范围可能不同外,前者还包含现场采样/监测的采样方法、点位布设、监测频次、环境条件、运行工况等规范性内容,后者则往往没有。

辐射环境监测方法的标准,应优先选用生态环境主管部门发布的环境监测专用的环境标准;没有环境领域标准的,使用适合的国家标准;没有国家标准的,选用适合的其他行业标准或适合的国际标准。如果某监测方法只有测量标准,还需补充完善现场采样/监测的采样方法、点位布设、监测频次、环境条件、运行工况等规范性内容,以作业指导书等文件形式予以规范。

初次使用标准方法前,应进行方法验证。包括对方法涉及的人员培训和技术能力、设施和环境条件、采样及分析仪器设备、试剂材料、标准物质、原始记录和监测报告格式、方法性能指标(如刻度曲线、判断限、探测下限、准确度、精密度)等内容进行验证,并根据标准的适用范围,选取不少于一种实际样品进行测定。

使用非标准方法前,应进行方法确认。包括对方法的适用范围、干扰和消除、试剂和材料、仪器设备、方法性能指标(如刻度曲线、判断限、探测下限、准确度、精密度)等要素进行确认,并根据方法的适用范围,选取不少于一种实际样品进行测定。非标准方法应由不少于3名本领域高级职称及以上专家进行审定。环境监测机构应确保其人员培训和技术能力、设施和环境条件、采样及分析仪器设备、试剂材料、标准物质、原始记录和监测报告格式等符合非标准方法的要求。

方法验证或方法确认的过程及结果应形成报告,并附验证或确认全过程的原始记录,保证方法验证或确认过程可追溯。

(二) 辐射环境监测推荐方法标准

根据《辐射环境监测技术规范》(HJ 61—2021),辐射环境监测推荐方法及其标准可见附录2。

附录2中的监测方法、标准还会不断更新和补充,这些监测方法相应的辐射环境监测常用仪器、样品量和典型探测下限可见附录3。采用其他监测方法的,其探测下限也应与附录3基本一致,但随着监测技术的进步,这些参数会有变化,如更小的样品量和更低的探测下限。

四、测量数据处理

(一) 有效数字和数值修约

有效数字和数值修约执行《数值修约规则与极限数值的表示和判定》(GB/T 8170—2008)和相关监测标准方法的有关规定,一般可遵守以下原则:

(1) 在计算过程中多保留一位或几位有效数字。

(2) 一个有 n 位有效数字的监测结果,它的相对误差限的范围在 $5\times10^{-(n+1)}\sim5\times10^{-n}$ 之间,监测结果的有效数字位数反映的相对误差限要与测量值的相对误差相当,一般取 $2\sim3$ 位,同时,有效数字所能达到的数位不能超过探测下限有效数字所能达到的数位。

（3）不确定度一般取 1～2 位有效数字，同时监测结果末位与不确定度末位要对齐。

（二）探测下限

探测下限不是某一测量装置的技术指标，而是用于评价某一测量（包括方法、仪器和人员的操作等）的技术指标。给出探测下限必须同时给出与这一测量有关的参数，如：测量效率、测量时间（或测量时间的程序安排）、样品体积或质量、化学回收率、本底及可能存在的干扰成分。

样品中核素活度浓度的判断限（MSC）和探测下限（MDC）的计算参见 Determination and Interpretation of Characteristic Limits for Radioactivity Measurements（IAEA/AQ/48），一般也可按照下面两个公式计算：

$$MSC = \frac{K_\alpha \sqrt{N_s + N_b}}{w}, \tag{2.1}$$

$$MDC = (K_\alpha + K_\beta) \frac{\sqrt{N_s + N_b}}{w}。 \tag{2.2}$$

式中：MSC——样品中核素活度浓度的判断限；

　　K_α——犯第一类错误的概率为 α 时的标准正态分布上侧分位数，K_α 取值见表2.1；

　　N_s——样品总计数；

　　N_b——本底计数；

　　w——换算因子；

　　MDC——样品中核素活度浓度的探测下限；

　　K_β——犯第二类错误的概率为 β 时的标准正态分布上侧分位数，K_β 取值见表2.1。

表 2.1　常用 K 值表

α 或 β	$(1-\alpha)$ 或 $(1-\beta)$	K（K_α 或 K_β）
0.02	0.98	2.054
0.05	0.95	1.642
0.10	0.90	1.282
0.20	0.80	0.842
0.50	0.50	0

换算因子 w 包括探测效率、化学回收率/γ 射线发射概率、样品质量、样品体积、测量时间及其他参数，一般可按照以下公式计算：

$$w = m \cdot \varepsilon \cdot \rho \cdot D \cdot t, \tag{2.3}$$

式中：w——换算因子；

　　m——样品质量或体积；

ε——探测效率;

ρ——化学回收率或 γ 射线发射概率,核素相关参数可参考国际计量局(BIPM)发布的最新版本放射性核素表;

D——衰变修正因子,包括采样衰变修正因子、放置时间衰变修正因子、测量过程衰变修正因子,具体计算方法可参见《应急监测中环境样品 γ 核素测量技术规范》(HJ 1127—2020);

t——测量时间。

对于低活度测量,考虑样品总计数 N_s 可以和本底计数 N_b 相比拟;并考虑 $\alpha = \beta = 0.05$,即 $K_\alpha = K_\beta = 1.645$,置信度为 95%,此时 MSC 和 MDC 可按照以下公式计算:

$$MDC = 2MSC = 4.66\frac{\sqrt{N_b}}{w}, \tag{2.4}$$

在给出判断限和探测下限时,应适当注明测量条件,如测量仪器主要性能、化学回收率/γ 射线发射概率、测量时间、样品体积、样品质量、本底及可能存在的干扰成分等。当测量值小于判断限时,表示本次测量未探测到样品中存在放射性;当测量值大于等于判断限,且小于探测下限时,表示本次测量可探测到样品中存在放射性,但其相对不确定度较大。

(三) 小于探测限数据的处理

活度或活度浓度是没有负值的,但一个样品在重复测量中出现净计数为负值的情况是合理而允许的,这是统计涨落所致。所以,当计算不同点位(断面)或不同时段样品测量值的平均值时:若测量值大于等于判断限,不管其是否小于探测下限,都应尽可能取其实际测量值参与平均;若测量值小于判断限,一般可取其判断限值参与平均。当样品数较多(如大于 15),且与判断限的样品数之比不大时(如小于 1/3),可采用概率纸作图法,依据大于判断限的测量值的分布特性求均值,概率纸作图法参见《数据的统计处理和解释正态性检验》(GB/T 4882—2001)。

在给出含有小于探测下限的统计结果(如范围、平均值)时,应同时说明小于判断限和小于探测下限的测量值是如何参与统计的,以及相应的小于判断限和小于探测下限的测量值在全部测量值中的比例。

(四) 可疑数据的剔除

可疑数据的判断和处理一般可采用 Grubbs 检验法、Dixon 检验法、3σ 准则等,其中 3σ 准则适用的样本容量至少不应小于 6,检验方法参见《数据的统计处理和解释正态样本离群值的判断和处理》(GB/T 4883—2008)。

当出现可疑数据时,应分析查找原因,原因不明的可疑数据不应随意剔除。对可疑数据,首先应采取留存样品再测量、重新采样复测、质控样品测量、比对测量、样品外检等质控手段来识别数据的有效性;并进一步对自然现象、周围环境变化、核试验、核技术利用、天然放射性物质利用、核设施运行、核与辐射事故等影响开展调查。

(五) 宇宙射线响应值的扣除

在测量环境 γ 辐射空气吸收剂量率时,仪器读数中包含探测器对宇宙射线电离成分的响应值,不同类型探测器的宇宙射线响应值差别较大,在监测结果中应予扣除,否则监测结果无法比较,也不能进行剂量评价。扣除该响应值的方法是在广阔的淡水湖(库)水面上,要求水深大于 3 m,距岸边大于 1 km,按照《环境 γ 辐射剂量率测量技术规范》(HJ 1157—2021)的要求进行测量,水面上仪器多次读数(不少于 10 次)的平均值,即为广阔湖(水库)水面上仪器对宇宙射线的响应值。由于湖库水体基本屏蔽了地球的陆地 γ 辐射,近似等于测量仪器对宇宙射线的响应值。

仪器在测点处对宇宙射线的电离成分响应值

$$X'_c = \frac{D'_宇}{D_宇} \times X_c,\qquad(2.5)$$

式中:$D'_宇$、$D_宇$——分别为测点处和广阔湖(水库)水面上宇宙射线成分在低大气层中产生的空气吸收剂量率,nGy/h;

X_c——仪器在广阔湖(水库)水面上对宇宙射线的响应值。

其中,$D'_宇$ 和 $D_宇$ 可参照 UNSCEAR 2000 报告中的经验公式进行计算:

$$D_宇 = D_{宇(0)}[0.21e^{-1.649h} + 0.79e^{0.4528h}],\qquad(2.6)$$

$$D_{宇(0)} = \begin{cases} 30, & \lambda_m \leqslant 30°N \\ 32, & \lambda_m > 30°N, \end{cases}\qquad(2.7)$$

式中:$D_{宇(0)}$——计算点所在海平面处宇宙射线电离成分所致空气吸收剂量率,nGy/h;

h——计算点的海拔高度,km;

λ_m——计算点的地磁纬度,N。

地磁纬度由计算点的地理纬度 λ 和地理经度 ϕ 按式(2.8)计算:

$$\sin\lambda_m = \sin\lambda \times \cos 11.7° + \cos\lambda \times \sin 11.7° \times \cos(\phi - 291°)。\qquad(2.8)$$

五、质量保证

辐射环境监测质量保证的一般规定参见《电离辐射监测质量保证通用要求》(GB 8999—2021)。

(一) 监测人员素质要求

(1) 监测机构应保证人员的数量及其专业技术背景、工作经历、监测能力等与所开展的监测活动相匹配,中级及以上专业技术职称或同等能力的人员数量应不少于监测人员总数的 15%。

(2) 监测人员应具备良好的敬业精神和职业操守,认真执行国家生态环境和其他有关法规标准。坚持实事求是、探索求真的科学态度和踏实诚信的工作作风。

(3) 从事辐射环境监测工作的人员应接受相应的教育和培训,具备与其承担工作相适应的能力,掌握辐射防护基本知识,掌握辐射环境监测操作技术和质量控制程序,掌握数理统计方法。

(4) 从事辐射环境监测工作的人员应具备一定的专业技术水平,持证上岗。

(二) 计量器具和测量仪器的检定和检验

1. 计量器具的检定/校准

所有监测仪器应在国家计量部门或其授权的校准机构检定/校准或定期自行检定/校准,并确保在有效期内使用;校准因子应准确使用;仪器检修后需重新检定/校准。计量器具的检定/校准周期应按检定规程/校准规范执行,性能长期稳定的仪器经验证后,在实际使用中可适当延长校准周期。

2. 计量器具的定期核查

为保证监测数据的准确可靠,计量器具应定期核查,核查周期的长短取决于其可靠程度、故障率等因素。核查方法可自行确定,可选取个别关键指标进行核查,操作应方便快捷,核查结果应能确定仪器是否适用,但不宜用于修正仪器的校准因子,除非监测方法另有规定。如核查误差超过 15% 时(监测方法规定了误差要求的,以监测方法规定为准),仪器应停用,检查原因,重新检定/校准。

(三) 实验室内分析测量的质量控制

1. 实验室基本要求

实验室建立并严格执行的规章制度应包括但不限于:监测人员岗位责任制;实验室安全防护制度;仪器管理使用制度;放射性物质管理使用制度;原始数据、记录、资料管理制度等。实验室应保持整洁、安全的操作环境,应有正确收集和处置放射性"三废"的措施,严防交叉污染。

实验室应设有操作开放型放射性物质的基本设施和辐射防护的基本设备。

2. 放射性标准物质及其使用

放射性标准物质是指经过国家计量主管部门发放或认定的放射性标准物质;或具备相应能力的标准物质生产者提供并声明计量溯源至国际标准(SI)的放射性标准物质;亦或可通过高纯度化学物质制备得到的某些天然放射性核素标准物质,如总 β 或 γ 能谱仪测量的 ^{40}K 标准物质可用优级纯氯化钾制备。

用标准溶液配制工作溶液时,应作详细记录,制备的工作溶液形态和化学组成应与未知样品相同或相近。在使用高活度标准溶液时,防止其对低本底实验室的污染。

标准物质在使用期间应按计划定期开展期间核查,如果在核查中发现标准物质发生特性改变,应立即停止使用,并追溯对之前监测结果的影响。核查方式包括检测质控样品、与上一级或同级的标准物质比对、送检定/校准机构确认、实验室间比对、测量能力验证样品、质控图趋势检查等。

3. 放射性测量装置的性能检验

应按仪器使用要求对放射性测量系统的工作参数(本底、探测效率、分辨率和能量响应等)进行检验,测量系统发生某些可能影响工作灵敏的改变,作了某些调整或长期闲置后,必须进行性能检验。当发现某参数在预定的控制值以外时,应进行适当的校正或调整。

1) 对低本底测量装置的检验

放射性计数装置的计数满足泊松分布是其正常工作的必要条件,应定期进行泊松分布检验。泊松分布检验的频次不低于 1 次/a。新仪器使用前或仪器检修后首次使用前应作泊松分布检验。检验方法和步骤见 HJ 61—2021 附录 E。

2) 长期可靠性检验

收集正常工作条件下一定时间内(如 1a)等时间间隔测量的 20 个以上本底或效率测量值,计算平均值和标准差,绘制质控图。之后每收到一个相同测量条件下的新数据,将其点在图上。如果它落在中心线(平均值)附近、上下警告线(平均值±2 倍标准差)之内,表示测量装置工作正常;如果它落在上下警告线和上下控制线(平均值±3 倍标准差)之间,表示测量装置工作虽正常,但有失控可能,应引起重视;如果它落在控制线之外,表示装置可能出了一些故障,但不是绝对的,此时需要立即进行一系列重复测量,予以判断和处理;如果大多数点落在中心线的同一侧,表明计数器的特性出现了缓慢的漂移,需对仪器状态进行调整,重新绘制质控图。

4. 分析过程的质量控制

实验室内的质量控制通过质量控制样品实施,质量控制样品一般包括平行样、加标样和空白样。质量控制样品的组成应尽量与所测量分析的环境样品相同,其组分的浓度尽量与环境样品相近,且波动不大。

一次平行测定至少两个空白实验值,平行测量的相对偏差一般不得大于 50%,空白实验值一般应低于方法探测下限。

1) 平行双样

有质量控制样并绘有质控图的项目,应根据分析方法和测定仪器的精度、样品的具体情况以及分析人员的水平,随机抽取 10%～20% 的样品进行平行双样测定。当同批样品数量较少时,应适当增加双样测定率。将质量控制样的测定结果点入质量控制图中进行判断。无质量控制样和质控图的监测项目,应对全部样品进行平行双样测定。环境样品平行双样相对偏差不得大于标准分析方法规定的 2 倍,若标准分析方法无此规定或规定的指标不适合时,环境样品平行双样相对偏差应按照 HJ 61—2021 表 17 所列控制指标执行。

若平行双样的相对偏差在允许范围内,测定结果取其均值;若平行双样的相对偏差超出允许范围,在样品允许的保存期内,加测一次,取符合相对偏差质控指标的平行双样均值作为测定结果。若加测的平行双样相对偏差仍超出允许范围,则该批次监测数据失控,应予以重测。

2) 加标回收率

根据分析方法、测定仪器、样品情况和操作水平,随机抽取 10%～20% 的样品进行加标回收率测定,加标量一般为样品活度的 1～3 倍。加标回收率应满足下列条件:①监测项目具备准确度控制图的,应结合控制图判断测定结果;无此质控图者其测定结果不得超出监测分析方法中规定的加标回收率范围;②监测分析方法无规定或规定的指标不适合时,则环境样品加标回收率一般控制在 80%～120%。

3）密码样分析

由质控人员使用标准样品/标准物质作为密码质量控制样品，或在随机抽取的常规样品中加入适量标准样品/标准物质制成密码加标样，交付分析测量人员进行测定。如果质量控制样品的测定结果在给定的不确定度范围内，则说明该批次样品测定结果受控。反之，该批次样品测定结果作废，查找原因，纠正后重新测定。

4）留样复测

采用合适的方法保存稳定性较好的已测样品，用于留样复测，比较两次测量结果，以评价该样品测定结果的可靠性。常见留样复测相对偏差控制指标见表 2.2。

表 2.2　留样复测相对偏差控制指标

监测项目	分析方法	监测对象	样品活度浓度/(mBq·m^{-3})	相对偏差控制指标/%
Be-7	γ 能谱分析	气溶胶	≤0.5	15
			>0.5	10
	γ 能谱分析	沉降物	—	18
Pb-210	γ 能谱分析	气溶胶	≤1.0	30
			>1.0	20
K-40	γ 能谱分析	生物		10

（四）实验室间的质量控制

实验室间质量控制的目的是为了检查各实验室是否存在系统误差，确定误差来源，提高实验室的监测分析水平。辐射环境监测机构应通过资质认定和（或）实验室认可，并按照国家资质认定管理部门的要求参加能力验证活动，除此之外还可通过以下方式加强质量控制。

1. 统一分析方法

为减少各实验室的系统误差，使监测数据具有可比性，实施环境监测及质量控制时，推荐使用统一的分析方法。

对各实验室，应以统一方法中规定的探测下限、精密度和准确度为依据，控制和评价实验室间的分析质量。

2. 实验室质量考核

由国家生态环境主管部门指定的实验室负责实验室质量考核，根据考核项目的具体情况和有关内容制定实施方案，考核方案一般应包括考核范围、考核项目、时间计划、考核要求以及结果评定方法。各监测项目每 3~5 年应至少通过一次权威机构组织的实验室间比对、能力验证或其他形式的考核。考核结果不合格时，应及时整改并实施纠正措施。

3. 实验室间比对

为检查实验室间是否存在系统误差，还可不定期组织有关实验室进行比对或参加权威机构的能力验证，要对比对或能力验证的结果进行评估，结果不满意时，应及时整改并实施纠正措施。

六、辐射环境监测报告(书)

(一) 辐射环境监测报告的分类

对于个别样品或个别现场的辐射环境监测,编制简单的监测报告(表)即可。监测报告的格式参见 HJ 61—2021 附录 F。

对于辐射环境质量监测、重要辐射源的辐射环境监测,需编制详细的辐射环境监测报告(书)。辐射环境监测报告(书)可按年度或其他时间频次编写。

辐射环境监测报告(书)按时间一般分为年度辐射环境监测报告(书)和 5 年辐射环境监测报告(书),按监测内容分为辐射环境质量报告和辐射源周围辐射环境监测报告。

(二) 辐射环境监测报告(书)的构成要素

辐射环境监测报告(书)构成要素见表 2.3。

表 2.3　辐射环境监测报告(书)构成要素

要 素 类 型		是否必备 (辐射环境质量报告)	是否必备 (辐射源周围辐射环境监测报告)
结构要素	封面	是	是
	内封	是	是
	前言	是	是
	目录	是	是
概况	环境概况	是	否
	设施概况	否	是
	监测方案	是	是
	质量保证	是	是
	评价方法	是	是
监测结果及评价		是	是
总结		是	是

(三) 年度辐射环境监测报告(书)的要求

(1) 报告(书)的总体要求可参见《环境质量报告书编写技术规范》(HJ 641—2012)。

(2) "前言"应包括任务来源、监测目的、监测任务实施单位等。

(3) "环境概况"应包括监测区域内自然环境和社会环境概况、核燃料循环和核技术利用等设施分布情况、天然放射性物质利用情况等资料。

(4) "设施概况"应包括设施地理位置信息、类型、规模、关键核素、关键照射途径、关键人群组、运行情况、流出物排放量等,以及设施附近的自然环境和社会环境概况,并应尽可能包括水文、地质、气象、生态、人口分布、饮食及生活习惯、工农业生产等资料。

（5）"监测方案"应包括监测对象、监测项目、监测频次、监测点位布点情况、采样方法、监测方法和仪器设备等，用表格等方式列出，绘出监测点位布点示意图，并说明年度内辐射环境监测工作的开展情况。

（6）"质量保证"应包括采取的主要措施，如量值溯源、期间核查、平行样测定、留样复测、加标回收率测定、样品外检、实验室间比对等，以及监测机构概况，如主要职责、能力、人员等情况，用具体统计数字、表格等形式给出。

（7）"评价方法"应包括数据统计处理方法、评价项目、评价标准及方法。

（8）"监测结果及评价"应按项目列出统计结果（样品数、最小值、最大值等），发现异常时，应分析其原因并说明处理结果。全面分析辐射环境质量，开展评价项目的对比分析（见 HJ 61—2021 第 8.5.1 节）和趋势分析（见 HJ 61—2021 第 8.5.2 节），说清辐射环境质量状况、变化情况和变化原因。运用各种图表，辅以简明扼要的文字说明，形象表征分析结果。

（9）"总结"应对各部分分析结果进行全面、准确地总结，包括评价结果、存在的主要问题、对策与建议等。

（四）五年辐射环境监测报告（书）的要求

五年辐射环境监测报告（书）应满足年度辐射环境监测报告（书）的要求，同时还应满足以下要求：

（1）"概况"章节中要说明 5 年期间监测方案变化情况、质量保证措施变化情况等。

（2）"监测结果及评价"章节中要进行 5 年变化趋势分析及与上个 5 年的对比分析，说清辐射环境质量的变化情况。

（3）"总结"章节中要增加 5 年辐射环境质量变化原因分析的内容。

第二节　核设施等辐射源环境监测

核设施周围辐射环境监测包括运行前环境辐射水平调查、运行期间环境监测和流出物监测、事故场外应急监测和退役监测。

本节主要针对核动力厂、放射性废物暂存库和中低放射性处置场处理设施、核燃料后处理设施，以及铀转化、浓缩及元件制造设施等放射性污染源的辐射环境监测进行阐述。

一、核动力厂辐射环境监测

（一）运行前辐射水平监测（本底调查）

核设施运行前环境辐射水平调查主要包括以下几个方面：

（1）调查内容：调查环境 γ 辐射水平和主要环境介质中重要放射性核素的活度浓度。

（2）调查时间：环境辐射水平调查的时段不得少于连续两年，并应在核动力厂运行前完成。对于同一场址后续建造机组的,调查时段不得少于 1 年,并应在续建机组运行前完成。

（3）调查范围:环境 γ 辐射空气吸收剂量率水平及其他项目的调查范围以核动力厂为中心、半径 50 km 内,其余项目调查范围半径为 20～30 km 内。对照点和个别敏感地区,如居民集中点、学校、医院、饮用水源、自然保护区等,可以适当超过上述范围。

（4）监测项目与频次:监测内容与频次可参照《核动力厂运行前辐射环境本底调查技术规范》(HJ 969—2018)执行。由于各核动力厂的自然环境、气象及所选堆型不同,监测内容与频次可相应调整。

(二) 运行期间辐射环境监测

1. 监测内容与范围

监测内容一般包括:环境 γ 辐射水平和核动力厂放射性排放有关的主要放射性核素的活度浓度。运行期间辐射环境监测的环境介质、监测内容原则上与运行前本底/现状调查相同,并从核动力厂运行后开始监测。

环境 γ 辐射水平的监测范围一般为厂区半径 20 km,其余项目监测范围为半径 5～10 km 范围内区域。运行期间的环境监测范围、点位、项目和频次在运行前环境辐射水平调查的基础上确定,在取得足够的运行经验和环境监测数据后(通常为 5 年后),可适当调整监测范围、项目和频次。

针对核动力厂(本部分主要指压水堆)运行期间辐射环境监测中的 γ 能谱分析,应重点关注核设施排放的特征核素,可根据核设施排放的特征核素来选择分析的核素:

（1）气溶胶及沉降物 γ 能谱分析项目一般可选择但不限于 Be - 7(质控用)、Mn - 54、Co - 58、Co - 60、Zr - 95、I - 131、Cs - 137、Cs - 134、Ce - 144 等放射性核素。

（2）生物、土壤、沉积物中 γ 能谱分析项目一般可选择但不限于 Mn - 54、Co - 58、Co - 60、Zr - 95、Ag - 110m、Cs - 137、Cs - 134、Ce - 144 等放射性核素。

（3）水中 γ 能谱分析项目一般可选择但不限于 Mn - 54、Co - 58、Co - 60、Ru - 106、Zn - 65、Zr - 95、Ag - 110m、Sb - 124、Cs - 137、Cs - 134、Ce - 144 等放射性核素。

2. γ 辐射监测方案

核动力厂运行期间 γ 辐射监测包括 γ 辐射空气吸收剂量率(连续)和 γ 辐射累积剂量两个方面,其监测方案可见表 2.4。

表 2.4　核动力厂运行期间 γ 辐射监测方案

监 测 对 象	布 点 原 则	监 测 项 目	监测频次	
			采样	分析
γ 辐射空气吸收剂量率	设置连续监测自动站,原则上在烟羽应急计划区范围内 16 个方位布设监测站点,沿海核动力厂,靠海一侧可根据需要布设监测站点;对照点	γ 辐射空气吸收剂量率	连续	连续
γ 辐射累积剂量	厂外烟羽最大浓度落点处;厂界周围 8 个方位角分别按半径 2 km、5 km、10 km、20 km 的圆所形成的各扇形区域内陆地(岛屿)布点;对照点	γ 辐射累积剂量	连续	1 次/季

1) γ 辐射空气吸收剂量率(连续)

以核动力厂反应堆为中心,在核动力厂周围 16 个方位陆地(岛屿)上布设自动监测站(含前沿站),每个方位考虑布设 1 个自动监测站。滨海核动力厂,靠海一侧可根据监管需要设立自动监测站。在核动力厂各反应堆气态排放口主导风下风向、次下风向和居民密集区应适当增加自动监测站。原则上,除对照点外,自动监测站应建在核动力厂烟羽应急计划区范围内。自动监测站建设要考虑事故、灾害的影响。每个自动监测站应按指定间隔记录 γ 辐射空气吸收剂量率数据,一般每 30 s 或 1 min 记录一次,实行全天 24 h 连续监测,报送 5 min 均值或小时均值。部分关键站点可设置能甄别核素的固定式能谱探测系统,对周围环境进行实时的 γ 能谱数据采集,并将能谱数据传送回数据处理中心。

2) γ 辐射累积剂量

在厂界外,以反应堆为中心,8 个方位半径为 2 km、5 km、10 km、20 km 的圆所形成的各扇形区域内陆地(岛屿)上布点测量。

3. 空气辐射监测方案

核动力厂运行期间空气辐射监测对象包括气溶胶、沉降物、空气中 H-3(HTO)、C-14 和 I-131,以及降水几种,其监测方案见表 2.5。

表 2.5　核动力厂运行期间空气辐射监测方案

监测对象	布点原则	监测项目	监测频次	
			采样	分析
气溶胶	尽量选择主导风下风向处设置点位,也可在厂区边界、厂外烟羽最大浓度落点处、主导风下风向距厂区边界小于 10 km 的居民区任选其中一个点	24 h 连续采样,每天测量一次总 β 或/和每周测量一次 γ 能谱,当总 β 活度浓度大于该站点周平均值的 10 倍,或 γ 能谱中发现人工放射性核素异常升高,则将滤膜样品取回实验室进行 γ 能谱等分析	连续	总 β:1 次/d;γ 能谱:1 次/周
	厂区边界、厂外烟羽最大浓度落点处、主导风下风向距厂区边界小于 10 km 的居民区;对照点	γ 能谱 年度混合样品分析 Sr-90	累积采样,1 次/月,采样体积不低于 10 000 m³	1 次/月
沉降物	厂区边界、厂外烟羽最大浓度落点处、主导风下风向距厂区边界小于 10 km 的居民区;对照点	γ 能谱 年度混合样品分析 Sr-90	累积采样,1 次/季	1 次/季

（续表）

监测对象	布点原则	监测项目	监测频次	
			采样	分析
气体	厂区边界、厂外烟羽最大浓度落点处，主导风下风向距厂区边界小于 10 km 的居民区；对照点	H-3（HTO）、C-14、I-131	累积采样，1 次/月	1 次/月
	厂区边界、厂外烟羽最大浓度落点处，主导风下风向距厂区边界小于 10 km 的居民区任选其中 1～2 个点	H-3（HTO）	连续	1 次/周或在线监测
降水	厂区边界、厂外烟羽最大浓度落点处，主导风下风向距厂区边界小于 10 km 的居民区；对照点	H-3	累积采样，有雨、雪或冰雹时	混合样品，1 次/月

1) 气溶胶、沉降物

原则上，在厂区边界处、厂外烟羽最大浓度落点处、半径 10 km 内的居民区或敏感区设 3～5 个采样点，点位设置与该方位角的 γ 辐射空气吸收剂量率连续监测点位一致，与 γ 辐射空气吸收剂量率连续监测自动站共站选择其中 1 个点（优先考虑厂外烟羽最大浓度落点处或关键居民点）设置空气气溶胶 24 h 连续采样，至少每周测量一次总 β 或/和 γ 能谱，向监测机构传输一次数据。当总 β 活度浓度大于该站点周平均值的 10 倍，或 γ 能谱中发现人工放射性核素异常升高，则将滤膜样品取回实验室进行 γ 能谱等分析。

对照点设 1～2 个。气溶胶采样每月一次，采样体积应不低于 10 000 m³。沉降物累积每季收集 1 次样品。样品蒸干保存，气溶胶、沉降物年度混合样分析 Sr-90。

2) 空气中 H-3（HTO）、C-14 和 I-131

采样点设置同气溶胶、沉降物，点位数可适当减少。H-3（HTO）应开展连续采样，每月分析累积样品，根据历史监测数据，可选择其中 1～2 个采样点，每周分析一个累积样品或开展在线监测。C-14 的采样体积一般应大于 3 m³，I-131 累积采样体积大于 100 m³。设置 1 个对照点位。

3) 降水

原则上在厂区边界处、厂外烟羽最大浓度落点处、半径 10 km 内的居民区或敏感区设 3～5 个，对照点设 1 个。

4. 陆地上辐射环境监测方案

核动力厂运行期间陆地上辐射监测对象包括陆地表层土壤、陆生生物及有关指示生物，其监测方案见表 2.6。其中，陆生生物包括谷类、蔬菜、水果、牛（羊）奶、禽畜产品、牧草等，采集范围一般为 10 km 范围内。

表 2.6　核动力厂运行期间陆地辐射监测方案

监测对象		布点原则	监测项目	监测频次	
				采样	分析
表层土壤		半径 10 km 范围内,16 个方位角内(主导风下风向适当加密),部分点位可同农作物采样点;对照点	Sr - 90、γ 能谱,每个方位最近的 1 个点加测 Pu - 239+240	1 次/年	1 次/年
植物	农作物	主导风下风向厂外最近的村镇;对照点	H - 3(TFWT, OBT)、C - 14、γ 能谱,每类至少选择一个样品进行 Sr - 90 分析	收获期	1 次/年
动物	禽、畜	主导风下风向厂外最近的村镇;对照点	H - 3(TFWT, OBT)、C - 14、γ 能谱,每类至少选择一个样品进行 Sr - 90 分析	1 次/年	1 次/年
	牛(羊)奶	主导风下风向厂外最近的奶场;对照点	I - 131	每季采样	1 次/季
指示生物		尽量选择厂外烟羽最大浓度落点处	根据指示生物浓集特性确定监测核素种类	收获期	1 次/年

1) 表层土壤

在以核动力厂反应堆为中心 10 km 范围内采集陆地表层土。应考虑没有水土流失的陆地原野土壤表面土样,以了解当地大气沉降导致的人工放射性核素的分布情况;也应在农作物采样点采集表层土壤。

2) 牛(羊)奶

根据环境资料确定是否开展监测。在半径 20 km 范围内寻找以当地饲料为主进行饲养的奶牛(羊)牧场,并确认以当地饲料为主。

3) 植物

原则上,采集关键人群组食用主要农作物,如谷类 1～2 种,蔬菜类 2～4 种,水果类 1～2 种。如有牧场,还需要采集牧草。

4) 动物

采集关键人群组食用的当地禽、畜 1～2 种。

5. 陆地水体及水生物的辐射环境监测

核动力厂运行期间陆地水体及水生物辐射监测对象包括陆地表水、地表水沉积物、地下水、饮用水、陆地水生物,以及指示生物等,其监测方案见表 2.7。

表 2.7　核动力厂运行期间陆地水体及水生物辐射监测方案

监测对象	布点原则	监测项目	监测频次	
			采样	分析
地表水	预计受沉降影响的地表水；上游对照点，可选择部分点位分析 C-14	总 β、γ 能谱、H-3、C-14	平水期、枯水期	平、枯水期各1次
地表水（受纳水体）	取水口、总排水口、总排水口下游1 km 处，排放口下游混合均匀处	总 α、总 β、γ 能谱、I-131、Sr-90、H-3、C-14	1次/半年	1次/半年
地表水沉积物	同地表水	Sr-90、γ 能谱，10 km 范围内的水体加测 Pu-239+240	1次/年	1次/年
地下水	厂内监测井	γ 能谱、Sr-90、H-3，可选择部分点位分析 C-14	1次/月，抽测	1次/月
	可能受影响的地下水；对照点		平水期、枯水期	平、枯水期各1次
饮用水	关键人群组饮水及可能受影响的水源	H-3、γ 能谱、总 α、总 β，可选择部分点位分析 Sr-90、C-14	平水期、枯水期	平、枯水期各1次
陆地水生植物	受纳水体排放口附近；主导风下风向厂外或流域覆盖厂址区域面积最大的水体；对照点	Sr-90、C-14、γ 能谱，受纳水体则增加 H-3（TFWT，OBT）	收获期	1次/年
陆地水生动物	受纳水体排放口附近；主导风下风向厂外或流域覆盖厂址区域面积最大的水体；对照点	Sr-90、C-14、γ 能谱，受纳水体则增加 H-3（TFWT，OBT）	1次/年	1次/年
陆地水生指示生物	受纳水体排放口附近	根据指示生物浓集特性确定监测核素种类	1次/年	1次/年

1）地表水

选取预计受影响的 5～10 个地表水点位（地表水稀少的地区，可根据实际情况确定），对照点设在不可能受到核动力厂所释放放射性物质影响的水源处。对于内陆厂址受纳水体，则在取水口、总排水口、总排水口下游 1 km 处、排放口下游混合均匀处断面各选取1 个点位。

2）地下水、饮用水

在可能受影响的地下水源和饮用水源处采样，内陆厂址适当增加采样点位。可利用厂内监测井，根据实际情况也可以设置厂外环境监测井。

3）地表水沉积物

监测江、河、湖及水库沉积物中的放射性核素含量，在核动力厂运行后气态或液态流出物可能影响到的地表水体进行采样,根据当地的地理环境决定采样点数,尽可能包括所有的 10 km 范围内的地表水体。

4) 陆地水生物

监测陆地水养殖鱼类(注意不可采集以饵料喂养为主的水产品)、藻类和其他水生生物中的放射性核素含量。

6. 海洋及海洋生物的辐射环境监测

核动力厂运行期间海洋及海洋生物辐射监测对象包括海水、海洋沉积物及海洋生物等,其监测方案见表 2.8。

表 2.8　核动力厂运行期间陆地水体及水生物辐射监测方案

监测对象		布点原则	监测项目	监测频次	
				采样	分析
海水		排放口附近海域;对照点	H-3、总 β、K-40,可选择部分点位分析 C-14、Sr-90、γ 能谱	1 次/半年	1 次/半年
海洋沉积物		同海水采样点,包括潮间带土、潮下带土和海底沉积物;对照点	Sr-90、γ 能谱,在排放口方位 5 km 范围内选择点位加测 Pu-239+240	1 次/年	1 次/年
海洋生物	植物	排放口附近海域藻类等植物(含指示生物)	H-3(TFWT,OBT)、C-14、Sr-90、γ 能谱(包括 I-131)	收获期	1 次/年
	动物	排放口附近海域鱼类、海藻、软体类以及甲壳类生物(含指示生物)	H-3(TFWT,OBT)、C-14、Sr-90、γ 能谱(包括 I-131)	1 次/年	1 次/年

7. 运行期间流出物监测

核动力厂运行期间流出物监督性监测内容要求可参考表 2.9,监督性监测样品数量根据核动力厂营运单位流出物自行监测样品总量,按一定的比例进行抽测。放射性流出物采样与监测项目应根据不同堆型和不同燃料产生的流出物源项特点进行选择。

表 2.9　核动力厂流出物监督性监测方案

流出物类型	监测项目	取样方式(监测对象)	测量方式
气载流出物	稀有气体	连续	连续在线
	颗粒物总 β/总 γ	连续	连续在线
	颗粒物 γ 能谱	累积	定期
	颗粒物混合样 Sr-89、Sr-90	累积	定期

（续表）

流出物类型	监 测 项 目	取样方式（监测对象）	测 量 方 式
气载流出物	颗粒物混合样 Pu‐238、Pu‐239、Pu‐240、Am‐241、Cm‐242、Cm‐244	累积	定期
	I‐131、I‐133	连续	定期
	H‐3	累积	定期
	C‐14	累积	定期
液态流出物	H‐3、C‐14、总 α、总 β 及 γ 能谱等	排放前采样（储存罐）	抽样测量
	H‐3、C‐14、总 α、总 β 及 γ 能谱等	定期采样或等比采样（排放口）	抽样测量

对于表格中的监测方案,开展某些监测项目时需要根据不同的情况进行注意:

（1）稀有气体一般可选择但不限于 Ar‐41,Kr‐85,Xe‐131m,Xe‐133,Xe‐133m,Xe‐135。根据流出物源项确定测量核素。

（2）对于稀有气体和颗粒物总 β/总 γ 的测量数据,可同步共享核动力厂的数据。

（3）颗粒物 γ 能谱分析核素一般可选择但不限于 Cr‐51,Mn‐54,Co‐57,Co‐58,Fe‐59,Co‐60,Zn‐65,Zr‐95,Nb‐95,Ru‐103,Ru‐106,Ag‐110m,Sb‐124,Cs‐134,Cs‐137,Ba‐140,La‐140,Ce‐141,Ce‐144。根据流出物实际源项确定测量核素。

（4）颗粒物混合样根据流出物实际源项选择测量核素。

（5）若液态流出物的总 α、总 β 放射性浓度超过设定值,根据流出物实际源项选择测量核素,一般可选择但不限于 Sr‐89,Sr‐90,Fe‐55,Ni‐63 或 Pu‐238,Pu‐239,Pu‐240,Am‐241,Cm‐242,Cm‐244。

（6）根据液态流出物实际源项选择测量核素,一般可选择但不限于 Cr‐51,Mn‐54,Co‐57,Co‐58,Fe‐59,Co‐60,Zn‐65,Zr‐95,Nb‐95,Ru‐103,Ru‐106,Ag‐110m,Sb‐124,I‐131,I‐133,Cs‐134,Cs‐137,Ba‐140,La‐140,Ce‐141,Ce‐144。

对于核事故场外应急监测（见本章核事故应急监测章节）,可根据事先制定的应急监测计划实施。核事故场外应急监测分早期监测、中期监测和晚期监测,具体技术要求参照《核动力厂核事故环境应急监测技术规范》（HJ 1128—2020）执行。

对于核动力厂退役监测,可根据核动力厂退役时的放射性废物源项调查、退役过程的辐射环境影响,相应调整监测范围、项目和频次。

对于压水堆以外的其他类型反应堆,可参考上述表中核动力厂辐射环境监测方案,根据堆型、流出物排放量和核素种类决定监测范围、项目和频次,酌情增减。

二、核燃料后处理设施辐射环境监测

（一）运行前环境辐射水平调查

核燃料后处理设施运行前环境辐射水平调查,主要监测环境 γ 外照射剂量水平及主要环境介质中关键放射性核素的活度浓度。环境γ辐射水平调查范围以后处理厂为中心,半径 50 km。环境介质中放射性活度浓度调查范围以后处理厂为中心,半径 30 km。

在核燃料后处理设施投入正式运行之前,至少取得连续两年的运行前环境本底调查资料。对于同一厂址后续扩建的处理设施,调查时间不得少于 1 年,并应在续建设施正式投运之前完成。监测布点主要为 30 km 之内的近区和厂区下风方向,并以上风向的远区作为对照点。

与前述核动力厂运行期间监测项目相同,核燃料后处理设施运行前环境辐射、环境监测的项目也涉及γ辐射、空气、表层土壤、各种水体、沉积物和生物样品等。

1. γ辐射监测

γ辐射监测包括γ辐射空气吸收剂量率监测(连续)和γ辐射累积剂量监测。

对于γ辐射空气吸收剂量率监测(连续)而言,应当以设施为中心,在半径 10 km 范围内,在设施周围 16 个方位布设自动监测站,每个方位考虑布设 1 个自动监测站,沿海(湖、河)的设施,靠海(湖、河)一侧可根据监管需要设立自动监测站。在设施气态排放口主导风下风向、次下风向和居民密集区应建立自动监测站。每个自动监测站应按指定间隔记录γ辐射空气吸收剂量率数据,一般每 30 s 或 1 min 记录一次,实行全天 24 h 连续监测,报送 5 min 均值或 1 h 均值。部分关键站点可设置能甄别核素的固定式能谱探测系统,对周围环境进行实时的γ能谱数据采集并将能谱数据传送回数据处理中心。

对于γ辐射累积剂量监测,应当在厂界外,以设施为中心,8 个方位半径为 2 km、5 km、10 km、20 km 的圆所形成的各扇形区域内陆地(岛屿)上布点测量。

2. 空气辐射监测

空气辐射监测包括对气溶胶、沉降物和气体的监测。采样点主要布设在主导风下风向,厂外烟羽最大浓度落点处及关键人群组。点位设置与该方位角的γ辐射空气吸收剂量率连续监测点位一致,与γ辐射空气吸收剂量率连续监测自动站共站。

3. 表层土壤监测

表层土壤的监测主要在每季度采集设施下风向处的表层土壤进行测量。

4. 水体监测

水体监测涉及对地下水、地表水、饮用水、海水的监测。对地下水,每季采集设施的监测井和设施周围的地下水,重点监测排放口附近区域;对地表水,每季对设施周围的地表水进行监测,重点监测排放口附近区域;对饮用水,每季采集设施周围及关键人群组的饮用水;对海水,每季采集设施周围的海水进行监测,重点监测排放口附近区域海水。

5. 沉积物监测

沉积物监测主要针对地表水沉积物和海水沉积物监测。对地表水沉积物,每半年对设施周围的地表水沉积物进行监测,重点监测排放口附近区域;对海水沉积物,每半年对设施排放口附近区域及近岸海域的潮间带土进行监测。

6. 生物样品监测

生物样品主要涉及植物、农产品、牧草、牛(羊)奶、水生生物和指示生物等。对植物,每月采集设施边界周围的几个植物样;对农产品,每年采集设施主导风下风向及设施边界附近的当季农产品,包括水果、蔬菜、肉和蛋等;对牧草,每月采集设施边界周围牧场的牧草;对牛(羊)奶,每月在设施周围的牧场采集牛(羊)奶;对水生生物,每季度采集设施排放口附近海域和附近养殖区的鱼类、软体类、甲壳类生物;对指示生物,在设施周围采集。

核燃料后处理设施运行前监测方案可参考表 2.10～2.12。环境介质中关键放射性核素的测量可适当降低监测频次,土壤为 1 次/年,水体可在每年枯水期和平水期各监测 1 次。

表 2.10 核燃料后处理设施辐射环境空气及 γ 辐射监测方案

监 测 对 象	布 点 原 则	监 测 项 目	监 测 频 次
γ 辐射	半径 10 km 范围内的 16 个方位角内,主要包括主导风下风向,最大浓度落点处,关键人群组、设施周围(1 km)边界等;对照点	γ 辐射空气吸收剂量率(连续)	连续
	8 个方位半径为 2 km、5 km、10 km、20 km 的圆所形成的各扇形区域内陆地(岛屿)上布点测量;对照点	γ 辐射累积剂量(TLD)	1 次/季
气溶胶	主导风下风向厂区边界,最大浓度落点处,关键人群组;对照点	总 α、总 β、Sr - 90、U - 234、U - 235、U - 236、U - 238、Pu - 238、Pu - 239+240、γ 能谱	1 次/月(累积),采样体积应不低于 10 000 m³
空气沉降物			1 次/季(累积)
气体		H - 3(HTO)、C - 14、Kr - 85、I - 129、I - 131	1 次/月(累积)

表 2.11 核燃料后处理设施辐射环境水、沉积物及土壤监测方案

监 测 对 象	布 点 原 则	监 测 项 目	监 测 频 次
地表水	排放口附近水域、排放口下游厂外第一取水点;上游对照点	总 α、总 β、H - 3、γ 能谱、受纳水体加测 C - 14、Sr - 90、Tc - 99、I - 129、Pu - 238、Pu - 239+240	1 次/季
地下水	设施的监测井及设施周围地下水;对照点		1 次/季
饮用水	设施周围及关键人群组饮用水;对照点	总 α、总 β、H - 3 和 γ 能谱	1 次/季
海水	设施周围的海水,重点监测排放口附近区域海水;对照点	总 α、总 β、K - 40、H - 3、C - 14、Sr - 90、Tc - 99、I - 129、Pu - 239+240 和 γ 能谱	1 次/季
地表水沉积物	同地表水	Sr - 90、Tc - 99、I - 129、U - 234、U - 235、U - 236、U - 238、Pu - 238、Pu - 239+240、Np - 237、Am - 241、Cm - 244 及 γ 能谱	1 次/半年
海洋沉积物	同海水		

（续表）

监 测 对 象	布 点 原 则	监 测 项 目	监测频次
表层土壤	半径5 km范围内的8个方位角（排放口下游、主导风下风向适当加密）；对照点	Sr-90、Pu-238、Pu-239+240和γ能谱	1次/年

表 2.12　核燃料后处理设施辐射环境生物类监测方案

监 测 对 象	布 点 原 则	监 测 项 目	监测频次
植物（含指示生物）	厂区边界附近就地生长的植物样	H-3(OBT)、C-14、γ能谱	1次/月
		Sr-90、Tc-99、I-129、Pu-238、Pu-239+240、Am-241、Cm-244	1次/年（每月采集，分析年度累积样）
农产品	厂区边界附近就地生长的蔬菜、水果、谷物及饲养的畜类；对照点	H-3(OBT)、C-14、γ能谱，个别样品测量Sr-90、Tc-99、I-129及Pu-238、Pu-239+240	1次/年
牧草	设施边界周围牧场	H-3(OBT)、C-14、I-129、γ能谱	1次/月
		Am-241、Cm-244、Pu-238、Pu-239+240	1次/年（每月采集，分析年度累积样）
牛（羊）奶	设施边界周围牧场，以上述牧草为主要饲料	H-3、C-14、γ能谱、个别样品测量Sr-90、I-129	1次/月
水生生物（含指示生物）	设施排放口附近海域和附近养殖区	H-3(OBT)、C-14、Sr-90、Tc-99、I-129、Pu-238、Pu-239+240、Am-241、Cm-244、Np-237和γ能谱	1次/季

对于上述3个表格中的监测方案，开展某些监测项目时需要根据不同的情况进行注意：

（1）不同堆型的核燃料后处理过程中产生的放射性核素组分差异悬殊，在选择监测项目时，可根据实际需要开展核素监测。

（2）γ能谱分析应重点关注设施排放的特征核素，气溶胶、沉降物的γ能谱分析项目一般可选择但不限于Co-60、Cs-134、Cs-137、Ru-106、Sb-125、Eu-154等。

（3）土壤和沉积物的γ能谱分析项目一般可选择但不限于Cs-137、Cs-134、Sb-125、Co-60、Ru-106等。

（4）水的γ能谱分析项目一般可选择但不限于Co-60、Cs-134、Cs-137、Ru-106、Sb-125、Eu-154等。

（5）牛（羊）奶、水生生物的 γ 能谱分析项目一般可选择但不限于 Cs‐137、Ru‐106、Cs‐134、Sb‐125、Co‐60 等。

（二）运行期间辐射环境监测

核燃料后处理设施运行期间的监测方案与运行前监测相同。必要时，在可能受中子辐射影响的地点开展中子剂量当量率监测。对于短寿命的碘同位素如 I‐131，可以不必监测。

在后处理厂开始运行 3～5 年，取得足够运行经验，并且环境监测数据基本稳定后，可适当调整监测范围、项目和频次。

（三）运行期间流出物监测

处理的燃料不同、处理工艺不同的核燃料后处理过程中产生的放射性核素组分可能差异悬殊，可选择理论和实际源项中的核素开展监测。运行期间流出物监测内容一般包括：

1. 气载流出物监测

监测点设在废气排放口，后处理厂主要监测项目一般包括：H‐3、C‐14、Kr‐85、Co‐60、Sr‐90、Tc‐99（必要时）、Ru‐106、Sb‐125、I‐129、I‐131、Cs‐134、Cs‐137、Eu‐154、Np‐237、Pu‐238、Pu‐239＋240、Pu‐241、Am‐241、Cm‐242、Cm‐244、U‐234、U‐235、U‐236、U‐238、总 α、总 β。监测方式为连续在线监测或采样监测，其中 H‐3、C‐14 连续采样，累积样每月分析一次。

2. 液态流出物监测

监测点设在废水排放口，后处理厂主要监测项目一般包括：H‐3、C‐14、Co‐60、Ni‐63、Sr‐90、Zr‐95、Nb‐95、Tc‐99、Ru‐106、Sb‐125、I‐129、Cs‐134、Cs‐137、Eu‐154、Np‐237、Pu‐238、Pu‐239＋240、Pu‐241、Am‐241、Cm‐242、U‐234、U‐235、U‐236、U‐238、总 α、总 β 等。

此外，对于核燃料后处理设施的应急监测，应根据事故类型，按事故应急机构制定的应急预案进行监测，可参考本书有关应急监测内容。对于核燃料后处理设施的退役监测，应根据核燃料后处理厂退役时的放射性废物源项调查结果，确定监测对象和频次。

三、铀转化、浓缩及元件制造设施

（一）运行前环境辐射水平调查

铀转化、浓缩及元件制造设施运行前环境辐射水平调查，主要调查环境 γ 辐射空气吸收剂量率及主要环境介质中关键放射性核素的活度浓度。环境 γ 辐射空气吸收剂量率调查范围以设施为中心，半径 30 km。环境介质中放射性活度浓度调查范围以设施为中心，半径 10 km。

在铀转化、浓缩及元件制造设施正式投入运行之前，取得至少 1 年的运行前环境本底调查资料。监测布点主要为半径 10 km 之内的近区和厂区下风向，上风向的远区作为对照点。

与前述核动力厂和核燃料后处理设施监测项目相同,铀转化、浓缩及元件制造设施运行前辐射环境监测的项目也涉及到 γ 辐射、空气、表层土壤、各种水体、沉积物和生物样品等。

1. γ 辐射空气吸收剂量率

γ 辐射空气吸收剂量率连续监测点主要布设在半径 10 km 范围内 4～8 个方位角,通常包含主导风下风向、最大浓度落点处、关键人群组、每个自动监测站应按指定间隔记录,一般每 30 s 或 1 min 记录一次 γ 辐射空气吸收剂量率数据,实行全天 24 h 连续监测,报送 5 min 均值或 1 h 均值。可选择设置能甄别核素的固定式 γ 能谱探测系统。

2. 气溶胶和沉降物

气溶胶和沉降物采样点主要布设在主导风下风向、厂外烟羽最大浓度落点处、关键人群组。通常可以与 γ 辐射空气吸收剂量率连续监测自动站共站。

3. 表层土壤

采集设施主导风下风向处的表层土壤。

4. 水

对水体的监测涉及地表水、海水和饮用水。对地表水,采集设施周围地表水,重点监测排放口附近区域;对海水,采集排放口附近海域的海水;对饮用水,采集设施周围及关键人群组的饮用水。

5. 沉积物

沉积物监测包括对地表水沉积物和海水沉积物的监测。对地表水沉积物,对设施周围的地表水沉积物进行监测,重点监测排放口附近区域;对海水沉积物,对设施排放口附近区域及近岸海域的潮间带土进行监测。

6. 生物

生物的监测主要包括对植物和水生生物的监测。对植物,采集设施当季最大风频下风向及设施边界附近的当季叶菜等农产品;对水生生物,采集设施排放口混合充分处水域的鱼类和植物类。主导风下风向当地居民主要食用的水生生物来源水体,选择有代表性的 1～2 种水生生物。

铀转化、浓缩及元件制造设施运行前周围辐射环境监测方案可参考表 2.13。运行前监测可适当减少监测频次。

表 2.13　铀转化、浓缩及元件制造设施周围辐射环境监测方案

监测对象	监测点位	监测项目	监测频次
γ 辐射	设施周围半径 10 km 范围内 4～8 个不同方位角选点,通常设在主导风下风向、最大浓度落点处、关键人群组	γ 辐射空气吸收剂量率(连续)	连续
空气-气溶胶	主导风下风向、最大浓度落点处、关键人群组	U、总 α、总 β	1 次/月

（续表）

监 测 对 象	监 测 点 位	监 测 项 目	监 测 频 次
空气-沉降物	主导风下风向、最大浓度落点处、关键人群组	U、总 α、总 β	累积样/季
表层土壤	主导风下风向厂区边界	U、γ 能谱	1 次/a
水-地表水	排放口附近区域、排放口下游均匀混合处、排放口下游厂外第一取水点，上游对照点	U、γ 能谱	2 次/a（枯水期和平水期）
水-海水	排放口附近海域	U、γ 能谱	1 次/半年
水-饮用水	关键人群组的饮用水	U、总 α、总 β	1 次/a
沉积物-地表水沉积物	同地表水	U、γ 能谱	1 次/a
沉积物-海洋沉积物	同海水		
生物-叶菜等农作物	厂区边界附近就地生长的植物样	U、γ 能谱	1 次/a
生物-水生生物	设施排放口混合充分处水域、主导风下风向当地居民主要食用的水生生物来源水体	U、γ 能谱	1 次/a

在上表的监测方案中，如果使用堆后料，不但要考虑铀同位素（U-234、U-235、U-236、U-238），还要考虑超铀元素（Pu、Np 等）和裂变核素（如 Tc-99 和 Ru-106），燃料元件为钍的，则进行 Th 同位素分析。对于 U 的监测分析，应根据总 α、总 β 和 U 的监测结果，视情分析 U 的各种同位素。

（二）运行期间辐射环境监测

运行期间的辐射环境监测方案与运行前相同。在铀转化、浓缩及元件制造设施开始运行的 3～5 年，取得足够的运行经验，并且环境监测数据基本稳定后，可适当调整监测范围、项目和频次。

（三）流出物监测

气溶胶、废气、废水、废渣中主要对 U-234、U-235、U-236、U-238 分析测量。废弃物测量中还应注意对铀的氟化物测量。

根据燃料元件的不同类型，还要考虑增加对相关核素的测量，生产 MOX 元件的要增加对 U-232、Pu-239、Pu-240、Np-237、Am-241、Cm-242、Cm-244 的测量，燃料元件为钍的，要增加 Th-228、Th-230、Th-232 的测量。

（四）应急监测与退役监测

应急监测应根据事故类型，按事故应急机构制定的应急预案进行监测。具体技术要求另行规定。

退役监测时,应根据铀转化、浓缩及元件制造设施退役时的放射性废物源项调查,酌情确定监测内容。

四、核技术利用辐射环境监测

(一) 应用开放源(非密封源)的环境监测

1. 应用前的环境辐射监测

应用非密封源也可称为应用开放源,在其应用前的环境辐射监测范围应以工作场所为中心,半径 50～500 m 以内。监测对象与项目主要涉及表 2.14 中应用开放型放射源环境监测的前 4 项,且只需监测 1 次。

表 2.14 应用开放型放射源环境监测

监测对象	监测点(采样点)	监测项目	监测频次(次/a)
γ辐射	以工作场所为中心,半径 50～300 m 以内	γ辐射空气吸收剂量率	1～4
土壤	以工作场所为中心,半径 50～300 m 以内	应用核素	1
地表水	废水排放口上、下游 500 m 处	应用核素	1～2
底泥	废水排放口上、下游 500 m 处	应用核素	1
废水	废水贮存池或排放口	总 α、总 β,如总 α>0.5 Bq/L,总 β>1.0 Bq/L,分析应用核素	1～2
废气	排放口	应用核素	1
放射性固体废物	贮存室或贮存容器外表面	γ辐射空气吸收剂量率和 α、β 表面污染	1～2

应用表 2.14 时,应注意:(1)进行 γ 辐射空气吸收剂量率监测时,甲级工作场所 1 次/季,乙级、丙级工作场所 1 次/年;(2)在开展应用核素监测时,只关注可能对环境有影响的应用核素,监测应有针对性,如应用核素难以分析,可用总放替代;(3)对于地表水、底泥、废水和废气的监测,若不对外排放且无泄漏,则不需监测。

2. 应用期间的辐射环境监测

开放源应用期间的监测目的主要是,对应用非密封放射性物质项目进行辐射环境水平监测,评价项目的辐射安全管理情况和对周围环境的影响情况,根据监测、检查结果编制监测报告,为企业、生态环境主管部门提供技术支持。

对应用非密封放射性物质项目进行辐射监测包括 γ 辐射、土壤、地表水、底泥、废水、废气、放射性固体废物等项目。监测方案与运行前相同,具体监测内容如下。

（1）γ 辐射。以工作场所为中心，半径 50～300 m 以内布点，测量点应覆盖控制区的每个区域（如放射性核素贮存室、给药室等）、监督区的每个区域（如检查室、治疗室、病房等）、衰变池上方、放射性废物暂存库内，同时覆盖非密封放射性物质利用场所周围环境及敏感点。监测项目为 γ 辐射空气吸收剂量率。

（2）土壤。以工作场所为中心，半径 50～300 m 以内布点，监测核素与应用的核素一致。

（3）地表水。废水排放口上、下游 500 m 处采集水样，监测核素与应用的核素一致。

（4）废水。在废水贮存池或废水排放口采集废水进行核素分析，监测核素与应用的核素一致。

（5）底泥。废水排放口上、下游 500 m 处采集底泥，监测核素与应用的核素一致。

（6）废气。在废气排放口，开展废气监测，监测核素与应用的核素一致。

（7）放射性固体废物。在放射性废物贮存室或贮存容器外面，监测 γ 辐射空气吸收剂量率和 α、β 表面污染。

3. 流出物监测

开放源的流出物监测主要为放射性同位素生产和应用设施运行期间流出物监测。气载流出物监测点设在废气排放口，液态流出物监测点设在废水总排放口，主要监测项目均由应用活动涉及的工艺和主要放射性同位素种类决定。

4. 工作场所退役监测

开放源工作场所退役监测方案与运行前监测方案相同，并增加监测场所和设备的污染水平监测。

（二）应用密封源环境监测

对于Ⅳ、Ⅴ类放射源以及豁免管理的放射源，一般不需要开展辐射环境监测。

1. γ 辐照装置

对于 γ 辐照装置运行前环境辐射水平调查，应当在装源前以辐照室为中心，半径 50～500 m 以内进行监测。γ 辐照装置监测包括环境 γ 辐射、贮源井水、地表水、地下水、大气、土壤等项目。调查监测计划见表 2.15，具体监测内容如下：

表 2.15　含贮源水井的辐照装置环境监测

监测对象	采样（监测）布点	监测项目	频次（次/a）
γ 辐射	辐照室四周的建筑物内外（升降放射源时对辐照室四周屏蔽墙外，控制室及工作人员办公室进行监测，加强对辐照室薄弱环节风机口、迷道进出口、源室顶和水处理装置的监测），对环境四周 8～10 个点和公众敏感点	γ 辐射空气吸收剂量率、累积剂量	1
贮源井水	贮源井	应用核素	2

（续表）

监 测 对 象	采样（监测）布点	监 测 项 目	频次（次/a）
地表水	废水排放口上、下游 500 m 处	应用核素	1
地下水	辐照装置附近饮用水井	应用核素	1
土壤	辐照装置建筑物外围 10～30 cm 土壤	应用核素	1

（1）环境 γ 辐射测量点应覆盖防护设施周围和厂区外围环境。包括但不限于以下监测点：防护设施、控制室、迷道出口、迷道进口、风机口（风机房）、制水间、辐照室四周屏蔽墙表面、辐照室顶、贮源井上方、辐照室内、仓库以及厂界四周、厂大门口、半径 500 m 范围内居住区等。监测项目为 γ 辐射空气吸收剂量率。

（2）贮源井水。定期采集贮源井水进行应用核素分析。

（3）地表水。废水排放口上、下游 500 m 处采集水样，监测核素与应用的核素一致。

（4）地下水。辐照装置附近饮用水井采集水样，监测核素与应用的核素一致。

（5）土壤。辐照装置建筑物外围 10～30 cm 土壤，监测核素与应用的核素一致。

应用上表时，需注意：①对于 γ 辐射监测，当源增加时，应重新监测；②贮源井水排放前和辐照装置安装（更换）放射源前后及贮源井清洗前后要进行监测；正常运行时，不少于每半年一次；③对不向环境排放贮源井水且无泄漏的，则不需监测。

此外，辐射源使用前后要对辐照室内的空气进行臭氧、氮氧化物监测。贮源井水还要考虑电导率、总氯离子、pH 值的监测。

对于 γ 辐照装置运行期间环境监测，应按表 2.15 执行，其中换装源前后增加贮源井水所用核素的浓度测定。如贮源井水排放纳入城市污水管网的，则只需进行前两项监测。

对于辐射源泄漏监测，一旦发现贮源井水受所用核素污染，应禁止排水，防止井水泄漏污染环境，分层取样测定所用核素的浓度，针对污染原因，及时进行事故处理。

对辐照装置退役监测，可参照表 2.15，并增加贮源水井沉积物、废水处理辐照装置所用的树脂膜进行核素监测，以及工作场所和可能受污染的设备、工具表面污染监测。设施运行期间发生过放射性泄漏事故的，应分析周围土壤、水体中的应用核素。

2. 其他含密封源设施的环境监测

其他含密封源设施使用前环境辐射水平调查，应在装源前，以密封源安装位置为中心，半径 30～300 m 以内监测 1 次。在密封源安装位置周围室内、外，开展 γ 辐射空气吸收剂量率监测。

对于使用期间辐射环境监测，与使用前的规定相同，其中含中子放射源的设施增加中子剂量当量率监测。

对于含密封源设施的污染事故监测，当密封源被破坏造成环境污染时，进行如下项目的监测：污染区及其周围 γ 辐射空气吸收剂量率，α、β 表面污染；污染区及其周围相关环境介质中使用源放射性核素含量；仪器设备放射性污染水平；事故处理过程产生的液体和固体污染物的放射性污染水平。

对于密封源工作场所退役终态监测,使用Ⅰ,Ⅱ,Ⅲ类放射源的场所辐射环境终态监测项目:γ辐射空气吸收剂量率,α、β表面污染。设施运行期间发生过放射性泄漏事故的,应分析周围土壤、水体中的应用核素。

(三) 射线装置

1. 应用粒子加速器的辐射环境监测

粒子加速器按射线能量和在应用中辐射风险程度或安全防护的难易程度分低能加速器(Ⅱ,Ⅲ类射线装置)和中高能加速器(Ⅰ类射线装置)两大类。应用粒子加速器的辐射环境监测方案见表2.16、表2.17。

表 2.16　应用低能电子加速器的辐射环境监测

监 测 对 象	监 测 项 目	监 测 频 次	
		运行前/次	运行期间/(次/a)
屏蔽墙外 30 cm 处	γ辐射空气吸收剂量率	1	1~2
	中子剂量当量率 (电子加速器能量>10 MeV)	—	1~2
循环冷却水	总 α、总 β	1	1~2
固体废物外表面	γ辐射空气吸收剂量率	—	收集及送贮时

注:对于循环冷却水,若不对外排放且无泄漏,则不需监测。

表 2.17　应用中高能电子加速器和质子、α粒子、重离子加速器的辐射环境监测

监测对象	点 位 布 设	监 测 项 目	监 测 频 次	
			运行前/次	运行期间 (次/a)
外照射	环境敏感点	γ辐射空气吸收剂量率	1	连续
		中子剂量当量率	—	1~2
	加速器主体建筑物墙外 30 cm 处开展巡测,选择主体建筑墙外、楼顶及厂界相应的关注点开展定点监测	γ辐射空气吸收剂量率	1	1~2
		中子剂量当量率	—	1~2
空气	加速器主体建筑物楼顶,环境敏感点	H-3、C-14	1	1~2
气溶胶	厂内建筑物楼顶,厂外敏感点	感生放射性核素、γ能谱	1	1~2
土壤	厂界四周,厂外敏感点	总β、感生放射性核素、γ能谱	1	1~2
地表水、地下水	厂区周边地下水和地表水	总β、感生放射性核素、γ能谱	1	1~2

（续表）

监测对象	点位布设	监测项目	监测频次 运行前/次	监测频次 运行期间（次/a）
生物	厂区周边	总β、感生放射性核素、γ能谱	1	1～2
循环冷却水	—	总β、感生放射性核素、γ能谱	1	1～2
固体废物外表面	—	γ辐射空气吸收剂量率	—	1～2
		感生放射性核素、γ能谱	—	收集及送贮时

应用上表时需注意：①对于外照射，如果可行时，建议增加开机前的监测；②对于空气和气溶胶监测，可根据感生放射性物质气态排放的情况决定是否开展监测；③对于γ能谱分析，感生放射性核素可根据加速器类型和靶材料的实际情况进行分析；④对于土壤、地表水、地下水、循环冷却水和生物等，不对外排放且无泄漏的，则运行期间不需监测。

2. X射线机的环境监测

X射线机（包括CT机）在运行前对屏蔽墙或自屏蔽体外30 cm处的X-γ辐射空气吸收剂量率进行一次监测；运行中，对屏蔽墙或自屏蔽体外30 cm处的X-γ辐射空气吸收剂量率进行巡测，并选择部分关注点位开展γ辐射空气吸收剂量率（开关机时各测量一次）或累积剂量监测，每年1～2次。

（四）放射性物质运输辐射环境监测

核技术利用中，经常涉及放射性物质的运输。为此，需要开展放射性物质运输过程中与失控源辐射环境监测。

1. 运输过程中的辐射环境监测

在放射性物质运输过程中，包括出发地、中转站、到达地均须进行辐射环境监测，一般涉及运输工具、货包、工作场所等辐射环境的监测，一般包括运输工具、货包、工作场所等的α、β表面污染水平和环境γ辐射空气吸收剂量率。

2. 运输过程中的事故监测

对于放射性物质运输中的事故监测，需监测的对象包括：运输容器，运输工具；事故地段现场的地表和其他物品；事故处理过程中所用的工具和产生的废物、废水等。监测项目包含：γ辐射空气吸收剂量率；α、β表面污染；当出现或怀疑货包发生泄漏时，可视需要适当增加对货包中放射性核素对周围环境介质污染水平的取样和监测。

五、伴生放射性矿开发利用辐射环境监测

（一）采选及冶炼过程的辐射环境监测

除铀（钍）矿外，所有矿产资源开发利用活动中原矿、中间产品、尾矿（渣）或者其他残留物中铀（钍）系单个核素含量超过1 Bq/g的，需要开展辐射环境监测。

1. 采选前的辐射环境监测

伴生放射性矿采选前的辐射环境监测方案,按照表 2.18 前 4 项执行,监测时间为 1 年。同时,应视情况适当开展对受纳水体中 Ra-224 或/和 Ra-228 的水平监测。

表 2.18 伴生放射性矿采选前的环境监测

监测对象	监测点位	监测项目	监测频次(次/a)
γ 辐射	矿区周围 3~5 km 以内	γ 辐射空气吸收剂量率	1~2
空气	矿区边界、矿区周围最近居民点	Rn-222 及其子体(伴生铀)、钍射气(伴生钍)	1~2
气溶胶	矿区周围 3~5 km 以内	总 α、总 β,Po-210,Pb-210	1~2
地表水	受纳水体上下游各 1~3 km 内	总 α、总 β,U,Th,Ra-226,Po-210,Pb-210	1~2
地下水	最近居民点井水水源	总 α、总 β,U,Th,Ra-226,Po-210,Pb-210	1~2
土壤	矿区周围 3~5 km 以内	U,Th,Ra-226	1
底泥	同地表水	U,Th,Ra-226	1~2
废渣	堆放场	Rn-222,U,Th,Po-210,Pb-210,γ 辐射空气吸收剂量率	1~2

2. 采选期间的辐射环境监测

伴生放射性矿采选期间的辐射环境监测方案,按表 2.18 执行。流出物监测方案可参照表 2.19,并结合环境影响评价文件制定。其中,对于废气的监测,两次监测的时间间隔应不少于 3 个月。

表 2.19 伴生放射性矿采选期间的流出物监测方案

监测对象	监测点位	监测项目	监测频次(次/a)
废水	总排放口、尾矿(渣)库渗出水排放口	伴生铀:U,Ra-226,总 α、总 β,Po-210,Pb-210 伴生钍:Th,Ra-228,总 α、总 β,Po-210,Pb-210	1~2
废气	排风井	Rn-222 及其子体(伴生铀)、钍射气(伴生钍)	2
	其他有放射性物质排放的排气口	U,Th	2

3. 冶炼过程的辐射环境监测

伴生放射性矿冶炼过程的辐射环境监测方案参照表2.18、表2.19执行,并增测原料库和成品库的γ辐射空气吸收剂量率,必要时对原料和成品取样监测天然放射性核素含量。

(二) 矿物资源利用中的辐射环境监测

对原料和产品测量其表面γ辐射空气吸收剂量率,必要时,测量其天然放射性核素含量,频次为1～2次/年。在厂界周围测量γ辐射空气吸收剂量率;涉及废水排放的,监测废水中的总α、总β。

(三) 铀矿山及水冶系统环境辐射监测

对于铀矿山及水冶系统运行前和运行期间的环境辐射水平监测,均应在厂(场)界外10 km以内开展,其监测方案见表2.20。运行期间堆浸时,应增测堆浸场附近土壤,地浸时增测监控点。运行期间流出物监测方案见表2.21。

表2.20 铀矿山及水冶系统运行前环境辐射水平调查方案

监 测 对 象	取 样 点	采样方式及频次	测 量 项 目
气溶胶、沉降物	下风向厂区边界处;厂区周围最近居民点;预计污染物浓度最大处;对照点	累积采样 1次/半年	U,Th,Ra - 226,Pb - 210,Po - 210
空气	拟建尾矿库、废石场;气溶胶取样布点处	1次/季	Rn - 222 及子体
地下水	尾矿坝下游地下水;废水流经地区的地下水;厂矿周围 2 km 内饮用水井;对照点	1次/半年	U,Th,Ra - 226,Rb - 210,Po - 210
地表水	各排放口下游第一个取水点;下游主要居民点;对照点	1次/半年	U,Th,Ra - 226,Rb - 210,Po - 210
底泥	同地表水	1次/年	U,Th,Ra - 226,Rb - 210,Po - 210
土壤	污水灌溉的农田及其作物区;对照点	1次/年	U,Th,Ra - 226,Rb - 210,Po - 210
陆生生物	预计污染物浓度最大点处;3 km 内受废水污染区;对照点	收获期	U,Th,Ra - 226,Rb - 210,Po - 210
水生生物	受废水污染区渗漏、地表径流影响的湖泊、河流;对照点	1次/年	U,Th,Ra - 226,Rb - 210,Po - 210
陆地 γ 辐射	以厂区为中心,半径 5 km,8 个方位内;气溶胶取样布点处;尾矿库;废石场矿处;易洒落矿物的公路处	1次/半年	辐射空气吸收剂量率

表 2.21　铀矿山及水冶系统运行期间流出物监测

监 测 对 象	监 测 点	监测频次	分析测量项目
气溶胶	作业场所排气口	定期	U,Ra-226,Pb-210,Po-210
废气	作业场所排气口	定期	氡及其子体
废水	排放口	定期	总 α、总 β,U,Ra-226,Pb-210,Po-210
废渣	尾矿库;废石场	定期	γ辐射空气吸收剂量率、氡及其子体、氡析出率,U,Th,Ra-226,Pb-210,Po-210

对于因出现事故而进行的监测,按照铀矿山及水冶系统应急计划,实施应急监测或事故监测。当设施退役后,根据源项调查结果,参照表 2.20、表 2.21 对原作业场所、尾矿库、废石场进行监测,监测频次为每年一次。

六、放射性废物暂存库和中低放处置场辐射环境监测

(一)放射性废物暂存库监测要求

放射性废物暂存库运行前的辐射环境监测,应在以库为中心,半径 1~3 km 以内,对陆地 γ 辐射空气吸收剂量率和主要环境介质中的暂存废物所含的主要放射性核素进行监测。放射性废物暂存库运行前和运行期间的环境监测均按表 2.22 执行。

表 2.22 中,对于地下水、地表水和废水的监测,如总 α 超过 0.5 Bq/L 或总 β 超过 1.0 Bq/L,则测量暂存废物所含的主要放射性核素。

表 2.22　放射性废物暂存库的辐射环境监测

监 测 对 象	监 测 点 位	监 测 项 目	监测频次（次/a）
γ辐射剂量	库墙壁外 30 cm 位置、库周围 4 个方位、库界外主要居民点	γ辐射空气吸收剂量率	2
气溶胶	主导风下风向	总 α、总 β	1
土壤	库区 4 个方位主要居民点	γ核素分析	1
地下水	库区监视井水、主要居民点饮用井水	总 α、总 β	1
地表水	上下游各取 1 点	总 α、总 β	1
废水	贮存池	总 α、总 β	1
生物	库区 4 个方位主要居民点	γ核素分析	收获期

(二)中低放射性废物处置场及设施监测

1. 中低放射性废物处置场

中低放射性废物主要包括核燃料循环和核动力厂正常运行产生的、核技术利用和核研究活动产生的中低放射性废物。中低放射性废物处置场在运行前、运行期间及关闭后

都应进行辐射环境监测。极低放射性废物处置场(填埋场)的辐射环境监测也可参照本节执行。

中低放射性废物处置场的监测范围应以处置场设施区为主,以处置场为中心,半径3～5 km 以内。启用前,辐射环境本底调查范围一般取半径5 km。重点关注地下水等环境介质,并根据处置场所在环境特点,适当调整。

中低放射性废物处置场的监测方案主要涉及运行前的本底调查和运行期间的辐射环境监测。

1) 运行前辐射环境本底调查

应获取处置场运行前两年连续的场址周围环境辐射本底水平,作为处置场运行期间和关闭后环境影响评价的基础数据。调查内容包括环境γ辐射水平和环境介质中与处置场运行有关的主要放射性核素活度浓度。调查方案可参考表 2.22 执行。

2) 运行期间的辐射环境监测

运行期间的辐射环境监测可参考表 2.23 执行。增加中子剂量当量率、渗析水和指示生物的测量。监测项目可根据核安全导则《放射性废物处置设施的监测和检查》(HAD 401/09—2019)和处置场涉及的主要放射性核素情况、场址特征和监测方法成熟度适当调整。

表 2.23　中低放射性废物处置场辐射环境监测方案

监 测 对 象	布 点 原 则	监 测 项 目	监 测 频 次
γ辐射	按设施周围 4～16 个方位布设 γ 辐射空气吸收剂量率连续监测点;对照点	γ辐射空气吸收剂量率	连续
	场内设置点位;场外以处置场为中心,测量范围内 16 个方位角布设点位;对照点	γ辐射累积剂量	1 次/季
气溶胶、沉降物	场内设置点位;场外在主导风下风向、可能的关键人群组、环境敏感点等设置点位;对照点	总 α、总 β,Sr-90,Tc-99,Pu-239+240,γ能谱	1 次/半年
空气	与气溶胶点位重合;对照点	H-3(HTO),C-14,I-129	1 次/半年
中子剂量	处置场边界外,4 个方位	中子剂量当量率	1 次/半年
土壤	场内设置点位;场外在 γ 辐射空气吸收剂量率测点中选择点位;设置在无水土流失的原野或田间;对照点	总 α、总 β,Sr-90,Pu-239+240,γ能谱	1 次/年
地表水	调查范围内河流上游、下游,水库/池塘,集中用水点各设置点位;对照点	总 α、总 β,γ能谱	1 次/半年
沉积物	与地表水点位重合;对照点	总 α、总 β,Tc-99,I-129,Sr-90,Pu-239+240,γ能谱	1 次/年

（续表）

监测对象	布点原则	监测项目	监测频次
地下水	厂址范围及周边地下水下游监测井、附近主要居民点设置点位；对照点	总 α、总 β，Sr-90，Tc-99，I-129，Pu-239+240，γ 能谱、H-3，C-14	1 次/半年
生物	选择当地居民摄入量较多、种植面积大的谷物、蔬菜、家禽、家畜各设置 1～2 个采样点；牧草（如果有）、水生生物（如果有）设置点位；对照点	γ 能谱，Sr-90，Tc-99，I-129，Pu-239+240	1 次/年
指示生物	设置 1～2 个点位	根据指示生物浓集特性确定监测核素种类	1 次/年
渗析水	渗析水收集处	总 α、总 β、γ 能谱	1 次/半年

此外，在中低放射性废物处置场辐射环境监测方案中，对于中子剂量、指示生物和渗析水，应当在运行期间开展监测；对于气溶胶、沉降物和空气，需根据废物的来源，如有来自后处理设施的废物，则应监测 Tc-99，I-129；对于所有涉及 γ 能谱测量的项目，应根据废物的来源，参考核动力厂、后处理设施等的实际源项选择测量核素。

3）关闭期间辐射环境监测

在处置场关闭期间，也应开展辐射环境监测，以为关闭活动和后续关闭后监测提供支持。关闭期间监测计划应根据需求在运行阶段辐射环境监测方案基础上进行，如关闭活动可能造成环境影响的增加，应适当增加相应的监测点位和频次。

4）关闭后辐射环境监测

在处置场关闭后，应根据处置场的运行历史以及关闭和稳定化情况保留合适的环境监测功能，为处置废物中放射性核素异常释放提供早期预警。

环境监测介质应以场区的监测井样品为主，保留一个运行期间设置的环境 γ 辐射空气吸收剂量率连续监测点位继续开展连续监测，适当保留部分环境 γ 辐射水平和植物样品监测。

2. 中低放射性废物处理设施

中低放射性废物处理设施的运行前调查和运行期间的监测方案可参考表 2.23 执行。处理设施运行后，重点关注气态途径的监测，特别是易挥发的放射性核素，如碘、铯的同位素。如不涉及废水的排放，可简化地下水、地表水和沉积物的监测内容。

（三）江苏省放射性废物暂存库辐射环境监测

1. 江苏省放射性废物暂存库基本情况

江苏省城市放射性废物暂存库位于江苏省句容市下蜀镇沙地村谢边七星凹水库西侧、武岐山北侧的山地，地处长江三角洲与宁镇丘陵的交界处，整个库区占地 100 亩（≈0.0667 km²），其中辅助用房 545 m²，库容设计为 1200 m³。暂存库内建有 40 个坑位，每个坑位长 7.5 m，宽 3 m，高 2.5 m，采用半地下式结构，其中地下高 1.7 m，地上 0.8 m，同时盖板采用厚 0.3 m，重 1.8 t 的水泥盖板，凹凸槽叠放，如图 2.1 所示。

图 2.1　放废库内全貌

图 2.2 为放废库内贮存区域分布图，库内共有 40 个贮存区域，按照贮存区域中废物和废源的类型分为异型区、暂存区、废旧金属区、废物区、弱源区、中子区、强源区以及未贮存任何废物和废源的预留区，共 8 类贮存区。

1	2	3	4	5	6	7	8	9	10	11	12	13	14	15	16	17	18	19	20	21
预留区	预留区	预留区	异型区	异型区	暂存区	废旧金属区	预留区	废物区	预留区	预留区	弱源区	预留区	预留区	预留区	预留区	中子区	预留区	预留区	强源区	预留区
		40	39	38	37	36	35	34	33	32	31	30	29	28	27	26	25	24	23	22
装卸大厅		预留区	异型区	预留区	预留区	预留区	预留区	废物区	弱源区	弱源区	预留区	预留区	预留区	预留区	预留区	预留区	强源区	预留区	预留区	预留区

图 2.2　放废库内贮存区域分布图

截至 2021 年，江苏省共有核技术利用单位 6 537 家，其中涉源单位 911 家，射线装置单位 5 560 家，在用放射源 12 612 枚。其中南京、苏州和无锡作为经济强市，核技术单位和放射性源占据着较高的比例。全省平均每年产生约 5% 的废弃放射源（600 枚左右）。截至 2020 年底，放废库共暂存放射性废源 3 545 枚，放射性废物 18 725.5 kg，含放射性食品干燥剂 1 865.5 kg。2021 年 1～11 月，全省共收贮放射性废源单位 105 家，收贮废源 472 枚，收贮放射源种类主要为铯（Cs - 137）、钴（Co - 60）、镅（Am - 241）、镭（Ra - 226）、钚（Pu - 238）和氪（Kr - 85）等，如表 2.24 所示。

表 2.24　放废库废源种类

种　　类	辐射类型	射线类型	半衰期/a	来　　源
Cs-137	β/γ 源	β/γ 射线	30.8	裂变产物
Co-60	γ 源	β/γ 射线	5.3	中子活化 Co-59
Ra-226	α/γ 源	α/γ 射线	1 602.0	铀矿石提取
Pu-238	α 源	α/γ 射线	87.7	衰变产物
Kr-85	β 源	β/γ 射线	10.7	裂变产物
Am-241	中子源	α/γ 射线	432.2	U-238 俘获中子

2. 放废库内外各区域表面污染监测

使用 CoMo 170 型表面沾污仪对所有贮存区域的中心表面进行测量，同时对装卸大厅、生活区、洗车台以及放废库大门等其他区域进行测量，测量结果如表 2.25 所示。

表 2.25　放废库贮存区域的表面污染

监测点位	α 计数/CPS	β 计数/CPS		
	均值	范围	均值	标准差
预留区	LLD	16.1～30.1	21.5	6.8
异型区	LLD	71.3～140.9	96.4	26.7
暂存区	LLD	23.8～30.7	25.7	3.4
废旧金属区	LLD	23.0～29.8	25.8	2.8
废物区	LLD	26.5～38.2	31.4	4.9
弱源区	LLD	20.1～30.8	25.1	4.3
中子区	LLD	27.8～36.9	30.8	3.9
强源区	LLD	21.4～28.3	24.1	3.0
装卸大厅	LLD	8.7～11.7	10.5	1.1
放废库大门	LLD	7.3～10.8	9.5	1.3
库区大门	LLD	1.3～2.0	1.8	0.2

从表 2.25 可以看出，40 个贮存区域的表面污染 α 计数率均低于最低检测下限。表面污染 β 计数率最小的为 1 号的预留区，最大的为 4 号的异型区，分别为 16.1 cps 和 140.9 cps。异型区的表面污染 β 计数率均值为 96.4 cps，明显高于其他贮存区域，说明异型区被污染的程度较高，主要原因是异型区贮存的废物和废源形状不规则、体积过大，没有采用硼钢铅桶对废物和废源进行屏蔽，会产生较多的放射性气体和物质，所以在表面存在较多的放射性物质。

从表 2.25 还可以看出，放废库其他区域的表面污染 α 计数率均低于最低检测下限，表面污染β计数率范围为1.3~11.7cps,整体处于偏低水平,说明放废库外其他区域表面受到污染的程度较低。

3. 放废库内外空气吸收剂量率和中子剂量率

对放废库外区域各相关核心区域使用便携式X-γ剂量率仪进行测量,发现库外区域的γ辐射空气吸收剂量率范围为64.5~88.1 nGy·h^{-1}。参考《中国环境天然放射性水平》(原国家环境保护局,1995年8月)中γ辐射空气吸收剂量率,原野、道路和室内均值范围分别62.2~101.7 nGy·h^{-1}、47.2~131.4 nGy·h^{-1}和76.7~155.4 nGy·h^{-1},表明库外辐射水平处于该报告范围内。对放废库内40个贮存区域使用便携式X-γ剂量率仪进行测量,结果如表2.26所示。发现放废库内异型区和中子区的γ辐射空气吸收剂量率超过了参考室内γ辐射空气吸收剂量率,均值分别为406.4 nGy·h^{-1}和211.6 nGy·h^{-1},其他区域均在参考范围内。

表 2.26　放废库各区域的 γ 辐射空气吸收剂量率及中子剂量率

监测点位	γ辐射空气吸收剂量率/(nGy·h^{-1})		中子剂量率/(μSv·h^{-1})	
	范围	均值±标准差	范围	均值±标准差
预留区	80.1~120.2	108.4±13.9	LLD~2.09	0.59±0.50
异型区	359.7~475.5	406.4±31.5	LLD	LLD
暂存区	90.5~98.4	93.6±2.1	LLD	LLD
废旧金属	108.7~123.6	116.7±5.1	LLD	LLD
废物区	151.3~218.6	196.7±11.9	0.05~0.10	0.08±0.01
弱源区	102.1~108.1	106.4±2.5	0.10~0.15	0.13±0.02
中子区	191.4~219.3	211.6±8.1	2.10~2.48	2.27±0.15
强源区	102.4~118.5	112.7±5.2	0.43~1.12	0.85±0.31
装卸大厅	83.4~88.1	86.4±1.9	LLD	LLD
放废库大门	80.8~85.1	84.7±2.1	LLD	LLD
库区大门	75.8~85.3	81.4±2.6	LLD	LLD

中子区的γ辐射空气吸收剂量率超过参考值的主要原因是17号中子贮存区域的中子源往往伴随着大量γ辐射。在大部分情况下,γ辐射的剂量当量远远大于中子剂量当量,故在17号中子区呈现较高的γ辐射空气吸收剂量率。异型区的γ辐射空气吸收剂量率远超参考范围,主要原因是3个异型区存在较多的形状不规则和体积过大的废物和废源,没有采用硼钢铅桶对废物和废源进行屏蔽,所以周围的γ辐射空气吸收剂量率远超室内参考值。预留区的γ辐射空气吸收剂量率出现较大差别,主要原因是部分预留区距离废物和废源贮存区域较近,放射性物质聚集在其周围,受到的辐射影响较大,而远离废物和废源的贮存区域则受到辐射影响较小。所有检测结果均满足《核技术利用放射性废物库选址、设计与建造技术规范》(HJ 1258—2022)中放废库内源坑盖板上方0.5 m处γ辐

射空气吸收剂量率不超过 $20\,\mu Gy \cdot h^{-1}$，放废库墙外表面 $0.2\,m$ 处 γ 辐射空气吸收剂量率不超过 $2.5\,\mu Gy \cdot h^{-1}$ 的要求。

使用中子剂量仪对放废库内 40 个贮存区域以及其他区域中心位置进行测量，从表 2.26 可以看出仅有预留区、废物区、弱源区、中子区和强源区检测出中子剂量率，库外区域均未检测出来。其中，中子区的中子剂量率最高，范围为 $2.10 \sim 2.48\,\mu Sv \cdot h^{-1}$，均值为 $2.27\,\mu Sv \cdot h^{-1}$，其他区域中子剂量率较低，主要原因是中子区主要存放的是中子放射性废源和废物，其他区域主要是受到中子区的影响而产生一定的中子剂量率，但随着与中子区的距离增加，中子剂量率逐渐降低至 0。预留区出现较大差别，主要原因是 16 号、18 号和 26 号预留区距离 17 号的中子区距离较近，受到中子区的影响较大。

4. 放废库内空气吸收剂量率特性研究

根据 40 个贮存区域的表面污染、γ 辐射空气吸收剂量率和中子剂量率测量结果，进一步选取 2 号预留区、4 号异型区、17 号中子区、25 号强源区、32 号弱源区、34 号废物区和 39 号异型区的贮存区域作为测量点位，研究放废库在不同封闭天数下，通风对区域中心位置 γ 辐射空气吸收剂量率的影响特性。经过测量对比，可将贮存区域的 γ 辐射空气吸收剂量率按大小分成 3 类，分别为 4 号和 39 号贮存区域为高剂量区，17 号和 34 号贮存区域为中剂量区，2 号、25 号和 32 号贮存区域为低剂量区，将高剂量区、中剂量区和低剂量区分别做均值统计，统计结果如图 2.3、图 2.4 所示。

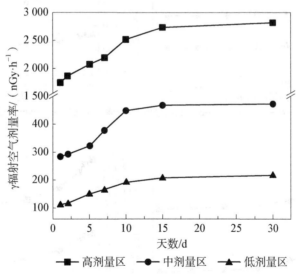

图 2.3　不同封闭天数下放废库内高、中和低剂量区 γ 辐射空气吸收剂量率变化图

图 2.3 为放废库内高、中和低剂量区在放废库封闭不同天数下，γ 辐射空气吸收剂量率的变化图。从图 2.3 可以看出，在不同封闭天数下，高、中和低剂量区的 γ 辐射空气吸收剂量率随着封闭时间的增加而增加，在封闭 15 d 后，γ 辐射空气吸收剂量率基本上升到剂量率平衡(本文对 γ 辐射空气吸收剂量率升高或下降过程中，剂量率保持在平稳状态时

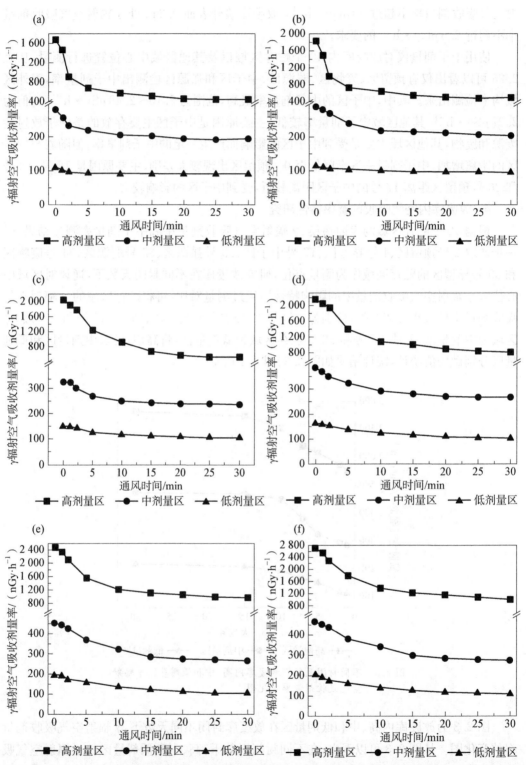

图 2.4　不同通风时间放废库内高剂量区、中剂量区和低剂量区的 γ 辐射空气吸收剂量率变化图
［图(a)～图(f)分别为放废库封闭 1 d、2 d、5 d、7 d、10 d 和 15 d 条件下］

简称剂量率平衡)。主要原因是放废库中含有较多的 Th-232,Ra-228 和 Ra-224 等废源,这些废源在自然衰变过程中会产生氡和氡子体,随着氡和氡子体浓度的增加,γ 辐射空气吸收剂量率也会升高。而放射性气溶胶是氡和氡子体在空气的聚集状态,随着时间逐渐增加,氡和氡子体在空气的聚集会达到一个饱和状态,从而使放废库内 γ 辐射空气吸收剂量率基本达到剂量率平衡。

为了探究打开通风系统,放废库内不同剂量区的 γ 辐射空气吸收剂量率需要多长时间下降至剂量率平衡。在不同封闭天数下,打开通风系统,对放废库内高、中和低三个剂量区进行测量统计,结果如图 2.4 所示,其中图(a)~图(f) 分别为在放废库封闭 1 d、2 d、5 d、7 d、10 d 和 15 d 条件下测量的结果。

从图 2.4 可以看出,高、中和低剂量区在打开通风系统后的五分钟下降速率很快,之后下降的速率减缓。高剂量区在封闭 1 d、2 d 和 5 d 下,需要打开通风 15~20 min 才能下降至剂量率平衡,在封闭 7 d、10 d 和 15 d 下,需要 20~25 min 才能下降至剂量率平衡。中剂量区在封闭 1 d、2 d 和 5 d 下,需要打开通风 10 min 左右才能下降至剂量率平衡,在封闭 7 d、10 d 和 15 d 下,需要 15~20 min 才能下降至剂量率平衡。低剂量区在封闭 1 d 和 2 d 下,打开通风 2 min 左右就能下降至剂量率平衡,在封闭 5 d、7 d、10 d 和 15 d 下,5~10 min 就能下降至剂量率平衡。随着放废库封闭时间的增加,打开通风系统使贮存区域中心处 γ 辐射空气吸收剂量率下降至剂量率平衡的时间增长。根据高剂量区的特性变化研究,在封闭 15 d 以后,可以在打开通风系统后 20~25 min 后进入放废库作业,此时放废库内 γ 辐射空气吸收剂量率基本达到最低值。

5. 放废库外连续空气吸收剂量率特性研究

对放废库外连续 γ 辐射空气吸收剂量率采用 3 个高压电离室进行 24 h 不间断监测。3 个高压电离室距离放废库边界均约为 30 m,其中 1 号高压电离室靠近放废库大门,2 号高压电离室靠近排风口,3 号电离室位于放废库背面(通风时的进风面)。

对 2021 年按 12 个月份进行分类统计,监测结果统计如图 2.5 所示,3 个监测点位的 γ 辐射空气吸收剂量率呈先上升后下降的趋势,在 7 月份,3 处监测点位的 γ 辐射空气吸收剂量率出现最大峰值。通过与放废库区域累月降雨量对比,γ 辐射空气吸收剂量率变化趋势与累月降雨量呈正相关,主要原因是在放废库周围存在一定剂量的放射性气溶胶颗粒,而降雨将空气中的放射性气溶胶颗粒冲刷到地面上,导致地面上放射性物质增加,3 处监测点位附近的放射性水平也增高;其次,降雨也增加了周围土壤的湿度,而土壤中氡及氡子体的析出率随着土壤湿度的增加逐渐饱和,使得地面上放射性物质的浓度也出现了较大的增加,进一步提高了空气中 γ 辐射空气吸收剂量率,故 3 处监测点位的高压电离室在 7 月份呈现出较高的测量结果。

与此同时,高压电离室 2 号的 γ 辐射空气吸收剂量率相对高于高压电离室 1 号和 3 号,高压电离室 1 号和 3 号呈现交错现象。主要原因是高压电离室 2 号所在区域距离放废库排放口较近,而排风口是放废库唯一大量地排出放射性气溶胶的设备,所以周围聚集了更多的放射性气溶胶颗粒,使得高压电离室 2 号周围整体 γ 辐射空气吸收剂量率偏高,且高于其他 2 处监测点位。至于高压电离室 1 号和 3 号出现交错现象主要与研究区域的

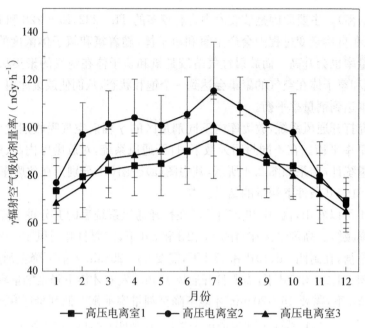

图 2.5　放废库周围不同月份连续 γ 辐射空气吸收剂量率图

风向相关,通过研究区域的季节主导风向可知:在春夏主导风向为东风和东南风,秋冬季节主导风向为西南风,所以高压电离室 3 号的 γ 辐射空气吸收剂量率在 3—9 月高于高压电离室 1 号,而在 10—2 月低于高压电离室 1 号。

6. 放废库周围区域 γ 辐射水平研究

为了了解放废库近 7 年周围 γ 辐射空气吸收剂量率辐射质量状况,对 2015—2021 年期间放废库外 γ 辐射空气吸收剂量率进行纵向对比。其中,2015—2020 年的监测结果是通过调研和查阅江苏省核与辐射安全监督管理中心对放废库的年度监测报告而得出的。对放废库周围敏感区域和放废库外墙四周依据《环境 γ 辐射剂量率测定技术规范》(HJ 1157—2021)的要求,以放废库为中心开展 γ 辐射空气吸收剂量率的布点与监测。研究将其划分为 3 个类别:

(1)放废库外敏感点,如图 2.6 所示,包括距离放废库中心 100 m 的生态监测池、距离 100 m 的库区大门、距离 350 m 的七星凹水库和距离 250 m 的西侧民居处,各布设 1 个监测点位。

(2)位于放废库外墙四周 0.5 m 处,共布设 8 个监测点位(长边 3 个点,短边 1 个点)。

(3)放废库外布设的 3 个高压电离室监测点位。

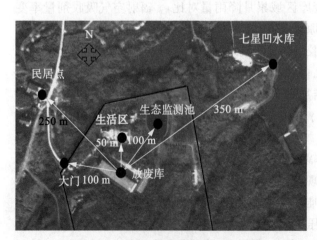

图 2.6　放射性废物库敏感监测点位图

空气 γ 辐射是放射性废物对环境的主要影响途径之一,可直接危害到人类的健康。2015—2021 年间,对放废库外围重点敏感区域(如图 2.6 所示)进行的 γ 辐射空气吸收剂量率监测结果如表 2.27 所示。

表 2.27 放废库外围重点区域 γ 辐射空气吸收剂量率(单位:nGy·h^{-1})

年 份	距放废库距离/m	2015 年	2016 年	2017 年	2018 年	2019 年	2020 年	2021 年	平均值
生态监测池	100	87.8	82.0	82.0	62.5	76.5	96.5	85.8	81.9
库区大门口	100	66.6	79.0	79.0	67.5	64.0	76.5	72.4	72.1
西侧民居家	250	62.3	75.0	75.0	63.0	57.0	73.5	68.4	67.7
七星凹水库	350	66.6	59.0	59.0	59.5	62.0	78.5	75.8	65.8

从表 2.27 可以看出,近 7 年间生态监测池、库区大门口、西侧民居点和七星凹水库 4 处的 γ 辐射空气吸收剂量率均值分别为 81.9 nGy·h^{-1}、72.1 nGy·h^{-1}、67.7 nGy·h^{-1} 和 65.8 nGy·h^{-1}。参考《中国环境天然放射性水平》(原国家环境保护局,1995 年 8 月)中原野 γ 辐射空气吸收剂量率范围为 62.2~101.7 nGy·h^{-1},道路 γ 辐射空气吸收剂量率范围为 47.2~131.4 nGy·h^{-1},7 年间放废库重点区域的 γ 辐射空气吸收剂量率均在参考范围内。距离放废库最近的生态监测池(100 m)和库区大门口(100 m)的 γ 辐射空气吸收剂量率整体高于其他区域,主要原因是距离成为了影响放射性气溶胶含量的重要因素,随着与放废库中心的距离增加,放射性气溶胶含量逐渐降低,受到放废库辐射的影响也逐渐减弱,故整体 γ 辐射空气吸收剂量率相对较低。此外,在 2020 年的 γ 辐射空气吸收剂量率偏高,被认为主要原因是放废库收贮废源数量的大量增加和监测时放废库通风系统处于打开状态。

为了进一步研究放废库内放射性物质对自然环境辐射水平的影响,对 2015—2021 年放废库四周 8 个监测点位的 γ 辐射空气吸收剂量率进行监测,历年的监测结果见表 2.28。由表 2.28 可知,放废库外墙四周 γ 辐射空气吸收剂量率均值在 81.9~103.3 nGy·h^{-1} 之间,近 7 年监测结果处于同一个数量级。放废库周围 γ 辐射空气吸收剂量率在 2015—2017 年间水平较高,在 2015 年以后呈现先下降后上升的趋势。

表 2.28 放废库外墙四周监测点 γ 辐射空气吸收剂量率

年 份	频次/a^{-1}	点 位 数	范围/(nGy·h^{-1})	平均值/(nGy·h^{-1})	标准差/(nGy·h^{-1})
2015	1	8	91.8~110.5	103.3	5.3
2016	1	8	78.9~104.2	93.9	9.1
2017	2	8	73.6~114.7	91.7	10.7
2018	2	8	73.2~96.1	82.8	8.5
2019	2	8	65.8~104.3	81.9	9.8

（续表）

年　　份	频次/a^{-1}	点　位　数	范围/(nGy·h^{-1})	平均值/(nGy·h^{-1})	标准差/(nGy·h^{-1})
2020	2	8	76.5～101.9	89.1	6.8
2021	2	8	80.4～108.7	92.2	8.1

同时,在放废库周围布设的3处高压电离室,对放废库周围辐射环境进行7年连续的γ辐射空气吸收剂量率监测,监测结果如图2.7所示,3处的γ辐射空气吸收剂量率7年间呈先下降后上升的趋势,与表2.28放废库外墙四周γ辐射空气吸收剂量率变化趋势基本一致。

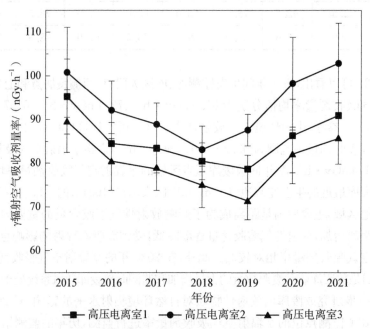

图2.7　放废库周围不同年份连续γ辐射空气吸收剂量率图

分析认为,这与放废库在2015年以后暂停收贮Ⅰ、Ⅱ和Ⅲ类放射源,和加强了废旧放射源的管理有关。通过优化放射源的放置,将强源放置在坑位最低端,延迟了放射性气体与放射性气溶胶进入库外的时间。对于在2019年达到最低点后,γ辐射空气吸收剂量率出现上升的情况,被认为主要是江苏省内核技术利用项目近年来持续增加,同时国家暂停免征废旧放射源送贮费用后,核技术利用单位送贮废旧放射源增加,废旧放射源收贮数量大幅增加所致。

7. 放废库周围区域气溶胶辐射水平研究

为了了解7年间放废库周围大气环境中气溶胶的辐射质量现状,对2015—2021年间放废库常年主导风向下的气溶胶进行采集和预处理,对7年的气溶胶放射性水平进行纵向对比,其中2015—2020年的监测结果是通过调研和查阅江苏省核与辐射安全监督管理中心对放废库的年度监测报告而得出的。2015—2021年放废库外气溶胶放射性水平监测结果见表2.29。

表 2.29　放废库外主导风向气溶胶放射性水平

年　份	总 α/(mBq·m⁻³)		总 β/(mBq·m⁻³)	
	上风向	下风向	上风向	下风向
2015	0.32±0.03	0.41±0.08	2.41±0.12	2.59±0.16
2016	0.22±0.04	0.28±0.04	2.05±0.08	2.27±0.10
2017	0.15±0.02	0.19±0.02	1.93±0.05	2.07±0.09
2018	0.10±0.01	0.13±0.01	1.31±0.06	1.46±0.05
2019	0.15±0.03	0.15±0.02	1.47±0.04	1.59±0.07
2020	0.24±0.05	0.27±0.05	2.40±0.10	2.55±0.15
2021	0.28±0.04	0.33±0.05	2.34±0.05	2.60±0.12

从表 2.29 可以看出，7 年间放废库上风向气溶胶的总 α 均值范围为 0.10～0.32 mBq/m³，总 β 均值范围为 1.31～2.41 mBq/m³，下风向气溶胶总 α 均值范围为 0.13～0.41 mBq/m³，总 β 均值范围为 1.46～2.60 mBq/m³，放废库外气溶胶总放射性水平均在本底涨落。上风向气溶胶的总 α 和总 β 含量相对小于下风向，这主要取决于气溶胶中放射性物质(主要氡及氡子体等)的浓度，在主导风向的作用下，从放废库中排出的放射性物质主要集中在下风向，故下风向气溶胶整体放射性水平较高。同时，纵向对比这 7 年的放射性水平，呈现先降低后增加的现象，和上述连续 γ 辐射空气吸收剂量率变化基本一致，主要与对废源的管理和废源数量增加有关，进一步证实了放废库周围放射性气溶胶影响了 γ 辐射空气吸收剂量率的变化，气溶胶中放射性物质的含量升高，在聚集和重力作用下沉降，使得周围的 γ 辐射空气吸收剂量率升高。

第三节　核设施流出物辐射环境监测与评价

核设施在运行过程中，总会存在气态、液态的排出物，为了确保周围环境不被污染，需要对核设施的这些流出物进行监测。通过核设施流出物监测和环境监测，得到核设施所释放的放射性物质量，这是核设施辐射环境影响评价的基础数据，监测过程是核设施辐射环境影响评价的重要环节。

除了在某些特殊的可能发生放射性物质浓集的环境介质外，与环境介质中的放射性浓度相比，流出物在被排入环境之前，其放射性浓度通常是较高的。因此流出物监测可以以较高的准确度来鉴别并确定释入环境中的放射性核素的组成和量。另一方面，环境监测的结果能提供对公众受照射情况的更直接的估计，还可以提供有关环境污染水平的累积趋势，和是否还存在尚未受到监测的新的流出物等方面的信息。因此，流出物监测和环境监测两者应该相互补充。这种补充，不仅对于评价非常重要，而且还可以将作为源项数据的流出物监测结果和作为污染后果数据的环境监测结果定量地联系起来，这对于验证和改进放射性核素在环境中的转移参数和模式具有十分重要的意义。

一、放射性流出物监测内容与方法标准

(一)放射性流出物及其排放

在生产、使用、处理和贮存强及较强放射性物质的建筑物及其内部装备(统称为核设施)中,都存在向环境排放放射性物质的可能。这些核设施包括铀(钍)冶炼厂、核反应堆、放射性同位素分离工厂、核燃料后处理厂、铀(或钍)加工厂、核燃料原件工厂、甲级放化实验室、强辐照源、大功率粒子加速器、放射性废物的处理和贮存设施等。经过废物处理系统和(或)控制设备(包括就地贮存和衰变)处理之后,从核设施内按预定的途径向外环境排放的气载和液态放射性废物,称为放射性流出物。对由核设施排放出来的流出物进行采样、分析或其他测量工作,以说明从核设施排放到外环境中的放射性物流特征的过程,称为流出物监测。

核电厂的流出物包括它在运行过程中通过烟囱排出的气载放射性污物流,和通过管道或水渠排入合适的水体的液态放射性污物流。核电厂的放射性流出物要排入环境,应当满足几点基本要求:①排放量必须低于监管当局核准的排放限值,以保证公众受到的照射不会超过规定的剂量水平;②排放是受到控制的;③对排放的控制是优化的。

放射性物质向环境排放一般分为计划内排放和计划外排放两大类。在核设施处于正常运行和管理的情况下,按照工艺流程图中已标明的排放,或由主管部门计划安排的排放,称为计划内排放或常规排放。其大致的活度(或比活度)、成分以及排放时间都是预知的。常规排放又可以分为有组织排放和无组织排放两类。有组织排放是指对排放物的种类和数量了解得比较清楚,并且是在有一定计划和受到控制的情况下进行的排放。无组织排放对流出物的了解和控制难以做到比较准确的程度,一般也不容易按一定的计划有组织地进行。无组织排放虽然比较难以控制,其排放量也难以把握(总体非常微量),但仍然属于工艺设计中允许的排放,因此应当纳入计划内排放。在核设施内,流出物的所有排放管道汇集在一起形成总管,该总管与环境的交接点,称为总排出口。此外,除了按预定途径的排放外,还存在计划外排放。一般将计划内排放之外的一切释放,包括事故排放,都叫做计划外排放。核设施处于事故工况,或在未满足限制排放的有关规定的情况下的排放叫做事故排放。

在开展放射性流出物监测的过程中,一般会涉及总活度测量与特定放射性核素测定。总活度测量是不区分流出物中核素的测量,包括总α、总β或总γ活度的测量。而特定放射性核素测定是指用放化分离的方法,或用能谱分析的方法或其他方法,测定流出物或其样品中若干核素的放射性活度。

(二)放射性流出物监测内容

根据监测方式的不同,核电厂放射性流出物监测可分为在线监测和离线监测。监测数据通常是由对排放点处剂量率、活度浓度或总活度的在线测量得到的,但如果流出物排放量较低,在线测量就可能因仪器灵敏性不足而无法得到数据,需要考虑采样和随后的实

验室分析。根据核电厂放射性流出物监测对象的不同,核电厂放射性流出物监测又可以分为气态放射性流出物监测、液态放射性流出物监测和直接辐射监测。

1. 气态放射性流出物监测

核电厂正常运行状态下,气态流出物主要包括稀有气体、碘同位素、氚和 C-14 的挥发性化合物以及颗粒状的裂变和活化产物。其中碘同位素和稀有气体也是核电厂事故排放中的重要监测项目。通常气态放射性流出物排放限值由监管部门以稀有气体、气溶胶和碘同位素年活度限值的形式给出。

根据反应堆的不同类型,有时还可能需要给出核素、C-14 和氚的年排放限值。例如,对于重水堆,气态氚的监测十分重要;而对于压水堆和沸水堆,气态氚的排放量就较少。如果反应堆的类型确定,气态流出物中 C-14 的年排放量就基本恒定。一般重水堆 C-14 的排放率显著高于压水堆和沸水堆。核电厂应开展对气态流出物中氚和 C-14 的监测,如果在环境监测方案中已包含了氚和 C-14 监测项目,那么对流出物中的氚和 C-14,以季度为频率进行取样/监测即可。

2. 液态放射性流出物监测

核电厂液态流出物中含有大量裂变和活化产物,主要有锶、铯、钴、碘和氚的放射性同位素。在液态流出物排入环境之前,应设置贮存装置对流出物进行收集和取样,并进行放射性核素浓度测量。其中,对于放射性测量,应在排水管线上设置在线连续监测装置,需要关注的核素与气态放射性流出物相同。对于 β 放射性核素,如 Sr-89、Sr-90、Fe-55 和 Ni-63,如果不能做到对 β 放射性的在线连续监测,就应每季度对混合样品进行测量和分析。

3. 不同堆型核电厂放射性流出物监测项目的通用要求

对于不同堆型的核电厂,放射性流出物监测项目会有一定的差异。流出物取样/监测应参考以往特定或类似堆型核电厂的情况而定。对于气态流出物,应考虑到取样代表性(取样位置、样品萃取方法、样品损失)、样品收集以及单个放射性核素的取样和测量方法。对于液态流出物,要求取样位置处液态流出物的流速必须足够大,能够使得样品充分混合。

(三) 放射性流出物监测国家标准

针对核电厂正常运行和事故监测期间的液态和气载流出物,我国制定了一系列技术和管理标准。与核安全法规技术文件(HAF·J)相当,这些国家标准的发布和实施对我国放射性流出物监管发挥了重要的作用(见表 2.30)。

表 2.30　我国核电厂流出物监测领域相关国家标准

标准代号	标准名称	适用状态
GB 11217—1989	核设施流出物监测的一般规定	正常运行
GB 6249—2011	核动力厂环境辐射防护规定	正常运行

标 准 代 号	标 准 名 称	适 用 状 态
GB/T 7165.1—2005	气态排出流（放射性）活度连续监测设备　第1部分：一般要求	正常运行
GB/T 7165.2—2008	气态排出流（放射性）活度连续监测设备　第2部分：放射性气溶胶（包括超铀气溶胶）监测仪的特殊要求	正常运行
GB/T 7165.3—2008	气态排出流（放射性）活度连续监测设备　第3部分：放射性惰性气体监测仪的特殊要求	正常运行
GB/T 7165.4—2008	气态排出流（放射性）活度连续监测设备　第4部分：放射性碘监测仪的特殊要求	正常运行
GB/T 7165.5—2008	气态排出流（放射性）活度连续监测设备　第5部分：氚监测仪的特殊要求	正常运行
GB/T 13627—2021	核电厂事故监测仪表准则	事故状态
GB/T 12726.1—2013	核电厂安全重要仪表　事故及事故后辐射监测　第1部分：一般要求	事故状态
GB/T 12726.2—2013	核电厂安全重要仪表　事故及事故后辐射监测　第2部分：气态排出流及通风中放射性离线连续监测设备	事故状态
GB/T 12726.3—2013	核电厂安全重要仪表　事故及事故后辐射监测　第3部分：高量程区域γ连续监测设备	事故状态
GB/T 12726.4—2013	核电厂安全重要仪表　事故及事故后辐射监测　第4部分：工艺流管内或管旁放射性连续监测设备	事故状态

（四）放射性流出物控制限值

IAEA发布的安全标准一般要求核电厂营运单位制定和实施放射性流出物监测方案。其中流出物监测方案的规模和范围，以及所采用的测量方法应当符合防护最优化原则，并征得监管部门的认可。我国核电厂营运单位通过编制并执行辐射防护大纲和流出物监测大纲，以保证核动力厂电离辐射照射所致剂量以及计划排放的放射性物质引起的剂量低于相应的剂量限值，并保持在可合理达到的尽量低的水平。其中流出物监管的主要要素包括：流出物排放浓度限值、排放的方式方法和评价的程序等。

核电厂放射性流出物的排放限值（可能包括单个放射性核素的限值，以及短时间的限值）由监管部门核准，其数值应接近于（一般稍高于）根据防护优化计算得出的排放率和排放量，以便为运行的灵活性留出余地。我国2011年修订发布的《核动力厂环境辐射防护规定》（GB 6249—2011），对运行状态下的剂量约束值和排放控制值进行了规定，具体数值见表2.31。

表 2.31　放射性流出物控制值(单位:Bq/a)

流出物类型	轻　水　堆	重　水　堆	流出物状态
稀有气体	6.0×10^{14}	6.0×10^{14}	气载流出物
碘	2.0×10^{10}	2.0×10^{10}	气载流出物
粒子(半衰期≥8 d)	5.0×10^{10}	5.0×10^{10}	气载流出物
碳-14	7.0×10^{11}	1.6×10^{12}	气载流出物
氚(气态)	1.5×10^{13}	4.5×10^{14}	气载流出物
氚(液态)	7.5×10^{13}	3.5×10^{14}	液态流出物
碳-14	1.5×10^{11}	2.0×10^{11}	液态流出物
其余核素	5.0×10^{10}	2.0×10^{11}	液态流出物

二、流出物监测目的和监测计划

(一) 流出物的监测目的

对核设施流出物进行监测的目的包括:①证明释放到环境中的流出物的量低于根据排放限值所制定的管理限值;②当利用一定的环境模式来估算人群的受照水平时,它可以作为估计源项的一种依据;③作为制定和修改环境监测计划的依据;④可用于监测核电厂的运行情况,及检验流出物的控制系统的性能是否符合设计要求;⑤改善公众关系,使公众确信排放已得到适当的控制;⑥有助于迅速发现和鉴别非正常排放的流出物种类和程度;⑦起动可能需要起动的警告系统或应急响应系统。

(二) 流出物监测的计划编制原则

凡有流出物监测任务的单位,都应当按最优化的原则编制流出物监测计划,并报上级主管部门和监督部门备案。必要时应附上说明材料。

监测计划应满足监测目的进行安排,在制订监测计划时,要特别注意各类核设施的特点和发生计划外释放的可能性。在监测计划中,应把预计或可能有放射性、污染的所有流出物都置于常规监测之下。要合理选择监测点的位置,使该点的监测结果能够代表实际的排放。监测点应设在核设施内、废物处理系统或控制装置的下游,同时考虑易接近性和可行性。要合理确定取样和测量频率以及要监测的核素种类。要监测的核素种类不得少于有管理限值、本设施有可能排放的核素种类数。

在一个核设施内部,任何排放点,如果根据该设施的设计指标并经过一段时间的监测之后,确认具备下列条件之一者,并在获得主管部门和监督部门的同意后,可免于监测:①与执行的标准比较,仅有数量很小或浓度很低的放射性物质释放出来;②该设施的流出物在总量中所占的份额很小。

为了合理地评价监测结果,除了放射性监测之外,还应根据需要测量其他有关的物理和化学参数(例如流出物的化学成分、粒度分布、排风流量、污水流量、烟囱和取样管道内的温度和湿度。对于大型的核设施,还要测定排放口的风向、风速以及其他有关的气象资料)。

用于常规监测的仪表应有足够宽的量程,以适应计划外释放的监测。用于关键释放点的监测仪表,必须考虑冗余技术。

核设施的运行单位,应根据本设施的需要,或根据主管部门和监督部门的要求,进行特定核素的分析和测定。在下列情况下,并在得到主管部门的同意和监督部门的认可后,可只进行总活度测量:①流出物中的核素种类及比份已清楚且基本固定;②流出物的放射性活度或比活度确实很低(低于管理限值的 1% 或更低),以致不可能或不必要进行特定核素的测定,但又必须证实放射性水平很低时。

应分别绘制气载流出物和液态流出物的监测系统流程图。图中要标出取样点和测量点,并用不同的符号区分取样和测量方式。当系统比较复杂时,应用表格的形式说明各取样点和监测点所承担的测量任务和测量方法。对于取样点应说明取样目的、方式、地点、取样频率以及要进行的测量。对于测量点要说明测量任务、测量技术要求,特别是测量方式、与测量有关的屏蔽、校正、检出限和测量可靠性等。

(三) 气载流出物监测计划

应在分析通风系统或排气系统的流程图的基础上制订监测计划。应在上述流程图中标明有关流量、压差、温度、湿度和流速等资料,以据此选择合适的监测点。最佳取样和测量频率及所需的附加资料,由流出物的排放方式、排放率以及所排放的放射性物质的特性及其随时间的变化决定。当出现计划外释放的可能性较大时,监测计划中应有安装报警装置的要求,还应包括有关气象参数的测量,如风速、风向和温度梯度等。各类核设施气载流出物监测计划应注意下述特殊问题:

(1) 核电站和其他动力堆的典型监测系统应包括稀有气体的连续测量,I-131 和放射性气溶胶的连续取样及其实验室定期测量。

(2) 核电站除了要对其运行许可证上规定的放射性核素的混合物和特定核素进行常规监测以外,每季度还应进行一次所有放射性核素成分的详细分析。

(3) 对于核燃料后处理厂,在正常运行情况下,只需连续测量烟囱内的 Kr-85 和 I-131。对于连续取样获得的样品,还应在实验室内定期测量 H-3,C-14,I-129,I-131,Ac 系元素和其他发射 β 或 γ 射线的微粒。

(4) 对于铀加工厂和钚加工厂,主要监测流出物中的 α 放射性核素,监测的重点应放在气溶胶的连续取样系统上。

(5) 对于研究性反应堆,在正常运行条件下,对监测系统的要求与一般动力堆相同。但由于反应堆的特定类型和所进行的实验种类不同,可能的事故释放范围较宽,则要相应地对取样和测量设备给予特殊的考虑。

(6) 对于放射化学实验室,监测计划随实验室内所操作的放射性核素而异。对处理辐照核燃料的大热室,要监测流出物中的稀有气体;某些专门的实验室,要监测流出物中的 C-14、氚化水 HTO 蒸气,对这类实验室的气载流出物,要连续取样,监测放射性卤素元素和放射性气溶胶。对于生产放射性同位素的实验室和冶金检验的热室,要对其烟囱进行连续取样和定期测量,或进行连续测量。

(7) 有可能产生放射性气溶胶的粒子加速器,应进行气溶胶的定期取样和测量;若使用氚靶,应增加氚的取样和测量。

(四) 液态流出物的监测计划

应在分析液态流出物的工艺流程图的基础上制订监测计划,合理地设置监测点或采样点。流程图中应标出与此有关的资料,包括废水罐或废水池的容积、拟排废液的物化特性、设计的产生率和排放率等。分别收集不同放射性水平和化学特性废液的中间贮存设备,在排放前要执行预定的监测程序,包括符合要求的采样和放射性温度测量。需要进行的测量类型和内容,取决于排放限值(运行限值或管理限值)的规定和拟要排放的核素种类及活度。

对于流出物中的核素种类及比例已清楚且基本固定,同时流出物的放射性活度或比活度确实很低的情况下,可以在只测定总活度后实施排放。除此之外,只有紧急或其他特殊情况下,才允许在测量了总活度后就实施排放,但要保留样品,而后完成特定核素的分析测定,以资报告。

一个核设施有大量的放射性废液要连续排入受纳水体时,应在每一排放管道上都设立监测点;若有总排出口,还必须在总排出口设立最终监测点。在以上各监测点连续或定期采集正比于排放体积的样品,并对其放射性成分定期进行实验室分析。当放射性废液的比活度很低(低于运行限值的 1/10 时),可以定期采样代替连续采样。一个核设施的液态废物发生计划外释放的可能性大时,或者其中含有关键核素时,要在排放管道内或总排出口设置连续监测装置,该装置应具有报警和自动终止释放的功能。

各类核设施液态流出物监测的计划应注意下述特殊问题:①核电站和其他动力堆必须连续地或定期地分析和测量流出物中 H-3,Co-58,Sr-89,Sr-90,Ru-106,Cs-134,Cs-137 等运行许可证上规定的核素的浓度和总量,每季度应做一次所有放射性核素成分的全分析;②核燃料后处理厂必须连续或定期地分析和测量液态流出物中 Cs-137,Sr-90,Ru-103,Ru-106,Zr-95,Nb-95,U-238,Pu-239 等核素的浓度和总量。每季度应做一次所有放射性核素的全分析;③对于铀、钍加工厂和铀、钍冶炼厂,主要是监测流出物中的 α 放射性核素以及根据所操作的物料确定应监测的其他核素,如 Pb-210 等;④对于研究性反应堆,由于反应堆的特定类型和所进行的实验种类不同,要监测的核素应有所不同,监测计划应充分反映这些特点;⑤对于放射化学实验室,液态流出物中的放射性核素种类是随实验内容而变的,监测计划应充分反映这一特点;⑥各种粒子加速器、放射性同位素分离工厂的液态流出物中所包含的核素种类也是随设施而异的。在制定监测计划时,应分清主次,突出重点。

三、放射性流出物监测技术

流出物的监测技术通常可分为两类:①将探测器置于气载或液态流出物中(浸没探

头），或使其贴近释放管道的外侧；②对气载或液态流出物取样，然后对样品进行放射性测定（总活度测量或核素分析）。前一种测量可给出直接指示，并可以和警报设备相连接，以便必要时发出警报，使工作人员采取必要的改正措施。后一种方式包括取样后的就地测量或实验室测量。在某些情况下，这两种方法是可以互相补充的。

取样的类型分为连续的、定期的、专门的或自动驱动的四大类。取样点应设置在可以获得代表性样品的地方。取样方法的设计应保证获得的样品与流出物具有相同的核素组成，并在活度上正比于排放的量。对于气载流出物，最好采用等流态取样（在取样管道中的线流速与排放管道——如烟囱中的线流速大致相同）。还应注意防止气载污染物在取样管道内的可能吸附或沉积所引起的损失。对取样流量的标定，必须在接近实际负载情况的条件下完成。对于液态流出物，为了防止意外情况下严重污染环境，应采用分槽排放，即使液态流出物先排入暂存槽内，经取样测量证明其污染情况满足排放要求之后再逐槽排放。

（一）采样方式

当流出物中的放射性核素浓度和（或）其排放速率变化范围很大（排放流量的变化范围在±50％～±100％甚至更大）时，或当出现计划外释放的可能性较大或预计计划外的释放会带来较严重的环境或社会危害时，应当采用连续和比例采样。当流出物中所有的放射性核素浓度相对恒定，并且不会发生异常变化时，可采用定期采样。

对于连续排放和间歇排放，都应当根据上述规定，决定是采用连续采样还是定期采样。当核设施在运行中出现异常情况以致发生计划外释放时，应及时安排专门采样。

（二）采样技术

采样技术应满足以下要求：①及时性，必须在所要求的时刻或时间间隔内取得足量的样品；②代表性，应确保样品的成分中包含流出物中的全部放射性核素，除了为满足测量技术的要求而进行的浓集或稀释以外（在这种情况下，浓集或稀释因子是预知的或者是可以计算的），不产生附加的稀释或浓集效应。

原则上，凡是能满足及时性和代表性要求的采样技术均可采用，但应尽量采用标准的采样技术。暂时没有标准的采样技术或因为其他原因而需要采用非标准的采样技术时，必须预先得到主管部门和监督部门的批准或同意。

对于气载流出物，应采用的采样技术按有关规定执行。对于液态流出物，间歇排放时，应在废水罐中的废液得到充分搅拌后再采样。连续排放时，若流速变化大，应采用正比采样；若流速相当恒定，可进行定期采样。

对于常规监测，为了减少因评估释放放射性废物的后果所需的详细测量的工作量，可以将单个的代表性样品的一部分或全部混合成混合样品。在任何监测点范围内选择采样点时在保证采样代表性（整体的代表性或局部的代表性）的同时，要考虑可接近性和可行性。

（三）测量方式

流出物监测的测量有两种方式：直接测量和采样后的就地测量或实验室测量。这两种方式可单独使用,必要时还可同时使用,以便相互验证或补充。究竟采用哪种测量方式,由对数据的准确度的要求或由测量的技术发展水平决定。

(四) 测量技术

测量技术应满足管理限值或运行限值提出的要求,并应尽可能采用标准的测量技术。暂时没有标准的测量技术而需要采用非标准的测量技术时,必须书面向主管部门和监督部门报告,在得到许可后方可采用。

在需要采用连续采样的条件下,用直接测量的方式进行监测时,应采用连续测量。凡用于连续测量的装置,其最低可探测限应达到或小于运行限值的 1%,其量程的宽度应能满足计划外释放的测量要求,必要时应安装具有几个触发阈值的连锁报警装置。在关键的排放点,为了在常规监测之外还能可靠地监测事故释放,要安装两套互相独立的监测装置。其中的一套用于常规监测,另一套用于事故监测。用于事故监测的装置,要求测量范围大(例如采用灵敏度较低的或带屏蔽的探测器)并附有报警装置。实验室测量是对流出物中的放射性核素进行全分析的可靠方法,应尽可能减小或消除干扰因素,制备浓缩的适于测量的样品,以达到比直接测量或就地测量更高的灵敏度。

四、流出物排放限值计算方法

核设施在正常的运行条件下,释放到环境中的放射性物质通过各种途径导致对人的照射,从而对当地居民产生附加剂量。评价个体和群体接受的剂量时,必须考虑到所有重要的照射途径。

但是,在放射性核素常规释放的大多数情况下,环境介质中的放射性核素的活度、浓度都低于探测限值,仅仅通过环境监测不能够计算出照射剂量。因此,在实际工作中,通常使用数学模式(模型)来描述放射性核素在环境中的输运、计算剂量,评价对环境的影响。在使用数学模式(模型)进行辐射环境评价时,其关键的输入项就是核设施所释放的放射性物质的量。通过进行核设施流出物监测和环境监测,获取核设施所释放的放射性物质(流出物)的量,从而得到核设施辐射环境影响评价的基础数据。而监测过程则是核设施辐射环境影响评价的重要环节。

为限制核设施所释放的放射性物质的量及其对当地公众成员产生的照射剂量,必须采用有效的控制技术来达到辐射的低水平。这种控制,对公众应无任何侵害,而仅对商业设计和设施运行有所影响。

对于核设施营运者或业主,在开始向环境排放来自他们负责源的任何固态、液态和气态放射性物质之前,必须酌情考虑:

(1) 确定拟排放物质的性质、活度及可能的排放位置和排放方式。

(2) 通过相应的预运行研究,确定排放的放射性核素会造成公众照射的所有重要的照射途径。

(3) 评价由计划排放引起的关键人群组所受的剂量。

(4) 把这些资料呈送审管机构,作为制定管理排放限值和其实施条件的原始资料。

对于管理机构,审批排放限值也是对核设施正常运行进行监督管理的一项重要内容。我国颁布的 GB 18871—2002 对各种放射源及其实践的辐照限值进行了规定,包括:①源的生产和辐射或放射性物质在医学、工业、农业或教学与科研中的应用,包括与涉及或可能涉及辐射或放射性物质照射的应用有关的各种活动;②核能的产生,包括核燃料循环中涉及或可能涉及辐射或放射性物质照射的各种活动;③审管部门规定需加以控制的涉及天然源照射的实践;④审管部门规定的其他实践。

通常采用从源到人(关键人群组的代表性成员)的环境隔室迁移模式,并根据公众成员的剂量限值,计算导出核设施流出物的排放限值。

(一) 流出物环境迁移模式

根据核设施厂址特征和关键人群组的饮食和生活习惯,考虑可能的照射途径,构建从源到人的环境隔室模型。图 2.8 中的每个隔室均以数码标识,隔室 i 的量以 X_i 表示,从隔室 i 到 j 的迁移,用途径转移参数 P_{ij} 表示(见表 2.32)。这样,在稳态条件下,从所有隔室到 j 的迁移量可表示为:

$$X_j = \sum_i P_{ij}X_i, \tag{2.9}$$

式中:求和表示所有向隔室 j 的迁移量。对于给定的排放率 X_0,如果 P_{ij} 已知,则可以计算出任一隔室的量。

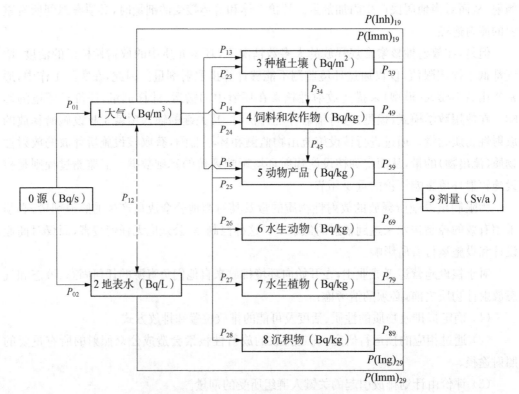

图 2.8　流出物迁移途径(环境隔室)模型

表 2.32　流出物迁移参数与途径

排放途径	迁移参数	隔　室	量　纲
大气排放	P_{01}	源→大气	$s \cdot m^{-3}$
	$P(Inh)_{19}$	大气→剂量(吸入)	$Sv \cdot a^{-1} \cdot Bq^{-1} \cdot m^3$
	$P(Imm)_{19}$	大气→剂量(浸没)	$Sv \cdot a^{-1} \cdot Bq^{-1} \cdot m^3$
	P_{13}	大气→种植土壤	m
	P_{14}	大气→饲料和农作物	$m^3 \cdot kg^{-1}$
	P_{15}	大气→动物产品	$m^3 \cdot kg^{-1}$
	P_{34}	种植土壤→饲料和农作物	$m^2 \cdot kg^{-1}$
	P_{39}	种植土壤→剂量	$Sv \cdot a^{-1} \cdot Bq^{-1} \cdot m^2$
	P_{45}	饲料和农作物→动物产品	$kg \cdot kg^{-1}$
	P_{49}	饲料和农作物→剂量	$Sv \cdot a^{-1} \cdot Bq^{-1} \cdot kg$
	P_{59}	动物产品→剂量	$Sv \cdot a^{-1} \cdot Bq^{-1} \cdot kg$
地表水排放	P_{02}	源→地表水	$s \cdot L^{-1}$
	P_{23}	地表水→种植土壤	$L \cdot m^{-2}$
	P_{24}	地表水→饲料和农作物	$L \cdot kg^{-1}$
	P_{25}	地表水→动物产品	$L \cdot kg^{-1}$
	P_{26}	地表水→水生动物	$L \cdot kg^{-1}$
	P_{27}	地表水→水生植物	$L \cdot kg^{-1}$
	P_{28}	地表水→沉积物	$L \cdot kg^{-1}$
	$P(Ing)_{29}$	地表水→剂量(食入)	$Sv \cdot a^{-1} \cdot Bq^{-1} \cdot L$
	$P(Imm)_{29}$	地表水→剂量(浸没)	$Sv \cdot a^{-1} \cdot Bq^{-1} \cdot L$
	P_{69}	水生动物→剂量	$Sv \cdot a^{-1} \cdot Bq^{-1} \cdot kg$
	P_{79}	水生植物→剂量	$Sv \cdot a^{-1} \cdot Bq^{-1} \cdot kg$
	P_{89}	沉积物→剂量	$Sv \cdot a^{-1} \cdot Bq^{-1} \cdot kg$

(二) 流出物排放限值导出

对于向大气和地表水的排放应分别单独进行计算。

(1) 向大气排放的导出排放限值,可用式(2.10)计算:

$$DRL = \frac{ADL}{\left[\dfrac{X_9}{X_0(a)}\right]}, \qquad (2.10)$$

式中:DRL——导出排放限值,Bq/s;

ADL——相应的年剂量限值，Sv/a；

$X_0(a)$——向大气的排放率，Bq/s。其中：

$$\frac{X_9}{X_0(a)} = P_{01}(P_{(Inh)19} + P_{(Imm)19} + P_{13}P_{39} + P_{14}P_{49} + P_{15}P_{59} + P_{13}P_{34}P_{49} +$$
$$P_{14}P_{45}P_{59} + P_{13}P_{34}P_{45}P_{59})_{\circ}$$

$$(2.11)$$

（2）向地表水排放的导出排放限值，采用式（2.12）计算：

$$DRL = \frac{ADL}{\left[\dfrac{X_9}{X_0(w)}\right]},$$

$$(2.12)$$

式中：$X_0(w)$——向地表水的排放率，Bq/s；

$$\frac{X_9}{X_0(w)} = P_{02}(P_{(Ing)29} + P_{(Imm)29} + P_{28}P_{89} + P_{27}P_{79} + P_{26}P_{69} + P_{25}P_{59} +$$
$$P_{24}P_{49} + P_{23}P_{39} + P_{24}P_{45}P_{59} + P_{23}P_{34}P_{49} + P_{23}P_{34}P_{45}P_{59})_{\circ}$$

$$(2.13)$$

应该强调指出，必须考虑来自所有排放源（气载和液态）的所有核素对同一关键人群组成员的辐射照射，以确保不超过剂量限值。对于多堆厂址，应当考虑来自不同核设施放射性释放的照射。在运行期间，为符合剂量限值的要求，必须满足以下条件：

$$\sum_i \sum_j \sum_k \frac{R_{ijk}}{DRL_{ijk}} \leqslant 1,$$

$$(2.14)$$

式中：R_{ijk}——来自源设施 k、排放源 j（气态或液态）、核素 i 的实际排放值；

DRL_{ijk}——源设施 k、排放源 j（气态或液态）、核素 i 的导出排放限值。

（三）流出物导出排放限值的应用

基本的辐射防护限值是剂量限值，而从便于执法的角度来说，限值应是可测量的量。采用数学模型导出排放限值是根据剂量限值而导出的次级限值，便于直接核查。导出排放限值仅仅是排放限值的上限值，在审管工作中，通常以剂量限值的形式和导出限值的形式来管理核设施流出物的排放。因此，审查核设施正常运行放射性流出物的导出排放限值（DRL）是监管机构审批排放限值的一项主要内容，也是对核设施正常运行进行监督管理的一个有效手段。

对于单个核设施的厂址，单个排放源的导出排放限值较易确定。但对于多个核设施的厂址，如秦山核电厂址，必须考虑厂址的整体性影响，有必要确定整个厂址的排放限值。考虑到审管的便利性，也有必要为单个设施确定排放限值。应先对整个厂址确定一个限值，然后再对各个设施进行适当分配。分配过程中需要考虑权重的问题，如公平原则、设施的先进性，以及社会、经济、政治等因素。

必须明确的是,流出物的导出排放限值是排放的上限值,在申请和核准排放量时,要进行优化分析。允许在预期的排放量和排放限值之间留有适当裕度,给予运行的灵活性。

五、气载流出物环境影响评价

核电厂气载流出物中最重要的放射性核素是稀有气体和放射性碘,此外,还有一些特殊状态的裂变产物和活化产物,以及氚等核素的挥发性化合物。事故释放中的裂变产物可能以复杂的混合物状态出现,但仍包括 I - 131 和稀有气体。因此,对气载流出物的监测应包括发射 β 或 γ 的气溶胶、发射 α 的气溶胶的总活度测量和稀有气体的总活度测量,以及对关键核素和诸如碘、锶、氚之类的放射性同位素的特殊测量。

核设施正常工况下放射性气态流出物对公众影响的评价,在核设施环境影响评价中占有相当重要的位置。业主、报告编写者、审评人员为此都投入了相当的财力和物力。从核电站正常工况下放射性气态流出物对公众影响的评价角度出发,现行规范对有关气象资料、扩散参数、人口资料、居民食谱和食品来源等数据的收集和调查都提出了具体的要求。

(一) 评价方法学

评价核设施正常工况下放射性流出物对公众的影响,在环境影响评价中通常采用的方法是模式计算,它的方法学如图 2.9 所示。

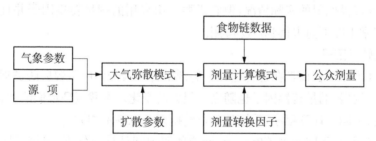

图 2.9　正常工况下放射性流出物对公众影响的评价流程

(二) 大气弥散计算

目前应用于正常工况下放射性气态流出物评价中的长期大气弥散模式都是高斯烟羽模式。高斯烟羽模式是计算释入大气中的气载污染物下风向浓度方法中应用最广的方法,此模式假定烟羽中污染物浓度在水平方向和垂直方向都遵循高斯分布。

高斯烟羽模式如式(2.15)所示:

$$(\chi/Q)_j = \sqrt{\frac{2}{\pi}} \times \frac{8}{\pi x} \times \sum_{k=1}^{6} \left[\frac{\exp\left(-\frac{H^2}{2\sigma_{zk}^2}\right)}{\sigma_{zk}} \times \left(\sum_{m=2}^{6} \frac{p_{jkm}}{u_{jkm}} + \frac{f_{cjk}}{0.5} \right) \right], \quad (2.15)$$

式中:$(\chi/Q)_j$——在风向 j 上的年平均大气弥散因子,s/m³;

x——计算点到释放点的水平距离,m;

σ_{zk}——在大气稳定度 k 时的垂直扩散参数,m;

H——有效源高度,m;

p_{jkm}——有风时 j 风向、k 稳定度、m 风速组的三维联合频率;

f_{cjk}——静风时 j 风向、k 稳定度的联合频率;

u_{jkm}——相对于 j 风向、k 稳定度、m 风速组的平均风速,m/s。

众所周知,高斯烟羽模式是建立在风和湍流不随时间和空间变化、风向连续、扩散过程中污染物守恒、地面不吸收污染物并全反射等假设之上的。在实际使用中需要结合具体情况对模式参数作相应的调整。对于长期大气扩散计算而言,通常的调整有:风向变化、地形修正、源强耗减、熏烟现象、稳定度随高度的变化、混合释放、建筑物尾流效应、扩散参数、风速廓线指数、混合层高度等。

因为风向变化、地形修正必须结合实际地形和风场考虑,技术上有较大的难度,一般评价中往往不予考虑。源强耗减只对大约离排放点 10 km 以上的较远距离产生影响,它们对厂址附近几公里范围内的最大个人剂量几乎没有什么影响。熏烟现象全年的发生频率通常不高,对长期扩散因子的贡献有限,而它对短期弥散有较大影响,是事故应急所关心的问题。

(三) 剂量计算模式

普遍采用的剂量计算模式基本是相同的。但对于 γ 浸没照射,除德国外都采用半无限烟云模式。德国的导则规定 γ 浸没照射需采用有限烟云剂量模式。尽管有限烟云剂量模式更接近 γ 浸没照射的实际情况,但它需要一组专用的剂量转换因子并且计算量比较大,因此在正常工况下尚未得到广泛应用。

1. 剂量转换因子

剂量计算中需要各核素在各种途径中的剂量转换因子。由于辐射防护理论和实践在近几十年来的发展,剂量转换因子也随之有很大的变化。在我国环境影响评价中,各编写单位根据各自不同的计算程序,采用的剂量转换因子也各不相同。

有研究表明,对于同一个核电厂址、同样的源项和计算条件下,采用不同文献的剂量转换因子所得的核电厂的最大个人年有效剂量及不同途径的相对贡献不同。由于采用不同的剂量转换因子,最大个人总有效剂量结果最多可以有 7.5 倍的差别。

2. 食物链参数

在剂量模式中,食物链参数影响摄入途径剂量的计算结果。为此,在环境影响评价中需调查评价区内的居民饮食习惯,甚至有的计算程序还要求进一步调查每一个子区内各种食物的来源。显然,这类调查既需要花费相当大的人力、物力,又容易带有较大的不确定性,而食物链数据并不是对结果有较大影响的参数。在国外通常采用标准食谱数据,如在德国的导则中有一组推荐值供评价使用,在美国环境保护署(EPA)推荐的评价程序 Cap88 中有几组推荐值供用户选择使用。值得指出的是,食物链数据对于厂址附近有特殊生活习惯的居民的剂量估算却是重要的,必须仔细加以考虑和调查。

(四) 气体流出物——氚环境影响评价

氚在核电站的产生量很大,是核电站主要向环境中排放的放射性核素之一,也是核设施放射性核素剂量评价的主要放射性核素,目前尚无减少其释放的消减技术,控制核设施中氚的产生和排放量越来越引起人们的重视。氚是氢的同位素,具有与氢相似的化学和物理特性,在环境中可以与氢快速交换,随氢的循环在不同环境介质中迁移转化。因此,在核设施环境影响评价中,氚作为单独的核素进行评价。

1. 氚的来源及其形态

反应堆中的氚一般会通过扫气、泄漏等途径以气态的形式排放。有研究表明,30 年间,全球核电站流出物中气态氚的排放量显著高于液态氚,重水堆是各堆型核电站中氚排放的主要贡献者,也是氚排放所致公众剂量的主要来源。根据《压水堆核电厂运行状态下的放射性源项》(GB/T 13976—2021),在压水堆中,氚在气相和液相之间的分配因子约为1:9。轻水堆核电厂可能有 HT、CH_3T 的排放,但有关监测数据难以见诸报道。不同核设施的氚排放,其化学形态可能不同。例如乏燃料处理厂可能存在氚气(T_2)的排放。对一些氚处理设施,甚至存在一些含氚的有机酸性气体。

环境中的氚以氚气(T_2)、氚化水(HTO)和有机结合氚(OBT)三种化学形态存在,在生物圈中循环的主要有 HTO 和 OBT 两种形式。OBT 在任何生态系统中持续存在的时间都比 HTO 的长,而且 OBT 的剂量移转因子是 HTO 的 2 倍多,因此 OBT 被认为是对人体造成辐射的重要来源。

为了更加有效地控制氚的排放,法国等国家核安全监管机构根据电站的装机容量、排放工艺、堆型等制定了各自国家核电站氚的年排放总量限值;加拿大等国的监管机构根据剂量限值制定了导出排放限值,该值的优点是便于审查核电站正常运行时氚的排放量;其他核电国家则是以剂量限值的形式提出了氚的排放限值。

2. 氚的监测

目前已开展的轻水堆核电厂气载流出物中氚的监测主要是针对 HTO 的监测。对HTO 的监测,早期主要采用简单的鼓泡器收集的方法。由于温度的变化可能导致 HTO在被鼓泡液吸收的同时又随气流挥发,其采样条件可能难以控制。目前针对气载流出物中氚的监测设备已能通过催化氧化的方法对气载流出物中除 HTO 外的所有化学形态的氚开展监测,相应的设备如法国 SDEC 公司开发的 Marc 7000 型氚采样器、加拿大 BOT公司开发的 ES MS12C 型氚碳联合采样器均已在核电厂气载流出物中得到成功应用。这些设备均采用恒温系统,对鼓泡的温度、气流条件均有较好的控制;同时,该类设备带有催化氧化装置,能够对其中的有机气体加以氧化并收集氧化后生成的 HTO。图 2.10 给出了两种氚回收设备的原理示意图。

图 2.10 中的两种方法均不能区分除 HTO 外氚的其他具体化学形态。目前,已有相关技术用于开展 HT 和 CH_3T 的监测,其基本原理是基于 HT 和 CH_3T 对不同的催化剂的反应温度的差异加以鉴别。而该法已在日本等国家的辐射环境监测中得到应用。

日本六所村乏燃料处理厂附近开展了环境空气中 HTO、HT 和 CH_3T 的监测。其基本原理是:空气经缓冲过滤后进入一个气体流量计,由一个冷阱(-15 ℃)和 MS-3A 分子筛捕集 HTO;随后进入干燥器,并充入电解后的无氚氢气和甲烷气体作为载体,经 Pt催化剂催化后,HT 被氧化生成 HTO,由 MS-3A 分子筛吸附;随后 CH_3T 经 Pd 催化剂(350 ℃)氧化,生成 HTO 后再由 MS-3A 分子筛吸附。这样,3 种不同化学形态的氚就

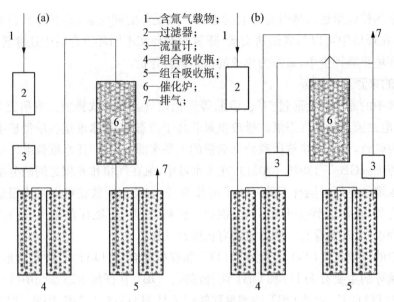

图 2.10　两种典型氚采样器原理图

(a) 简单串联式　(b) 串联并联结合式

分别被收集了。

HT 与 CH_3T 的氧化适用于不同温度下 Pt 和 Pd 催化剂的催化氧化效能。对 Pt 催化剂,其在低温(<100 ℃)下对 CH_4 无催化效果,但对 H_2 的催化效率可达到 100%,因而可实现对 HT 低温选择性催化;对 Pd 催化剂,在 350 ℃以上即可实现对 CH_4 的 100% 的催化氧化。HTO、HT 和 CH_3T 取样装置示意图如图 2.11 所示。

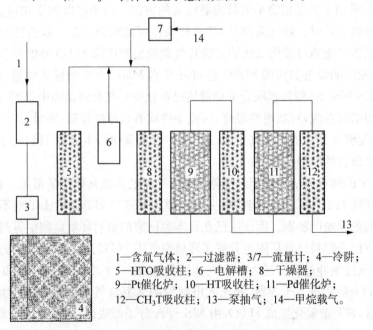

1—含氚气体;2—过滤器;3/7—流量计;4—冷阱;
5—HTO吸收柱;6—电解槽;8—干燥器;
9—Pt催化炉;10—HT吸收柱;11—Pd催化炉;
12—CH_3T吸收柱;13—泵抽气;14—甲烷载气。

图 2.11　HTO、HT 和 CH_3T 取样装置示意图

六所村乏燃料处理厂设计的装置中，考虑到环境空气中 H_2 与 CH_4 的体积分数水平较低（分别为 0.55×10^{-6} 和 1.7×10^{-6}），因而采集空气时需要加入无氚的载气 H_2 和 CH_4。无氚的 H_2 由电解无氚水产生，而无氚的 CH_4 来自石油产品的转化。

六、液态流出物环境影响评价

核电厂的液态流出物含有裂变产物和活化产物，主要是钴、铁、镍、铬、锶、铯和碘的同位素以及氚。因此，需要对液态流出物开展的监测类型包括发射 β 或 γ 的放射性核素、发射 α 的放射性核素的总活度的测量，以及关键核素和某些特殊的放射性同位素，特别是碘和氚的测量。

（一）核电厂液态流出物排放技术要求

核电厂液态流出物排放应符合国家标准的强制要求，具体包括：

（1）核电厂液态流出物排放系统的设计和运行以及核电厂放射性液态流出物排放的管理应满足 GB 18871—2002 的要求，遵循"辐射防护最优化"和"废物最小化"的原则。

（2）核电厂放射性液态流出物向环境排放应采用槽式排放，从而确保液态流出物在排放前进行充分的衰变、搅混和取样，取样结果不满足排放要求的，从贮槽送回系统进行再次处理。对于每一个排放系统，应设置 2 个足够容量的贮存排放槽和至少 1 个备用贮存排放槽。排放的放射性总量应符合《核动力厂环境辐射防护规定》（GB 6249—2011）。国家规定，对于 $3\,000\,MW$ 热功率的反应堆，每堆液态流出物年排放总量的控制值如表2.33 所列；对于热功率大于或小于 $3\,000\,MW$ 的反应堆，应根据功率对表 2.33 所列的控制值进行适当的调整。

表 2.33　核电厂液态放射性流出物控制值

核 素 种 类	轻水堆/$(Bq\cdot a^{-1})$	重水堆/$(Bq\cdot a^{-1})$
氚	7.5×10^{13}	3.5×10^{14}
碳-14	1.5×10^{11}	2.0×10^{11}
其余放射性核素	5.0×10^{10}	2.0×10^{11}

（3）对于滨海厂址，系统排放口处除 H、C-14 外，其他放射性核素的总排放浓度上限为 $1\,000\,Bq/L$。排放口应设置在线监测仪表，且报警阈值不应超过控制值的 5 倍。

（4）对于滨海厂址，液态流出物应与循环冷却水混合后离岸排放，超过排放浓度限值的放射性液态流出物，不得采用稀释方法排入电厂排水渠。

（二）典型压水堆废液排放系统对比

CPR1000、VVER-1000 和 AP1000 是 3 种国内比较有代表性、应用比较广泛的压水堆核电厂反应堆型。不同压水堆核电厂由于所采用的技术路线不同，对于放射性废液处理系统的设计思路也有所差异，下面对此进行简单的对比分析。

1. CPR1000 核电厂放射性废液处理方式

CPR1000 核电厂对于放射性废液的分类包括可复用废液和不可复用废液,分别采取不同的收集、处理方法。可复用废液由硼回收系统(TEP)系统进行处理,废液是来自化容(RCV)系统、核岛排气和疏水(RPE)系统的含氢反应堆冷却剂。可复用废液处理方法如图 2.12 所示:TEP 的前置贮存、过滤除盐和除气子系统设有 2 个独立系列,各服务于 1 台机组,有连接管道可相互备用,其余部分为 2 台机组共用。

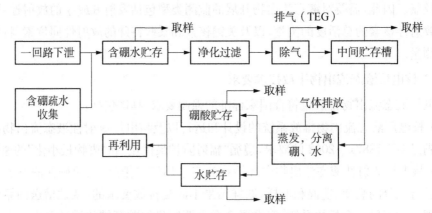

图 2.12　CPR1000 核电厂可复用废液处理流程图

不可复用废液由废液处理(TEU)系统进行处理,TEU 系统包括 6 个单元:前贮存单元、化学中和单元、蒸发净化单元、除盐净化单元、过滤净化单元、监测排放单元,为两台机组共用。

2. VVER–1000 核电厂放射性废液处理方式

VVER–1000 核电厂的可复用废液由一回路冷却剂处理(KBF)系统来进行处理,KBF 系统收集并处理核电厂在各种运行工况下从一回路导出的含硼水以及由含硼疏水收集(KTC)系统收集的含硼疏排水,通过蒸发的方法,得到质量分数为 16 g/kg 和 40 g/kg 的硼酸溶液和可供复用的蒸馏水。可复用废液处理流程如图 2.13 所示。由图 2.13 可以看出,VVER–1000 机组的含硼废液处理方式和 CPR1000 机组在原理上是一样的,区别在于冷却剂的除气在化容系统完成,可以不通过废液处理系统实现对冷却剂的排气操作。

对于不可复用废液,VVER–1000 采用将疏排水系统按照厂房进行划分的方式,实现不含硼或含硼量极低的废液的收集。厂房被划分为以下几个系统,包括:反应堆厂房特排水(KTF)系统,安全厂房特排水(KTL)系统,核服务厂房特排水(KTT)系统,辅助厂房特排水(KTH)系统。消防排水、核服务厂房地漏水和洗衣房排水等通常放射性较低,经取样如果达到排放标准,则通过 KTT 系统直接进行排放,如果无法满足排放标准,则和其他排水一起被送到 KPF 系统进行处理。KPF 系统是地漏水处理系统。

3. AP1000 核电厂放射性废液处理方式

AP1000 核电厂在负荷跟踪期间,一回路不调节硼浓度,通过灰棒组件控制反应堆功

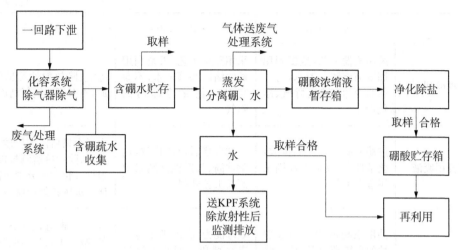

图 2.13 VVER - 1000 核电厂可复用废液处理流程图

率,使电厂的放射性液态流出物大为减少,减轻了放射性废物处理和后期处置的压力。AP1000 核电厂通过核岛液体废物系统 WLS 系统控制、收集、处理、运输、贮存和处置正常运行及预期运行事件下所产生的液体放射性废物。除了正常使用的固定式处理设备外,考虑到今后技术的发展和对小概率事件放射性处理的要求,WLS 提供了与移动式放射性废液处理设备连接的接口,以确保系统的多重性。另外,AP1000 核电厂还设计有厂址放射性废物处理设施(SRTF),与单机组处理相比较,其功能更适用于整个厂址的废物处理。

AP1000 核电厂产生的放射性废液,都采用不复用的处理方式。但是对于不同类型的废液,处理过程有所不同。AP1000 核电厂的放射性废液主要包括:反应堆冷却剂系统废液、地面疏水和其他含高悬浮颗粒物的废液、洗涤剂废液、化学废液 4 种。其中,反应堆冷却剂系统的含硼和氢的废液来自于反应堆冷却剂系统的疏水箱和化容系统的下泄流,废液在进入暂存箱前通过放射性废液系统的真空除气器进行除气。废液暂存箱内液体可再循环和取样,经过化容系统补给泵返回反应堆冷却剂系统,或经过滤和离子交换除盐后监测排放。

4. 放射性物质排放的比较

表 2.34 和表 2.35 分别是三种堆型核电厂放射性废液处理系统的比较表和三种堆型单机组年度放射性物质排放比较表。由表可以看出,AP1000 核电厂虽然不复用放射性废液,但是由于正常运行期间废液产生量较小,所以放射性物质的排放量并没有很高,部分核素的排放量相对还要低一些。

表 2.34 三种堆型核电厂放射性废液处理系统的比较

	CPR1000	VVER - 1000	AP1000
系统布置	放射性废液系统为两台机组共用或部分共用	每台机组有单独的放射性废液处理系统	单机组的废液处理系统以及厂址废物处理设施

（续表）

	CPR1000	VVER-1000	AP1000
反应堆冷却剂	采用蒸发工艺,重复利用硼浓缩液和蒸馏水,对一回路冷却剂进行除气、净化操作	采用蒸发工艺,重复利用硼浓缩液和蒸馏水,不参与对一回路冷却剂的除气	除盐、除放射性后监测排放,不对硼酸重复利用
不可复用废液	过滤或除盐后监测排放,化学性高、放射性高则采用蒸发工艺	取样合格后监测排放,化学性高、放射性高则采用蒸发工艺处理	取样合格后监测排放或经过滤、除盐后监测排放,放射性或化学成分含量高时送厂址废物处理设施处理
优点	共用系统减少了高放射性的系统和设备,热力除气能力强	处理能力大,能满足寿期末除硼和一回路大流量换水的需要	减少了放射性系统和设备,减少了人员辐照剂量,厂址废物处理设施便于部分废物的集中处理
缺点	蒸发工艺决定了系统的繁杂,维护工作量大,人员辐照剂量大	蒸发工艺决定了系统的繁杂,单机组布置造成维护工作量大,人员辐照剂量大	硼酸直接排放的设计造成机组启、停过程中排放压力较大,硼酸制备量大

表 2.35　三种堆型核电厂(单机组)年度放射性物质排放值对比

放射性核素	GB控制值/(Bq·a^{-1})	AP1000/(Bq·a^{-1})	VVER-1000/(Bq·a^{-1})	CPR1000/(Bq·a^{-1})
氚	7.5×10^{13}	3.7×10^{13}	1.8×10^{13}	1.7×10^{13}
C-14	1.5×10^{11}	3.3×10^{9}	1.0×10^{10}	5.0×10^{9}
其余核素	5.0×10^{10}	9.5×10^{9}	7.5×10^{9}	1.2×10^{10}

随着核电技术发展到第三代,对放射性物质的控制和排放也提出了更高的要求,先进轻水堆已经不允许使用蒸发处理技术,特别期望改变原有的处理系统,这在美国已成为主流趋势。AP1000 负荷跟踪期间不调硼的设计、过滤加净化的放射性废液处理方式和厂址废物处理设施的设置,明显减少了废物产生量,同时也简化了高放射性系统和设备,降低了人员辐照剂量,集中处置方式提高了效率,代表了核电厂放射性废液处理方式新的发展方向。

(三) 核设施液态流出物环境影响评价模型

液态放射性流出物的环境影响评价是核设施环境影响评价中的一个很重要的部分。本部分主要介绍国际原子能机构(International Atomic Energy Agency,IAEA)19 号安全报告所推荐的核设施液态放射性物质在地表水中的环境影响评价的方法。

对液态放射性流出物的环境影响评价一般遵循下列步骤:首先,计算放射性流出物在水环境中扩散后的浓度;然后,计算通过一定的传输途径对人造成影响时介质中的放射性核素浓度;最后,通过一定的剂量计算模型计算出最终对公众成员造成的年有效剂量。

1. 放射性流出物在水环境中的扩散模型

对于河流,IAEA 19 号报告提供了两种评价方法:无稀释模型和稀释扩散模型。无稀释模型认为放射性流出物对人造成的照射就发生在排放点,显然这是一种极其保守的估计,在实际评价工作中使用较少。

对于考虑了稀释作用的扩散模型,在计算某个地点的放射性物质在水(或沉积物)中的浓度时,该地点应该是假想的关键居民组成员利用这些水来饮用、养鱼、灌溉、游泳或是利用这些沉积物来从事农业或其他活动所在的地点。IAEA 19 号报告对放射性流出物在河流中的扩散提供了简单而保守的计算模型,其计算流程如图 2.14 所示。

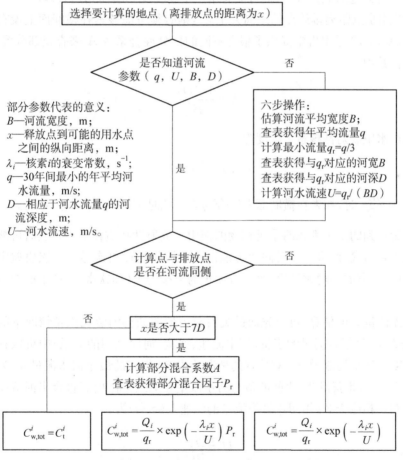

图 2.14 排放到河流中的放射性核素浓度的计算模型

在垂直于水面的方向上达到完全混合的距离 L_z(m)是基于这样的假设:在沿着垂直于水面的同一条直线方向上,水中放射性物质的最小浓度是最大浓度的一半时,认为垂直于水面方向上达到了完全混合。IAEA 19 号报告中假设在垂直于水面方向达到完全混合的最小距离为 $L_z = 7D$,其中 D 为河流深度。

1) 对于用水点与排放点在异侧的情形

排放点对岸的水中放射性核素浓度的最大值为横断面上的平均浓度,因此得到的最大值为核素在横断面上达到完全混合时的浓度

$$C_{w,tot}^i = \frac{Q_i}{q_r} \times \exp\left(-\frac{\lambda_i x}{U}\right) = C_t^i, \tag{2.16}$$

式中:C_t^i——完全混合后的放射性核素 i 的浓度;

其他符号的意义如前所述。

2) 对于用水点与排放点在河流同一侧的情形

(1) 若用水点距离排放点的距离小于 L_z,则使用无稀释模型。一般饮用水不太可能从离排放点这么近的地方获取,但可能有水生生物受此影响而到达人体。

(2) 若用水点距离排放点的距离大于 L_z,则必须考虑核素在横断面上没有混合完全的情况。IAEA 19 号报告中提供了根据不同的部分混合系数 A 来查找部分混合因子 P_r 的数值表。其中:

$$A = \frac{1.5Dx}{B^2}。 \tag{2.17}$$

用水点水中放射性核素 i 浓度为

$$C_{w,tot}^i = C_t^i \cdot P_r。 \tag{2.18}$$

当 $x > \frac{3B^2}{D}$ 时,核素在横断面上混合均匀。此时 $P_r = 1$,则 $C_{w,tot}^i = C_t^i$。

以上所得到的结果都忽略了沉积物的作用。放射性物质在水中扩散时可能被底泥所吸附而沉积到河底,而且一段时间后可能由于水流作用而再次悬浮。该模型中忽略了沉积物的作用,一方面为简化计算,另一方面也为直接用水(如饮水)而产生的剂量估算带来保守性。

对河流流量 q 的估算,可以先通过观察或由地图获得河流在正常情况下的平均宽度 B,从 IAEA 19 号报告提供的表Ⅲ(河水流速、河宽、河深之间的关系)中可以查到相应于该平均宽度的年平均流量 q。对缺省的情况假设 30 年间的最小河水流量 q_r 为平均河水流量 q 的 1/3,由此获得 30 年间的最小河水流量 q_r,根据 q_r 由表Ⅲ查出河流相应的宽度 B 和深度 D。相应于 30 年间年最小流量的流速 U(m/s)为

$$U = \frac{q_r}{BD}。 \tag{2.19}$$

由于对放射性流出物在河流中的扩散模型中做了一些假设和简化,因此,该计算模型只适用于下列情形:①水体的几何特征(如河流横断面)不随着距离而有很大的变化;②水流特征(如流速、水深等)不随着距离有很大的变化;③在长期的正常释放条件下,水和沉

积物之间的放射性处于平衡状态。

　　放射性流出物在水环境中的扩散受很多因素的影响。该计算模型出于简化计算和使结果偏保守的考虑,做了如下处理:①特意选择了假想的关键居民组成员用水(或沉积物)的地点,以便来限制可能发生的低估照射的可能性;②水的流速、流量,水的深度,都选取30年期间最低的年平均值;③放射性核素浓度是沿水羽中心轴方向计算的;④放射性废水的排放方式都假设为沿着水体的岸边排放(这样的排放方式限制了放射性物质在水中的扩散);⑤不考虑沉积物的影响,这极大地高估了水中放射性核素的浓度,对于直接利用水所产生的剂量将导致过高估计,也为结果增加了额外的保守性。

2. 放射性物质在照射途径中的传输模型

　　对于液态放射性流出物在河流中扩散后对人造成的影响,主要考虑如下几种照射途径:①人食用了受污染的水产食物而引起的内照射;②人饮用了受污染的水而造成的内照射;③人在受污染的河岸边活动而产生的外照射。此外,还有一些其他照射途径:如使用被污染的水灌溉农田后生产的农作物被人食用而引起的内照射;人在被污染的河水中游泳而产生的外照射,等等。

　　1) 放射性物质在水产食物中的浓度

　　计算放射性物质从水环境转移到水产食物中的放射性浓度,一般使用浓集因子法来描述稳定的长期连续释放。计算公式为

$$C_{af,i} = C_{w,i} B_p, \tag{2.20}$$

式中:$C_{af,i}$ 为核素 i 在水产食物 p 中的比活度,Bq/kg;$C_{w,i}$ 为溶解在水中的核素 i 的浓度,Bq/L;B_p 为生物浓集因子,也就是生物中的核素浓度与水中的核素浓度达到平衡时的比值,$(Bq/kg)/(Bq/L)$。

　　生物浓集因子 B_p 的值可能变化非常大,某些情况下对同一种核素和同一种生物其值甚至相差若干个数量级。IAEA 19 号报告中提供了各种核素在淡水鱼类、海水鱼类和海水贝类中的 B_p 值。为了确保计算结果的保守性,B_p 值的选取考虑了所有可能被低估的情况。在大多数情况下直接使用未考虑沉积物作用时水产食物中的放射性比活度,但当底泥作用显著时应适当加以考虑。

　　对于某些特殊地区,淡水中的贝类或海藻都是主要的水产食物,一般来说,对除 Cs 以外的元素,它们的生物浓集因子取淡水鱼类的 10 倍,对 Cs 则取淡水鱼类的 1/3。

　　2) 岸边沉积物的放射性面密度的计算

　　使用式(2.21)可以计算岸边沉积物中的放射性面密度:

$$C_{s,s}^i = \frac{(0.1)(0.001)K_d \times 60 \times C_{w,tot}^i}{1 + 0.001 S_s K_d} \times \frac{1 - \exp(-\lambda_i T_e)}{\lambda_i T_e}, \tag{2.21}$$

式中:$C_{s,s}^i$ 为岸边沉积物中核素 i 的放射性面密度,Bq/m^2;λ_i 为核素 i 的衰变常数,s^{-1};K_d 为核素在水与其悬浮物中的分配系数,$(Bq/kg)/(Bq/L)$;T_e 为有效沉积时间,s,其缺省值按 $3.15 \times 10^7 s$(1 年)计算;S_s 为水中悬浮物浓度,kg/m^3。IAEA 19 号报告中提供

了 S_s 缺省值:对河口、河流或湖泊,为 $0.05\,\mathrm{kg/m^3}$;对海水,为 $0.01\,\mathrm{kg/m^3}$。

关于 K_d,IAEA 19 号报告中提供了不同核素在淡水和海水中悬浮物的分配系数,一般认为底泥的分配系数为悬浮物的 $1/10$,式(2.21)已将其涵盖,因此在计算时直接使用报告中提供的悬浮物的分配系数。

3) 放射性物质通过陆生食物链造成的影响

对内河厂址,则可能存在通过陆生食物链而产生的剂量,这部分的参数比较难以确定。因此,在厂址筛选阶段,为了简化计算,若不计入这部分剂量贡献的计算结果远小于管理限值(一般为限值的 $1/10$)时,可以不需要作此项计算。

3. 剂量计算模型

1) 由岸边活动造成的外照射剂量的计算

对于液态放射性流出物通过水途径产生的公众外照射可能有很多种途径,如游泳、划船、捕鱼等。在岸边活动的时间可能比其他活动的时间长得多。因此,报告提供的通用计算模式只考虑岸边活动。

由底泥产生的年有效剂量 E_m(Sv/a)可由式(2.22)计算得到:

$$E_m = C_{s,s}DF_{gr}O_f, \tag{2.22}$$

式中:$C_{s,s}$ 为河岸/海岸岸边沉积物的放射性面密度,$\mathrm{Bq/m^2}$,由式(2.21)计算得到;DF_{gr} 为地面外照射所致的年有效剂量转换因子,$(\mathrm{Sv/a})/(\mathrm{Bq/m^2})$;$O_f$ 为环境利用因子,即假想的关键居民组成员受照射的时间占一年时间的份额。O_f 的值应该根据可能的关键居民组和厂址的实际情况来估算,但报告中也提供了通用计算 O_f 的缺省值。

2) 由摄入食物或饮水造成的内照射剂量的计算

通过摄入而产生的有效剂量将受到代谢、年龄以及放射性核素的形态和性质等因素的影响。

在计算对公众的照射时,应该考虑年龄的影响和放射性核素在环境中可能存在的化学形态。对于儿童来说,由于体形较小,儿童的剂量因子要高于成人,尽管这个可能由于儿童食量较小而抵消。因此在计算的时候,最好是对不同的年龄组使用不同的剂量因子。《国际电离辐射防护和辐射源安全的基本安全标准》(IBSS)中汇集了公众成员(包括成人和儿童)的摄入核素 i 的单位摄入量所致的待积有效剂量转换因子的数据。婴儿和成人由于食物的消化产生的剂量由式(2.23)计算得到:

$$E_{ing,p} = C_{p,i}H_p DF_{ing}。 \tag{2.23}$$

式中:$E_{ing,p}$ 为从食物 p 中摄入的核素 i 所产生的年有效剂量,$\mathrm{Sv/a}$;$C_{p,i}$ 为食物 p 被食用时其中核素 i 的放射性浓度,$\mathrm{Bq/kg}$;H_p 为食物 p 的年消费率,$\mathrm{kg/a}$;DF_{ing} 为核素 i 的摄入有效剂量转换因子,$\mathrm{Sv/Bq}$。

对于食物摄入量(年消费量)等数据,IAEA 19 号报告中提供了世界上各地区的参考数据,也可根据核设施具体所在地的居民实际年消费量进行统计后使用。

第四节　核事故与辐射事故环境应急监测

一、辐射事故应急监测

(一) 辐射事故等级

辐射事故主要指除核设施事故(即核事故)以外,放射性物质丢失、被盗、失控,或者放射性物质造成人员受到意外的异常照射或环境放射性污染的事件。主要包括:

(1) 放射源丢失、被盗、失控等核技术利用中发生的辐射事故。

(2) 铀(钍)矿冶及伴生矿开发利用中发生的放射性污染事故。

(3) 放射性物质(除易裂变核材料外)运输中发生的事故。

(4) 国外航天器在我国境内坠落造成环境放射性污染的事故。

根据辐射事故的性质、严重程度、可控性和影响范围等因素,将辐射事故分为特别重大辐射事故、重大辐射事故、较大辐射事故和一般辐射事故 4 个等级。

1. 特别重大辐射事故(Ⅰ级)

凡符合下列情形之一的,为特别重大辐射事故:

(1) Ⅰ、Ⅱ类放射源丢失、被盗、失控并造成大范围严重辐射污染后果。

(2) 放射性同位素和射线装置失控导致 3 人以上(含 3 人)急性死亡。

(3) 放射性物质泄漏,造成大范围(江河流域、水源等)放射性污染事故。

(4) 国外航天器在我国境内坠落造成环境放射性污染的事故。

2. 重大辐射事故(Ⅱ级)

凡符合下列情形之一的,为重大辐射事故:

(1) Ⅰ、Ⅱ类放射源丢失、被盗或失控。

(2) 放射性同位素和射线装置失控导致 2 人以下(含 2 人)急性死亡或者 10 人以上(含 10 人)患急性重度放射病或局部器官残疾。

(3) 放射性物质泄漏,造成局部环境放射性污染事故。

3. 较大辐射事故(Ⅲ级)

凡符合下列情形之一的,为较大辐射事故:

(1) Ⅲ类放射源丢失、被盗或失控。

(2) 放射性同位素和射线装置失控导致 9 人以下(含 9 人)患急性重度放射病或局部器官残疾。

(3) 铀(钍)矿尾矿库垮坝事故。

4. 一般辐射事故(Ⅳ级)

凡符合下列情形之一的,为一般辐射事故:

(1) Ⅳ、Ⅴ类放射源丢失、被盗或失控。

（2）放射性同位素和射线装置失控导致人员受到超过年剂量限值的照射。

（3）铀（钍）矿、伴生矿严重超标排放，造成环境放射性污染事故。

（二）辐射应急监测部门职责

中华人民共和国生态环境部、国家核安全局以及各省市的生态环境部门，作为国家和地方辐射安全监管和生态环境保护部门，为做好辐射事故应急准备与响应工作，确保在发生辐射事故时，能准确地掌握情况、分析、评价并决策，按事故等级及时采取必要和适当的响应行动，制定辐射事故应急预案。各级生态环境部门应依据国家相关法律法规和《国家突发环境事件应急预案》，结合各地的实际情况，制定辐射事故应急预案。

辐射事故应急预案应急原则：以人为本、预防为主，统一领导、分类管理，属地为主、分级响应，专兼结合、充分利用现有资源。

国家生态环境部承担的相关应急任务是：①制定全国辐射事故应急预案；②负责特别重大辐射事故的处理和协调跨省区域辐射事故的处理；③接收省级生态环境部门和辐射事故责任单位有关事故信息的报告；指导和组织力量支持省级生态环境部门开展辐射环境应急监测和应急行动；④监督与评价由国家生态环境部颁发辐射安全许可证的辐射事故责任单位的应急行动和事故处理措施；⑤及时向国务院报告，并负责发布辐射事故的新闻和信息。

省级生态环境部门承担的相关应急任务：负责辖区内重大、较大和一般辐射事故应急响应、事故处理及事故原因调查工作，协助国家生态环境部做好特别重大辐射事故的处理工作。

按照国家辐射事故应急预案中的要求，省级生态环境部门负责组织辐射事故现场的应急监测工作，确定污染范围，提供监测数据，为辐射事故应急决策提供依据。必要时国家生态环境部指派国家生态环境部辐射环境监测技术中心对事故发生地的省级生态环境部门提供辐射环境应急监测技术支援，或组织力量直接负责辐射事故的辐射环境应急监测工作。

（三）辐射事故应急监测

发生辐射事故进入事故应急状态以后，所进行的非常规性辐射监测叫辐射事故应急监测。在宣布进入应急状态以后，随着应急响应体系的启动，辐射监测也将按照应急监测实施程序在应急组织的统一指挥下逐步展开。应急监测计划虽然与常规监测计划有某些联系和类同之处，但是其差别也是明显的。

首先，应急监测的目的，是为了尽可能及时地提供关于事故对环境及公众可能带来的辐射影响方面的数据，以便为剂量评价及防护行动决策提供技术依据。其次，由于时间的紧迫性以及对测量人员照射威胁的不同，不同事故阶段的应急监测的目的和任务也不尽相同。

就其和常规监测的差别而言，对应急监测方法的要求应该特别注意以下3个方面：

（1）需要有足够的测量速度，即它对速度的要求一般要比对常规测量的更高，尤其在事故早期。

（2）在事故早期，对取样代表性和测量精度的要求只能在权衡必要的监测速度的前提下实现。

（3）尽可能注意测量值的时空分布，以及与释放源项的相关性。

相对于和常规监测的联系而言，对应急监测计划的设计，一般应考虑以下3个原则：

（1）兼容性：与常规监测系统积极兼容，只要有可能，应急监测系统应当尽量做到和常规监测系统积极兼容。这样做不仅可以节约大量开支，更重要的是可以保证监测系统经常处于有人使用和维护的可运转状态。

（2）适用性：能满足应急监测工作的需要。这里主要指响应速度、测量内容、测量量程、使用条件、配置方位等，各方面应满足应急监测的要求。

（3）适度性：应急监测系统在相对常规系统的性能指标的扩展和监测点与监测器的增设等方面要适度。

辐射应急监测项目主要包括三大类。①现场实测项目：γ-β剂量率；α、β表面污染监测；地表γ核素巡测；现场γ能谱测量；中子剂量监测。②现场采样项目：空气（主要包括气溶胶、气碘样品等）；土壤（主要指表层土壤）；水样；生物样品；其他有关介质。③实验室分析项目（分析介质）：地表水、水生生物；气溶胶；土壤；动植物；其他介质（如表面污染擦拭样品）。

辐射事故应急监测项目可能监测的核素如表2.36所示。

表2.36 辐射事故应急监测项目可能监测的核素

污染源类型	拟待测核素
医疗照射类	Co-60,I-131,I-125,Ra-226,Mo-99,Ir-192
其他人工辐射源（如RDD）	Ra-226,Co-60,Cs-137 等
中子类源	Pu-238,Am-241,Ra-226,Po-210,Be-7
铀矿冶及核燃料加工	U-238,U-235

二、核应急概念及其分类

（一）核应急术语

与辐射事故不同，核电厂核事故无论在性质，还是在影响、危害的严重程度上，均显著高于辐射事故。日本核泄漏事故引发的核危机为人类安全和平地利用核能又一次敲响了警钟。核事故应急工作作为减小核电站危害环境和公众安全的最后屏障，将起到重要的作用，必须做好相关的准备和响应工作。

核应急辐射环境监测工作是核应急工作的重要组成部分，在对核应急辐射环境监测进行准备和响应时主要遵循实用性、适用性和适度性并兼顾常规和应急监测的"平战结合"等原则。核应急辐射环境监测的准备主要包括核应急监测组织体系建设、应急监测单项应急预案和响应程序的制定、应急监测队伍建设、辐射环境应急监测系统建设、监测信息网络体系建设、辐射应急监测技术研究、应急监测培训和演练、应急监测经费准备等。

1. 核应急

指核紧急状态,是由于核设施发生事故或事件,使核设施场内、场外的某些区域处于紧急状态,需要立即采取某些超出正常工作程序的行动,以避免核电厂核事故的发生或减轻事故后果的状态。

2. 应急响应

为控制或减轻导致应急状态的事故的后果而紧急采取的行动及措施。

3. 应急状态分级

我国将核电厂核事故应急状态分为 4 级:应急待命、厂房应急、场区应急和场外应急。

4. 应急防护措施

应急状态下为避免或减少工作人员和公众可能接受的剂量而采取的保护措施。

5. 稳定性碘

含有非放射性碘的化合物,当事故已经导致或可能导致释放碘的放射性同位素的情况下,将其作为一种防护药物分发给居民服用,以降低甲状腺的受照剂量。

6. 隐蔽

应急防护措施之一,指人员停留于(或进入)室内,关闭门窗及通风系统,其目的是减少飘过的烟羽中的放射性物质的吸入和外照射剂量,也减少来自放射性沉积物的外照射剂量。

7. 撤离

应急防护措施之一,指将人们从受影响区域紧急转移,以避免或减少来自烟羽或高水平放射性沉积物质产生的高照射剂量,该措施为短期措施,预期人们在预计的某一有限时间内可返回原地区。

8. 避迁

应急防护措施之一,指人们从污染地区迁出,以避免或减少地面沉积物外照射的长期累积剂量,其返回原地区的时间或为几个月到 2 年,或难以预计而不予考虑。

(二) 核动力厂应急行动分类

生态环境部制定的核安全导则《压水堆核动力厂应急行动水平制定》规定了核电厂应急计划制定时所需的行动水平和辐射监测限值。其中核电厂营运单位可根据特定仪表读数或观测值,辐射剂量或剂量率,气态、液态和固态放射性物质或化学有害物质的特定的污染水平、分析结果等,对初始条件及应急行动水平按照一定的方式进行分类,称之为识别类。

将初始条件及应急行动水平按照一定的方式分为若干识别类,识别类应能够覆盖所有应急行动水平。一般地,主要有以下几种识别类,营运单位可根据机组特性,从便于操作的角度出发确定所适用的识别类:辐射水平/流出物放射性异常类(A 类);裂变产物屏障类(F 类);影响核动力厂安全的危害和其他事件类(H 类);系统故障类(S 类);冷停堆或换料停堆状态下的系统故障类(C 类);独立乏燃料贮存装置类(E 类)。

举例来说,对于初始条件和应急行动水平,辐射水平或放射性流出物异常规定为 A 类。A 类初始条件和应急行动水平针对的是非计划和不可控的放射性物质的释放以及辐射水平的异常情况,适用于所有运行模式。A 类的分级主要依据辐射监测仪表的读数和环境放射性后果评价结果。对于基于流出物辐射监测仪表读数的分级的前提是已经发生了经过该仪表监测路径的排放,如果采取了措施对该排放路径进行了隔离,阻止了该路径的排放,则这些仪表的读数不再用于分级。表 2.37 给出了 A 类初始条件矩阵,压水堆核动力厂营运单位应在此基础上确定适用于本核动力厂的初始条件和应急行动水平(适用于全部运行模式)。A 类初始条件主要包括非计划的流出物放射性异常、辐照过的燃料事件和区域辐射水平异常等事件类别。

表 2.37　识别类 A 辐射水平或流出物放射性异常初始条件矩阵

事件类别	应急待命	厂房应急	场区应急	场外应急
非计划的流出物放射性异常	AU1:气态或液态流出物排放的放射性水平超过设施相关排放管理限值的 2 倍,持续时间达到或超过 60 min	AA1:气态或液态流出物排放的放射性水平超过设施相关排放管理限值的 200 倍,持续时间达到或超过 15 min	AS1:在实际或预期释放时间内,释放的气态放射性物质导致场区边界处或场区边界外个人有效剂量大于 1 mSv,或甲状腺待积吸收剂量大于 10 mGy	AG1:在实际或预期释放时间内,释放的气态放射性物质导致场区边界处或场区边界外个人有效剂量大于 10 mSv,或甲状腺待积吸收剂量大于 100 mGy
辐照过的燃料事件	AU2:辐照过的燃料上方水位非计划下降	AA2:辐照过的燃料上方水位发生显著下降,或者辐照过的燃料发生严重损坏	AS2:乏燃料池水位下降导致乏燃料裸露	AG2:乏燃料池水位下降导致乏燃料裸露 60 min 以上或更长时间
区域辐射水平异常	—	AA3:辐射水平异常导致无法正常实施操作,影响了核动力厂的正常运行、冷却或者停堆	—	—

三、核事故等级划分

(一) 核事故等级划分标准

国际核事故分级标准(International Nuclear Event Scale,INES)制定于 1990 年,作为核电站事故对安全影响的分类,旨在设定通用的标准以及方便国际核事故交流通信。INES 由国际原子能机构(IAEA)和经济合作与发展组织(Organization for Economic Co-operation and Development,OECD)的核能机构(Nuclear Energy Agency,NEA)设计,国际原子能机构(IAEA)监察。

核事故分级类似于用于描述地震的相对大小的矩震级。每增加一级代表事故比前一级的事故严重约10倍。相比于事件强度可以定量评估(如地震),人为灾难的严重程度(如核事故),更多的是受制于解释,因为解释的难度在于事件发生很久之后,事故的INES等级才被评定。

国际核事故分级表把核事故分为7级,其中将对安全没有影响的事故划分为0级,影响最大的事故评定为7级,如图2.15所示。根据是否有辐射对公众产生影响,核事故又被划分为2个不同的阶段,其中1~3级被称为核事件,而4~7级才被称为核事故,0级在事故评定范围中,称为偏差。表2.38列出了核事故等级划分标准。

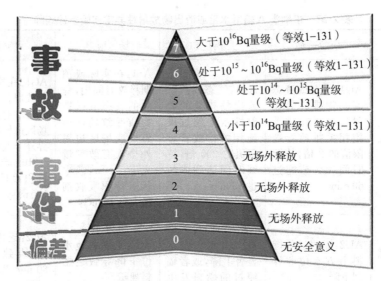

图2.15 核事故分级图及其对应等效放射性量级

表2.38 核事故等级划分标准

级 别	说 明	准 则	实 例
0级 (偏差级)	偏差	安全上无重要意义	2008年斯洛文尼亚科斯克核电站事件
1级 (事件级)	异常	超出规定运行范围的异常情况,可能由于设备故障、人为差错或规程有问题引起	2009年法国诺尔省葛雷夫兰核电站事件 2010年中国大亚湾核电站事件
2级 (事件级)	事件	安全措施明显失效,但仍具有足够纵深防御,仍能处理进一步发生的问题。导致工作人员所受剂量超过规定年剂量限值的事件和/或导致在核设施设计未预计的区域内存在明显放射性,并要求纠正行动的事件	卡达哈希核电站事件

（续表）

级　别	说　明	准　则	实　例
3 级（事件级）	重大事件	放射性向外释放超过规定限值,使受照射最多的厂外人员受到十分之几毫希沃特量级剂量的照射。无须厂外保护性措施。导致工作人员受到足以产生急性健康影响的剂量的厂内事件和/或导致污染扩散的事件。安全系统再发生一点问题就会变成事故状态的事件,或者如果出现某些始发事件,安全系统已不能阻止事故发生的状况	1989 年西班牙范德略斯核电厂事件 1955—1979 年英国塞拉菲尔德核电站事件 2011 年日本福岛第二核电站事件(其中 1、2 和 4 号机组均发生不同程度的核事件)
4 级（事故级）	无明显厂外风险的事故	放射性向外释放,使受照射最多的厂外人员受到几毫希沃特量级剂量的照射。这种释放除当地可能需要采取食品管制行动外,一般不需要厂外保护性行动。核装置明显损坏,这类事故可能包括造成重大厂内修复困难的核装置损坏,例如动力堆的局部堆芯熔化和非反应堆设施的可比拟的事件。一个或多个工作人员受到很可能发生早期死亡的过量照射	1973 年英国温茨凯尔后处理装置事故 1980 年法国圣洛朗核电厂事故 1983 年阿根廷布宜诺斯艾利斯临界装置事故 1993 年俄罗斯托木斯克核事故 1999 年日本东海村 JCO 临界事故 2006 年比利时弗勒吕核事故
5 级（事故级）	具有厂外风险的事故	放射性物质向外释放(数量上,等效放射性超过 $10^{14} \sim 10^{15}$ Bq 的 I - 131)。这种释放可能导致需要部分执行应急计划的防护措施,以降低健康影响的可能性。核装置严重损坏,这可能涉及动力堆的堆芯大部分严重损坏,重大临界事故或者引起在核设施内大量放射性释放的重大火灾或爆炸事件	1952 年加拿大恰克河核事故 1957 年英国温思乔火灾(温茨凯尔反应堆事故) 1979 年美国三哩岛核电站事故 1987 巴西戈亚尼亚医疗辐射事故
6 级（事故级）	重大事故	放射性物质向外释放(数量上,等效放射性超过 $10^{15} \sim 10^{16}$ Bq 的 I - 131)。这种释放可能导致需要全面执行地方应急计划的防护措施,以限制严重的健康影响	1957 年苏联基斯迪姆后处理装置(现属俄罗斯)事故(克什特姆核事故)
7 级（事故级）	特大事故	大型核装置(如动力堆堆芯)的大部分放射性物质向外释放,典型的应包括长寿命和短寿命的放射性裂变产物的混合物(数量上,等效放射性超过 10^{16} Bq 的 I - 131)。这种释放可能有急性健康影响;在大范围地区(可能涉及一个以上国家)有慢性健康影响;有长期的环境后果	1986 年苏联切尔诺贝利核电站(现属乌克兰)事故 2011 年日本福岛第一核电站事故

（二）国际上几次重大核事故

1. 苏联切尔诺贝利核电站事故

切尔诺贝利核事故或简称"切尔诺贝利事件"，是一件发生在苏联统治下乌克兰境内切尔诺贝利核电站的核子反应堆事故。该事故被认为是历史上最严重的核电事故，也是首例被国际核事件分级表评为第7级事件的特大事故（目前为止第二例为2011年3月11日发生于日本福岛县的福岛第一核电站事故）。

1986年4月26日凌晨1点23分，乌克兰普里皮亚季邻近的切尔诺贝利核电厂的第四号反应堆发生了爆炸。连续的爆炸引发了大火并散发出大量高能辐射物质到大气层中，这些放射性尘埃涵盖了大面积区域。这次灾难所释放出的辐射剂量是一战时期爆炸于广岛的原子弹的辐射剂量的400倍以上。经济上，这场灾难总共损失大概2000亿美元（已计算通货膨胀），是近代历史上代价最"昂贵"的灾难事件。

2. 日本福岛第一核电站事故

福岛核事故，2011年3月11日日本东北太平洋地区发生里氏9.0级地震，继发生海啸，该地震导致福岛第一核电站、福岛第二核电站受到严重的影响。2011年3月12日，日本经济产业省原子能安全和保安院宣布，受地震影响，福岛第一核电厂的放射性物质泄漏到外部。2011年4月12日，日本原子力安全保安院（Nuclear and Industrial Safety Agency，NISA）将福岛核事故等级定为核事故最高分级7级（特大事故），与切尔诺贝利核事故同级。

2017年，在白令海和穿越白令海峡的北冰洋边缘的楚科奇海，检测出微量源自福岛核事故的铯-137，表明铯-137已扩散到了北部的北冰洋。2018年前后，在日本东北北部沿岸，铯-137放射性活度开始上升，2019年超过0.002 Bq。在从日本海穿越至太平洋一侧的津轻海峡，铯-137放射性活度在2017年前后达到峰值，此后呈减少趋势。

2021年4月13日，日本政府正式决定将福岛第一核电站上百万吨核污染水排入大海，多国对此表示质疑和反对。对这一关系本国民众、周边国家人民切身利益和国际公共健康安全的大事，日方不与周边国家和国际社会充分协商，一意孤行的做法极其不负责任。2021年12月14日，东京电力公司启动钻探调查，计划在近海1公里处排放核污水；12月21日，东京电力公司向日本原子能规制委员会提出福岛第一核电站核污染水排海计划申请。2021年12月，国际原子能机构派遣专家组赴日本，就福岛第一核电站核污染水的放射性、处置程序的安全性及环境影响进行评估。到2023年3月11日止，日本3·11大地震已经过去了整整12年，但福岛核事故的影响仍在持续。

3. 美国三哩岛核电站事故

美国三哩岛核事故（Three Mile Island-2），简称TMI-2。1979年3月28日凌晨4时，三哩岛核电站二回路给水泵故障停运，失去主给水，一回路压力升高，迫使反应堆自动停堆；应急给水泵自动启动，之前检修时误关闭了全部应急给水管道上的阀门，进而失去全部给水；一回路压力继续升高，稳压器卸压阀开启，但卸压后卡在开启位置，造成一回路持续卸压。待运行人员发现时，堆芯47%已经融毁在事件中，运行人员误操作和阀门故障是重要的事故原因。

在三哩岛事件中,从最初清洗设备的工作人员的过失开始,到反应堆彻底毁坏,整个过程只用了 120 s。6 d 以后,堆芯温度才开始下降,蒸气泡消失——引起氢爆炸的威胁免除了。100 t 铀燃料虽然没有熔化,但有 60% 的铀棒受到损坏,反应堆最终陷于瘫痪。此事故为核事故的第 5 级。

1979 年 3 月 30 日,电厂周围 3 英里半径范围内辐射剂量强度为 0.25 mSv/h。由于一回路压力边界和安全壳的包容作用,泄漏到周围环境中的放射性核素微乎其微,没有对环境和公众的健康产生危害,仅有 3 名电站工作人员受到略高于季度剂量管理限值的辐射照射。方圆 80 km 的 200 万居民中,平均每人受到的辐射剂量小于戴一年夜光表或看一年彩电所受到的辐射剂量。该事故未造成严重后果,原因在于安全壳发挥了重要作用,其作为最后一道安全屏障非常重要。

2019 年 5 月 8 日,美国艾索伦电力公司宣布,宾州三哩岛核电厂将在 2019 年 9 月 30 日关闭。

四、核事故应急监测的几个阶段

IAEA 根据核辐射事故的性质、等级和污染状况等情况提出了通用的应急监测组织体系,但是同时也强调组织体系应根据本国、本地区的实际情况进行优化和调整。在核事故发展的不同阶段,应急监测的主要任务与内容将有不同的侧重,但这种划分也只是相对的,不同阶段的任务之间会有交错或重叠,主要包括早期、中后期和后期应急监测等几个阶段。

(一) 早期应急监测

早期应急监测的目的是确定事故释放的放射性物质类型、数量及影响范围,提供早期处理决策意见。在事故早期,要进行充分、可靠的环境监测十分困难。但是通过在早期尽可能获得的一些场外监测的实际数据,可以用来对评价模式的估算结果进行检验和校正,以提高早期防护决策的置信度。因此,早期的环境监测数据的获得非常重要。

事故早期监测的主要任务是对烟羽的追踪和监测,尽可能多地获得烟羽特性和地面辐射水平方面的资料,特别是关键区域的资料尤其重要,如居民区。测量的项目主要包括:来自烟羽和地面的 β 和 γ 外照射剂量率,放射性气体、易挥发污染物和微尘中的放射性核素种类和浓度等。在事故早期,环境监测组、环境监测车应该到达指定地点,沿指定路线进行剂量率测量、气溶胶采样和热释光布设等,尽快对样品进行实验室的 I-131 和 γ 核素分析。

早期监测的范围一般仅限于烟羽区,通常不超出 5 km。核事故等级在 5 级以上的,相应的监测范围应扩大。2011 年 3 月日本福岛核泄漏事故中,中国、韩国等周边国家均启动了应急监测工作,并首先在气溶胶中检测到极微量的放射性核素 I-131。

(二) 中后期应急监测

随着事故进程的推移,监测结果的重要性不断增加。在中后期,烟羽释放已基本停止,部分放射性物质已沉降到地面,应急监测的目的不再只是对某些模式的计算结果进行验证,而是要对整个重点区域内的辐射状况进行测定,以便尽可能多地了解由烟羽及其沉降所造成的剂量场和地面污染的水平、性质和范围。特别是在离释放点很远的地区,或者在其局部气象条件下不清楚的地区,利用扩散和沉积模式所得到的估算结果无法确保数据的准确性,只能通过实地测量来验证。尤其是地面沉积物的核素组成及其随距离的变化等信息,只能通过实际测量来获得。

在事故进入中期以后,环境监测重点在于对污染范围、水平和性质的测定,主要是对地面沉积和摄入途径的监测。测量项目包括沉积引起的辐射剂量率,地面浸染水平,植物、土壤和饮用水的污染水平。事故中期监测范围可达半径 50 km,但由核电厂负责的监测在 20 km 以内,其余范围的监测需要由相关部门负责。

事故中期后半程,还应增加对粮食作物、蔬菜、水果及其他农作物的监测,与食物链有关的陆地和水生动物以及水体底泥的监测。为了提高应急监测效率和有助于后期放射性核素转移评价,生物样品应该选择易沾染、吸收或转移放射性污染的代表性样品标本,蔬菜样本可以选择大叶或表面具有绒毛的作为主要抽检物,如菠菜、莙荙菜和莴苣等。

在早期监测的基础上,中后期应急监测应从下列两个方面加以扩展:①对于早期可能已经开始的地面和水体污染进行巡测,应从地域上和详细程度上加以扩展;②必须确定食用牛奶、水和食物中的放射性污染水平。重点核素方面,在中期除了继续关注易挥发的放射性核素 I-131 以外,还应考虑对 Cs-134、Cs-137 和 Sr-90 等裂变产物的监测;在后期则应包括对钚等核素的监测。

2011 年 3 月日本福岛核泄漏事故中,中国大部分地区在空气中检测到极微量的 Cs-134 和 Cs-137,江苏、北京等地还在莴苣、菠菜等绿叶蔬菜中检测到极微量的 I-131。日本福岛核电站在事故 18 d 后首次在周围土壤中检测到放射性钚。

(三) 后期应急监测

由于后期监测的主要任务在于确定整个事故释放所造成的残余污染的水平和范围,它所涉及的地域可能相当大,所耗费的人力和时间可能相当多。通常会有若干个组织或机构参与进来,由于有些事故造成的影响非常大,还可能会有来自国际的援助和咨询。如日本福岛核泄漏事故中,IAEA 等相关国际组织,以及美国和法国等国家均派出核辐射专家前去指导日本的应急监测工作。同时,必须建立一个统一的机构或组织来协调行动、分配任务、收集信息、处理资料和提出建议。

在事故后期,环境监测的主要任务是在早期和中期已完成大量监测的基础上,进行必要的补充测量,为事故后期的恢复行动决策及潜在的长期照射预测提供依据,所需要测量的项目和精度将取决于事故的具体情况,可能还要对外照射和累积剂量、表面沾污水平、空气污染和环境介质中放射性核素活度等进行补充测量。

(四) 核应急辐射后果评价

核事故的直接后果是辐射对人和环境的危害,特别是当核电站发生事故时,主要危害来自放射性物质在大气弥散的过程中造成的环境污染和对人的辐射照射。由于事故发生的规模、所处的环境条件不同,具体的评价方法、手段也会有所不同。

核事故的后果评价,其基本任务就是获得有关事故产生的辐射后果的数据、资料,包括空气、水中的放射性核素浓度及其分布;地面放射性沉积物浓度;水、动植物产品及其他环境介质中的放射性核素活度浓度、公众的个人和集体剂量(包括不采取防护措施的预期剂量、采取防护措施后可防止的剂量以及剩余剂量)的数据等,并与相应的用于干预的剂量准则相比较,为防护行动或补救行动提供依据。

五、核事故应急监测技术系统

福岛核事故后,我国迅速启动了全国省会城市和地级市的辐射环境监测网络,在 20 个沿海城市设置了 52 个移动监测点,并在全国范围内设置了稀有气体、气溶胶、碘、土壤、水和沉降物等环境介质采样点共计 200 余个。国家核安全局会同有关部门对我国运行和在建核电厂开展了综合安全检查,发布了《福岛核事故后核电厂改进行动通用技术要求(试行)》,提出了对环境监测布点的合理性和代表性、严重事故下应急监测方案的可行性以及同一厂址多机组同时进入应急状态后应急响应方案的适宜性等技术要求。特别是在核安全报告 NNSA0180—2014《核动力厂场内应急计划标准审查大纲》中,将应急监测内容设为独立章节,要求结合核电厂营运单位上报的应急监测方案进行单独审评。

(一) KRS 系统

KRS 系统是厂区辐射和气象监测系统的简称。核电厂营运单位监测站点应考虑与监督性监测站点互补,保证核电厂周围 16 个方位的陆域方向原则上至少各布设 1 个 KRS 自动监测站,在各堆址主导风向的下风向、居民密集区适当增加布点。站点设备由辐射监测设备、气象参数测量设备、采样设备、控制设备、数据处理设备、供电、防雷及站房等基础设施组成,其中气溶胶、I、H-3、C-14 和干湿沉降自动采集设备应至少在 30% 的监测子站中配置。特殊地,为实现应急状态下气溶胶样品的快速采集,还应至少配备一个超大流量气溶胶采样装置。在数据传输方面,自动监测站点的监测数据应能够实时传送到自动监测中央站,在失去外部电源的情况下,中央站能保证较长时间($\geqslant$72 h)内的数据传输能力。

(二) 车载巡测系统

核电厂营运单位应急响应组织应每天 24 h 都有能协调和实施应急车载巡测和环境取样活动的工作人员,并至少能派出两个应急监测组,执行场外放射性监测和取样程序。应急监测车辆应事先制定巡测路线,每条线路设置适当数量的应急监测点,驾驶人员熟悉道路和监测点位置。

在设施设备方面,应急监测车应配备 γ 剂量率仪(有效测量上限$\geqslant$1 Gy/h)、便携式 α/β 表面污染监测仪、便携式 γ 谱仪、气溶胶和气碘取样装置以及适当的其他环境介质取样器材;应安装气象观测设备,至少能够实时监测风速和风向,并根据需要对温度、湿度和气压进行测量;同时配备一套个人手持式风速、风向仪。

在数据传输方面,γ 剂量率测量结果应能在车载地图上实时显示并传输到应急控制中心；同时，还应配备两种独立的、可避免共因故障的通讯系统，以满足车载计算机数据与应急控制中心数据的实时传输和语音通讯的需要，通讯系统还应对传输的信息进行加密处理。

(三) 海上测量系统

沿海核电厂应具备一定的海域方向监测能力。应事先制定海域监测路线，设置适当数量的应急监测点，配备可有效实施海域应急监测的船只和迅速到岗并有效实施海域应急监测的监测人员；监测人员至少能完成 γ 剂量率监测和海水取样；并保证监测数据能有效传送到应急控制中心；监测船的驾驶人员应熟悉海域监测路线和监测点位置。

(四) 备用监测系统

由于环境实验室位于烟羽应急计划区内的核电厂，因此应在烟羽应急计划区外建立后备环境监测手段，保证有效实施应急监测。

此外，KRS 监测站应配备可组网的便携式 γ 剂量率监测设备。当外部事件导致固定式环境监测设备部分或全部失效时，以环境监测车为主要搭载平台，将便携式辐射探测仪运输至失效的环境监测站点，代替原固定环境监测站点执行 γ 剂量率监测功能，将现场采集信息通过无线传输发送至数据接收终端，并完成数据分析和处理。

习题 2

1. 辐射污染源环境监测种类及其目的。
2. 当测量结果小于探测限时，数据如何处理？
3. 简述宇宙射线响应值的影响及其扣除。
4. 核动力厂运行前辐射水平监测的内容。
5. 核电厂的流出物及其排入环境前应满足的要求。
6. 核设施流出物监测的目的。
7. 放射性流出物监测技术的分类。
8. 辐射事故概念及分类。
9. 核应急与辐射应急概念与区别。
10. 核事故等级的划分。
11. 核事故早期应急监测。

第三章 辐射环境监测仪器

随着核技术的快速发展,电离辐射已广泛应用于医疗、环境、工业、安保等领域,为了保证从业人员与公众的健康,需要对电离辐射进行准确、有效的测量,而测量所使用的电子设备就是辐射测量仪。辐射测量仪又称核辐射探测器,是为了完成一个特定的目标,基于核测量方法单独使用或组合起来测量电离辐射量的仪器或设备。辐射探测器的种类较多,但工作原理都是基于粒子与物质的相互作用。当粒子通过某种物质时,这种物质就吸收其一部分或全部能量而产生特定效应,通过量化这种效应,从而测量核辐射。

辐射探测器有多种分类方式,根据探测器的工作模式可分为脉冲探测器与累计探测器;根据探测器探测材料的性质可分为气体探测器、闪烁体探测器、半导体探测器、其他种类探测器;根据辐射类型的不同可分为重带电粒子探测器、轻带电粒子探测器、X 与 γ 射线探测器、中子探测器、其他射线探测器。在环境放射性测量中,一般需要确定核辐射的种类、能量以及强度等参数。不同辐射强度的条件下,探测器的结构设计、工作原理存在着较大的差异。辐射环境监测仪器均属于弱辐射场测量,因此本章针对弱辐射场所使用的辐射探测器进行重点讲述。

第一节 通用放射性测量仪

一、放射性探测设备选用原则

辐射探测器就是用适当的探测介质作为与粒子作用的物质,将粒子在探测介质中产生的电离或激发,转变为各种形式的直接或间接可为人们感官所能接受的信息。辐射探测器给出信息的方式,主要分为两类:一类是粒子入射到探测器后,经过一定的处置才给出为人们感官所能接受的信息。例如,各种粒子径迹探测器,一般经过照相、显影或化学腐蚀等过程,显示射线的信息。还有热释光探测器、光致发光探测器,则经过热或光激发才能给出与被照射量有关的光输出。再或者是化学探测器,经过分析离子价态的比例来确定受照剂量。这一类探测器基本上不属于电子学的研究范围。另一类探测器接收到入射粒子后,立即给出相应的电信号,经过电子线路放大、处理,就可以进行记录和分析,这类探测器可称之为核仪器与核电子学设备。

(一) 根据待测样品的状态与分布,确定探测方式

辐射探测方式一般分为两种,一种是直接测量,另一种是间接测量。在放射性物质分布较广或无法通过局部样品推算整体放射性水平时,通常采用直接测量方式进行探测。直接测量是将探测器放置于辐射场中进行探测,辐射场的环境可能影响探测器性能,因此采用直接测量时应考虑探测器的环境适用性。辐射环境测量时主要采用直接测量的方式,例如,核设施周边环境辐射测量、近地空间辐射测量、海洋环境辐射测量等。

通过少量样品或是富集采样即可进行放射性评估的通常采用间接测量的方式进行探测。间接测量是通过采样将样品带回实验室后,再使用探测器对样品进行放射性分析,由于间接测量时探测条件可控,因此测量精度较高,采用间接测量无需过多考虑探测器的环境适用性。不同介质、不同对象核素的采样方法各有特点。对放射性气溶胶的采集常用滤料阻留采样法,原理与大气中颗粒物的采集相同。对于被放射性气体污染的空气的采样,常用活性炭与冷阱法收集空气中的放射性气体。当粉尘状放射性物质引起刚性固体表面发生污染时,常用擦拭法或胶带法采样。擦拭法是用一片圆形滤纸(有时还需蘸上如 $CHCl_3$ 之类的有机溶剂)装在一个类似橡皮塞的托物上,在约 100 cm^2 的污染表面来回擦拭,然后测量滤纸上的放射性活度。胶带法是用一块 $1\sim2 \text{ cm}^2$ 的胶带对着污染表面压紧,然后撕下胶带供测量用。在采用间接测量时,要根据实际情况选用合适的采样方法。

(二) 确定探测射线的种类与探测器周围环境,初步选择探测器结构

所选的探测器的结构应适应于所探测射线的种类,也就是说选用的探测器在测量时最好能排除其他种类射线的干扰。一般测量 α 射线时使用薄层面垒型探测器,面垒型探测器对 γ 射线探测效率较低,能够排除 γ 射线的干扰。此外,探头灵敏区对 β 射线与 α 射线的阻止本领不同,较薄的面垒型探测器能够使 β 射线较少能量沉积在灵敏区,然后通过能量阈值排除 β 射线的干扰。探测 γ 射线通常选用具有一定窗厚度的大体积固体探测器,能够排除 α 射线与 β 射线的干扰。

其次,要确定探测器使用时周围的环境,选择能够在此类环境下工作的探测器。探测器的使用在一定程度上受限于周围环境。例如,湿度较大的环境,NaI 探测器则无法长时间有效工作;高纯锗(HPGe)探测器需要在低温下工作,如果无法使用降温装置或是处于会引起探头温度上升的环境,则无法使用高纯锗(HPGe)探测器。因此,在进行辐射探测前应先明确探测射线的种类与测量环境,初步确定探测器结构与种类。

(三) 根据探测目的,确定探测器

实际上,辐射探测的主要目的是明确射线的物理量,概括起来主要有射线强度、能量、时间以及空间位置等信息,辐射探测器的选用依据与这些量紧密相关。测量射线的强度范围主要由探测器的探测效率决定,测量能量主要依靠探测器的能量分辨率,放射源的成像与定位则要求探测器时间分辨率和位置分辨率。在实际测量中总是有许多粒子连续不断地进入探测器,只要这些粒子形成的脉冲信号可以彼此分开,就可以把它们当成单个粒子处理,探测器的这种工作方式称为脉冲工作方式。探测器也可以是电流工作方式,即测量大量粒子产生的平均电流。剂量的测量、反应堆的控制等使用的探测器主要运用这种方式。因此,实际的探测中应根据测量目的,最终确定探测器的种类、尺寸以及后端电子学的组成。

二、通用放射性测量仪的分类

由于辐射与探测介质的相互作用是辐射探测器设计的基础,因此,辐射探测器的分类通常按照辐射作用介质的性质进行分类,分为气体探测器、闪烁体探测器、半导体探测器与其他种类探测器。气体探测器是利用射线在气体介质中产生的电离效应;闪烁体探测器是利用射线在闪烁物质中产生发光效应;半导体探测器是利用射线在半导体中产生电子和空穴。

(一)气体探测器

利用带电粒子在气体介质中的电离现象,通过收集气体中的电子离子来记录射线的探测器被称作"气体探测器"。气体探测器是最早被使用辐射探测器,是在 19 世纪末 20 世纪初 X 射线被发现后就出现的辐射探测器。当时使用的是空气电离室,是测量 X 射线照射量所使用的主要探测器。气体探测器的发展很快,应用也日益广泛。气体探测器主要包括电离室、正比计数器和盖革米勒计数管(GM 计数管)。

气体探测器的工作原理:入射带电粒子通过气体介质时,由于与气体的电离碰撞而逐渐损失能量,最后被阻止下来,其结果是使气体的原子、分子电离和激发。在射线经过的路径周围生成大量的电子正离子对。带电粒子在气体中产生一对电子正离子对需要的平均能量,被称为"平均电离能",用"w"表示。w 通常与气体种类、射线种类与射线能量有关,但是平均电离能差距不大基本在 30 eV 上下。

表 3.1　几种气体在不同射线种类条件下的平均电离能(单位:eV)

气体种类	$w(\alpha)$	$w(X,\gamma)$	$w(\beta)$
He	46.00 ± 0.50	41.50 ± 0.40	—
Ne	35.70 ± 2.60	36.20 ± 0.40	28.60 ± 8.00
Ar	26.30 ± 0.10	26.20 ± 0.20	26.40 ± 0.80
Kr	24.00 ± 2.50	24.30 ± 0.40	—
Xe	22.80 ± 0.90	21.90 ± 0.30	—
H_2	36.20 ± 0.20	36.60 ± 0.30	—
N_2	36.39 ± 0.04	34.60 ± 0.30	36.60 ± 0.50
O_2	32.30 ± 0.10	31.80 ± 0.30	31.50 ± 2.00

图 3.1 是常见的气体探测器结构示意图。两个同轴圆柱形的电极分别为高压电极和

收集电极,电极由绝缘体隔开并密封在一定气压的容器内,电极间加一定的电压。入射粒子进入探测器的气体空间使气体电离,产生电子正离子对。离子对存在的空间,如果没有电场,它们将做杂乱运动。如果在电场的作用下,电子和正离子分别向两极漂移,电极上产生的感应电荷,随电子和正离子的漂移而变化,于是在输出回路中形成感应电流。

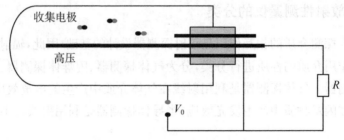

图 3.1　气体探测器结构示意图

图 3.2 展示了在辐射强度恒定、气体压力与气体种类均不变的条件下,外电路电压与探测器中产生的总离子对数目的关系曲线,从图中看出明显分为 5 个区域。

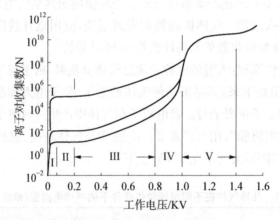

图 3.2　单位能量损失产生的总离子对数目与外加电压的关系曲线

第一区称为复合区,当外加电场电压较低时,电子与离子发生复合,外回路中流过的电流很小。随着外加电场电压的逐渐增强,复合数目逐渐减少,收集到的电子正离子对产生的感应电荷增加,流过外回路的电流增加,这一区通常无法作为探测器的工作区。

第二区称为饱和区,此区间既无复合也无气体放大,电流强度等于单位时间内产生的原初电离电荷数,在该区间产生的电子离子对几乎可全部被收集。电离室探测器通常工作在此区域,电离室是一种基于带电粒子对气体有电离作用原理的探测器。电离室有两种类型,一种是记录单个辐射粒子的脉冲电离室,由于其输入的脉冲幅度与入射粒子损失的能量成正比,因此脉冲电离室主要用于测量带电粒子的能量和强度,但是这种探测器输出脉冲幅度很小,通常要经高倍数放大后,才能被记录。单位时间内输出脉冲的个数正比于单位时间内入射的粒子个数,输出端输出的脉冲幅度的大小正比与入射粒子损失的能量;另一种是记录大量粒子平均效应的累积电离室,主要用于测量 X、γ、β 射线和中子的强度或通量、剂量或剂量率。当入射粒子强度较大且相对稳定时,可以采用累积测量方式(电流电离室,如图 3.3 所示)。

图 3.3　电流电离室

第三区称为正比区,此区间电场强度足以使次级电子加速引起进一步电离,离子对数目将倍增至 $10\sim10^4$ 倍。其此种现象称为气体放大,气体放大系数随电压的增加而增加,但电压固定时,放大倍数恒定,电流强度正比于原初电离的电荷数。正比计数管工作在这个区内。如图 3.4 所示,正比计数管一般采用圆柱形结构,在正比计数管中,原初电离产生的电子向阳极漂移过程中受到强电场的加速作用,以致电子在两次碰撞的过程中获得的动能足以使介质气体的原子分子产生新的电离,当电子产生的地点向中心阳极丝漂移的过程中,电子越接近阳极,电场越强,电子在电场中获得的能量越大,电子引起的再电离离子也就越多,次级电离又产生更多的电子和正离子,这种电离不断增殖的过程就是电子雪崩或称为气体放大。正比计数管既可以测量入射粒子的能量又可以测量入射粒子的数目。

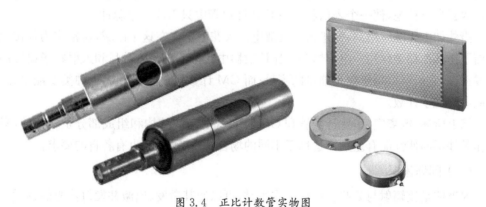

图 3.4　正比计数管实物图

第四区为有限正比区,电压继续增加,存在光反馈与表面二次电子发射,气体放大系数不是一个恒定值,而与原初电离有关,通常不作为探测器的工作区。

第五区电子倍增现象更突出,电流猛增并形成自激放电,电流强度不再与原初电离有关。只要入射离子在探测器的灵敏体积中产生一对电子正离子对,就会引起放电,并引起脉冲。此时,称为 GM 区或盖革区。GM 计数管(见图 3.5),因其发明者盖革和米勒而得名,其形状有钟罩形和圆柱形。管子中心丝为阳极,阴极外壳一般有金属和导电涂层玻璃两种。工作电压比较高,阳极丝附近具有非常强的电场,只要有电子出现,电子在电场作用下向阳极漂移过程中获得越来越大的能量,引起气体分子雪崩式电离,由于空间电荷效应,阳极附近的电场变弱,不能再次引起雪崩,正离子鞘在电场的作用下向阴极漂移,在输出回路形成脉冲信号,其脉冲幅度取决于正离子鞘的总电荷,与原初电离无关。因此,GM 计数管只能用于射线强度的测量而不能用于射线能量的测量。

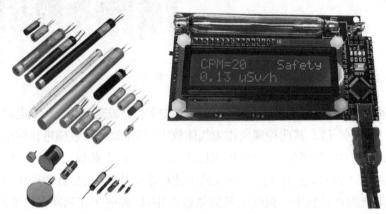

图 3.5　GM 计数管与 GM 管探测器

正离子鞘向阴极漂移过程中,当阳极附近的电场恢复到一定值时,则又具备了雪崩式电离的条件,正离子在阴极上打出的电子又可以引起再次电离(自持放电),这样一个入射粒子就会引起计数管连续不断的放电,无法达到计数的目的。为此,一次放电后必须设法使它终止,这就叫做猝熄,方法是在工作气体中加入少量的猝熄气体(通常为卤素气体),使计数器自行猝熄,使一个入射粒子在 GM 计数管中只引起一个脉冲。

当外加电压继续增高,便进入连续放电。火花室工作在这个区域,通常作为径迹探测器而不作其他探测使用。电离器和正比计数器中产生的离子对数目和入射粒子损失的能量成正比,它们可以用于粒子能量的测量;而 GM 计数管的输出和离子种类及能量无关,只能用于粒子计数。

综上所述,电离室、正比计数管和 GM 计数管的基本结构和组成部分是相似的,只是工作条件不同使性能有差别而适用于不同的场合,并在设计上也有各自的要求。

(二) 闪烁体探测器

闪烁体是核辐射与某些物质相互作用时,可以使其激发、退激并发射荧光的物质。核辐射进入闪烁体,使闪烁体分子电离和激发,退激产生大量荧光光子,荧光光子通过光导打到光电倍增管的光阴极上。光电倍增管是一个电真空器件,它可以使光子通过光电效应转换成光电子,并在光电倍增管中加速、聚焦、倍增,大量的电子会在阳极负载上建立起足够大的电脉冲信号,得到的脉冲信号再经过前置放大器和线性脉冲放大器输出到多道脉冲幅度分析器中进行记录和分析。闪烁体探测器结构图如图 3.6 所示。

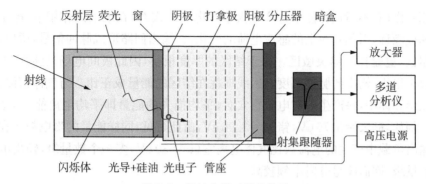

图 3.6 闪烁体探测器结构图

闪烁探测器(见图 3.7)主要包含闪烁体、光导和光电倍增管 3 部分,通常安装在一起,被称为探头。常用的闪烁体按照其化学性质可分为无机和有机闪烁体两大类。按照物理性质可分为气体、液体和固体闪烁体。

图 3.7 闪烁体探测器实物图

NaI(TL)闪烁体是最常用的无机闪烁体,其密度较大,碘原子序数($Z=53$)较高,所以对 γ 射线的探测效率高,由于发光效率较高,价格便宜、尺寸较大,用来测量 γ 射线的能量和强度,但极易潮解,常用于干燥环境下的辐射探测。ZnS(Ag)闪烁体发光效率极高,对重带电粒子的阻止本领很大,Zns(Ag)闪烁体涂层对 α 粒子的探测效率几乎可达 100%。但是对 γ 射线不灵敏,所以很适合于在 γ 场中测量带电粒子。但由于 ZnS(Ag)是半透明的,有严重的自吸收,因此只能用于测量 α 粒子以及 β 粒子的强度,而不能用于测量 α 粒子的能量。锂玻璃闪烁体[$LiO_2 \cdot 2SiO_2$(Ce)]密度为 2.31 g/cm³,天然锂制成的闪烁体可作 γ 和 β 射线强度测量,通常使用丰度 90% 以上的⁶Li 制成的锂玻璃进行中子测量。

有机闪烁体是将发光物质溶于有机基体或有机溶剂而制成的,材料加工简单、尺寸较大,闪烁荧光时间较短,探测效率较高,在测量中子、γ 射线与带电粒子中应用较广。

(三) 半导体探测器

半导体探测器实际上是一种固体探测器,在 PN 结区载流子很少,形成耗尽区,电阻率很高(10^{10} Ω · cm)。当加上反向电压后,电势差几乎完全降落在结区,形成一个高电场区,几乎没有电流流过。此时,结区相当于电离室介质,当带电离子射入结区后,通过与原子发生相互作用,不断损耗能量并产生大量的电子空穴对,在电场的作用下,电子和空穴分别向两极漂移,引起两极上的感应电荷的变化,在输出回路形成脉冲信号,所以,结区也称为耗尽区,更是探测器灵敏区。由于结区的厚度很小,因此极间电场足够强,电子和空穴的符合率很小,输出的脉冲幅度与射线损耗在结区的能量成正比。与气体探测器类似,核辐射在半导体中,每产生一对电子空穴对,平均损失的能量即平均电离能 w,也有一定的数值。例如,硅 $w=3.76\,\mathrm{eV}$,锗 $w=2.96\,\mathrm{eV}$,由此可见,同样能量的带电粒子在半导体探测器输出负载中产生的电荷数比气体电离室($w=30\,\mathrm{eV}$)多一个数量级,输出电压脉冲大一个数量级,因而能量分辨本领较高。

主要使用的半导体探测器有两类,一类是面垒型探测器。面垒型探测器是在 N 型硅单晶片上,蒸涂一层极薄的纯金层,当空气中的氧穿过金渗入硅中,可形成 P 型硅,在硅表面形成 PN 结,即势垒区。由于面垒探测器的有效结区厚度较薄,所以只适合于测量电离本领较强,而穿透力较差的一类粒子。但其能量分辨率较高,因此用于测量 α 粒子的计数和能谱。另一类是体探测器,如 CZT 碲锌镉探测器、高纯锗(HPGe)半导体探测器,同轴型 HPGe 探测器的灵敏体积可达到 $400\,\mathrm{cm^3}$。为了减小反向电流,降低噪声,提高探测器的能量分辨率,一般在使用时将高纯锗探测器和导热棒(冷指)连在一起,并将导热棒插入温度为 77 K 的液氮罐内。现有高纯锗探测器可以满足能量低于 10 MeV 的 γ 能谱的测量。三种半导体探测器如图 3.8 所示。

图 3.8　三种半导体探测器实物图

半导体探测器也有许多缺点,例如抗辐射本领差。辐照会在半导体内产生缺陷,影响性能,特别是用于重粒子测量的半导体探测器,几次实验就可能被损坏;半导体探测器的温度效应大,要达到能量分辨本领有时要在低温下(液氮温度)工作,使用成本高,有些野外场合很难满足使用条件。半导体探测器分辨率如表 3.2 所示。

表 3.2　半导体探测器分辨率

放　射　源	探　测　器	能量分辨率/%
$^{241}\mathrm{Am}-\alpha(5.486\,\mathrm{MeV})$	Si(Au)面垒半导体探测器	约 0.2
$^{60}\mathrm{Co}-\gamma(1.33\,\mathrm{MeV})$	Ge(Li)半导体探测器	约 1
$^{55}\mathrm{Fe}-\mathrm{X}(5.9\,\mathrm{keV})$	Si(Li)半导体探测器	约 3

(四) 其他种类探测器

1. 中子探测器

由于中子不带电,中子不能和物质中的电子发生相互作用而引起电离,只与原子核相互作用。中子探测器只能依靠中子与原子核相互作用产生的核反应、核反冲、核裂变和活化等次级带电粒子来测量中子。核反应类探测器利用中子和 B-10 发生核反应产生的 α 粒子和 Li-7 在正比计数器产生的电离效应来达到探测中子的目的,主要用于热中子和慢中子的测量,若探测器外有慢化剂,也可以用来探测快中子,如图 3.9 所示。核裂变类中子探测器是在电极上涂裂变物质 U-235,利用中子轰击 U-235 产生裂变,记录裂变碎片在电离室产生的电流来探测中子,一般用于核反应堆控制。核反冲类中子探测器通常使用有机闪烁体,中子与有机闪烁体发生散射碰撞出质子,通过探测质子来推算中子强度。活化类中子探测器是通过中子与靶物质发生核反应,然后探测被活化的靶物质来推算中子强度,通常活化类中子探测器是累积效果,是中子离线分析设备。

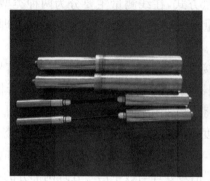

图 3.9　He-3 计数管与塑料闪烁体实物图

2. 热释光探测器

热释光探测器是利用某些陶瓷晶体能够将辐射能量保存下来,当满足退激条件时,可将储存的能量放出,从而测量辐射累积剂量的一种测量方法。其测量本质是晶体物质的电子能级分属两种能带:满带(处于基态已被电子占满的容许能带)和导带(没有电子填入或尚未填满的容许能带)。禁带隔开了满带和导带(有一定宽度)。由于杂质原子以及原子或离子的缺位和结构错位形成局部电荷中心,没有辐照前,电子陷阱是空着的,而激活能级是填满电子的。辐射晶体后产生电离激发,满带中电子进入导带,产生空穴,因为低能级较稳定,进入导带的电子落入电子陷阱形成 F 中心,空穴移入激活中心形成 H 中心。使得辐射能量在常温下可储存很久。通过加热,当温度达到一定值,F 中心的电子又进入导带,最终与 H 中心的空穴复合,发出荧光,称为热释光(TL),然后通过光聚焦系统将光聚焦于光电倍增管的光阴极,从光阴极上打出光电子,通过打拿极将电子倍增,最后在阳极输出信号。与其相似的还有荧光玻璃探测器,只是退激条件是通过光激发,将材料中储存的能量释放,这类探测器无法进行实时放射性测量,只是测量辐射的累积值。热释光材料如图 3.10 所示。

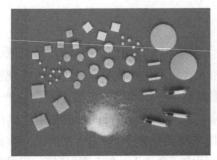

图 3.10　热释光材料实物图

三、通用放射性测量系统的主要应用

(一) 通用放射性测量系统的组成

在环境监测中,通常使用在线放射性测量方式,在线测量主要分为两种类型,一类是确定射线能量,另一类是确定射线强度。测量系统通常包括模拟信号获取和处理模块,模数变换模块以及数据获取和处理模块三部分。

其中模拟信号的获取和处理部分,就是接收核辐射探测器传来的各种电信号。经过放大、成形等处理,尽可能不失真地保持探测器输出信号所携带的核信息,或者模拟原有信息的特点,剔除干扰,抑制噪声,去伪存真,获取有用的信号。

随着数学算法的发展,为了提高测量精度,在核信号处理时可将信号进行数字化,由模数变换部分将有用的模拟信号变成数字量,然后再通过数据获取与处理完成信号分析。一个优异的放射性测量系统一定是结合了模拟信号处理与数字信号处理两部分的系统。模拟信号获取和处理部分包含的器件有前置放大器、模拟主放大器、单道分析器、定标器与计数率计。模数变换与数字获取和处理部分包含的器件有,数字主放大器、数字多道分析器。

1. 前置放大器

前置放大器(见图 3.11)通常紧挨探头,体积较小,便于与探头联合使用,它的作用是将探测器输出的电荷收集起来,放大并转换成适用于后续设备分析的信号,由于探测器输出信号的幅度很小,前置放大器既要降低输出信号在传递过程中所受的噪声和外界干扰的影响,对信号作初步放大,又要能准确地保留粒子的能量信息与时间信息。

图 3.11　前置放大器实物图

2. 主放大器

主放大器是相对于前置放大器而言的,它将前置放大器的输出信号进一步放大,达到

便于测量的程度,并进行信号成形,有利于精确测量和分析。模拟主放大器(见图 3.12)是使用电容、电阻等元件搭建的信号变换电路,数字主放大器是通过"Z 变换"的数学算法进行数据处理。主放大器的放大倍数可调,以给出合适的信号幅度。在高计数率时,为了减少信号堆积,要求输出较窄的信号宽度,所以设有参数可调的滤波成形电路。为了解决高计数率工作时的基线偏移和信号堆积,加入了基线恢复和堆积拒绝电路。此外,主放大器要有较好的稳定性和线性,以保证系统有较好的能量分辨率和能量刻度线性。

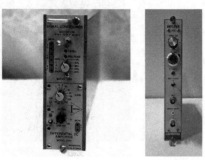

图 3.12　主放大器实物图

3. 单道分析器

单道脉冲幅度分析器(见图 3.13)只对电压符合要求的脉冲进行记录,设备要求只有输入脉冲幅度落入给定的电压范围之内,才输出逻辑脉冲。单道分析器主要由甄别器、门电路以及延时电路构成,前端通常连接模拟主放大器,后端通常连接定标器或是触发电路。

图 3.13　单道分析器实物图

4. 定标器与计数率计

为了保证测量的准确性和精度,定标器一般都具有自动操作和自动控制等功能,能够精确记录任意选定时间内的脉冲计数,可直接显示或输出测量结果,如图 3.14(a)所示。它包括输入级、计数电路、定时电路和控制电路等部分。定标器的输入部分通常设有倒相、缓冲器和脉冲幅度甄别器,它的作用是把输入脉冲成形为能触发计数电路的脉冲,并剔除小的干扰信号和噪声脉冲。计数率计又称率表,能直接指示输入脉冲的计数率,如图 3.14(b)所示,在核辐射测量中,有时需要知道的不是输入脉冲的绝对数目,而是计数率。定标器可以直接记录输入的脉冲数,同时精确测量计数的时间间隔,也能获得一定时间间隔的平均计数率。但是,定标器的间断式测量不能代替计数率计的功能。计数率计的直接测量特别重要,它能连续测量辐射强度,直接指示计数率的变化。计数率计可分为模拟式和数字式,前者的输出给出正比于输入脉冲计数率的模拟电压或电流信号,后者则给出正比于输入脉冲计数率的数字脉冲。

(a)　　　　　　　　　　　　　(b)

图 3.14　定标器与计数率计实物图

(a) 定标器　(b) 计数率计

5. 多道分析器

脉冲幅度分析是多道分析器(见图 3.15)最主要的测量功能,它是用一个模拟数字转换器(Analog-to-Digital Converter,ADC),测量一个输入端脉冲信号幅度谱。被分析的输入脉冲由 ADC 变换成二进制数字,在变换期间,输入端被封锁,以避免下一个输入信号的干扰。变换结束时,ADC 向主机发出"存"请求,主机响应后即由控制器发出取址信号;把 ADC 输出的地址码送到存储器的地址寄存器,接着控制器发出"读"命令,按道址将存储器中该道已有的存数读出,放到数据运算寄存器上,同时计数加 1。

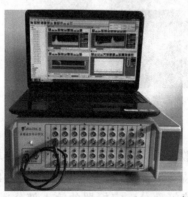

图 3.15　多道分析器实物图

(二) 通用放射性测量系统的连接关系

1. 射线能量测量系统的搭建

核探测与电子学系统实现了对各种信号的处理,可按信号获取顺序画出系统组成的方框图,其中用于能量测量,从探测器输出幅度和能量成正比的信号,经过前置放大器初步放大再经过主放大器进行脉冲成形,最后通过多道分析器加以分析和记录,如图 3.16 所示。

图 3.16　射线能量测量系统搭建框图

2. 射线强度测量系统的搭建

其用于强度式剂量测量,在实际应用时,探测器输出幅度和能量成正比的信号,经过前置放大器初步放大再经过主放大器进行脉冲成形,最后通过单道分析器与定标器进行记录,如图 3.17 所示。核电子学系统不是固定组成,而是根据测量要求,组成各类所需要的测量系统。

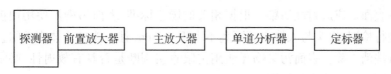

图 3.17　射线强度测量系统搭建框图

3. 低活度测量系统(见图 3.18)的搭建

在日常工作中,例如科学实验、辐射防护、环境监测等方面,常常碰到样品放射性极其微弱的情况,其放射性常常低于 10 Bq/kg 量级。因此,在测量时希望采取一些特殊的措施。如果测量装置的探测效率为 50%,则每分钟每克样品将只能给出一个计数。这将与本底计数率是同样的水平,甚至更低,在这类样品测量中常常受到非样品引起计数的干扰。这些干扰是各种因素引起的本底计数,本底计数主要来自周围环境中的放射性、探测器本身的放射性、宇宙射线、电子设备引起的假计数等。对于宇宙射线的软成分和周围环境 γ 辐射本底,通常可采用物质屏蔽,常用的屏蔽材料为混凝土、铅、不锈钢、铸铁等。

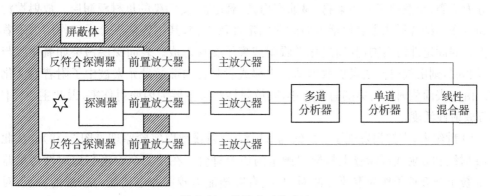

图 3.18　低活度测量系统

宇宙射线中的硬成分对本底的贡献无法用物质屏蔽消除,对此可用反符合的办法解决。在主探测器周围安放一组探测器,测量的样品对齐主探测器。宇宙射线进入主探测器前,必先穿过屏蔽探测器。因此,两组探测器同时有信号输出。而样品发出的射线,能量较低,穿透本领较差,不可能到达屏蔽探测器。所以只有主探测器给出信号,把两个探测器的信号同时送到反符合线路中去,就可以使宇宙射线引起的本底不予记录,而只记录样品的计数。因此,屏蔽探测器也常称为反符合屏蔽或反符合环。

第二节　表面沾污测量仪

一、表面活度浓度

表面污染物主要来源于放射性矿业加工、放射性事故、反应堆核设施。矿业加工与放射性事故均会产生大量粉尘,这些粉尘会成为表面放射性污染的源头。这些污染物附着在人或物体表面形成放射性沾染。根据相关的国家标准,表面污染需使用便携式表面污染检测仪进行检测,探头与人体表面距离不大于 0.5 cm 且不能贴于体表,通过擦拭、冲洗等方式进行洗消去除。表面污染物无法用肉眼直接判断是否具有放射性,必须使用仪器通过非接触测量的方式进行检测。

在核设施中,放射性污染物是由多种渠道产生的,主要总结为以下几种:①核反应堆中的堆芯部位在被活化之后,会容易腐蚀,从而导致脱落,掉在了与冷却剂接触的部位;②冷却剂中很容易有杂质,而这些杂质会被中子活化,进而沉积在管道的表面;③一回路中腐蚀后的产物也会被中子活化沉积在管道表面;④核燃料元件表面存在容易被中子活化的元素,然后产生了放射性核素,进而沉积在管道表面;⑤核燃料组件还存在被损坏的可能,使得里面的超铀元素以及放射性物质的裂变产物泄漏,这些物质会进入冷却剂中,而且会停留在和冷却剂接触的地方;⑥在管理、储存以及操作放射性物质时,有发生泄漏事故的可能,这种事件也会造成放射性污染。

如果不从来源进行分类而从污染物表面纵向深度进行划分,则放射性核素污染层可以分为 4 类:松散的表面污染物、腐蚀产物膜、氧化膜、受污染的母材浸润层。放射性污染物和表面的结合形式主要包括表面的非固定性污染物,其主要依靠分子间作用力附着在表面。弱固定性污染物,其通过化学吸附或离子交换形成。表面深层污染如氧化膜与母材浸润层,则由放射性核素扩散到基材内部或者基材内部微量元素被中子附着而活化所致。由于表面放射性污染的总量较小,其放射性污染主要为内照射伤害,因此主要评估 α 与 β 放射性活度。

19 世纪末,卢瑟福发现了 α 射线与 β 射线(α 射线散射实验原理见图 3.19)。从此之后,α 射线和 β 射线逐渐登上核辐射测量的历史舞台。在核安全设施与放射性污染监测中,α 粒子与 β 粒子作为重要监测对象,具有穿透能力较弱和电离能力较强的特点,对体内组织破坏能力较大,严重威胁着人体健康。为进一步加强核安全监管,减少核辐射给人体健康带来的危害,实现高效准确地测量物体表面或周围环境的α粒子和β粒子,具有重要意义。

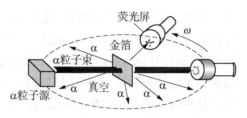

图 3.19 卢瑟福 α 射线散射实验原理

在放射性物质使用场所,工作人员需要判定工作环境是否被放射性物质污染。表面污染测量仪就是这样一种专门用来检测工作台面、地板、人体表面、衣服表面等受污染情况的仪器。由于α射线与β射线的穿透性较差,只有附着于物体表面的放射性物质所发出的α射线与β射线能够进入探测器内部,非表面的放射性物质所发出的射线则被自吸收所消耗。因此,表面沾污测量仪主要针对物质所发射的α与β射线进行测量。

表面活度浓度是表示单位表面积上的放射性活度,单位是 Bq/m^2,可用来表征α与β放射源表面出射量的大小,也用来衡量物体表面沾污严重程度。α、β放射源与γ放射源表征方式不一样,活度大辐射到环境的射线并不一定强,只有表层的射线能够出射,因此采用表面活度浓度来表征对外界环境的影响。

表面污染监测主要有两种方式:直接测量与间接测量,在测量面积大且表面规则时,采用直接测量的方式进行测量,但是在测量样品表面积较小或是测量表面不规则时则只能采用间接测量方式进行测量。

二、表面污染探测器的仪器结构

(一)复合闪烁体结构

通常使用的表面沾污仪以便携式与手持式为主,复合闪烁体探测器的闪烁体由对α粒子敏感和对β粒子敏感的两种闪烁物质叠合在一起组成,可以同时测量α、β射线,其结构如图 3.20 所示。表面污染仪通常采用镀 ZnS(Ag)的塑料闪烁体探测器。

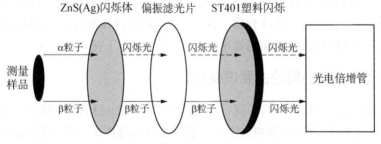

图 3.20 复合闪烁体结构示意图

ZnS(Ag)闪烁体是一种无机闪烁体,是用超纯的硫化锌基质,掺入微量银粒子,经高温烧结而成的一种多晶粉末,自身透明度较差,通常制备成薄层闪烁体。因其对重带电粒子的阻止本领较大,对电子和γ辐射极不灵敏,故常用作在β、γ辐射本底场中探测 α 等重带电粒子的闪烁探测材料。若α粒子直接照射至 ZnS(Ag)闪烁体上,对α探测效率可达100%。探测β粒子通常用塑料闪烁体,其材料透明度高,光传输性能好,容易制备与加工。因为 α 射线穿透能力较差,几乎 100% 被 ZnS(Ag) 所吸收,且塑料闪烁体对 γ 射线的探测效率低,故可用来探测 α、β 混合污染环境中的 β 射线。α、β 粒子作用于复合闪烁体探测器,分别与复合闪烁体中对其敏感的闪烁物质发生作用,产生不同的光脉冲,经光电倍增管输出电脉冲信号,再经信号处理将其甄别为 α 信号和 β 信号,实现对 α、β 射线的探测。这种闪烁体对 γ 射线不灵敏,其中的塑料闪烁体标准厚度是 0.25 mm。

(二) 正比计数器结构

多丝正比计数器(见图 3.21)是厚源法通常使用的辐射探测器,这种探测器是从正比计数器衍生而来的,具有探测效率高、时间分辨率高、计数率高等优点。为了获得较大的探测面积,人们希望能制成一个室内含有多根阴极丝的探测器。根据距离阳极丝的远近把多丝静电场分成 4 块:空间电荷区域、雪崩区域、变化电场漂移区域和恒定电场漂移区域。

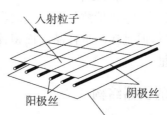
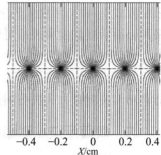

入射粒子

阳极丝　　　　　　阴极丝

图 3.21　多丝正比计数器示意图

其工作原理如下:在多丝正比室里,当入射粒子在多丝室中引发了气体的电离后,电离出的电子通过恒定和可变电场,在高压的作用下来到雪崩区域,电场突然变大,使得电子雪崩放大,雪崩产生在阳极丝表面的很小地域,雪崩产生的众多离子继续在电场的作用下运动从而在阳极丝上感应有脉冲信号,若是仅使用对负极性脉冲敏感的放大器,这样每根丝都能够像一个独立的正比计数器一样起作用,其敏感探测区域局限在两根丝距离的二分之一。多丝正比计数器的探测效率极高,在理想情况下接近 100%。

三、表面污染探测器的主要识别算法

根据输出的 α、β 信号特点的不同,可以甄别 α 脉冲和 β 脉冲,所用的信号甄别方法可以大致分为幅度甄别、波形甄别两大类。本节以复合闪烁体探测器为例,分析 α、β 脉冲甄别方法。

复合闪烁体探测器输出的 α 和 β 信号如图 3.22 所示,α 信号幅值在 100 mV～3 V 之间,下降沿坡度较缓,无尖峰,有拖尾。β 信号幅值在 20～400 mV 之间,下降时间较短,下降沿陡峭,无拖尾。

(一) 幅度法

α 射线能量大多在 MeV 以上,β 射线能量大多在 keV 左右,在能谱中脉冲信号上 α

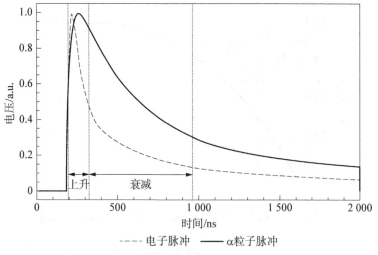

图 3.22　α信号与β信号波形对比

射线产生的信号幅度较β射线产生的信号幅度一般要大很多。幅度甄别即是利用α、β信号之间的幅度差别来区分两种信号，是最简单也是最常见的甄别手段。α、β脉冲的幅度与α、β射线的能量成正比。对α衰变、β衰变放出射线的能量进行分析，α衰变放出的α射线能量分立、不连续，集中在某个范围内。β衰变放出的β射线能量不固定，可以是从零到某一最大值之间的任意值，能量谱连续。同时对α、β射线进行探测时，β射线的连续能量谱会与α射线的不连续能量谱出现能谱重叠的部分，故α、β脉冲的幅度谱也会存在一定程度的混叠。

但由于复合闪烁体不能进行能量区分，所以会出现上述混叠的原因可能是因为空气层吸收和粒子射入方向的影响，使得α粒子能量有所降低，再加上电子学的干扰，于是就出现了部分α粒子谱拖尾，以至于和β粒子谱重叠。

（二）脉冲甄别法

脉冲甄别是指对信号的宽度、上升时间、积分面积等形态参数进行计算，通过甄别算法实现信号甄别。常用的甄别算法主要有3种：脉冲宽度甄别法、电荷比较法、积分滤波法。

（1）上升时间法（原理见图3.23）。上升时间法是最常用的脉冲宽度甄别方法。闪烁体探测器输出的电流脉冲的前沿由光电倍增管电子渡越时间的展宽决定，后沿由闪烁体的闪烁衰减时间决定。因为α、β信号在输出脉冲宽度上差别较大，脉冲宽度甄别方法就是利用这一特点对其进行甄别。

由于α和β射线在灵敏体积中引起的荧光不同粒子在闪烁体中的发光衰减曲线的快、慢成分不同，光电倍增管输出的脉冲上升时间必定有所差异。上升时间法将这种脉冲上升时间的差异变成了脉冲幅度差异，它是由时间幅度变换器来实现的。光电倍增管输出的信号经基线恢复器分两路分别进入下恒比定时甄别器和上恒比定时甄别器。基线恢

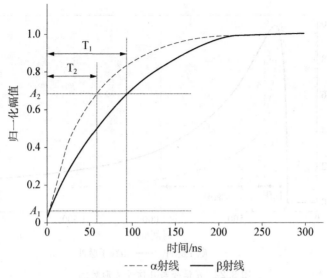

图 3.23　脉冲上升时间法原理图

注:A_1,A_2 是触发下阈值与上阈值后的触发信号。

复器用来消除基线漂移的影响,以提高测量精度。上、下恒比定时甄别器输出触发信号 A_1 和 A_2,通过时幅转换将 A_1 和 A_2 之间的时间间隔转换成幅值信号,幅值经多道分析器输出。所以输出脉冲的幅度与输入信号的上升时间大小成正比,通过比较脉冲的幅度就可以甄别 α 射线和 β 射线。

(2) 电荷比较法(原理见图 3.24)。复合闪烁体探测器输出的脉冲包含快成分和慢成分,所以在光电倍增管输出回路的电容上积累的电荷也由快成分和慢成分组成。不同核信号的快成分和慢成分之比不同,因此可以通过比较这个参数来甄别核信号,这称为电荷比较法,又称分段比较法。

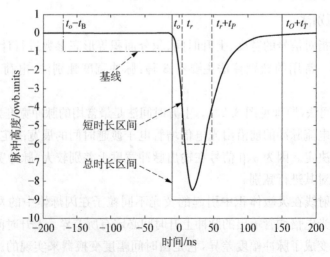

图 3.24　电荷比较法原理图

上升时间法需要粒子甄别用的专用仪器。专用仪器不仅使电子线路非常复杂,而且价格十分昂贵。电荷比较法则是适用于大型实验的更经济、方便的好方法。由于中子和γ射线产生的光脉冲的快、慢成分比例不同,因此它们相应于快成分或慢成分的电荷与总电荷之比亦有差异。慢成分电荷或快成分电荷和总电荷是通过开门脉冲来得到的。电荷数字转换器将慢成分电荷或快成分电荷与总电荷转换成数字,用计算机数据获取系统记录下来。因此可以通过比较不同带电粒子形成电荷脉冲的比值的差异来鉴别带电粒子。

(3) 滤波法。α信号幅值较大,宽度较宽;β信号幅值较小,宽度较窄,两者在幅度域和频率域都有不同程度的混叠,如图 3.25 所示。对其分别做积分,得到的结果就是 α 信号幅值和宽度进一步变大,且 β 信号幅值和宽度进一步变小。选取合适的积分电路参数,便可以让两种信号获得更好的区分度,甚至做到直接将混合信号中的 β 信号滤除。频域变换由于在低频部分有较高的频率分辨率和较低的时间分辨率,而在高频部分具有较高的时间分辨率和较低的频率分辨率,由于闪烁探测器输出的脉冲是非平稳信号,利用频域变换就能很好地在频域中提取信号的特征,大大提高了算法的抗噪声能力。该方法是通过提取信号(在经傅里叶变换后)的零频成分和基频成分的差异来进行 α、β 射线甄别的,结合了频域对噪声不敏感以及时域 PGA 方法的特征,对信号不做降噪处理。

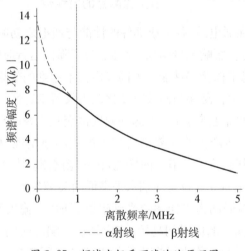

图 3.25　频域坐标系下滤波法原理图

四、表面污染探测器的性能指标

探测器的介绍或探测器说明书中均会提到探测器的性能指标,这些指标的高低决定着探测器的应用范围,本部分将介绍 7 个性能指标及其对探测性能的影响。

(1) 探测窗面积。探测窗面积就是射线能够进入探测器而产生信号的面积,表面污染探测器根据测量需求不同,探测窗的面积也不同,为了不阻挡粒子的进入,表面污染探测器的探测窗通常比较薄。如果是进行人体表面或货物表面放射性探测,通常探测窗的面积比较大;如果是手持式的表面污染监测仪,探测面积通常较小。

（2）保护网格遮挡率。由于被探测物品形状不确定，为防止探测窗被探测对象损坏，通常在探测窗前面增加保护网，保护网为钢结构，只起保护作用，无法进行探测响应，而且会阻挡 α 与 β 粒子进入探测窗，因此保护网的遮挡率将严重影响探测效率。一般情况下保护网格遮挡率为 20%～30%。

（3）探测下限。探测下限一般指满足置信度 95%，在环境本底的辐射条件下，指一定测量时间内对某种核素最小探测活度。探测下限的决定条件分为 3 个：第一个是环境本底，如果本底干扰较大，则探测下限也会相应提高；第二个是探测时间，探测时间越长探测下限也相应降低；第三个是核素种类，探测器对不同种类的核素探测效率不同。在满足最小探测活度的条件后，探测器识别不到放射性的概率较小（小于 5%），因此探测下限决定了探测器在一定条件下的放射性判别能力。

（4）探测效率。探测效率一般指一种探测器对特定种类与能量的射线的探测概率。探测效率有多种表达方式，有绝对探测效率、本征探测效率、相对探测效率，但是在仪器介绍中所涉及的探测效率通常为本征探测效率。本征探测效率对放射源的几何关系影响较小，表示的是探测器本身的探测能力，其计算公式为：

$$本征探测效率 = \frac{被仪器记录的计数}{入射至探测器的射线数} \times 100\%。$$

（5）稳定性。仪器在通电后，各组成部件的性能与通电之初略有不同，而且随着运行时间的不同，设备温度也会影响测量结果。因此，为了降低运行时间与外界温度对仪器的影响，需采用一些技术稳定探测器性能。不同稳定技术达到的效果不同，通常让探测器连续运行 24 h，在运行过程中各路探测器效率变化定为仪器稳定性。

（6）串道比。α 脉冲幅度谱分布与 β 脉冲幅度谱交互重叠的现象，在测量结果上会导致明显的串道现象。α 射线产生的 α 能谱会产生严重的拖尾现象，因此在能谱测量过程中会出现低能区的 α 射线会进入 β 道。同样地，在 β 能谱测量中 β 射线也会进入 α 道。因此串道比的大小也是衡量对 α、β 粒子甄别水平高低的关键参数。

（7）响应时间。响应时间为当探测器受到辐射照射时，输出测量值所需要的时间或是实时数据更新所用时间。响应时间越短，响应越快。响应时间与探测器的探头性质与算法有直接关系。响应时间不能小于探头信号电路的时间常数，是由于新的信号还没有产生完全，因此还无法响应。响应时间不能太长，否则将大大提高探测下限，缩小探测范围，需要选取合适的响应时间，才能既得到稳定的探测结果，同时也能缩短探测时间。

第三节　空气剂量率监测仪

一、当量剂量与剂量当量

比释动能为国际单位制中的导出量，国际辐射单位和测量委员会（ICRU）对比释动能的定义如下：不带电粒子在单位质量的某一物质中发生相互作用所释放出来的所有次级电子的初始动能总和除以物质质量。比释动能的单位是戈瑞（Gy），1 Gy＝1 J/kg。比释动能描述的是不带电致电离粒子与物质相互作用时，把多少能量传给了带电粒子。比释动能是用来度量不带电致电离粒子与物质作用时，在单位质量的物质中释放出来的带电粒子初始动能总和的一个宏观物理量。不带电致电离粒子与物质作用可以分为以下两个步骤。

不带电致电离粒子使物质产生带电致电离粒子和次级不带电致电离粒子，同时损失能量；第一步产生的带电致电离粒子将能量授予物质。比释动能描述的是第一步的结果，而吸收剂量则为第二步的结果。但是，当带电粒子达到平衡时，比释动能与吸收剂量在这种情况下就可以视为相等。

带电粒子平衡的概念如下：一束不带电粒子穿过 P 点周围一定体积 V 的均匀物质，不带电粒子传给小体积元 ΔV 的能量等于在小体积元内产生的带电粒子和不带电粒子的动能总和。由此，在 ΔV 内产生的带电粒子 A 有些会跑出该体积元，而同时也有一些在外产生的次级带电粒子 B 进入该体积元。这时候，如果进入的带电粒子 B 和离开的带电粒子 A 的总能量相同，我们就称 P 点存在带电粒子平衡，如图 3.26 所示，这部分知识在本书后续部分有更详细的介绍。

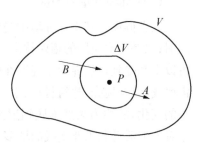

图 3.26 带电粒子平衡示意图

在受到相同的吸收剂量时，由于电离辐射的类型和能量不同，其产生的严重程度有所差异。因此，剂量当量是经过辐射品质因子 Q（辐射品质因子和辐射权重因子在数值上是相等的）修正后的吸收剂量，它仅针对的是人体表面下（或辐射场中）的某一点。剂量当量可以通过实测和计算来定值。放射防护中使用更多的是基于剂量当量而提出的监测实用量，如周围剂量当量、定向剂量当量和个人剂量当量。

当量剂量是反映各种射线或粒子被吸收后引起的生物效应强弱的辐射量，仅用于评价人体某一组织器官受到不同射线照射的情况。当量剂量是经过权重因子修正后的器官剂量（器官或组织整体平均吸收的辐射能量），其作用是评价单个器官或组织在一般性（多种辐射）的照射条件下辐射健康效应的程度，是基本的放射防护量之一。当量剂量的数值是用吸收剂量推算出来的，不可以直接测量。

剂量当量和当量剂量存在定义和用途上的显著不同。剂量当量用于描述辐射场中的某一点（也可能是人体）的照射情况，具体数值可以通过实际测量也可以通过理论计算获得，主要用于辐射防护屏蔽的计算和环境放射性水平的检测。当量剂量则用于人体组织器官受到辐射照射的风险（如非确定性效应）评价，无法通过实测定值，只能在正常工作状态下进行估算。

周围剂量当量 $H^{*}(10)$ 是适用于环境或工作场所的辐射监测实用量，它用于描述强贯穿辐射（入射辐射能量＞15 keV），是场所监测中唯一用于估计剂量当量的依据。国际

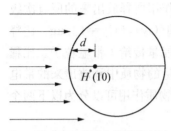

图 3.27　周围剂量当量 $H^*(10)$ 示意图

辐射单位和测量委员会的报告中指出,辐射场内某一点的 $H^*(d)$ 是指:在一齐向扩展辐射场中,球内与该齐向场方向相反的半径上,深度为 d 处的剂量当量。周围剂量当量对于强贯穿辐射的推荐深度 d 为 10 mm,记作 $H^*(10)$,如图 3.27 所示。

目前测量空气吸收剂量率的辐射监测仪的主要类型有:闪烁体剂量率仪、电离室剂量率仪、GM 管个人剂量率仪等。不同类型的探测器适用于不同场合。

二、空气剂量率测量的应用

(一) 环境剂量率测量

人类群体在其生存环境中受到的辐射的来源主要有两种:一是自然环境,即天然辐射照射;二是人类应用的辐射技术。天然辐射照射是指地球上所有的生物体(包括人类)自古以来都受到自然界中始终存在的电离辐射的照射,主要来自宇宙空间和太阳表面的宇宙射线,以及地壳、建筑材料、空气、水中存在的放射性核素。天然辐射随照射时间只有较小的变化,故称为天然本底辐射照射,从总体上说,可以看作是恒定水平的连续照射。但随着人类活动和工业实践的增多,也会引起辐射水平的变化,如房屋的建筑材料和设计情况,可影响室内辐射场。因此,即使周围不存在人类的放射性活动,使用剂量率测量仪也能够测量到数据,测量获得的是环境本底剂量率,环境本底剂量率通常在 $0.1\sim0.3\,\mu\text{Sv}/\text{h}$,实时测量环境剂量率即可得知是否引入新的辐射源。这种环境级的放射性测量通常使用闪烁体剂量率仪或大体积气体探测器,从应用场合来分,可以分为环境级和防护级两种,环境级要求灵敏度高,一般大于 $10^2\,\text{cps}(\mu\text{Sv}/\text{h})$[为 $(\mu\text{Sv}/\text{h})$ 的环境中仪器的每秒计数],由于环境监测剂量率范围要求不高,但需要保证测量精度,因此这类剂量率测量仪通常能够准确测量低剂量率,但是探测上限较低。

(二) 医疗剂量率测量

人类应用电离辐射技术引起的辐射包括医疗照射和职业照射,医疗照射是指因医学诊断和疾病治疗需要而应用射线或放射性核素所造成的辐射照射。人工放射性来源中,医疗照射占有最高比例,医疗照射分为两个部分:第一部分是医学诊断,第二部分是放射性治疗。对病人个人诊断性照射所致的剂量比较低,但治疗性照射肿瘤部位所致的剂量较高。根据国际辐射单位和测量委员会 24 号报告的要求,在放射治疗过程中肿瘤区的剂量与计划剂量误差必须小于 5%。实验剂量测量实际上是使用剂量计测量特定位置的吸收剂量,并将测量结果与计划结果比较。体内剂量测量将剂量计置入患者体内某参考位置处,获取治疗时参考位置处的剂量,这种方法直接对肿瘤及其附近健康组织所受剂量进行高位置分辨的实时监测,是剂量验证最直接、最有效的方法。但是由于人体内环境复杂,对剂量计性能要求较高,故在实际测量时通常使用体模代替患者进行剂量测量。

医用剂量率计测量的剂量场较高,测量下限在 100 mGy/h 以上,而且有的对测量位置精度要求较高,因此医用剂量率计探头尺寸较小,而且呈细长形。医用剂量率通常是电离室最早被用于医用剂量测量的探测器,根据不同的需求,电离室制作成不同的形状和尺寸。在核医学中,一般使用井型电离室测量放射源的空气比释动能率,进行放射源活度的校准。在医学放疗中,使用指型电离室测量点剂量,目前德国培德维公司(PTW Freiburg)制作的指型电离室的位置分辨率可达到 5 mm。此外,光纤剂量计也是常用的医用剂量计。

(三) 工业辐照剂量率测量

工业辐照主要以药品灭菌、食品保鲜、材料改性为目的,要求辐照强度大、范围广、成本低,以期快速、大量、低成本地完成辐照任务。而对于辐照精度、辐射场均匀性、剂量率精度等要求不高,通常采用化学剂量计或量热计为监测手段。化学剂量测量法通过测量射线束能量和电荷量来确定体积中沉积的能量,并假设辐射沉积的能量完全被化学溶液吸收,从而确定 Fe^{3+} 的辐射化学产额,Fe^{3+} 的浓度与溶液中沉积的吸收剂量成正比,再利用辐射化学反应产额以及模拟计算的水吸收剂量转换系数计算出溶液中沉积的吸收剂量,这种剂量率测量方法通常是测几小时内的累积剂量,对实时性要求不高,只是对高累积剂量有大概的测量,单次照射剂量在 $5\sim150\,kGy$ 范围内。

三、空气剂量率的测量方法

(1) $G(E)$ 函数。$G(E)$ 函数不仅与 γ 能谱计数有关,而且与能量也有关,因此不同能量下的计数对于空气吸收剂量率的贡献是不同的,$G(E)$ 函数法就是利用测量获取的 γ 能谱对计数进行加权积分计算得到空气吸收剂量率的测量方法。该方法是使用 γ 谱仪测量标准放射性核素点源,构建函数矩阵方程,再利用最小二乘法或共轭梯度法求解出每道计数的转换系数,便可根据 γ 能谱的计数与能量,计算出对应空气吸收剂量率结果。$G(E)$ 函数法进行空气吸收剂量率计算只与 γ 能谱的能量与计数有关,同时,对 γ 谱仪的刻度方式简单可行,易于操作,因此,使用 $G(E)$ 函数法进行 γ 能谱-剂量的转换计算具有重要的实际意义。

(2) 自由空气电离室剂量率。电离室剂量当量计的主要测量对象是 $0.01\sim10\,MeV$ 能量范围内的 X、γ 射线。电离室剂量当量计由两个有机玻璃半球对接而成,内衬两个薄铝半球,两者紧密对接作为高压极,这样的设计可通过调整内衬铝层的厚度得到满足 ICRU 报告要求的能量响应曲线。其收集极为直径 38 mm,表面镀铝或石墨的空心塑料球,工作气体为自由空气,其内部空腔与大气相通,这使得外界空气的温度、压力的变化都将影响电离室性能的稳定性。灵敏体积一定时,空气密度越大,电离电荷越多,因此在测量时应注意温度的影响。

根据电离室测量电离电荷的工作原理可知,为收集电离电荷,需对电离室施加适当的电压,形成稳定电场,电压可能是正偏压或负偏压,在收集电离室空腔中的电离电荷时,某些正离子和负离子又结合起来,使得收集到的电荷小于射束在空腔内产生的电荷。复合效应主要包括初始复合和一般复合。在同一条带电粒子径迹中所形成的正离子和负离子相遇且复合是初始复合。一般复合发生在来自不同径迹的离子在向它们的收集电极行进途中彼此相遇复合,因此剂量率越大复合率越大,当剂量率较大时需要进行复合修正。

（3）量热法：量热法测量吸收剂量是假定射线通过物质后传递给物质的能量都转变为热量的形式，通过测量量热计的温升给出量热计的吸收剂量。当射线通过物质后，会发生电离、激发、化学能或晶发点阵能量增加等变化，其中不转变为热能的形式的和不能反映为量热计温升的部分称之为热损。照射后量热计吸收体温度变化后还会与周围发生热传递，以及量热计中的其他杂质的影响都会影响量热计的准确测量。理想条件下只要测量物质的比热容和辐照后的温升就能得出该物质的吸收剂量，实际测量时还需要通过实验的手段给出量热计吸收体中的非吸收体材料对温度测量的影响并给出相关的温度测量修正等。

根据测温和隔热的方式不同，可以把量热计分为恒温环境量热计、绝热量热计和准绝热量热计。恒温环境量热计是将吸收体装在恒温的外壳里，这种量热计适合测量短期热过程。绝热量热计是控制外壳和吸收体的温度差为零，吸收体和外壳之间不存在热交换，以减少热损失，但由于不能做到外壳和吸收体之间的绝对温度一致，达不到理想的绝热状态，并且对于热交换所造成的热损失的计算和修正存在一定的困难，无法实现精确的测量。准绝热型量热计综合了上述两种量热计的优点，利用外罩约束外壳的温度，外罩的温度由外部控制。国家计量实验室采用的吸收剂量基准准量热计属于准绝热型量热计，主要的测温方式是通过嵌入量热芯外罩和包壳内的热敏电阻和加热电阻丝使得量热芯处于一个温度恒定的环境中，通过直接测量量热芯的方式给出温度的变化。第二种准绝热型量热计是通过嵌入量热芯外罩、包壳和量热芯中的热敏电阻和加热电阻丝，控制整个量热计处于一个恒定的温度，通过测量电功率给出量热芯的温度变化。

四、剂量率探测器探头的主要类型

（1）闪烁体探测器。闪烁体剂量率仪如图 3.28 所示，该类设备用于环境 γ 辐射监测以及放射源管控监测，该设备能够测量 γ 或 X 射线带来的电离辐射，仪器内置 CsI(Tl) 或 NaI(Tl) 闪烁晶体，测量范围通常在 $0.1\,\mu\mathrm{Sv/h}\sim100\,\mathrm{mSv/h}$，通常作为手持式剂量率仪使用，在测量时有时加入能谱分析系统，在测量剂量率的同时给出核素信息。

图 3.28　便携式闪烁体剂量仪

（2）气体探测器。电离室剂量率仪如图 3.29 所示。此类探测器长久以来一直用于放射治疗中对组织器官辐射量的检测，而且在外照射治疗中，也被广泛用于病人的质控过程，仪器使用电离室探测器为主要探头，室壁材料为有机玻璃（聚甲基丙烯酸甲酯，

PMMA),内层涂石墨,铝用作中心电极,其测量结果能够实时显示,根据选配不同体积探头,测量量程为 $10\,\mu Gy/s\sim 10\,Gy/s$,通常作为台式剂量率仪使用。

图 3.29 电离室剂量率监测仪

(3) 盒式量热计。用于测量吸收剂量的量热计都主要由 3 部分组成:吸收体、隔热包壳、温度测量系统,如图 3.30 所示。吸收体的设计是量热计的最重要组成部分,主要的目的是尽可能准确地测量吸收体内由于放射源的照射引起的温度变化。隔热包壳主要用于吸收体与外部环境的热绝缘,通常由一层或者多层隔热材料组成。温度测量系统主要用来测量吸收体受放射源照射前后的温度变化,用于吸收剂量换算。在辐射加工剂量率测量中一般采用盒式量热计,因为其测量过程中的信号远远大于因为环境温度的影响导致的量热芯温度的变化,因此认为盒式量热计的吸收体和外部环境是绝热的。

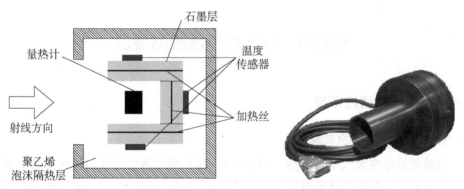

图 3.30 盒式量热计结构与实物图

(4) GM 计数管(见图 3.31)。盖革计数管是实际中最为常用的辐射探测器之一,它具有结构牢固、输出信号幅度大、信号幅度均齐、信噪比高的特点,这些优点使其得到了广泛的应用。在剂量测量中,通过刻度使计数率与剂量率相对应。然而在辐射测量中对于不同能量的 γ 射线,GM 计数管对相同剂量率、不同能量的响应并不是相同的,GM 计数管在低能段约 $200\,keV$ 以下响应偏高。裸管条件下的 GM 计数管在低能区存在一个"鼓包"。利用金属材料包裹计数管的灵敏区以减少低能光子进入 GM 计数管的数目,使射线与管壁材料产生光电子的概率减少,进入灵敏区的光电子数目减少,从而抑制低能区的过响应。

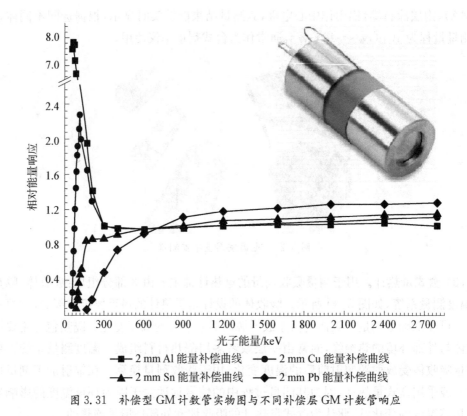

图 3.31　补偿型 GM 计数管实物图与不同补偿层 GM 计数管响应

第四节　放射性气溶胶测量仪

一、气溶胶的活度浓度

(一) 放射性气溶胶的来源

气溶胶是悬浮在大气中的固体或液体微粒,放射性气溶胶是放射性固体或液体微粒悬浮在空气或气体介质中形成的分散体系,气溶胶不稳定,小于 $0.1\ \mu m$ 的微粒在气体中作布朗运动,不因重力作用而沉降,$1\sim10\ \mu m$ 的微粒沉降缓慢,悬浮在空气中较久。放射性气溶胶由天然放射性气溶胶和人工放射性气溶胶组成,大气气溶胶放射性活度能直接反映大气放射性污染情况,在地表大气中含有很多不同天然元素的放射性同位素,其中绝大部分放射性核素被吸附在空气中气溶胶颗粒的表面,形成放射性气溶胶。在核能核技术开发利用过程中,例如放射性矿石开采、加工和精制、核燃料制备、反应堆运行、放射性同位素生产和处理、核燃料化学处理和后处理,以及放射性废物处置等,都会产生放射性气溶胶,使相应工作场所和环境的空气受到放射性气溶胶污染。放射性物质可通过以下几种方式进入大气,从而使环境中气溶胶含有放射性核素:①核与辐射设施在正常运行时,向大气环境排放气态流出物;②大气层核试验、切尔诺贝利和福岛等核事故向大气环境释放大量放射性物质;③地层和建筑物等散逸到空气中的氡,经衰变生成钋、铋、铅等天然放射性子体;④燃煤电厂等向大气环境排放天然放射性物质。

(二) 放射性气溶胶去除天然本底的方法

(1) 能量甄别法:氡、钍子体核素时刻都在产生,也在不断消失,所以在人们的生活环境中始终存在着这种短寿命的氡、钍子体气溶胶。同时,每个环境中氡、钍子体浓度随地理条件、时间和气象参数的变化也在较大范围内变化。因此,在采样测量人工放射性气溶胶时,这些氡、钍子体放射性气溶胶连同人工放射性气溶胶一同被采集到采样滤纸上。如果要及时测量样品中放射性的活度,必然会测到天然氡、钍子体,不采取措施,两者就无法区分开。在一些特殊的环境中,氡、钍子体活度浓度会到达 $10^3 \sim 10^4$ Bq/m³,需要监测的人工 α 放射性气溶胶能量与天然本底氡、钍子体的 α 射线能量是不同的。天然放射性核素的 α 射线能量都在 6 MeV 以上,人工放射性核素都在 4~5.5 MeV 之间。利用这种特性,采用具有能量分辨较高的探测器进行甄别(见图 3.32)。

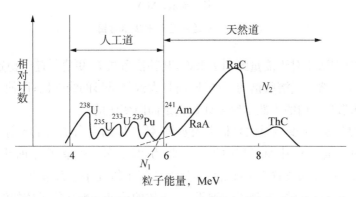

图 3.32 天然放射性气溶胶与人工放射性气溶胶粒子能量分布图

实际应用中,补偿系数 K 值的大小与诸多因素相关,例如测量装置的结构参数、采样条件、测量的环境条件等,因此,要求在工作现场确定仪器的参数,多次测定补偿系数 K 值,求出平均值。

$$K = N_1/N_2 , \tag{3.1}$$

$$N_0 = N - K N_2 , \tag{3.2}$$

式中:K——补偿系数;

N_1——天然放射性串到人工道内的计数;

N_2——天然道的计数;

N_0——修正后的计数。

补偿系数 K 值的涨落是影响能量甄别法灵敏度的主要原因。实验证明,只要设定工作条件不发生变化,补偿系数 K 值就会是比较恒定的数值。双道能量甄别的放射性气溶胶测量装置,其原理是在原有的 2 个阈值上再增加 1 个阈值,这样就有了 3 个阈值。每 2

个甄别阈之间各组成一个 α 计数道,就把总的 α 计数分成了 3 个部分。第 1 道为人工长寿命核素气溶胶的 α 粒子计数道,记为 N;第 2 道为一部分低能天然本底的 α 计数道,记为 N_2;第 3 道为天然本底的高能部分 α 的计数道,这部分计数不会影响人工道计数;由天然本底的"拖尾"到 1 道的计数为 N_1。类似能量甄别法,双道能量甄别法的补偿系数 K 等于天然本底在第 1 道内的计数与在第 2 道内的计数之比(见图 3.33)。

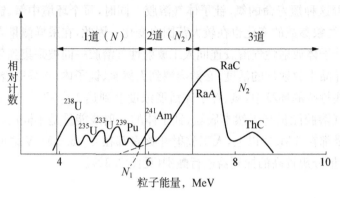

图 3.33　双道能量甄别法示意图

双道能量甄别法相对于能量甄别法来说,其补偿系数 K 更容易趋于稳定,原因是第 1 道与第 2 道处于天然 α 气溶胶谱的下坡处,而且大致是谱形的线性区;即使 α 谱有左右漂移,在第 1 道和第 2 道内的天然本底 α 计数也是同向变化的。

(2)衰变测量法:衰变测量法是根据天然氡、钍子体的寿命比人工放射性核素短得多的现象提出的。氡子体中除 ^{210}Pb 的半衰期为 22 a 外,其余子体的半衰期最长为 26.8 min,把采集的样品放置 7~8 h 后,样品中的氡子体几乎全部衰变掉。对于钍子体,半衰期最长的 Th 为 10.6 h,在通常情况下,钍子体的浓度一般比氡子体的浓度低 1~2 个数量级,因此,在取样后等待 10 h 以上时,取样滤纸上的天然放射性氡、钍子体的总放射性已经降低到初始的 1/1000 以下。但往往所要监测的长寿命人工核素的活度浓度很低,采集到样品中氡、钍子体放射性虽然衰变为原来的 1/1000,但还要比人工核素的活度高。在使用衰变法时,一般要将样品放置 3~4 天后,等氡、钍子体核素全部衰变完再进行测量。

$$C=\frac{n-n_\mathrm{b}}{2.22\times10^{12}Ltk\varepsilon\eta},\eqno(3.3)$$

式中:n 和 n_b——分别是总计数率和本底计数率;

　　　L——气溶胶取样流量;

　　　t——取样时间;

　　　η——取样滤纸的过滤效率;

　　　ε——探测器探测效率;

　　　k——滤纸自吸收系数。

衰变法是测量放射性气溶胶的最简单、最可靠的方法,其灵敏度高、实验设备简单,但衰变法有其最大的缺点,就是不能及时得出测量结果。

二、放射性气溶胶测量仪的主要应用

监测环境中人工放射性气溶胶的方法有两种:取样后实验室分析和现场连续监测。两种方法使用的设备分别如图 3.34、图 3.35 所示。

图 3.34　气溶胶采样器与实验室放射性测量设备实物图　　图 3.35　放射性气溶胶连续监测设备实物图

取样后实验室分析是最常用的监测手段。即在现场使用大流量采样器采集气溶胶样品,然后在实验室进行样品放化处理提纯放射性核素,最后使用能谱仪或质谱仪进行测量。这种方法可以排除其他核素的干扰,测量数据准确可靠,检测限低。取样后实验室分析的具体做法是使用大流量采样器进行连续采样,采集超 10^6 L 空气样品,再通过放化分离后,使用 α 谱仪测量,对 α 气溶胶的探测限可达到 10^{-5} Bq/m³,若采用质谱仪分析探测限约可达 10^{-7} Bq/m³。但此类方法环节多、工作量大、时间长,不能及时提供现场污染情况,实际应用价值很有限。特别在发生严重泄漏的情况下,需要数十小时才可以发现事故,不能及时采取措施防止气溶胶进一步扩散和保护工作人员。

另一种技术手段是现场连续监测。其基本原理是:现场采集气溶胶样品后不经处理,直接进行测量。测量完成后根据人工放射性气溶胶产生的净计数率、采集的空气体积、探测效率计算其浓度。整个过程全部自动完成,并传输监测结果,可以在无人值守的情况下长时间运行;且监测周期短,气溶胶采样、处理、测量等工作可控制 1 h 以内完成,能够及时提供现场人工放射性气溶胶浓度数据。但是这种技术的缺点也很明显:因为采样量少、测量时间短,以及测量过程中受多核素干扰严重,导致对人工放射性气溶胶的监测判断限较高。目前世界上商用的放射性气溶胶连续监测仪在天然环境条件下,监测周期为 1 h,对人工 α 放射性气溶胶的监测判断限约为 0.1~0.5 Bq/m³,但探测精度与探测下限比采样实验室分析差 3 个数量级以上。

三、放射性气溶胶测量仪的组成结构

连续监测仪需要自动完成气溶胶采样和测量,其采样流场一般由大流量气泵与采样气道组成,通过滤纸将气溶胶从气流中分离出来。放射性气溶胶采样的一个很重要的指标是气溶胶采样效率。原理是：使一定体积的空气恒速通过已知质量的滤膜时，悬浮于空气中的颗粒物被阻留在滤膜上，根据滤膜增加的质量和通过滤膜的空气体积，确定空气中总气溶胶活度浓度。采样效率指收集在滤纸上的气溶胶数量与空气中气溶胶总量的比值，其理想值是 100％，但实际上因为气溶胶粒子在管道内的沉积、在滤纸表面的滑脱或采样管路密封性设计缺陷等原因导致采样效率不可能达到 100％。

(一) 大流量气泵

采样泵具备一进一出的抽气嘴、排气嘴各一个，并且在进口处能够持续形成真空或负压，排气嘴处形成微正压，气体采样泵不同于微型真空泵，虽然两者均能产生负压，但从技术角度看二者是有区别的，气体采样泵只能带动小负载，成本较低，质量较轻，真空泵可以带动较大的负载，甚至堵塞也能抽气，但成本较高，质量较大，在选配时应予以注意，利用采样泵和质量流量控制器通常可调整流量的范围是 10～30 L/min。图 3.36 为负载与流量关系图，在负载较大时流量则较小。

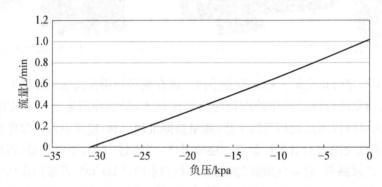

图 3.36　采样泵不同负压下的流量变化曲线

(二) 滤纸及走纸组件

过滤滤材是由有机纤维和无机纤维组成的极薄纤维层。按照纤维原料可分为合成纤维滤纸、玻璃纤维滤纸、石棉滤纸。合成纤维滤纸，是将有机高分子材料喷制成细丝，经滚筒压制成极薄纤维层，纤维层厚度通常在 0.15 mm 左右。玻璃纤维滤纸是以玻璃纤维作原料用纸浆注成纸，其厚度在 0.25 mm。石棉滤纸是以棉花和石棉混料压制成 0.5 mm 左右的薄层。合成纤维滤纸与石棉滤纸的表面收集性能较差，气溶胶沉积分布不均，导致能谱"软化"和从低到高的宽分布。玻璃纤维滤纸的表面收集性能较好，可采集成"薄"的放射源，保持分布较窄的能谱。滤材的纤维直径、薄层结构，气流的比速，气溶胶的粒度和浓度都是决定滤材的阻力和过滤效率的因素。

走纸部件设计的目的是控制滤纸走纸、监测滤纸使用情况等。系统抽取空气利用滤纸附着气溶胶样品的方式来进行气溶胶样品采集，常压测量室完成测量后会移送至真空测量室进行测量，所以对于走纸部件的设计有以下几个关键点：

(1) 由于空气室采样的气溶胶在滤纸上的位置已经确定，所以得保证气溶胶样品精确地移动到真空室探测器正下方，所以提出了滤纸的精确走纸；

（2）滤纸本身为软材质，如果滤纸表面不平整会使气溶胶样品附着不均匀影响探测效率，所以得设计滤纸拉伸即夹紧功能。

主要由主动轮部件、从动轮部件、滤纸导向轮、滤纸长度测量轮组成，如图 3.37 所示。可以实现滤纸走纸、更换滤纸、滤纸长度测量等功能。

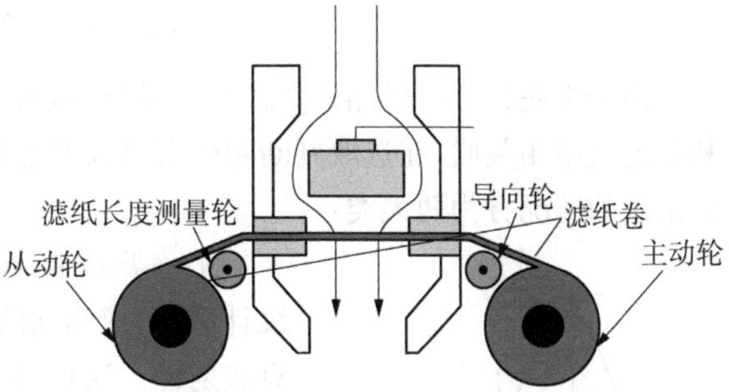

图 3.37　移动式连续气溶胶采样测量系统各零配件组装关系示意图

（三）面垒型探测器

金硅面垒型核辐射探测器是一类非常典型的表面势垒组建而成的 PN 结型探测器。N 型高阻硅片在进行标准化的处理之后它会蒸发沉积厚度较小的金层，在金层和硅晶片表面中间形成表面势垒。在这之后受到反向偏压的影响，势垒区会向外扩展形成探测器的灵敏区。它具有窗薄、线性好、成品率高、操作方便等优点，所以在带电粒子能谱测量、中子通量和能谱测量、粒子鉴别等许多领域都得到了广泛的应用。

离子注入型钝化硅（Passivated Implanted Plannar Silicon，PIPS）半导体探测器是近些年来常用的面垒型探测器。新型 PIPS 探测器是离子掺杂形成的 PN 结型硅半导体探测器，探头尺寸较小，灵敏区较薄，通常在 $300\sim900\,\mu m$，探头对 γ 射线不灵敏，输出脉冲信号快，能量分辨率高，可用于核素识别，非常适合于测量 α 和 β 射线。

以上两种探测器均属于半导体探测器，可以进行能谱探测。还有一种低成本探测器只能进行计数，即薄窗型 GM 管探测器。薄窗型 GM 管在金属阴极上开一个窗，换成很薄的云母，这样有利于 α 或 β 粒子进入灵敏区域。这种类型的计数管，大部分都是圆饼状（或圆筒）阴极，端面为极薄的云母组成。阳极的结构比较复杂，而且对该产品的性能影响很大，一般为一根丝或片状，为了获得好的方向响应和坪特性，阳极丝处于圆柱体轴线位置；为了获得更高的探测效率，会将阳极做成复杂的圆片，这种阳极结构虽然能提高探测效率，但是加工难度较大，工艺控制比较复杂。

四、放射性气溶胶测量仪的判别指标

（一）判别下限

气溶胶监测中，常遇到这样一类问题：测得一次纯样品的计数后，要求判断空气中是否发生了污染，也就是此读数是本底计数的统计涨落引起的，还是样品真正含有的放射性。气溶胶监测中，常常要求一旦发生泄漏事故，仪器就应及时报警，此时如何选定报警阈值是监测过程中的重要问题。为了解决这一类问题，从而引入最低判断限这一概念，它是一条分界线。在正常的环境中，存在一定的本底计数和仪器噪声计数，这些计数并不是一个定值，而是服从高斯分布的随机变量。要测知一个样品是否含有放射性总是要进行两次测量，先测一次有样品时的计数率 N_0，再测量一次无样品时的计数率 N_b，即所谓成对测量，两次计数之差 N_a 即为净计数。

$$N_a = N_0 - N_b。 \tag{3.4}$$

由于本底计数与样品计数都是随机分布,因此通常判断限的选取,跟测到的净计数判断限的概率相关联,在选取判断限做有无放射性的判断时,有判断错误的风险。可以把发生错误的情况分为两大类:

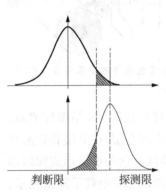

图 3.38　判别限的选取示意图

第一类差错,样品中实际上没有放射性,但由于计数的统计涨落,使测到的计数大于判断限,以致于误认为样品中有放射性。这种错误称为第一类差错,如图 3.38 中阴影部分面积所示;

第二类差错,样品中实际上有放射性,由于本底的统计涨落,测到的计数小于探测限,以致于误认为样品中不含有放射性,这类差错称为第二类差错。

根据出现第一类差错概率的大小,可以定出判断限的大小。不能简单地说当样品净计数大于阈值时,就判断外界气溶胶含有放射性,反之,也不能由于纯样品计数小于阈值,就认为气溶胶不含放射性,只能说没有放射性却误报警的概率很小,通常判断限是 2.3 倍的 $\sqrt{N}$,其中 N 为本底计数。

对于有放射性的样品,由与统计涨落,有可能使测到的净计数小于判断限,以致于发生第二类差错,即把放射性漏记了。发生漏记的概率不仅与判断限有关还与样品实际的放射性有关。根据对漏记的概率的要求,能够确定最小的放射性计数,称为探测限,可解释为净计数超过探测限,漏记的机会较小。通常探测限是 4.6 倍的 $\sqrt{N}$,其中 N 为本底计数。

(二) 定量下限

当样品放射性刚好大于判断下限时,已经不大可能被漏记,然而,这时的相对标准误差还是很大,对于有一定精度的测量来说,就显得太大了。于是又提出定量下限的概念。即定量测量结果净计数相对标准误差小于 10% 时,与此相应的判断限作为可以准确地确认的最少放射性,它应当比判断下限大。定量下限概括起来是,当测到的净计数大于定量下限时,所测量的放射性的样品数据误差小于 10%。对应于判断下限,定量下限是 10 倍的 $\sqrt{N}$,其中 N 为本底计数。

第五节　液体放射性测量仪

一、液体放射性测量的主要方法

如今,由于人口和工业活动的快速增长,全球能源需求显著增加,而能源供应的主要来源仍然是传统的化石燃料。鉴于化石燃料的不可再生性和可再生能源的可获得性有限,核能作为一种重要的替代能源越来越受到重视。随着世界范围内新核技术的发展,通过各种活动产生了大量的放射性废物。其中,放射性废水是在核反应堆操作期间和在工业和机构应用放射性同位素期间产生的。所产生废物的化学成分和放射性水平取决于所进行的操作。溶解的放射性核素在自然环境中是流动的,如果处理不当,它们可能进入生态环境,例如河流和地下水,将不可避免地增加人类接触放射性核素的风险,液体放射性主要会对公众造成内照射危害。放射性液体来源主要有 5 个方面,如表 3.3 所示。核设施(核电站、稀土金属矿选废水、核工业及试验工厂)的放射性液体会对环境造成较大影响,对公众健康造成危害,而其他方式的放射性液体只会对少数人造成影响。

表 3.3　放射性液体来源

来　源	典型的放射性同位素	特　征
科学研究	根据实验目的,短寿命放射性核素及长寿命放射性核素混合	体积小、比活度高、化学浓度高
核电站	H-3、C-14、U-233、U-234、U-238、U-235、Th-232、Th-228	体积较大、比活度和化学浓度极高
放射性标记/医学诊断与治疗	有短寿命放射性同位素	大量来自于病人的尿液中,少量来自于制备和处理过程,体积较小、浓度较高
稀土金属矿选废水	根据矿石种类的不同差异极大	体积大、化学成分不太确定,常常混杂有其他有毒重金属
工业及试验工厂	取决于应用,仪表行业为 Ra-226、Pm-147	体积很大、化学成分也不确定

在核事故早期,如果发生放射性液体泄漏,将会对生态环境造成重大影响,但如果可以快速发现和测定,即可降低事故危害程度。在放射性测量中,对水体的放射性监测占据着重要的位置。水样总放射性测量是一种测定水中核素的 α、β 放射性浓度等效值的总和的方法,它能够及时判断排放或者污染水平,也可以在样品分析之前对样品进行筛选。

(一) 厚源法

测定水体中放射性核素的方法有很多,我国现在主要采用厚源法来测定水体中总 α 与总 β。厚源法的步骤是将水样酸化后加热蒸发近干,然后转移至高温炉中,在高温条件下灼烧残渣并研磨成小粒度的粉末,装入测量盘内,盘内试样不少于 0.1 mg/mm^2。用低本底 α 测量系统,测量 α 放射性比活度。总体来说,整个过程是复杂和耗时的,而且这种放射性物质必须是可形成粉末的(核素不在溶剂中)。

$$C_\alpha = \frac{R_x - R_0}{R_s - R_0} \times \alpha_s \times \frac{m}{1\,000 \times V} \times (1 + A),\qquad(3.5)$$

式中：C_{α}——样品中总 α 放射性活度浓度，Bq/L；

　　　　R_{x}——样品源的总 α 计数率；

　　　　R_{0}——空白测量盘本底的总 α 计数率；

　　　　α_{s}——标准粉末源的总 α 放射性活度浓度，Bq/g；

　　　　m——样品蒸干、灼烧后的总残渣质量，g；

　　　　A——校正系数，即加酸与水样的体积比。

蒸发工艺的优点是蒸发出的水蒸气去污系数高，能够去除氚、碘之外的绝大多数放射性核素，水蒸气冷凝后经过处理可以直接排放。产生的浓缩液体积相比于蒸发前大大减小，减容效果好。其主要缺点是能耗高。

（二）电沉积法

电沉积法对于液体放射性测量起着重要的作用。电解液的特性有 3 种：弱酸介质、弱碱介质和络合体系。经验表明，一个好的电沉积体系应当具有下列的优点：对核素的回收应当几乎是定量的，体系对于电解液中的干扰离子应当具有较大的容量。目前常用的体系有 $(NH_4)_2SO_4$、$NH_4Cl-HCl$、$NH_4Cl-(NH_4)_2C_2O_4$ 和 $NH_4NO_3-HNO_3$。其中第一种体系是用得最普遍的。其主要步骤是：使用不锈钢片进行电沉积，使用前对钢片进行预处理以提高表面活性，首先用去污粉擦拭，再用 10%（体积分数）的氢氧化钠溶液蒸煮 1h，然后用酒精和 8 mol/L 的硝酸反复漂洗擦拭，最后用去离子水冲洗。电沉积是在外加电压的驱使下使核素在电解液中移动并沉积在阴极表面的过程。通常在无机电解液中金属离子沉积在阴极靶片上，随着电沉积的时间越长，电沉积的效率也越低，电沉积时间需要经反复实验确定。电极间距对电沉积的影响表现在电沉积速率和沉积层表面形貌上，间距越大，电场强度越小，电沉积速率就越慢。电场强度大，速率虽然快，但是沉积不均匀，容易脱落，因此也需要进行反复实验来确定参数。电沉积之后的金属片置于烘箱中干燥然后进行放射性测量。

（三）离子交换树脂法

阴离子交换法是一种利用高分子聚合的离子交换树脂中的特殊官能团将待分析元素与干扰元素分离的方法，常用于浓集和分离环境中的放射性核素，因为放射性核素在相当浓度的硝酸溶液中容易形成阴离子络合物，常用的阴离子交换剂有交换吸附体系一般为 $7\sim 8$ mol/L HNO_3，吸附在树脂上的离子常用 $HI-HCl$、NH_4I-HCl、$HF-HCl$、$NH_2OH\cdot HCl$ 或还原试剂进行解离。离子交换树脂法比较适合对高活度样品中活度水平进行分析。在普通的环境样品中，放射性活度并不是很高，而且样品中通常存在大量的稳定核素与干扰元素，会对化学回收率造成较大的影响。

二、液体放射性测量的不同类型

（一）气体探测器

探测器有流气正比计数管和闭气正比计数管两种，流气式正比计数管使用时需不断供给工作气体，使用不便，但是制造工艺较简单，而且便于现场维修。早期制作的正比计数器大多充入纯甲烷,工作时耗气量低,但由于甲烷是易燃气体,对使用时的安全保障要求高;以氩甲烷(10%CH$_4$、90%Ar)气体为反应气体安全性相对较高,目前大部分的流气式正比计数器采用氩甲烷气体,只有当正比室内气体达到饱和浓度后,流气式正比计数器的探测效率才能保持稳定,所以开机时气体必须以较大气流注入,将腔体内的空气排出,充满工作气体,正常工作时以较小气流保持腔体内气体浓度稳定,再次使用时,又需要重新充气,导致耗时长、耗气量大。因此需要研发非流气式全密闭的正比计数器。闭气正比计数管使用方便,但无法现场维修。

通常厚源法使用的是正比计数器对总 α 与总 β 进行探测,将灼烧后的样品放入样品托盘,再放置于气体探测器窗下方进行探测,探测窗离样品较近,射线能够最大限度地进入探测器。通常这类探测器周围均有屏蔽系统,将外界本底计数进一步降低。低本底正比计数器如图 3.39 所示。

图 3.39　低本底正比计数器实物图

(二) 面垒型探测器

使用电沉积法将沉积放射性元素后的金属片放置于面垒探测器(见图 3.40)中进行探测,使用的面垒型探测器与上节中提到的基本一致,如金硅面垒探测器、离子注入型钝化硅半导体探测器。这里在应用面垒型探测器时,需要进行抽真空,由于镀层较薄,能减少空气阻挡,因此测量的能谱有较高的精度,能够较好地进行核素识别及其含量测定。

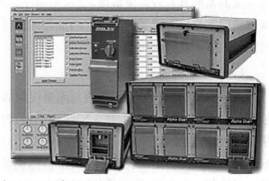

图 3.40　面垒型探测器实物图

（三）液体闪烁探测法

图 3.41　液体闪烁体探测器实物图

与低本底 α, β 测量仪不同,利用液体闪烁探测器(见图 3.41)进行测量的样品必须是液体形式且需放入仪器配套的液闪小瓶中。当放射性粒子进入液体溶剂闪烁体内,会激发出荧光。当退激发出的光打到位于光电倍增管内表面的双碱金属光阴极时,光电倍增管的阴极会产生电子。这些电子随后被一系列的带正电打拿极放大,每个打拿极的电压沿串级递增(打拿极,又称倍增电极,因为处在阳极和阴极之间,所以英文命名为 dynode)。逐渐增大的正电压能够加速光电倍增管的光阴极产生的初始光电子,使其发生雪崩,从而放大脉冲。

液体闪烁探测器拥有两个光电倍增管,再加上符合线路对信号进行甄别,以去除本底的干扰。在对信号脉冲相加之后,信号被放大器进一步放大再送入模数转换器(ADC)中,ADC 能够把脉冲的模拟信号转化为代表脉冲高度或者强度的数字信号,通过液体闪烁探测器配备的计算机系统,用户可以交互地读取和捕捉数据,因此液体闪烁谱仪是一种具有谱学性能的探测器。

三、液体闪烁探测器的组成结构

液体闪烁测量是于 19 世纪 40 年代末被提出的一种用液体闪烁体与被测物质混合后完成的放射性测量技术。该方法的特点是将待测的放射性核素样品完全溶解或者均匀地分散在液体闪烁体之中,与液体闪烁体密切接触,因此射线在样品中的自吸收量较少,也不会存在探测器封装结构的问题。液闪测量方法对低能量、射程短的射线具有较高的探测效率。液闪测量法长期以来广泛用于 α 核素,电子俘获核素,β 粒子核素活度测量。在液体闪烁计数器出现之前,C-14 是以固体或气体形式进行计数的,这使 C-14 的测量存在很多问题,而对于能量更小的氚,除了以气体形式进行计数外,用其他方式测量几乎是不可能的。液闪测量技术发明后,可以以液体的形式进行辐射探测,液体闪烁测量对极低浓度氚的监测具有较高灵敏度,氚探测对于追踪地下水源、放射性污染监测,以及了解水文地质问题是极为重要的。现代的液体闪烁计数器和先进的样品制备技术,使液体闪烁技术得到了广泛的应用。

（一）计数瓶

液体闪烁探测器分为闪烁液与测量仪两部分,使用液体闪烁测量方法测量时,需要将放射性物质与闪烁液混合,装入特制的小瓶,置于闪烁室中,通过光电倍增管进行光子的采集,进而形成脉冲信号输出。目前的标准型式的计数瓶是用低钾玻璃或合适的塑料制成的,上有螺旋盖,里面装有一片圆形锡箔或装有塑料密封凸缘内衬,它们是模制在盖内的。玻璃瓶可以洗涤,重复使用;玻璃在荧光灯或强日光照射后有发磷光的特性。因此,在液体闪烁谱仪附近最好使用柔光或钠管灯照明,而且在计数前应避免瓶子过度暴露于日光或其他直射光下。

石英所发磷光约是玻璃磷光的40%～50%,因此石英被用于低水平计数,例如C-14鉴别技术。石英中K-40含量低,还可降低由K-40引起的本底计数。然而,用塑料作为制造闪烁瓶的材料就可在用后把整个瓶子丢掉,从而免去用玻璃瓶时所必需的冗长的洗涤、烘干和必要的检验手续。此外,塑料瓶子的半透明性质并不影响它的光学效率,实际上由于光的漫反射效应,塑料瓶比玻璃瓶效率更高。因此,推荐用聚乙烯瓶来计数测量很低水平的放射性核素。不过聚乙烯瓶会吸收甲苯使瓶子溶胀,并使甲苯蒸汽逸出,因此通常使用半透明聚四氟乙烯瓶进行实验。

(二) 双管符合与三管符合

常见的液体闪烁计数方法,根据光电倍增管的个数可以分为单管液体闪烁计数、双管液体闪烁计数和三管液体闪烁计数。单管液闪探测受到的外部干扰较大,无法对低浓度放射性液体进行有效探测,但是能够用于小型化与便携式设备的制备。现在最常用的是双管液体闪烁计数方式,对外部干扰有一定的抵抗能力,而且具有较低的探测下限。双管符合液闪探测系统组成框图如图3.42所示。

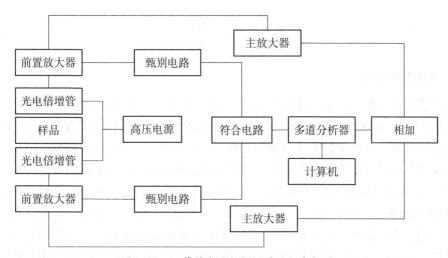

图3.42　双管符合液闪探测系统组成框图

三管符合探测是逐渐发展起来的新探测技术,由于严格控制信号符合,对干扰具有较高的抵抗能力,因此可用于绝对放射性的探测,但是对低活度、低能放射性探测会排除一部分射线的计数,因此延长了探测时间。在进行液闪三管两管符合比(TDCR)测量时,需要将闪烁液与放射性核素进行均匀混合,形成均相、稳定的溶液,装入特制小瓶后,置于闪烁室中密封。闪烁室中包含三个独立的光电倍增管,相邻两个光电倍增管成120°夹角,围绕液体闪烁放射源进行测量。三个独立的光电倍增管分别输出三路独立的电信号,记为1、2和3信号,对三路信号进行逻辑运算,三管符合T(123)信号、双管逻辑D(12+13+23)信号。三管符合位置关系图如图3.43所示。

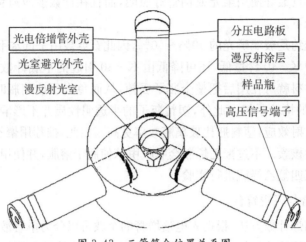

图3.43　三管符合位置关系图

实验的 T_{DRC} 值是三管的符合计数率 N_T 和双管逻辑符合的计数率 N_D 的比值,也可由三管的符合探测效率 ε_T 与双管符合相加的效率 ε_D 的比值确定,两种方法所得的值是一致的。

$$T_{DRC} = \frac{\varepsilon_T}{\varepsilon_D} = \frac{N_T}{N_D}。 \tag{3.6}$$

(三) 液体闪烁体

闪烁液的最主要成分是闪烁溶剂与闪烁溶质,闪烁溶质又称荧光体,它们是一些具有高荧光量子效率、短荧光寿命和良好溶解性能的化合物,通常将其溶于芳香族溶剂中制成有机液体闪烁体。电离辐射穿过液体闪烁体,引起溶剂分子的电离或激发。电离了的分子极迅速地与电子重新结合成受激分子,即受激溶剂分子几乎将全部能量传递给溶质分子。最后,该体系的闪烁发射可由高量子效率的溶质荧光发射来表示。根据其荧光特性和作用,可以将闪烁溶质分为第一闪烁体和第二闪烁体。第一闪烁体主要吸收闪烁溶剂和射线作用后产生的低波长荧光,第二闪烁体的主要功能是吸收第一闪烁体发出的光子后再在较长的波段重新发射出荧光,匹配光电转换器件。在高浓度下,第二闪烁体起着一部分与第一闪烁体相同的作用,接收溶剂分子退激发出的能量,并放出荧光,此外,它还能与猝灭竞争,从而减少第一闪烁被猝灭的程度。猝灭是一个概括性的词,用以表示有一种或几种过程使相对荧光强度降低,从而导致脉冲高度降低。

射线的能量从源发出到闪烁体系处于激发态期间,干扰其能量传递的猝灭机制一般归入杂质猝灭或化学猝灭一类。这样便于相当详细地考察这类猝灭的各种形式的可能原因。当发射粒子的样品源在闪烁液中形成完全的溶液时,这个体系被认为是均相的,如果样品的相界与闪烁液分开,那么就认为这个体系是非均相的。在这个阶段认识这种差别是有用的,因为不同类型体系在进行猝灭校正时有它本身的特殊问题。

对均相体系,猝灭可由于富集同位素的原子本身吸收能量而就地发生在源所在处。

这只发生于放射性非常低的物质中。好的制样方法就是要使这种猝灭降到尽可能小的程度。此外,加入的样品对液体闪烁体能量转移过程的干扰,是造成猝灭的更重要原因。水相在闪烁液中是不溶解的,必须加乙醇或其他既亲水又亲脂的溶剂使之和闪烁液紧密接触。但是,这些物质的加入会引起明显的猝灭,在闪烁溶剂中,只要含有极低浓度的猝灭剂,就会对闪烁效率产生极大的影响。因此,测量时要特别注意使用高纯度的溶剂。最常见的猝灭剂之一是溶解在溶剂中的氧,如果要减少猝灭对探测的影响,应将所用溶剂事先通氮,把溶解在溶剂中的氧置换出来。生物化学工作中,可能会由于种种原因产生有色杂质,由于溶液中生色子传输常常是猝灭的重要原因,但设法把颜色漂白往往会引起更严重的杂质猝灭,因此,在处理这类问题时,应注意选择合适的制样方法与测量手段。

第六节　放射性气体测量仪

一、气体放射性测量的主要方法

放射性气体,指带有放射性核素的气体,主要的来源有两种途径:一种是原子能工业的生产或核设施运行中,随着不同的工艺工程均有不同性质的含有核素的排气产生;另一种是天然氡气的产生,这种污染主要来源于铀矿。

核设施附近空气中产生气载放射性的是一种裂变和活化的物质,主要以气体或者气溶胶的状态存在于空气中,其中放射性气体多为稀有气体(如氙、氪、氡等)。医用同位素生产堆使用的是液体燃料,裂变材料产生的裂变碎片会直接均匀地存在于燃料溶液中,而裂变碎片中含有大量的放射性稀有气体和碘等核素。这种情况相当于固体燃料的包壳全部破裂,裂变核素全部溶解到冷却剂中。溶液堆产生的碘核素也存在于气相中,气态的放射性碘也是放射性气体的重要组成部分。涉及裂变反应的核设施是放射性气体的主要来源。

通常状况下自然界空气中的氡含量不会对环境造成放射性污染,但是铀矿开采的深度较大,含高浓度核素氡的铀矿通风尾气直接排放到周围大气环境中,在迁移扩散过程中沿途不断沉降和累积,将对人类呼吸系统造成辐射损伤。考虑矿区远离城市和铀矿运行成本问题,通风尾气一般未经处理就直接排放,与核电站运行排放和核事故造成的污染相比,铀矿井通风尾气排放具有排放量大、排放时间长、排放高度低等特点。铀矿井排出的通风尾气是整个铀矿开采过程中影响周边生态环境最大的污染源项,其中氡是通风尾气中的主要核素,对公众辐射剂量贡献占铀矿冶系统总剂量的80%以上。联合国原子辐射效应科学委员会2000年向联合国大会提交的报告书,给出了我国和世界范围内各类天然辐射照射所致公众年有效剂量。全世界范围内天然辐射照射所致年平均有效剂量为2.4 mSv/a,其中氡射气吸入内照射的年有效剂量为1.15 mSv/a,约占到总剂量的52%,如果周围空气中氡含量过高将极大地增加人体的辐照剂量。世界卫生组织将氡及其子体列为19种致癌物质之一。我国将氡放射性活度浓度范围定在不得高于300 Bq/m^3。放射性活度浓度是单位体积内放射性核素的放射性活度与体积之比。单位是 Bq/m³ 或 Bq/L。放射性浓度主要用于衡量液体、气体或气溶胶放射性物质的放射性高低。

本章针对放射性气体与氡监测进行详细展开,放射性气体的测量要想保证数据的科学性,需要将放射性气体与气溶胶分离,以便于确定气体中所存有的放射性物质浓度。在测量期间,经常会使用的方式是对所需要测试的气体做过滤处理,然后对过滤后的气体进行探测。放射性稀有气体与氡的监测手段较为单一,通常采用内充型正比计数器或内充型闪烁计数法进行测量,放射性氡测量的方法有多种,不仅有内充型测量方法,也有其他特殊的方法,以下主要论述氡气体的放射性监测方法。

(一) 活性炭吸收法

利用活性炭收集氡,再将活性炭收集的氡置于 γ 谱仪中测量出氡子体特有的 γ 谱峰,利用此方法计算活性炭暴露于空气中的这段时期内空气中的氡浓度,此方法称为活性炭法。活性炭法中使用的采样器为一个装有活性炭的容器,吸附材料为活性炭,因为其为表面积大、孔隙多的活性吸附物质,氡气在孔隙中被吸附在物质表面上。用活性炭盒法测量空气中的氡气,其操作简便,采样装置费用低可多点布放,采样点布点方便可一次性大量进行监测操作,该方法中的采样盒具有灵敏度高、测量精度高、具备较强抗干扰性等众多优势,因此与目前常用的测氡仪相比,其在投资、操作上均占有很大优势。但是,活性炭法中其测量数据的准确性会受暴露时的温/湿度、氡浓度变化、测量发生时间影响。活性炭吸收法不只适用于氡监测,也适用于放射性气态碘的监测,方法与步骤没有区别,如果稀有气体的活度浓度很高也同样可用。

(二) α 径迹探测法

将一小片特定的胶片探测器置于一个小容器内。被测空气通过径迹杯气孔上的过滤器进行弥散。当氡的 α 粒子及其衰变子体黏附在探测器上,α 粒子将在它们经过的路径上产生辐射损伤,形成潜迹。胶片探测器放入蚀刻剂进行化学处理,辐射损伤物质以较快的速度与蚀刻剂发生化学反应,沿胶片探测器中粒子穿行轨迹出现一个空洞或蚀坑,称作径迹。然后采用显微镜或光学读出器对预定区域进行计数。用单位面积的径迹数来计算测量场地的氡浓度。

(三) 驻极法

使用热处理、电晕放电等手段使得具有永久电偶极子的电解质永久带电,由此制成驻极体。在驻极体测氡法中,含氡空气经过滤进入离子测量腔室,腔体内的空气被短寿命子体发射的 α 粒子激发电离后,产生的正离子运动到室壁并被吸附,负离子被带正电荷的驻极体收集,引起驻极体电位下降,利用氡暴露量与驻极体的电位降成正比的关系,可求出待测空气中的氡浓度。驻极体的体积、表面电荷密度,采样室的体积、形状,均会在一定程度上对带正电离子的迁移距离造成影响,当离子迁移的距离与采样室体积接近时,收集效率将达到饱和。

(四) 内充型闪烁室法

闪烁室法测氡利用氡及其子体衰变放出的 α 粒子入射到硫化锌(银)ZnS(Ag)闪烁体

时,能使闪烁体激发,然后退激发光,利用光电转换系统,将发出的光子转变光电子输出电脉冲信号,该闪烁体对 α 射线探测效率高,因此闪烁体测氡方法是灵敏度较高的方法,且不受环境空气湿度影响。闪烁室测氡系统主要由闪烁室、光电倍增管、定标器构成,常用于氡室参考水平的定值,但闪烁室不具备分辨 α 粒子能量的能力。

(五) 静电收集法

氡衰变放出高速运动的 α 粒子,会使得剩余的核 Po - 218 带正电,但很快便被中和。静电收集测氡方法便是利用氡子体这一特性,通过外加电场,将带正电的氡子体收集在硅半导体探测器表面,氡子体衰变放出的 α 粒子进入到探测器,通过电离激发产生电子空穴对,并被电场收集,通过放大电路与脉冲成形电路输出脉冲信号,脉冲信号的幅度与 α 粒子的能量成正比。因此,α 能谱法能够实现对不同 α 粒子能量的甄别测量。静电收集 α 能谱法测氡过程中,带正电的氡子体在被电场收集的过程中容易被空气中的水蒸气中和,因此收集效率受空气中温/湿度的影响严重,需配干燥管对采样气体进行干燥,才能得到较高的测氡灵敏度。

(六) 内充正比计数法

正比计数测氡原理是基于射线对气体的电离作用,当含氡气体进入正比计数管后,氡及其子体放出的 α 粒子与气体分子发生电离,产生的信号个数正比于氡浓度。电离产生的电子和正离子在电场的作用下向两极移动,最后被收集起来。内充正比计数法具有耐辐射损伤,结构简单,测量结果可靠,可以快速地给出氡浓度及其动态变化,但易受环境因素的影响,内充型正比计数法在对放射性稀有气体的监测中占有重要地位,是稀有气体监测的首选测量方法。

二、放射性气体测量仪的不同类型

(一) 内充型正比计数管

正比计数管是放射性气体测量的重要测量手段,与以往正比计数管不同,放射性气体所使用的正比计数管为内充式正比计数管,氡测量通常用的是流气式,由于氡衰变后留有衰变子体,流气式可以减少子体干扰。内充气正比计数管的外壁是铅屏蔽系统,能有效降低环境射线与内壁材料作用后产生的本底,内充式正比计数器对气体放射性的探测效率几率为 100%,而且不存在封装阻挡,具体的方法是将计数管及管路系统真空抽至 Pa 量级,然后将定量的放射性气体充入混气室,再充入 P10 工作气体混合一段时间,将混合气充入计数管中,然后通过计数管对应各自的前放和主放,缓慢加高压并测量得到定标器记录的放射性信息。

(二) 内充型闪烁体探测器

在放射性气体监测过程中,为了提升灵敏度,将塑料闪烁装置做成球形,并使用薄层塑料闪烁体或粉末闪烁体制备辐射敏感区,采用光电倍增管测量闪烁体所发出的荧光,将其转换成电信号经放大处理,转送到相对应的分析器中。内充型闪烁体探测器有较多的优势,较为明显的是其容易加工,监测性能较为稳定,不会出现极端的数据状况,耐辐照程度强,可以用于温度高、湿度高的环境。该设备需要使用标准放射性气体进行标定,经过严格的标定之后,可以对气体放射性进行测量。为了降低环境本底,在设备的外部增加 $1\sim2\,\mathrm{cm}$ 厚的铅屏蔽,以屏蔽外部环境中的 γ 射线,防止对测量干扰。

(三) 衰变子体探测

常规氡浓度测量方法监测的场所是室内、外环境的氡浓度,大多数情况下室内、外氡浓度较低,一般在 $100\,\mathrm{Bq/m^3}$ 以内,为了减小统计误差,需要使用高分辨探测器进行监测,通常使用高纯锗探测器为测量仪器。针对空气中氡的测量时,空气中氡及其子体是保持动态平衡的,氡子体通常为气溶胶的形式,而为了避免外界空气湿度对测量造成影响,在采气时通常使用干燥器与过滤器将水分与气溶胶吸收,再测量剩余部分。由于测量时需要达到衰变平衡,平衡所需时间为衰变链中最长寿命子体的半衰期的 10 倍。Pb-214 是 Rn-222 的短寿命子体中寿命最长的子体,其半衰期为 $26.8\,\mathrm{min}$,相对于 Rn-222 的 $3.82\,\mathrm{d}$ 半衰期,满足多级递次衰变规律。经过 $3\,\mathrm{h}$ 的衰变后,Rn-222 与它的短寿命子体建立放射性平衡,通过间接测量 Po-218,Pb-214,Bi-214 和 Po-214 四个其中的任意一个核素,最终都可以得出 Rn-222 的含量,仪器测量的氡浓度才真正反映空气中氡的浓度,但对衰变子体探测,测量结果无法快速响应空气中氡浓度的变化,即存在由于取样平衡和衰变平衡引起的时间延迟现象。

三、测氡仪的组成结构

静电收集法探测灵敏度没有内充型探测方法高,但是由于其能够测量能谱,故可以通过测量出的能谱来排除 Rn-220 对结果的影响,故静电收集法在测氡仪上得到广泛的应用。

静电收集法在设计过程中需要遵循一定的规律:第一,要减小入射气体的湿度,由于静电收集法是通过测量氡子体 Po-218 正离子衰变产生的 α 粒子来计算氡浓度,故在高湿度地区由于空气中水分子含量过高,产生的 OH^- 很容易将氡子体 Po-218 正离子给中和掉,从而影响测试的精度;第二,要尽可能增大收集腔内部的电压,增大其电压可增大粒子的漂移速度,减少粒子到达阴极的时间,从而减少 Po-218 正离子在被吸附过程中与负离子复合的概率,但电压也不能太大,太大将会影响氡子体的收集效率,不再有明显提升而且会开始引入较大的电磁噪声;第三,增大收集腔的体积,在增大收集腔体积后,收集腔内的衰变产生的氡子体会更多,从而收集的 Po-218 也会更多。

Rad7 是一款便携式测氡仪,是现代使用最广的测氡仪,由美国 Durridge 公司开发,其工作原理就是利用静电收集法,仪器的组成包括过滤器、采样泵、探测器、高压电源、测量腔室、信号处理电路。

通过气泵将空气吸入收集腔内,收集腔内置 $2\,000\sim2\,500\,\mathrm{V}$ 电压:

(1) 通过气泵将空气吸入收集腔内,并通过干燥剂将吸入的空气干燥,通过滤膜将空气中本来含有的氡子体过滤。

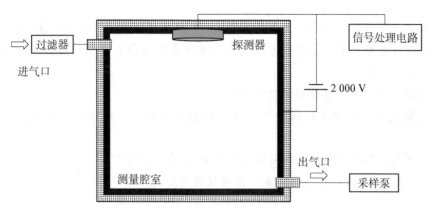

图 3.44　RAD7 的结构示意图

（2）扩散到腔内的氡衰变成其子体，主要为 Po - 218。

（3）由于腔内壁有 2 000 V 的正电压，所以 Po - 218 正离子在电场的作用下往接地阴极运动，即探测器的表面。

（4）最后通过信号处理电路对探测到的脉冲数进行计数并算出空气中的氡浓度。

加了外部电场的话，子核会因为受到电场力的作用做定向运动，正离子由于带正电，所以沿着电场线正方向运动，而电子由于带负电所以沿着电场线反方向运动。收集腔内的电场分布对其内部粒子的收集效率有很大的影响。由于电压为 2 000 V，所以整个腔内电场力较大，两边较远的粒子在加速过程中可能由于速度过快没有及时偏转过来而没有打到探测器表面，因此需要进行电场优化。

由于氡衰变的子体 Po - 218 有 90% 是带有正电荷的，而收集腔中极化的水分子产生的 OH^- 很容易就与其发生作用使其变成中性粒子，这样会影响到对氡子体的收集效率，所以必须在收集时在入口处加上干燥管。由于基于静电收集法的测氡仪通过测量氡子体 Po - 218 衰变产生的 α 粒子来计算氡浓度，而 α 粒子为重带电粒子，其穿透能力较差，面垒型半导体在测量重带电粒子能谱的能量分辨率很高，因此采用面垒型半导体探测器作为探头，并进行核素分析。

习题3

1. 从原理出发，气体探测器、闪烁体探测器与半导体探测器应用在 α、β 与 γ 辐射测量中应怎样选择？

2. 实验室要搭建一套核素能谱分析系统，需要能够识别 18 种常见核素，你是否能选择适当的探头与电子学分析系统完成搭建？

3. 表面活度测量为什么只针对 α 与 β 辐射测量，γ 辐射被弱化，是因为沾污的没有 γ 放射性核素吗？为什么？

4. 大面积正比计数器为什么需要做成多丝结构，而不做成像电容器一样的极板结构？

5. 仪器的探测效率为什么是本征探测效率？绝对探测效率为什么不适用？

6. GM 计数管产生能量响应差异的原因是什么？为什么通过局部包裹金属层能够降低能量响应差异？

7. 简述剂量当量与当量剂量的差异？

8. 测量气溶胶放射性的探测器是什么类型的探测器？为什么选取这些类型的探测器？

9. 液闪辐射探测为何需要用双管或三管测量，有何好处？

10. 氚放射性测量与稀有气体放射性测量有何异同？

第四章 典型环境体系中放射性核素测定

放射性核素对环境和生物体都具有潜在的危害，因此必须准确掌握核素进入土壤、水体、大气等环境体系中的量，以及由此进入动植物体内的量及其生态行为，从而在此基础上探索处理放射性污染物及降低放射性核素进入动植物体内的量的合理、有效的途径。

对环境及有关生物而言，具有生态学意义的重点核素包括 Cs-137，Zr-95，Sr-90，I-131，H-3 和 C-14 等。本章重点阐述在空气、水体、土壤、生物样品和建材等几种典型的环境体系中，放射性核素的测定和分析方法。

第一节 环境空气中放射性核素的测定方法

在自然界的大气中，存在着大量的放射性核素，这些放射性核素大多来自于太空辐射，再加上人为生产所释放的放射性射线就构成了环境辐射本底值。发生核事故或是在大气进行核试验时，释放的放射性核素可能会变为气态，凝聚成颗粒状或是附着在其他尘粒上，形成放射性颗粒或是放射性气溶胶。大气中的放射性核素会发生氧化反应、光化学反应、气溶胶的吸附等现象。大气中的污染物一旦与放射性核素结合，对环境和人类的威胁将更大。为了了解所在环境的辐射本底值，或者掌握事故对环境空气放射性强度的影响，需要开展环境空气中核素及其辐射水平的监测。

基于《空气中碘-131 的取样与测定》(GB/T 14584—1993)和《环境空气中氚的测量方法》(HJ 1212—2021)的规定，本节将重点探讨核电厂释放的气体污染物中 I-131、环境空气中氚和气溶胶中 γ 放射性核素的测量方法。

一、空气中 I-131 的 γ 能谱法测定

(一)方法提要与仪器组件

用采样器收集空气中微粒碘、无机碘和有机碘。微粒碘被收集在玻璃纤维滤纸上，元素碘及非元素无机碘主要收集在活性炭滤纸上，有机碘主要收集在浸渍活性炭滤筒内。取样系统见图 4.1。

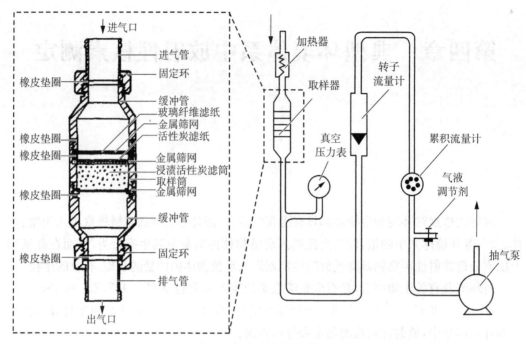

图 4.1 空气中碘采样系统示意图

用低本底 γ 谱仪测量样品中 I-131 的能量,为 0.365 MeV 的特征 γ 射线。在 γ 谱仪的探测下限为 3.7×10^{-1} Bq、取样体积为 100 m³ 的条件下,采用本节描述的方法可测到空气中 I-131 的浓度为 3.7×10^{-1} Bq/m³。

取样器的收集介质由玻璃纤维滤纸、活性炭滤纸和浸渍活性炭滤筒组成。滤筒直径 5 cm,深 2 cm。部件及结构见图 4.1。取样器所采用的玻璃纤维滤纸的材料为超细玻璃纤维,质量厚度 7.46 mg/cm²,有效直径 5 cm,对小于 1 μm 的气溶胶微粒的过滤效率近似 100%。对于活性炭滤纸,衬底材料为桑皮浆,质量厚度 10 mg/cm²,椰壳活性炭,活性炭质量厚度 13~15 mg/cm²,粒度 50 μm 以下,有效直径 5 cm。而浸渍活性炭滤筒则是装有 20 g 浸渍活性炭的不锈钢筒,其中浸渍活性炭的基炭是粒度为 12~16 目的油棕炭,浸渍剂为 2.0% TEDA(三乙撑二胺)+2.0% KI(碘化钾)。缓冲筒:内径 5 cm、高 3 cm 的不锈钢筒。

(二) 仪器刻度

流量计应在标准温度和标准大气压下,经过标准仪器刻度。用标准流量计刻度时,应把被刻度的流量计接在标准流量计的后面。

谱仪对滤纸的计数效率。应使标准源(碘-131 源或钡-133 源)溶液尽可能均匀地分布在滤纸上,标样滤纸的直径应与样品滤纸的直径相同。刻度时条件应与样品测量时的条件相同。

玻璃纤维滤纸对微粒碘的收集效率可取 100%。活性炭滤纸对无机碘的收集效率与气流面速度和相对湿度的关系曲线如图 4.2 所示。

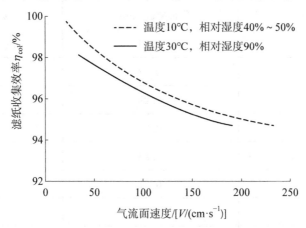

图 4.2　滤纸收集效率与气流面速度和相对湿度的关系

　　用标准面源刻度滤筒不同深度的截面层的计数效率,求出截面层的计数效率与层深的关系曲线或表达式。在平均相对湿度不大于 50%、平均气流面速度不大于 170 cm/s 的条件下,对应面速度下的 α 值随气流面速度变化的关系式如下:

$$\alpha = 3.58 \times 10^{-1} - 1.04 \times 10^{-3} V - 1.12 \times 10^{-6} V^2, \tag{4.1}$$

式中:α——分布参数,mm^{-1};

　　　V——气流面速度,cm/s。

　　按式(4.1)算出的不同气流面速度下的 α 值见表 4.1:

表 4.1　各种气流面速度下的 α 值

气流面速度/$(\mathrm{cm \cdot s^{-1}})$	16.7	40.8	77.9	111.2	140.5
分布参数/mm^{-1}	0.34	0.31	0.27	0.23	0.19

　　当相对湿度不大于 50% 时,分布参数 α 与相对湿度无关,相对湿度大于 50% 时,α 随相对湿度的增大而减小。在面速度为 16.7 cm/s 条件下,相对湿度在 50%～100% 范围内,α 值随相对湿度变化的关系式如下:

$$a = 7.28 \times 10^{-1} - 8.88 \times 10^{-1} H + 2.55 \times 10^{-1} H^2, \tag{4.2}$$

式中:α——分布参数,mm^{-1};

　　　H——相对湿度。

　　按式(4.2)算出的各种相对湿度下的 α 值及归一化因子见表 4.2。表中的归一化因子可用于修正其他面速度下相对湿度对 α 值的影响。

表 4.2　各种相对湿度下的 α 值及归一化因子

相对湿度/%	分布参数/mm^{-1}	归一化因子
50	0.35	1
55	0.32	0.91
60	0.29	0.83
65	0.26	0.74
70	0.23	0.66
75	0.21	0.60
80	0.18	0.51
85	0.16	0.46
90	0.14	0.40
95	0.11	0.31
100	0.09	0.26

　　对应面速度下的 α 值按式(4.1)乘以表 4.2 中对应相对湿度的归一化因子,得出样品的分布参数 α。按式(4.3)求出不同深度处每毫米炭层的收集效率:

$$\eta_{coli} = (e^{\alpha} - 1)e^{-\alpha x_i} \ (i = 1,\ 2,\ 3,\ \cdots,\ 20), \tag{4.3}$$

式中:η_{coli}——滤筒深度 x_i 处 1 mm 炭层的收集效率(即第 α 层炭层的收集效率);

　　　　α——分布参数,mm^{-1};

　　　　x_i——离滤筒进气表面的垂直距离,mm。

　　按式(4.4)求出 $\eta_{cou} \cdot \eta_{col}$ 值:

$$\eta_{cou} \cdot \eta_{col} = \sum_{i=1}^{20} \eta_{coui} \cdot \eta_{coli}, \tag{4.4}$$

式中:η_{coui}——滤筒第 i 层炭层(每层 1 mm)的计数效率;

　　　　η_{coli}——滤筒第 i 层炭层的收集效率。

　　对主探测器灵敏体积为 78 cm^3 的反康普顿 Ge(Li)γ 谱仪,不同分布参数 α 所对应的 $\eta_{cou} \cdot \eta_{col}$ 值见表 4.3。

表 4.3　不同分布参数下的 $\eta_{cou} \cdot \eta_{col}$ 值

α/mm^{-1}	0.35	0.32	0.29	0.26	0.23	0.21	0.18	0.16	0.14	0.11	0.09	0.07	0.05
$\eta_{cou} \cdot \eta_{col}$/%	1.15	1.11	1.18	1.20	1.21	1.22	1.24	1.25	1.26	1.27	1.28	1.29	1.30

(三) 取样要求

1. 取样准备

将浸渍活性炭放入烘箱内,在 100 ℃下烘烤 4 h 后,存入磨口瓶中待用。把烘烤后的浸渍活性炭、活性炭滤纸及玻璃纤维滤纸依次装入取样筒,并检查取样器的气密性。

2. 取样点的选择

取样点的选择必须考虑样品的代表性。环境监测取样点的位置和数目,应视污染区域和居民分布情况而定。污染区域可根据碘排放口的位置和气象条件按大气扩散模式估算。应着重在最大污染点和关键居民区设置取样点。工作场所的取样应使取样尽量靠近呼吸带,可设在操作人员附近,或装在通风柜、手套箱等装置的表面处。

3. 取样体积

取样体积视取样目的、预计浓度及 γ 谱仪的探测下限而定。

4. 相时湿度

为消除相对湿度对取样的影响,应采用加热器把取样器入口处的气流温度加热到 60～70 ℃。如未设置加热带,应记下取样期间的相对湿度。计算平均相对湿度时,对小于 50% 的值,均按 50% 计算。平均相对湿度的误差应不大于 10%。在不能满足前面要求的情况下,取样时也可以不考虑相对湿度的影响。

5. 取样流量

取样时的流量应在 20～200 L/min 范围内。通过调节流量控制阀,把流量调到所需要的数值。平均流量的误差应不大于 5%。

6. 取样管道

取样管道应选择适当的管道材料。一般取样采用铝管,高精度取样用不锈钢管或聚四氟乙烯管,不可使用橡胶管。管道长度应尽可能短,并要尽量避免弯头,管道长于 3 m 时应测定气态碘在管道中的沉积率。设计取样管道时,应防止取样器收集到从抽气泵排出的气体。

7. 大气灰尘阻塞

长时间取样时,由于灰尘阻塞,会使流量下降,流量下降 20% 时,应更换玻璃纤维滤纸。取样器的入口气流应取铅垂方向。

(四) 测量与计算

对浓度低的样品,应在取样结束 4 h 后测量。用低本底 γ 谱仪分别测定玻璃纤维滤纸、活性炭滤纸和滤筒中碘-131 能量为 0.365 MeV 的特征 γ 射线的净计数。放置滤筒时应把进气表面朝上。应选择适当的测量时间,使在 95% 置信度下净计数的误差不大于 10%。

按式(4.5)对流量计读数进行修正:

$$q_{\text{t}} = q_{\text{i}} \sqrt{\frac{P \times T_{\text{e}}}{P_{\text{e}} \times T_{\text{u}}}}, \tag{4.5}$$

式中:q_t——实际流量,L/min;

  q_i——流量计的读数,L/min;

  P_e——环境绝对大气压力,Pa;

  P——取样器之后的绝对压力,Pa;

  T_e——刻度时的绝对温度,K;

  T_u——使用时的绝对温度,K。

按式(4.6)分别计算空气中碘-131的微粒碘、无机碘、有机碘的浓度:

$$c = 7.38 \times 10^{-11} \cdot \frac{C_s}{\eta_{cou} \times \eta_{col} \times q_e (1-e^{-\lambda t_1})(e^{-\lambda t_2})(1-e^{-\lambda t_3})}, \tag{4.6}$$

式中:c——空气中碘-131的浓度,Bq/m³;

  C_s——计数时间内样品的净计数;

  η_{col}——收集效率;

  η_{cou}——计数效率;

  q_e——平均流量,m³/min;

  λ——碘-131的衰变常数,5.987×10^{-5} min^{-1};

  t_1——取样时间,min;

  t_2——取样结束至开始计数(测量)经过的时间,min;

  t_3——计数时间,min。

穿透活性炭滤纸的无机碘对有机碘浓度的影响按式(4.7)进行修正:

$$c_0' = c_0 - c_i(1-\eta_{col}), \tag{4.7}$$

式中:c_0——修正前的有机碘的浓度,Bq/m³;

  c_0'——修正后的有机碘的浓度,Bq/m³;

  c_i——无机碘的浓度,Bq/m³;

  $(1-\eta_{col})$——活性炭滤纸对无机碘的穿透率(其中,η_{col}为活性炭滤纸对无机碘的收集效率,见图4.2)。

在平均流量的最大相对误差为±5%、计数误差为±10%(置信水平95%)的条件下,微粒碘和无机碘浓度的最大相对误差都为±20%。在平均流量的最大相对误差为±5%、计数误差为±10%(置信水平95%)的条件下,有机碘浓度的误差还与取样期间的相对湿度有关,若相对湿度不大于50%,则浓度的最大相对误差为±20%;若平均相对湿度大于50%,并且平均相对湿度的最大相对误差为±10%,则浓度的最大相对误差为±23%;若不考虑相对湿度的影响,则浓度的最大相对误差为±27%。

二、环境空气中氡的测定方法

测定室内空气中的氡主要有几个目的:①普查,调查一个地区或某类建筑物内空气中氡的水平,以及时发现异常值;②追踪,追踪测量的目的是确定普查中的异常值,估计居住者可能受到的最大照射量,找出室内空气中氡的主要来源,为治理提供依据;③剂量估算,测量结果用于居民个人和集体剂量估算,进行剂量评价。

测定环境空气中的氡的方法主要有径迹蚀刻法、活性炭盒法、脉冲电离室法、静电收集法,以及双滤膜法和气球法。

上述几种测量方法中,最后两种方法较少使用,具体可参见国家标准 GB/T 14582—1993。双滤膜法是主动式采样,能测量采样瞬间的氡浓度,探测下限为 3.3 Bq/m³。采样装置由两端覆盖有滤膜的衰变筒,以及流量计和抽气泵组成。其基本原理是,抽气泵开动后含氡空气经过滤膜进入衰变筒,被滤掉子体的纯氡在通过衰变筒的过程中又生成新子体,新子体的一部分为出口滤膜所收集,测量出口滤膜上的 α 放射性就换算出氡浓度。气球法属主动式采样,能测量出采样瞬间空气中氡及其子体的浓度,探测下限为氡 2.2 Bq/m³,子体 5.7×10^{-7} J/m³。气球法采样系统由气球、采样头、流量计、抽气泵、调节阀和套环组成,其工作原理同双滤膜法,只不过用气球代替了衰变筒。把气球法测氡和马尔柯夫法测潜能联合起来,一次操作用 26 min,即可得到氡及其子体的 α 潜能浓度。

目前常用的 4 种氡测定方法的优缺点可参见表 4.4。

表 4.4　环境空气中氡测量方法的优缺点

测定方法	优　点	缺　点
径迹蚀刻法	采样器操作及携带方便、价格低廉、适合于大面积长期测量	现场无法得到测量结果、低浓度测量时不确定度大、只能得到平均测量结果
活性炭盒法	采样器批样性好、操作及携带方便、价格低廉、适合于短期大面积筛选测量	对温度和湿度敏感、暴露周期小于 7 d,只能得到平均测量结果,对于变化的环境氡浓度只能做半定量的测量,要有可靠的修正方法对测量结果进行修正
脉冲电离室法	测量设备灵敏度高、稳定性好、现场能得到测量结果、能够得到氡浓度随时间的变化	测量设备价格较高、野外长时间测量需提供电力保障、无法辨别氡钍射气
静电收集法	测量设备灵敏度高、稳定性好、现场能得到测量结果、能够得到氡浓度随时间的变化	测量设备价格较高、野外长时间测量需提供电力保障、收集效率易受湿度影响

在实际测量中,空气中氡浓度一般会随着时间发生变化,在某些区域甚至会有超过一个数量级的变化。因此,应根据不同测量目的及不确定度要求选择采样策略和测量方式。

采样策略主要涉及几个方面:分析采样点位历史调查情况;现场勘察(在某些情况下,可以借助于便携式放射性测量仪对调查区域进行初步测量);判断调查区域氡的迁移路径和聚集区域;对采样点位的区域进行仔细调查,选择采样点位和密度;根据不同测量目的选择测量方法;根据测量的不确定度要求,确定采样或测量时间。各测量方法在不同采样或测量时间下的典型相对标准不确定度见表 4.5。

表4.5 测量方法适用范围及典型相对标准不确定度

测量方法	采样方式/测量方式	推荐采样或测量时间	探测下限	典型不确定度*	适用范围
径迹蚀刻法	累积/被动式	30 d～1 a	至少可达 5 Bq/m³	10%～25%	获得空气中氡的平均浓度值,适用于职业或公众照射的剂量评价,居民所受氡照射量的普查等
活性炭盒法	累积/被动式	3～7 d	至少可达 6 Bq/m³	10%～30%	获得空气中氡的平均浓度值,适用于居民所住房屋的筛查等
脉冲电离室法	瞬时/主动式	4 h～1 d	至少可达 5 Bq/m³	10%	快速获得空气中氡的浓度值,适用于居民所住房屋的筛查等
	连续/主动式	2～7 d			获得空气中氡浓度的变化,适用于职业或公众照射的剂量评价等
静电收集法	瞬时/主动式	4 h～1 d	至少可达 5 Bq/m³	10%	快速获得空气中氡的浓度值,适用于居民所住房屋的筛查等
	连续/主动式	2～7 d			获得空气中氡浓度的变化,适用于职业或公众照射的剂量评价等

注: *表示在200 Bq/m³ 的氡浓度下,在最佳暴露持续时间下得到的相对标准不确定度。

根据采样时间长短不同,测量方式分为瞬时测量、连续测量和累积测量。不同测量方式得到的测量结果特征见表4.6。

表4.6 参考测量条件

测量方式	采样时间间隔	测量结果的特征
瞬时测量	少于1 h	代表采样地点在采样时刻的空气中氡的浓度
连续测量	自行设定	代表采样地点空气中氡浓度随时间的变化趋势
累积测量	几天至1年	代表采样期间氡浓度的平均值

(一) 径迹蚀刻法

1. 方法提要

径迹蚀刻法属于被动式采样,通过测量氡的累积浓度,获得采样期间的平均浓度。若测量周期为90 d,该方法的探测下限至少可达 5 Bq/m³。

径迹蚀刻法的探测器采用对 α 粒子敏感的固体核径迹材料(如柯达阿尔法胶片 LR-115 或碳本酸丙烯乙酸 CR-39)置于一定形状的采样盒(一般由导电塑料或金属制成)内组成径迹蚀刻法测氡采样器(以下简称"采样器"),如图4.3所示。

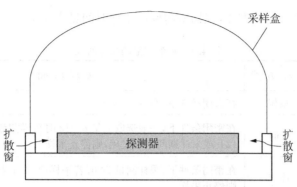

图 4.3　径迹蚀刻法测氡采样器结构图

氡气经扩散窗进入采样盒内,氡及其新衰变产生的子体发射的 α 粒子轰击探测器时,使其产生潜径迹。将此探测器在一定条件下进行化学或电化学蚀刻,扩大损伤径迹,以致能用显微镜或自动计数装置进行观测统计或计数。单位面积上的径迹数与氡浓度和暴露时间的乘积成正比。用刻度系数将径迹密度换算成氡浓度。此方法可用于累积测量。

蚀刻装置用于蚀刻受 α 粒子轰击过的探测器,扩大损伤径迹,以适合计数装置测量。多采用 NaOH 或者 KOH 溶液进行化学蚀刻或电化学蚀刻。

2. 采样器布放

在测量现场去掉采样器外部密封包装。

对于室内测量。其采样条件应符合相关要求。采样器可悬挂起来,其扩散窗外 20 cm 内不得有其他物体,采样器距离墙壁至少 1 m。

对于室外测量。采样点要远离公路、烟囱等污染物排放设施,地势开阔,周围 10 m 内无建筑物,避开空气沉积的凹地和潮湿区域。采样器布放高度一般不超过 1.5 m,布放时应做好防水等措施。上述布放原则不适用于以污染源项调查为目的的测量活动。

采样时间一般不少于 30 d。采样终止时,取下采样器并密封包装,送回实验室。采样期间记录的内容应包括采样器类型、采样点位置、采样起止时间、采样气象参数等。根据布放点的氡浓度水平确定采样时间,对氡浓度高的区域,应缩短采样时间,避免探测器饱和;对氡浓度较低的区域,应延长采样时间。

3. 标准采样条件

根据采样目的不同,采样条件可分为 3 个方面。

1) 筛查测量的采样条件

测量前应详细了解被测房屋的基本情况,如建筑物的类型、用途、建筑年代、建筑材料及周围地质情况等。具体条件包括:采样前 12 h(在用房屋)或 24 h(新建房屋)和整个测量采样期间关闭所有门窗,正常出入时外面门打开的时间不能超过 5 min;采样期间内外空气调节系统(通风系统和中央空调等)要停止运行。

选择采样点要求:在近于地基土壤的居住房间(如底层)内采样;仪器布置在室内通风率最低或者人员停留时间较长的地方,如卧室、客厅;对于工作场所,选择办公室、值班室等;不设在走廊、厨房、浴室、厕所等用水的地点。

采样时间:对于不同的方法,仪器所需要的采样时间见表4.7。

表4.7 筛查测量的采样时间

方　　法	采样方式	采　样　时　间
活性炭盒法	累积	在密闭条件下,布放2～7 d
脉冲电离室法	瞬时	在密闭条件下,一般选取上午8～12时采样测量,连续2 d,若采样前12 h或采样期间出现大风,则停止采样
	连续	在密闭条件下,采样测量24 h,若采样前12 h或采样期间出现大风,则停止采样
静电收集法	瞬时	在密闭条件下,一般选取上午8～12时采样测量,连续2 d,若采样前12 h或采样期间出现大风,则停止采样
	连续	在密闭条件下,采样测量24 h,若采样前12 h或采样期间出现大风,则停止采样

2) 追踪测量的采样条件

总的要求:真实、准确,并找出氡的主要来源。具体条件同普查采样条件要求。

选择采样点的要求:重测筛查测量中的异常点;为找出氡的主要来源,可在其他地方布点。

采样时间:追踪测量中的采样时间见表4.7。

3) 剂量估算测量的采样条件

总体要求:良好的时间代表性,测量结果能代表一年中的平均值,并反映氡浓度的变化;良好的空间代表性,测量结果能代表住房内的实际水平。具体采样条件即为正常的居住条件。

在室内布置采样点必须满足下列要求:在采样期间内采样器不被扰动;采样点不要设在由于加热、空调、火炉、门、窗等引起的空气变化较剧烈的地方;采样点不设在走廊、厨房、浴室、厕所等用水的地点;采样点应设在卧室、客厅、书房等人停留时间长的地点;对于工作场所,选择办公室、值班室等;被动式采样器要距房屋外墙1 m以上,最好悬挂起来。

采样时间:剂量估算测量的采样时间见表4.8。

表4.8 剂量估算测量的采样时间

方　　法	采样方式	采　样　时　间
径迹蚀刻法	累积	正常居住条件下,布放3个月以上
活性炭盒法	累积	正常居住条件下,每季测一次,每次布放3～7 d
脉冲电离室法	连续	正常居住条件下,每季测一次,每次测3～7 d,若采样前12 h或采样期间出现大风,则停止采样
静电收集法	连续	正常居住条件下,每季测一次,每次测3～7 d,若采样前12 h或采样期间出现大风,则停止采样

4. 刻度

把装配好的采样器置于标准氡室内[具体要求按《测氡仪》(JJG 825—2013)的相关规定执行],暴露一定时间,按规定测量程序处理探测器,按照式(4.8)计算刻度系数:

$$F_C = \frac{N_R - N_b}{T \times C_{Rn} \times S},$$ (4.8)

式中:F_C——刻度系数,$(\text{个}/\text{cm}^2)/(\text{Bq} \cdot \text{h}/\text{m}^3)$;

N_R——总径迹数,个;

N_b——本底径迹数,个;

T——暴露时间,h;

C_{Rn}——氡浓度,Bq/m^3;

S——探测器测量面积,cm^2。

刻度时应满足下列条件:①每次至少要做 3 种不同氡浓度水平的刻度;②每个浓度水平至少布放 10 个采样器;③暴露时间要足够长,保证采样器内外氡浓度平衡;④暴露结束后探测器需要在低氡的环境下放置一段时间(1~2 h),进行必要的时间补偿;⑤更换探测器材料或批号须对探测器进行重新刻度。

5. 蚀刻与计算

采样器带回实验室后应尽快测量。首先将探测器从采样盒中取出,放入蚀刻装置中(对于 CR - 39 片的典型蚀刻条件为蚀刻液浓度:$c(\text{KOH}) = 6.5 \text{ mol/L}$;蚀刻温度:70 ℃;蚀刻时间:10 h)。将蚀刻后的探测器取出洗净后晾干,再把处理好的探测器用计数装置读出单位面积上的径迹数。主要有以下几个步骤。

首先,配制蚀刻液。取分析纯氢氧化钾(质量分数不低于 80%)80 g 溶于 250 g 蒸馏水中,配成质量分数为 16%氢氧化钾溶液。将配制好的氢氧化钾溶液与无水乙醇按体积比 1∶2 混合,得到化学蚀刻液。将氢氧化钾溶液与无水乙醇按体积比 1∶0.36 混合,得到电化学蚀刻液。

然后,进行化学蚀刻。抽取 10 mL 化学蚀刻液加入烧杯中,取下探测器置于已编号的烧杯内。将烧杯放入恒温器内,在 60 ℃下放置 30 min。化学蚀刻结束,用水清洗片子,晾干。

最后,进行电化学蚀刻。测出化学蚀刻后的片子厚度,将厚度相近的分在一组。将片子固定在蚀刻槽中,每个槽注满电化学蚀刻液,插上电极。将蚀刻槽置于恒温器内,加上电压,以 20 kV/cm 计(如片厚 200 μm,则为 400 V),频率 1 kHz,在 60 ℃下放置 2 h。放置 2 h 后取下片子,用清水洗净,晾干。

将处理好的片子用显微镜测读出单位面积上的径迹数,然后计算氡浓度

$$C_{Rn} = \frac{N_R - N_b}{T \times F_C \times S},$$ (4.9)

式中:C_{Rn}——氡浓度,Bq/m^3;

N_R——总径迹数,个;

N_b——本底径迹数,个;

T——暴露时间,h;

F_c——刻度系数,(个/cm²)/(Bq·h/m³);

S——探测器测量面积,cm²。

采用该方法测定的标准不确定度和探测下限的计算,可参见标准 HJ 1212—2021 第 5.1.5 节。

(二) 活性炭盒法

1. 方法与原理

活性炭盒法也是被动式采样,通过累积采样,能测量出采样期间平均氡浓度。暴露采样 3 d,探测下限可达到 6 Bq/m³。

该方法的基本原理是空气扩散进炭床内,其中的氡被活性炭吸附,同时衰变,新生的子体便沉积在活性炭内。用 γ 谱仪测量活性炭盒的氡子体特征 γ 射线峰(或峰群)强度,根据特征峰面积可计算出氡浓度。

2. 采样器结构与制备

采样盒用塑料或金属制成,直径 6~10 cm,高 3~5 cm,内装 25~100 g 活性碳(椰壳炭 8~16 目)。盒的敞开面用滤膜封住,固定活性炭且允许氡进入采样器炭盒,如图 4.4 所示。在活性炭和被测空气间设置扩散垒,有助于减少活性炭已吸附氡的解析。扩散垒的存在也减少了活性炭对水蒸气的吸收,因此即使在湿度大于 75% 的地方,也能使采样器的暴露期超过 7 天。

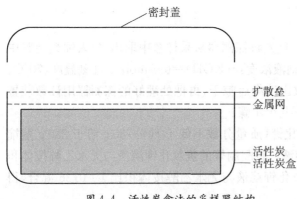

图 4.4　活性炭盒法的采样器结构

首先,将选定的活性炭放入烘箱内,在 120 ℃烘烤 5~6 h,存入磨口瓶或密封袋中待用。然后,称取一定量烘烤后的活性炭装入采样盒中,并盖以滤膜,再称量样品盒的总重量。最后,把活性炭盘密封起来,隔绝外面空气,完成采样器制备。

3. 采样器布放

在待测现场去掉密封包装,放置 3~7 d。

对于室内测量。将活性炭盒放置在采样点上,其采样条件与径迹法采样条件相同。活性炭盒放置在距地面 50 cm 以上的桌子或架子上,敞开面朝上,其上面 20 cm 内不得有其他物体。也可将采样器悬挂起来,其扩散窗外 20 cm 内不得有其他物体,采样器距离墙壁至少 1 m。

对于室外测量。采样点要远离公路、烟囱等污染物排放设施,地势开阔,周围 10 m 内无建筑物,避开空气沉积的凹地和潮湿区域。采样器布放高度一般不超过 1.5 m,布放时应做好防水等措施。上述布放原则不适用于以污染源项调查为目的测量活动。

采样终止时将活性炭盘再密封起来，迅速送回实验室。采样期间应记录的内容与径迹法相同。若布放在湿度较高的区域，应尽量选用具有扩散垒的采样器。

4. 测量与计算

测量前需要对仪器进行刻度。刻度系数为氡子体特征 γ 射线全能峰净计数率和标准氡浓度值的比值，单位为 $\mathrm{s}^{-1} \cdot \mathrm{Bq}^{-1} \cdot \mathrm{m}^3$。刻度应在不同的湿度下计算其刻度系数（至少3个湿度：30%，50%，80%）。如果需要精确的测量结果，应在不同采样时间和不同湿度条件下计算刻度系数，得到的刻度系数可汇总成刻度系数表。

采样停止 3 h 后方可开始测量。先称量，以计算水分吸收量。然后将活性炭盒在 γ 谱仪上计数，测出氡子体特征 γ 射线全能峰净计数率（$^{214}\mathrm{Pb}$：295 keV，352 keV；$^{214}\mathrm{Bi}$：609 keV）。测量几何条件与刻度时要一致。用式（4.10）计算氡浓度：

$$C_{\mathrm{Rn}} = \left(\frac{N_{\mathrm{N}}}{t_{\mathrm{g}}} - \frac{N_{\mathrm{N0}}}{t_0} \right) \times \frac{f_{\mathrm{d}}}{F_{\mathrm{C}}}, \tag{4.10}$$

式中：C_{Rn}——氡浓度，$\mathrm{Bq/m}^3$；

N_{N}——特征峰对应的净计数（$N_{\mathrm{N}} = N_{\mathrm{g}} - N_{\mathrm{b}}$，其中 N_{g} 为样品测量时特征峰对应的总计数，N_{b0} 为样品测量时特征峰对应的本底计数），个；

N_{N0}——特征峰对应的本底计数（$N_{\mathrm{N0}} = N_{\mathrm{g0}} - N_{\mathrm{b0}}$，其中 N_{g0} 为无样品测量时特征峰对应的总计数，N_{b0} 为无样品测量时特征峰对应的本底计数），个；

f_{d}——衰变修正系数；

t_{g}——样品测量时间，s；

t_0——本底测量时间，s；

F_{C}——刻度系数，$\mathrm{s}^{-1} \cdot \mathrm{Bq}^{-1} \cdot \mathrm{m}^3$。

衰变修正系数 f_{d} 可用式（4.11）计算得到：

$$f_{\mathrm{d}} = \mathrm{e}^{\lambda \cdot t_i} \times \left(\frac{\lambda \cdot t_{\mathrm{g}}}{1 - \mathrm{e}^{-\lambda \cdot t_{\mathrm{g}}}} \right), \tag{4.11}$$

式中：f_{d}——衰变修正系数；

λ——氡的衰变常数，取 $2.1 \times 10^{-6}/\mathrm{s}$；

t_{i}——采样结束至开始测量的时间间隔，s；

t_{g}——样品测量时间，s。

同样，采用该方法测定的标准不确定度和探测下限的计算，可参见标准 HJ 1212—2021 第 5.2.5 节。

（三）脉冲电离室法

脉冲电离室法为连续采样，能连续测量环境空气中氡的浓度值。采用主动式测量方式，该方法的探测下限至少可达 $5\,\mathrm{Bq/m}^3$。

1. 仪器组成与工作原理

脉冲电离室测氡仪主要由电离室、扩散窗、采样泵、放大器、脉冲幅度分析器和计数器等组成。扩散窗的作用是用于过滤氡子体。

其基本测量原理是:空气经过滤后扩散进入,或经气泵抽入电离室,在电离室灵敏区中氡及其衰变子体衰变发出的 α 粒子使空气电离,产生大量电子和正离子,在电场的作用下电子和正离子分别向两极漂移,在收集电极上形成电压脉冲或电流脉冲,这些脉冲经电子学测量单元放大后被记录,被记录的脉冲数与 α 粒子数成正比,即与氡浓度成正比。此方法可用于瞬时测量或连续测量。脉冲电离室结构图如图 4.5 所示。

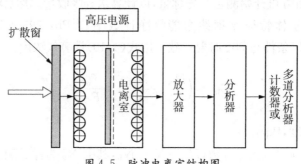

图 4.5　脉冲电离室结构图

2. 布放原则

室内测量的布放原则与采样条件与径迹法相同。

室外测量时,采样点要远离公路、烟囱等污染物排放设施,地势开阔,周围 10 m 内无建筑物,避开空气沉积的凹地和潮湿区域。测量高度一般不超过 1.5 m,仪器做好防水、防日晒等措施。不应在雨天、雨后 24 h 内或大风过后 12 h 内进行测量。上述布放原则不适用于以污染源项调查为目的的测量活动。

3. 测量与计算

将仪器放置到选定的测量位置,按仪器的操作规程开机测量。若不能做 24 h 连续测量,一般选取上午 8 点至 12 点采样测量,且至少连续测量 2 d。测量期间应记录的内容与径迹法要求相同。仪器的刻度按 JJG 825—2013 相关规定执行。

氡浓度按照式(4.12)进行计算。

$$C_{Rn} = \frac{\sum_{i=1}^{n} Q_i}{n \cdot R},\qquad(4.12)$$

式中:C_{Rn}——测量期间氡浓度的平均值,Bq/m³;

　　　n——测量次数;

　　　R——体积活度响应,由仪器校准或检定单位给出;

　　　Q_i——单次测量的仪器示值,Bq/m³。

同样,采用该方法测定的标准不确定度和探测下限的计算,可参见标准 HJ 1212—2021 第 5.3.5 节。

（四）静电收集法

环境空气中氡的静电收集测量方法为连续采样，能连续测量环境空气中氡的浓度值。采用主动式测量方式，该方法的探测下限至少可达 $5\,Bq/m^3$。

静电收集法测氡仪主要由探测器、收集室、放大器和能谱分析器组成，如图 4.6 所示。其中，置于滤膜前的干燥剂或干燥管，主要用于主动式采样时气体的干燥。

其测量原理是，空气经干燥后通过滤膜过滤掉氡子体后进入收集室，收集室一般为半球形或圆柱形，在中心部位装有 α 能谱探测器。收集室中的氡将衰变出新生氡子体（主要是带正电的 ^{218}Po），^{218}Po 在静电场的作用下被收集到探测器的表面，通过对氡子体放出的 α 粒子进行测量计算出氡浓度。此方法可用于瞬时测量或连续测量。

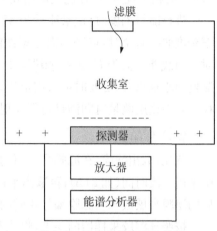

图 4.6　静电收集装置结构图

该方法的测量步骤和定量计算，以及方法的标准不确定度和探测下限的计算，均与前述脉冲电离室法相同。

三、用滤膜压片-γ 能谱法测定气溶胶中的放射性核素

（一）方法与原理

本部分介绍用滤膜压片-γ 能谱法测定环境空气气溶胶中 γ 放射性核素的方法，该方法适用于辐射环境常规监测。当采样体积为 $10\,000\,m^3$（标准状态），测量时间为 24 h 时，该方法测定的各 γ 放射性核素探测下限为 $5\sim100\,\mu Bq/m^3$。

基本原理：通过大流量或超大流量气溶胶采样器抽取定量体积的空气，使空气中气溶胶粒子被截留在滤膜上，滤膜经压片处理后用高纯锗 γ 能谱仪分析其 γ 放射性核素组成及其浓度。

（二）材料与仪器

滤膜作为该方法最重要的材料，需要有特别的要求：膜面流速为 $0.6\,m/s$ 时，对 $0.3\,\mu m$ 标准粒子的截留效率不低于 95%；在 $0.6\,m/s$ 的洁净空气流速时，压降小于 1 kPa；天然放射性核素含量低，无人工放射性污染；易于压片，压片后表面平整，不易变形；如需进一步放射化学分析，还应具有完全溶解性。滤膜保存袋一般为聚乙烯等材质。

样品容器用于装采样后的滤膜，一般为圆柱状容器，直径和高度与压片后样品相近。选用天然放射性核素含量低、无人工放射性污染的材料制成，如 ABS 树脂或聚乙烯等。

γ 能谱仪的性能和技术指标除执行《高纯锗 γ 能谱分析通用方法》(GB/T 11713—2015)的相关规定外，探测器的相对探测效率一般应不小于 30%。γ 能谱仪的效率刻度源制备方法如下：以空白滤膜为基质，用放射性标准物质均匀涂抹，按照与空白样品相同的

方法制备成直径与样品相同、高度与样品相近的圆柱形刻度源，装入样品容器并固定密封。检验源要求是长寿命的、高中低能区至少各有一条特征 γ 射线的刻度源，活度与效率刻度源相近。γ 能谱仪能量刻度源、效率刻度源和检验源的性能和技术指标均执行 GB/T 11713 的相关规定，推荐优先使用发射单能 γ 射线的核素。

进行能量刻度时，记录能量为 477.6 keV、1 460.8 keV 的道址。进行效率刻度时，效率刻度曲线有个"接点"E_e，对 γ 射线能量小于 E_e 的低能段，选择 3～5 个能量的 γ 射线，对 γ 射线能量大于 E_e 的高能段至少选择 5 个能量的 γ 射线。刻度时，刻度源中心轴与探测器中心轴重合，必要时可采用定位架，测量结束检查刻度源与探测器的相对位置是否偏移。效率刻度测量时间满足特征 γ 射线全吸收峰净计数的统计误差小于 0.25%。

(三) 样品采集

首先，取出滤膜，在滤膜受尘面的两个对角标识滤膜编号；然后，将滤膜放入干燥设备中平衡一段时间（如 24 h）；再取出平衡后的滤膜，立即用电子天平称量（m_1）；最后，将称量后的滤膜平展放入与滤膜编号相同的滤膜保存袋，采样前不得折叠。

按照气溶胶采样器的要求，将滤膜受尘面朝向进气方向安放；装配好采样器；设置采样参数，启动采样。记录采样起始时间、采样流量、环境温度和环境大气压等参数。采样体积一般不小于 10 000 m³（标准状态）。采样结束后，从滤膜边缘夹取滤膜，取滤膜时，如果发现滤膜破裂，或滤膜受尘面上的积尘边缘轮廓模糊、不完整，则该样品作废，应重新采样。将滤膜受尘面向里沿长边均匀对折，放入与滤膜编号相同的滤膜保存袋中。记录累积采样时间、采样流量、采样体积、环境温度、环境大气压、天气状况和空气质量状况等信息。

(四) 样品制备

将滤膜放入干燥设备中进行氡子体衰变和平衡，根据氡子体活度确定衰变时间，一般为 3～5 d（如果测量 Ar-41 和 Kr-88 等半衰期特别短的核素，可不进行氡子体衰变）。取出滤膜，立即用天平称量（m_2）。用酒精棉清洁压片机模具和工作台。打开滤膜，将受尘面向上平放在工作台上并折叠（如果滤膜附有支持层，应先除去支持层）。需要将多张滤膜制备成一个样品，可将滤膜（如果滤膜附有支持层，应先除去支持层）依次叠加整齐后折叠。推荐优先按照图 4.7 所示方法折叠。

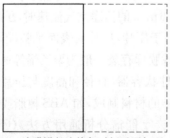 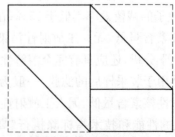

(1) 滤膜沿长边均匀对折后再打开　(2) 两个对角向对折折痕内折
　　得对折折痕

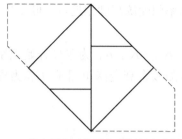

(3) 其余两个对角再向对折折痕内折，折成正方形的形状　(4) 正方形的4个角分别向中心点内折，重复该步骤，直至可塞入压片机模具

图 4.7　滤膜折叠步骤示意图

折叠后的滤膜塞入压片机模具底部，将压片机模具放在压片机中心位置，用不少于 10 吨的压力压实滤膜，保持 2 min 以上。用游标卡尺测量高度(h)，用天平称量(m_3)。折叠和压片时防止滤膜上的积尘洒落。压片后的样品表面平整，积尘分布均匀，不易变形，直径与效率刻度源相同，高度尽量与效率刻度源相近，必要时可采用与空白滤膜依次叠加整齐后折叠压片等方法。在压片后的样品表面标识滤膜编号，装入样品容器并固定，密封后标识样品标签，在洁净、室温环境下保存。

作为对比或扣减，还需要制备空白样品。取与采样滤膜同样尺寸的空白滤膜，按照与样品制备相同的操作步骤制备空白样品。

（五）样品测定与计算

测量前用酒精棉对上述压制好的样品进行清洁，并检查样品标签。测量时样品和效率刻度源与探测器的相对位置应严格一致，必要时可采用定位架。测量时间一般为 24 h 或满足待测核素特征 γ 射线全吸收峰净计数的统计误差小于 5%。测量结束时，应检查样品与探测器的相对位置是否偏移。检查 γ 能谱内 Be - 7 477.6 keV 和 K - 40 1460.8 keV γ 射线全吸收峰峰位变化，如果峰位变化超过 1 道，应重做能量刻度。

对于空白样品，按照与上述样品测定相同的操作步骤进行测定，测量时间与样品测量时间相同。

样品中待测核素的活度浓度按照式(4.13)计算：

$$A_C = \frac{K \times (n_s - n_b)}{V_n \times \varepsilon \times F \times \gamma},\tag{4.13}$$

式中：A_C——样品中待测核素的活度浓度，Bq·(m³)⁻¹；

n_s——样品中待测核素特征 γ 射线全吸收峰净计数率，s⁻¹；

n_b——与 n_s 相对应的特征 γ 射线本底净计数率，s⁻¹；

V_n——标准状态下的采样体积，m³；

ε——待测核素特征 γ 射线全吸收峰效率，Bq⁻¹·s⁻¹；

F——样品相对于效率刻度源自吸收和高度的修正因子（$F = F_1 \times F_2$，F_1 为样品相对于效率刻度源自吸收修正因子，若样品与效率刻度源密度相近，F_1 可取值为 1；F_2 为样

品相对于效率刻度源高度修正因子,若样品与效率刻度源高度相近,F_2 可取为 1);

γ——待测核素特征 γ 射线的发射概率;

K——待测核素衰变修正因子($K = K_C \times K_w \times K_D$,$K_C$ 为采样开始至结束待测核素衰变修正因子,K_w 为采样结束至测量开始待测核素衰变修正因子,K_D 为样品测量期间待测核素衰变修正因子)。

(六) 数据的修正

测试样品的数据修正包括衰变修正、样品高度和密度差异修正。

对于待测核素衰变修正,假设采样期间待测核素浓度恒定,3 种时间段下待测核素的衰变修正因子 K_C,K_w 和 K_D 可分别按照式(4.14)、式(4.15)、式(4.16)计算:

$$K_C = \frac{\lambda \times t_C}{1 - e^{-\lambda \cdot t_C}}, \tag{4.14}$$

$$K_w = \frac{1}{e^{-\lambda \cdot t_w}}, \tag{4.15}$$

$$K_D = \frac{\lambda \times t_D}{1 - e^{-\lambda \cdot t_D}}, \tag{4.16}$$

式中:K_C——采样开始至采样结束待测核素衰变修正因子,如果待测核素半衰期与样品采样时间的比值大于 100,K_C 可取为 1;

K_w——采样结束至测量开始待测核素衰变修正因子,如果待测核素半衰期与样品采样结束至测量开始时间的比值大于 100,K_w 可取为 1;

K_D——样品测量期间待测核素衰变修正因子,如果待测核素半衰期与样品测量时间的比值大于 100,K_D 可取为 1;

t_C——采样开始至采样结束的时间,s;

t_w——采样结束至测量开始的时间,s;

t_D——测量开始至测量结束的时间,s;

λ——待测核素衰变常数,s^{-1}。

对于样品高度和密度差异修正,一般采样条件下,样品与效率刻度源直径相同、高度相近,可以不作高度和密度差异修正,但如果样品与效率刻度源的高度和密度差异较大,应对样品中待测核素特征 γ 射线全吸收峰效率作高度和密度差异修正,根据样品直径、高度(h)和质量(m_1、m_2、m_3)等参数推荐优先使用蒙特卡罗模拟计算方法修正。

第二节　水中放射性核素分析方法

天然水系由海洋、江河、湖泊等地面水体和地下水构成,其中溶解、夹杂着各种生物和环境物质,这些水体之间不断循环,组成一个复杂庞大的体系。地面水中放射性污染主要来源于放射性废水的排放和大气中放射性物质的沉积。放射性核素进入水中后将发生一系列的物理、化学和生物反应，比如含有放射性核素的物质在水中的弥散、悬浮、沉积、水解、络合、氧化还原、溶解、吸附、分解等一系列反应。直接饮用或是含有放射性物质的水通过植物进入食物链，都会造成内照射，危害人体健康。由于水本身的流动性，使得放射性核素进入水中后会很快地迁移扩散，因而对水中放射性核素的监测十分必要。

一、水中放射性核素的 γ 能谱分析方法

根据推荐性国家标准《环境及生物样品中放射性核素的 γ 能谱分析方法》(GB/T 16145—2022)，使用高分辨率半导体或 NaI(Tl) γ 能谱仪测定水中放射性核素是目前最常用的方法之一，采用该方法可在实验室中分析待征 γ 射线能量大于 40 keV，活度不低于 0.4 Bq 的放射性核素。如果待测样品全谱计数率超过 1 000 计数/s 时应采取适当的稀释措施。

(一) γ 能谱仪

常见的 γ 能谱仪系统主要包括探测器、多道脉冲高度分析器(多道分析器)、存储器、永久数据存储设备、屏蔽室和其他电子学设备。

采用的高纯锗 γ 谱仪探测器的灵敏体积一般在 $50\sim150\ cm^3$，对 Co - 60 的 1 332.5 keV γ 射线的能量分辨率小于 2.2 keV。低噪声场效应管电荷灵敏前置放大器应和探测器组装在一起。探测器应置于铅当量厚度不小于 10 cm 的金属屏蔽室中，屏蔽室内壁距探测器表面的距离应不小于 13 cm。屏蔽室为铅室或有铅内衬，在屏蔽室的内表面应有原子序数逐渐递减的多层内屏蔽层。由外向内依次由 1.6 mm 镉，0.4 mm 电解紫铜和 $2\sim3$ mm 的有机玻璃等组成。屏蔽室应有便于取放样品的门或孔。探测器高压电源要求稳定度好于 0.1%，纹波电压不大于 0.01%，高压应在 $0\sim5$ kV 内连续可调，电流 $1\sim100\ \mu A$。

多道分析器属于数据获取部件，利用单独的多道分析器或计算机软件控制下的模数转换器执行 γ 能谱仪的数据获取功能。对于高分辨 γ 谱仪，多道分析器不少于 8 192 道。数据处理系统应具备用于 γ 能谱分析的各种常规程序，如能量刻度、效率刻度、谱光滑、寻峰、峰面积计算和重峰分析等功能。应根据测量样品的体积和探测器的形状、大小选择不同形状和尺寸的测量容器。容器应由天然放射性核素含量低、无人工放射性污染的材料制成。

(二) γ 能谱仪的刻度

按照使用说明书的要求安装和调试整个 γ 能谱仪系统，使其处于正常工作状态。准备一套用于 γ 能谱能量刻度的系列刻度源(或标准源)，能量范围覆盖所需能量区间(通常为 40 keV~2 000 keV)，适于作能量刻度的单能或多能 γ 射线核素见表 4.9。

表 4.9　适于作能量刻度的 γ 放射性核素

核　　素	半　衰　期	γ 射线能量/keV
Pb - 210	22.3 a	46.5
Am - 241	432.3 a	59.5

（续表）

核　素	半　衰　期	γ 射线能量/keV
Cd－109	464.0 d	88.0
Co－57	270.9 d	122.1
Ce－141	32.5 d	145.5
Cr－51	27.7 d	320.1
Cs－137	30.17 d	661.6
Mn－54	312.7 d	834.8
Na－22	2.60 a	511;1 275
Y－88	106.66 d	898;1 836
Co－60	5.26 a	1 173.2;1 332.5
Eu－152	4 869 d	121.7;244.7;344.3;444.9;778.9; 867.4;964.1;1 085.9;1 112.1;1 408

对用于能量刻度的刻度源，其外表面必须无放射性污染，其活度应使特征峰的计数达到 100 计数/s。

制备用于效率刻度的系列刻度源（或标准源），效率刻度源的核素取决于拟采取的 γ 能谱分析方法。当采用效率曲线求解样品中核素的浓度时，可采用单能或多能 γ 射线核素；当采用相对比较法或逆矩阵法时，刻度源的核素要与样品中的核素一一对应。效率刻度源的体积、形状、基质的主要物理化学特性以及容器必须与待测样品相同。制备效率刻度源的标准溶液应由国家法定计量部门认定或可溯源于国家法定计量部门。标准溶液活度的标准偏差应小于±3.5%，刻度源的活度在 40～10 000 Bq 之间。γ 能谱效率刻度源由模拟基质加特定核素的标准溶液制备而成，它必须满足核素含量准确、稳定，容器密封等要求。国家标准推荐以二次蒸馏水作为水样品模拟基质并采取适当措施以减少壁吸附。配置好的体刻度源的不均匀性小于±2%。准备测量几何条件能准确重复的样品和刻度源容器。容器应有良好的密封性，以保证不会污染工作环境和人员。样品容器和刻度源容器应相同。

1. 能量刻度

对高纯锗 γ 谱仪通常将能量-道址转换系数调在每道 0.25 keV。能量刻度至少应包括 4 个能量均匀分布在所需刻度能区的刻度点。将特征 γ 射线能量和相应的全能峰峰位道址在直角坐标纸上作图或对数据作最小二乘法直线或抛物线拟合，高纯锗 γ 谱仪的非线性不得超过 0.5%。能量刻度完成以后，应经常注意能量-道址关系的变化。如果斜率和截距的变化不超过 0.5%，则用已有的刻度数据，否则重新刻度。

2. 效率刻度

效率刻度测量（包括刻度源能谱测量峰和模拟基质本底能谱测量）时的谱仪状态必须与能量刻度时相同。刻度源（包括本底测量时的容器）与探测器的相对几何位置应是严格可重复的。根据刻度的精度要求确定刻度的全能峰计数,一般要求每个特征峰全能峰的累积计数不应小于 10000。在对较短半衰期核素进行长时间测量时,如果测量的时间大于核素半衰期的 5%,则应对计数作衰变校正。全能峰效率用式(4.17)计算:

$$\eta = N_p / N_g, \tag{4.17}$$

式中:η——全能峰效率;

　　N_p——所考虑的全能峰的净计数率,s^{-1};

　　N_g——已做过衰变校正的该能量 γ 射线的发射率,s^{-1}。

　　如果刻度源的定值是以活度为单位的,则:

$$N_g = S \cdot P, \tag{4.18}$$

式中:S——核素每秒衰变数;

　　P——每次衰变发射该能量 γ 射线的几率。

　　以 γ 射线能量为横坐标,全能峰效率为纵坐标,在对数坐标纸上作全能峰效率和 γ 射线能量的关系曲线(效率曲线)或用计算机对实验点作最小二乘法拟合,求效率曲线。在 $50 \sim 20000\,\mathrm{keV}$ 范围内用式(4.19)表示:

$$\ln(\eta) = \sum_{i=0}^{n-1} a_i (\ln E_\gamma)。 \tag{4.19}$$

式中:η——全能峰效率,%;

　　E_γ——相应的 γ 射线能量,keV;

　　a_i——拟合常数。

　　图 4.8 是高纯锗 γ 谱仪的一组典型效率曲线。

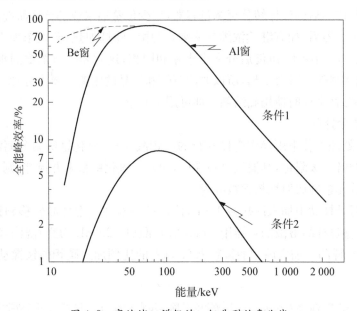

图 4.8　高纯锗 γ 谱仪的一组典型效率曲线

全能峰效率确定以后,如果探测器的分辨率、测量的几何条件和系统配置等没有变化,则无需再刻度。

(三) 样品准备与预处理

单次分析所需水样的体积 V 由式(4.20)计算:

$$V = \frac{LLD}{Q \times r},\tag{4.20}$$

式中:V——单次分析所需用水量,L;

$\quad LLD$——γ 能谱系统的探测下限,Bq;

$\quad Q$——样品中核素的预计浓度,Bq/L;

$\quad r$——预处理过程中核素回收率。

如果要求作 N 个平行样,需要的总水样则为 NV。

当水样中的放射性核素浓度大于 1 Bq/L 时,可以直接量取体积大于 400 mL 的样品置于测盘容器内,密封待测,否则应进行必要的预处理。水样品预处理要能在不损失原样品中放射性核素的条件下均匀地浓缩,以便制成适于 γ 能谱测量分析的样品。

1. 降水(雨水、雪水)和淡水(河水、井水等)的预处理

河水、井水等淡水样品的制备可使用蒸发浓缩、离子交换、沉淀分离等方法,推荐使用简便而又准确的蒸发浓缩法。首先,将所采样品转移至蒸发容器(如瓷蒸发皿或烧杯)中,使用电炉或沙浴加热蒸发容器,保持在 70 ℃ 下蒸发,避免碘等易挥发元素在蒸发过程中的损失;当液体量减少到一半时,加入剩余样品,继续浓缩但注意留出少量样品洗涤所用容器;液体量很少时,将其转移至小瓷蒸发皿中浓缩,使用过的容器用少量蒸馏水或部分样品洗涤,并加入浓缩液中。遇到容器壁上有悬浮物等吸附时,用淀帚仔细擦洗,洗液合并入浓缩液;将浓缩后的液体转移至测量容器,用少量蒸馏水或部分样品洗涤使用过的容器;转移至测量容器后,如有继续浓缩的必要,可用红外灯加热,蒸发浓缩至 20 mL,在有漂浮物或析出物的情况下,沉淀后分离出水相和固相,这时要一直浓缩到水相几乎消失,塑料测量容器遇强热有时会变形,所以要注意灯和样品的距离不要太近;冷却后盖上测量容器盖,注意密封(必要时使用黏结剂),即可用于测量。

2. 海水的预处理

海水的预处理推荐采用操作简便易行的磷钼酸铵-二氧化锰吸附分离法。向酸性样品中加入磷钼酸铵,吸附铯,其滤液呈碱性后,加入二氧化锰粉末并搅拌,则锰、铁、钴、锌、锆、铌、钌、铈等元素的放射性核素被吸附。

采样时,每升样品中加入浓盐酸 1 mL,使样品呈酸性。把样品转移到搪瓷或塑料容器或统杯中。盛过样品溶液的容器用 3 mol/L 盐酸(以 20 mL 为宜)洗涤,洗液并入样品溶液中。以 1 L 样品中加入磷钼酸铵粉末 0.5 g[①] 的比例加入磷钼酸铵搅动 30 min,放置

[①] 每升海水加入磷钼酸铵的数量在 0.2 g 以上,则铯的清除率几乎达到恒定。本方法中考虑清除完全定为 0.5 g/L。由于磷钼酸铵加入会影响自吸收,故加入量要保持一致。

过夜①。上清液用倾斜法转移至其他容器中,沉淀用装有滤纸的漏斗或布氏漏斗过滤分离,用 0.1 mol/L 盐酸溶液洗涤。用抽滤装置尽可能除去沉淀中的水分,滤液、洗涤液均加入到溶液中去。向分离出铯的上清液中加氨水,pH 值调节到 8.0～8.5②。以 1 L 溶液加入 MnO₂ 粉末(100～200 目)2 g 的比例加入 MnO₂ 搅动 2 h,放置过夜③。上清液用倾斜法倾出倒掉。沉淀用装有滤纸的漏斗或布氏漏斗过滤,用少量水清洗沉淀。使用抽滤装置除去沉淀中的水分。将载有 MnO₂ 的滤纸放到前面抽滤得到的磷钼酸铵沉淀之上再转移到测量容器中④。测量容器的盖子盖好密封后,即可测量。

(四) γ 能谱的测量与计算

无论是本底测量还是样品测量,样品相对探测器的几何条件和谱仪状态应与刻度时完全一致。同时还需要测量模拟基质本底谱和空样品盒本底谱,测量时间应按要求的计数误差控制。

根据所用 γ 能谱系统的硬、软件的配置情况,选用相应的解谱方法,确定谱中各特征峰的峰位和全能峰面积。确定样品谱、刻度源谱中各特征峰的面积时可用函数拟合法、最小二乘法拟合法和全能峰面积法。求刻度源全能峰净面积时,应将刻度源全能峰计数减去相应模拟基质本底计数;求样品谱中全能峰净面积时,应扣除相应空样品盒本底计数。

在重峰干扰不严重的情况下,根据效率曲线或效率曲线的拟合函数求出各相应能量 γ 射线的 γ 射线全吸收峰探测效率值,然后用式(4.21)计算水样中核素的活度浓度:

$$AC = \frac{R_{net}}{\varepsilon \times V \times I \times F_D},\qquad(4.21)$$

式中: AC ——水样中核素的活度浓度,Bq/L;

　　　　R_{net} ——所考虑的全能峰的净计数率,计数/s;

　　　　ε ——γ 射线全吸收峰探测效率;

---

① 磷钼酸铵的制备:称取 20 g 硝酸铵、20 g 柠檬酸和 25 g 钼酸铵溶解于 530 mL 水中。取 63 mL 浓硝酸,加水稀释到 210 mL,在不断搅拌下,将上述 530 mL 的混合液倒入硝酸中,得一清液。再向此清液中加入 10 mL 5%(体积分数)磷酸氢二铵溶液,搅拌并加热至沸腾 2 min,取下后冷却 30 min,用布氏漏斗抽滤所产生的黄色沉淀,再以 1 mol/L 的硝酸铵洗涤沉淀 4～5 次。滤液在搅拌下,再加入 12 mL 0.8 mol/L 的钼酸铵、2 mL 4.5 mol/L 的硝酸和 10 mL 0.4 mol/L 的磷酸氢二铵溶液,重复上述加热、过滤、洗涤等操作。这样反复多次,直到获得 60 g 左右的磷钼酸铵时,便可弃去母液。将制得的磷钼酸铵合并于烧杯中,加入少量 1 mol/L 硝酸铵溶液调匀后,再过滤于布氏漏斗中。用 1 mol/L 硝酸铵溶液洗涤至滤液呈中性,空气中晾干后,将此黄色粉末装入瓶内,放在暗处保存备用。

② 加入 MnO₂ 时,溶液的 pH 为 6.0～9.0,这时锰、铁、钴的清除率在 95% 以上。但是锌、钌在 pH 值接近 9 时清除率降低,为此,将溶液 pH 值调至 8.0～8.5。如果锌、钌不是测量对象,pH 值的范围在 7～9 波动,其结果不受影响。此外,整个实验操作中都要使 pH 值维持在所定的范围内。

③ 市售 MnO₂ 中有电解纯产品,也有化学纯产品等。无论使用那种,都对结果无大影响。但是化学纯 MnO₂ 中混有杂质,溶液容易浑浊,对沉淀的分离造成困难。而且有时会因加入的 MnO₂ 的产品性能改变原溶液的 pH 值。因此尽可能使用电解纯产品。使用化学纯 MnO₂ 时,操作过程中要随时注意检查 pH 值。另外,对使用的每批 MnO₂ 试剂均应进行吸附预实验和天然放射性核素本底实验。

④ 测定样品磷钼酸铵和 MnO₂ 的两层重叠样品。这种重叠测量法刻度较难,但测量简便。理想的情况是对两层分别进行测量。

V——被测样品的体积，L；

I——该能量 γ 射线的发射概率；

FD——放射性核素衰变校正因子。

净计数效率 R_{net} 的计算式如下：

$$R_{net} = R_s - \left(R_b \times \frac{n_s}{n_b}\right) = \frac{C_s - (C_b \times n_s/n_b)}{t_s}, \tag{4.22}$$

式中：R_s——全能峰净计数率，计数/s；

R_b——本底计数率，计数/s；

n_s——全能峰的道数；

n_b——本底扣除道数。

相对比较法，求解核素活度浓度适用于有待测核素效率刻度源的情况。在获取了效率刻度源和样品的 γ 能谱并求解出其中各种特征峰的全能峰面积之后，按式(4.23)计算各个刻度源系数 K_{ji}：

$$K_{ji} = \frac{S_j}{A_{jis}}, \tag{4.23}$$

式中：K_{ji}——各个刻度源的刻度系数；

S_j——第 j 种核素效率刻度源的活度，Bq/L；

A_{jis}——第 j 种核素效率刻度源的第 i 个特征的计数率，计数/s。

被测样品中第 j 种核素活度可用式(4.24)计算：

$$A_C = \frac{K_{ji}(A_{ji} - A_{jih})}{V \times DF_j}。 \tag{4.24}$$

式中：A_{jih}——本底谱中第 j 种核素效率刻度源的第 i 个特征的计数率，计数/s；

V——被测样品的体积，L；

DF_j——放射性核素 j 的衰变校正因子。

当两种或两种以上核素发射的 γ 射线能量类似，全能峰重叠或不能完全分开时，彼此形成干扰；在核素的活度相差很大或能量高的核素在活度上占优势时，会给活度较小、能量较低的核素的分析带来干扰。应尽量避免利用重峰进行计算，以减少由此产生的附加分析误差。对于复杂 γ 能谱中，曲线基底和斜坡基底对位于其上的全能峰分析构成干扰，只要有其他替代全能峰，就不应利用这类全能峰。

对于级联 γ 射线在探测器中产生级联加和现象，通过增加源(或样品)到探测器的距离，可减少级联加和的影响。应将全谱计数率限制在小于 $1\,000\,s^{-1}$，使随机加和损失降到 1% 以下。应使效率刻度源的密度与被分析样品的密度相同或尽量接近，可以避免或减少密度差异的影响。

(五) 质量保证

在常规测量中应报告样品中超过探测下限的所有核素以 Bq/L 为单位的浓度及相应

的计数标准差,并注明所采用的置信度(95％置信度)。对于低于探测下限的核素其浓度以"小于 LLD"表示。其他如刻度误差、解谱误差也需要在报告中注明。

样品计数标准差 S_0 用式(4.25)计算:

$$S_0 = \sqrt{\frac{N_s}{t_s^2} + \frac{N_b}{t_b^2}},\qquad(4.25)$$

式中: N_s——全能峰或道区计数;

N_b——相应的本底计数;

t_s——样品计数时间,s;

t_b——本底计数时间,s。

γ 能谱的探测下限(lower limit of detection, LLD)是在给定置信度情况下该系统可以有把握探测到的最低活度。探测下限可以近似表示为:

$$LLD \approx (K_\alpha + K_\beta)S_0,\qquad(4.26)$$

式中: K_α——与预选的错误判断放射性存在的风险几率 α 对应的标准正态变量的上限百分位数值;

K_β——与探测放射性存在的预选置信度 $(1-\beta)$ 相应的值;

S_0——样品净放射性的标准偏差。

如果 α 和 β 值在同一水平上,则 $K_\alpha = K_\beta = K$,那么 $LLD \approx 2KS_0$;如果总样品放射性与本底接近,则可进一步简化:

$$LLD \approx 2\sqrt{2}KS_b = 2.83K/t_b\sqrt{N_b},\qquad(4.27)$$

式中: S_b——本底计数率的标准偏差;

t_b——本底谱测量时间,s;

N_b——本底谱中相应于某一全能峰的本底计数。

对于不同的 α 和 β 值,K 值如表 4.10 所列。

表 4.10　计算 γ 能谱探测下限的 K 值表

α	$1-\beta$	K	$2\sqrt{2}K$
0.01	0.99	2.327	6.59
0.02	0.98	2.054	5.81
0.05	0.95	1.645	4.66
0.10	0.90	1.282	3.63
0.20	0.80	0.842	2.38
0.50	0.50	0	0

式(4.27)中探测下限是以计数率为单位的。考虑到核素特性、探测效率、用样量,可

计算以浓度表示的探测下限：

$$LLD \cong \frac{2KS_0}{\eta \cdot r \cdot V},\tag{4.28}$$

式中：LLD——探测下限，Bq/L；

η——所考虑核素的全能峰绝对效率；

γ——所考虑核素的预处理回收率，%；

V——所考虑核素的用样量，L。

二、水中总放射性的厚源法测定

(一) 术语与定义

1. 厚源法

根据不同直径的测量盘，当铺盘厚度达到放射性射线的有效饱和厚度时，对应的取样量为铺盘量的"最小取样量"，此铺样方法即为厚源法。

2. 总放射性

在本方法规定的制样条件下，样品中不挥发的所有天然和人工放射性核素的 α 辐射体总称（总 α 放射性），或样品中 β 最大能量大于 0.3 MeV 的不挥发的 β 辐射体总称（总 β 放射性）。

3. 有效饱和厚度

放射性射线发射率随着放射性物质厚度的增加而增加，当放射性物质厚度达到一定程度时，射线发射率将不再随放射性物质厚度的增加而增加，则该厚度为该放射性射线的有效饱和厚度。

(二) 方法原理

将待测水样缓慢蒸发浓缩，添加硫酸转化成硫酸盐后蒸发至干，然后置于马弗炉内灼烧得到固体残渣。准确称取不少于"最小取样量"的残渣于测量盘内均匀铺平，置于低本底 α、β 测量仪上测量总 α 和/或总 β 的计数率，以计算样品中总 α 和/或总 β 的放射性活度浓度。

该方法适用于对地表水、地下水、工业废水和生活污水中总 α 或总 β 放射性的测定。方法的探测下限取决于样品含有的残渣总质量、测量仪器的探测效率、本底计数率、测量时间等，典型条件下，该方法对总 α 和总 β 的探测下限可分别达 4.3×10^{-2} Bq/L 和 1.5×10^{-2} Bq/L。

(三) 试剂与设备

1. 硫酸钙（$CaSO_4$）：优级纯

使用前应在 105 ℃下干燥恒重，保存于干燥器中。硫酸钙粉末中可能含有痕量的 Ra-226 和 Pb-210，使用前，应称取与样品相同质量的硫酸钙粉末于测量盘内铺平，在低本底 α、β 测量仪上测量其总 α 计数率，应保持在仪器总 α 平均本底计数率的 3 倍标准偏差范围内,否则应更换硫酸钙粉末或采用硫酸钙粉末的总 α 计数率代替仪器本底计数率。

2. 标准物质

以 Am‐241 标准溶液为总 α 标准物质,活度浓度值推荐 5.0～100.0 Bq/g。以优级纯氯化钾为总 β 标准物质,使用前应在 105 ℃ 干燥恒重后,置于干燥器中保存。

3. 测量盘

带有边沿的不锈钢圆盘,圆盘的质量厚度至少为 2.5 mg/mm²,测量盘的直径取决于仪器探测器的直径及样品源托的大小。

4. 蒸发皿

石英或瓷制材料,200 mL。使用前将蒸发皿洗净、晾干或在烘箱内于 105 ℃ 下烘干后,置于马弗炉内 350 ℃ 下灼烧 1 h,取出在干燥器内冷却后称重,连续两次称量(时间间隔大于 3 h,通常不少于 6 h)之差小于 ±1 mg,即为恒重,记录恒重质量。

(四) 样品采集与制备

1. 样品的采集和保存

样品的代表性、采样方法和保存方法按 GB 12379—1990、HJ 493—2009、HJ 494、HJ 495—2009、HJ 61—2021 和 HJ/T 91—2002 的相关规定执行。

采样前将采样设备清洗干净,并用原水冲洗 3 遍采样聚乙烯桶。样品采集后,按每升样品加入 20 mL 硝酸水溶液(体积比 1∶1)酸化样品,以减少放射性物质被器壁吸收所造成的损失。样品采集后,应尽快分析测定,样品保存期一般不得超过 2 个月。采样量建议不少于 6 L。如果要测量澄清的样品,可通过过滤或静置使悬浮物下沉,取上清液。

2. 浓缩

根据残渣含量(见表 4.11)估算实验分析所需量取样品的体积。为防止操作过程中的损失,确保试样蒸干、灼烧后的残渣总质量略大于 0.1A mg(A 为测量盘的面积,mm²),灼烧后的残渣总质量按 0.13A mg 估算取样量。

表 4.11　不同水体中残渣量范围

序　　号	样 品 类 别	残渣量范围/(g·L⁻¹)	均值和标准偏差/gL	样　品　数
1	自来水	0.12～0.44	0.24±0.09	23
2	地表水	0.10～1.35	0.43±0.25	288
3	地下水	0.16～1.01	0.42±0.21	15
4	处理前废水	0.20～216.1	28.5±59.9	40
5	处理后废水	0.093～28.7	2.0±3.8	72

量取估算体积的待测样品于烧杯中,置于可调温电热板上缓慢加热,电热板温度控制在 80 ℃ 左右,使样品在微沸条件下蒸发浓缩。为防止样品在微沸过程中溅出,烧杯中样品体积不得超过烧杯容量的一半,若样品体积较大,可以分次陆续加入。全部样品浓缩至 50 mL 左右,放置冷却。将浓缩后的样品全部转移到上述恒重后的蒸发皿中,用少量 80 ℃

以上的热去离子水洗涤烧杯,防止盐类结晶附着在杯壁,然后将洗液一并倒入蒸发皿中。

对于硬度很小(如以碳酸钙计的硬度小于 30 mg/L)的样品,应尽可能地量取实际可能采集到的最大样品体积来蒸发浓缩,如果确实无法获得实际需要的样品量,也可在样品中加入略大于 0.13A mg 的上述恒重后的硫酸钙,然后经蒸发、浓缩、硫酸盐化、灼烧等过程制成待测样品源。

3. 硫酸盐化

沿器壁向盛有浓缩样品的蒸发皿中缓慢加入 1 mL 1.84 g/mL 的硫酸,为防止溅出,把蒸发皿放在红外箱或红外灯或水浴锅上加热,直至硫酸冒烟,再把蒸发皿放到可调温电热板上(温度低于 350 ℃),继续加热至烟雾散尽。

4. 灼烧

将装有残渣的蒸发皿放入马弗炉内,在 350 ℃下灼烧 1 h 后取出,放入干燥器内冷却,冷却后准确称量,根据与蒸发皿恒重质量的差,求得灼烧后残渣的总质量。

5. 样品源的制备

将残渣全部转移到研钵中,研磨成细粉末状,准确称取不少于 0.1A mg 的残渣粉末到测量盘中央,用滴管吸取有机溶剂(体积分数大于 95% 的无水乙醇或丙酮),滴到残渣粉末上,使浸润在有机溶剂中的残渣粉末均匀平铺在测量盘内,然后将测量盘晾干或置于烘箱中烘干,制成样品源。

6. 空白试样的制备

准确称取与样品源相同质量的硫酸钙,按样品源的相同制备步骤制成空白试样。

7. 实验室全过程空白试样的制备

量取 1 L 去离子水至 2 L 玻璃烧杯中,加入 20 mL 体积比为 1:1 的硝酸溶液,搅拌均匀后,加入 0.13A mg 的硫酸钙,按制备的样品源相同操作,然后称取与样品源相同质量的残渣,制成实验室全过程空白试样。

8. 标准源的制备

α 标准源的制备有 2 种方法:硫酸钙标准粉末法和 Am-241 固体粉末标准物质法。

硫酸钙标准粉末计算法:准确称取 2.5 g 的硫酸钙于 150 mL 烧杯中,加入 10 mL 体积比为 1:1 的硝酸溶液,搅拌后加入 100 mL 的热水(80 ℃以上),在电热板上小心加热以溶解固态物质。把所有溶液转入 200 mL 蒸发皿中,准确加入约 5~10 Bq 的 Am-241 标准物质,在红外箱内或红外灯下缓慢蒸干,再置于马弗炉内 350 ℃下灼烧 1 h,取出,放入干燥器内冷却后称重,获得含有 Am-241 的硫酸钙标准粉末。根据加入的 Am-241 总活度和灼烧后得到的硫酸钙残渣总质量,按照式(4.29)计算硫酸钙标准粉末的总 α 放射性活度浓度 α_s(Bq/g)。

$$\alpha_s = \frac{A_s \times M_s}{m_s},$$ (4.29)

式中:α_s——硫酸钙标准粉末的总 α 放射性活度浓度,Bq/g;

A_s——加入的 Am-241 标准溶液的活度浓度,Bq/g;

M_s——加入的 Am - 241 标准溶液质量,mg;

m_s——灼烧后硫酸钙的残渣总质量,mg。

将硫酸钙标准粉末研细,称取与样品源相同的质量于测量盘中,按样品源的相同制备步骤,制成标准源,记录铺盘的日期和时间。

Am - 241 固体粉末标准物质法:直接购买有证 Am - 241 固体粉末标准物质,使用前在 105 ℃下干燥恒重后,直接称取、铺盘、测量。

β标准源的制备:先将优级纯氯化钾标准物质在研钵内研细,准确称取与样品源相同质量的标准物质于测量盘中,按样品源的相同制备步骤制成标准源,晾干,记下铺盘的日期和时间。

(五) 样品的分析计算

1. 仪器本底的测定

取未使用过、无污染的测量盘,洗涤后用酒精浸泡 1 h 以上,取出、烘干,置于低本底 α、β 测量仪上连续测量仪器的总 α 和总 β 本底计数率 8～24 h,确定仪器本底的稳定性,取平均值,以计数率 R_0(s^{-1}) 表示。

2. 有效饱和厚度(最小铺盘量)的确定

实际测量:分别称取 80 mg、100 mg、120 mg、140 mg、160 mg、180 mg、200 mg、220 mg、240 mg 的上述制备标准源或购买的标准物质于测量盘内,按样品源的制备相同步骤,制成不同厚度的系列标准源,均匀平铺在测量盘底部,晾干后,置于低本底 α、β 测量仪上测量每个标准源的总 α 和总 β 计数率。以总 α 或总 β 净计数率为纵坐标,铺盘量为横坐标,绘制 α、β 自吸收曲线。当铺盘量达到一定的值时,总 α 或总 β 净计数率不再随铺盘量的增加而增加,延长自吸收曲线的斜线段与水平段,交叉点对应的铺盘量即为标准源的有效饱和厚度,也就是方法的最小铺盘量。

理论估算:如果有效饱和厚度测量有困难,可直接按 0.1A mg 计算。

3. 空白试样的测定

将制备的空白试样在低本底 α、β 测量仪上测量总 α 和总 β 计数率。总 α 和总 β 计数率应分别保持在仪器总 α 和总 β 本底平均计数率的 3 倍标准偏差范围内,否则应更换硫酸钙或采用空白试样的总 α 或总 β 计数率代替仪器本底计数率。

4. 实验室全过程空白试样的测定

将实验室全过程空白试样在低本底 α、β 测量仪上测量总 α 和总 β 计数率。总 α 和总 β 计数率应分别保持在仪器总 α 和总 β 本底平均计数率的 3 倍标准偏差范围内,否则应选用放射性水平更低的化学试剂,或采用实验室全过程空白试样的总 α 或总 β 计数率代替仪器本底计数率。

5. 标准源的测定

将签署制备的标准源或购买的标准物质在低本底 α、β 测量仪上测量总 α 和总 β 计数率,以计数率 R_s(s^{-1}) 表示,并记录计数时刻、时间间隔和日期。

6. 样品源的测定

在样品源晾干后,应立即在低本底 α、β 测量仪上测量总 α 和总 β 计数率,以计数率 R_x

(s^{-1})表示,并记录计数时刻、时间间隔和日期。

测量时间的长短取决于样品和本底的计数率及所要求的精度,计算方法参见式(4.30)。仪器对同一样品源计数率的测量结果存在波动,需测量 5 次以上,取算术平均值。

$$t_x = \frac{R_x + \sqrt{R_x \times R_0}}{(R_x - R_0)^2 \times E^2},\tag{4.30}$$

式中:t_x——样品测量所需要的时间,s;

$\quad R_x$——样品源的总 α(或总 β)计数率,s^{-1};

$\quad R_0$——本底的总 α(或总 β)计数率,s^{-1};

$\quad E$——预定的相对标准偏差。

7. 结果计算

样品中总 α 或总 β 放射性活度浓度 $C_\alpha(Bq/L)$或 $C_\beta(Bq/L)$,分别按照式(4.31)进行计算:

$$C_\alpha = \frac{(R_x - R_0)}{(R_s - R_0)} \times \alpha_s \times \frac{m}{1\,000} \times \frac{1.02}{V} \text{ 或}$$

$$C_\beta = \frac{(R_x - R_0)}{(R_s - R_0)} \times \beta_s \times \frac{m}{1\,000} \times \frac{1.02}{V},\tag{4.31}$$

式中:C_α(或 C_β)——样品中总 α(或总 β)放射性活度浓度,Bq/L;

$\quad \alpha_s$(或 β_s)——标准源的总 α(或总 β)放射性活度浓度,Bq/g;

$\quad m$——样品蒸干、灼烧后的残渣总质量,mg;

$\quad 1.02$——校正系数,即 1 020 mL 酸化样品相当于 1 000 mL 原始样品;

$\quad R_s$——标准源的总 α(或总 β)计数率,s^{-1};

$\quad V$——取样体积,L。

若测量仪器可同时测量 α 和 β 计数,且 α(β)射线对 β(α)道的串道比不能忽略时,应进行串道比的修正,修正公式见《水质　总 α 放射性的测定　厚源法》(HJ 898—2017)附录 B 或《水质　总 β 放射性的测定　厚源法》(HJ 899—2017)附录 B。

当测定结果小于 0.1 Bq/L 时,保留小数点后 3 位;测定结果大于等于 0.1 Bq/L 时,保留 3 位有效数字。

三、水中钋-210 的 α 能谱法测定

钋-210(Po-210),半衰期为 138.376 d,主要来源于铀系天然放射性核素、反应堆生成等。空气中天然放射性 Po-210 形成后,很快粘附于气溶胶微粒或尘埃上。植物叶子上的沉积、动物的摄入和吸入是 Po-210 进入生物圈的基本途径。Po-210 作为 α 粒子发射体,是具有高放射性、高化学毒性的元素,组织吸收 α 粒子的能量可导致直接损伤。

水中 Po-210 的监测方法一般有 3 种:分离方法、α 计数测量法和 α 能谱法。

(1) 分离方法:钋的分离方法有共沉淀法、萃取法、色层分离法、电化学分离法等。其中对生物样品和环境中的 Po-210 常用的分离方法是电化学置换法。

（2）α计数测量法：水样采用氢氧化铁或钙镁氢氧化物沉淀载带钋，盐酸溶解沉淀后，在0.5 mol/L盐酸体系中自发沉积Po-210；其他环境样品（空气滤膜、生物样品、土壤）等经前处理后制成样品溶液，转化为0.5 mol/L盐酸体系自沉积。最后，以低本底α测量仪测得的计数率计算出Po-210的活度浓度。

（3）α能谱法：向样品中加入已知活度的Po-209标准溶液，用浓硝酸与过氧化氢使样品分解，转化为0.5 mol/L盐酸体系后进行自沉积，使Po-210和Po-209同时沉积于银片上，用α能谱仪分别测量Po-210与Po-209的特征峰面积，并用Po-209的回收率对Po-210的测量结果进行回收率校正。该法是目前国际上较通用的方法。

（一）方法原理

我国现行的国家标准《食品安全国家标准　食品中放射性物质钋-210的测定》（GB 14883.5—2016）和生态环境行业标准《水中钋-210的分析方法》（HJ 813—2016）也采用的是α能谱法，其方法原理：食品鲜样用硝酸-过氧化氢-高氯酸湿式灰化法破坏有机物（水样不需次步骤），在得到的液体样品（或水样）中加入已知Po-209示踪剂，以氢氧化铁为载体（载带剂），吸附载带/沉淀水中Po-210和Po-209。盐酸溶解沉淀后，加入抗坏血酸及盐酸羟胺还原三价铁。在盐酸体系中使Po-210和Po-209自沉积到纯银片上。用α能谱仪测量，根据Po-210和Po-209的计数计算出水中Po-210的活度浓度。当每个样品中含有25 μg金、25 μg铂、25 μg碲、50 μg汞、100 μg钒，会使Po-210的结果偏低。该方法适用于地表水、海水、地下水及核工业排放废水的测量，但要求样品的活度浓度大于1×10^{-3} Bq/L。

测试中的银片要求厚度0.5 mm，直径21 mm。使用前须将银片一面涂上油漆，另一面用水砂纸抛光，清水冲洗干净后晾干待用。

测试用的α能谱仪，要求本底小于1 cph。使用混合电镀α面源对能谱进行能量刻度和效率刻度，取平均值作为仪器效率值。

（二）样品测试

样品的采集和保存按照《水质　采样方案设计技术规定》（HJ 495—2009）、《水质　采样技术指导》（HJ 494—2009）和《水质　样品的保存和管理技术规定》（HJ 493—2009）中的相关规定进行。样品采集后加入浓盐酸酸化，pH＜2，静置，过滤，待用。

首先，准确量取5 L已过滤水样，加入1 mL Po-209标准溶液（浓度0.1 Bq/mL，1 mol/L盐酸体系），边搅拌边滴加2～3滴高锰酸钾溶液（2%（m/V）），直至水样呈稳定淡紫色，静置30 min。加入5.0 mL三氯化铁溶液（20 mgFe/mL，0.1 mol/L盐酸体系），不断搅拌直至溶液均匀，电热板上加热至600℃，取下。

随后，边搅拌边缓慢滴加氨水［25%～28%（质量分数）］，直至pH=9.2（用精密pH试纸测定），每隔半小时搅拌一次，直至无上浮悬液，静置过夜。再倾倒（或虹吸）上清液，过滤。用去离子水清洗烧杯和滤纸3次，弃去滤液。用6～8 mL盐酸（1 mol/L）溶解沉淀，滤液收集于100 mL烧杯中。依次用10 mL盐酸（0.1 mol/L）和5 mL去离子水清洗滤纸，清洗液合并入烧杯。往烧杯中滴加2～3滴过氧化氢［质量浓度30%（质量分数）］，在电热板上微沸3 min。待溶液稍冷后,加入2～3 g抗坏血酸和0.5 mL盐酸羟胺[质量浓度25%(质量分数)],加30～40 mL盐酸(0.1 mol/L),控制酸度为0.2～0.5 mol/L,总体积约为70 mL。

然后,在烧杯中置入搅拌磁石、支架、表面皿及银片。整个烧杯置入结晶皿中,加满水,开启加热与搅拌功能,自沉积1～2 h。随后取出银片,先用去离子水冲洗,再浸入无水乙醇(99.5%,体积分数)中浸泡约20 min。取出,去离子水冲洗后自然晾干,在涂有油漆面贴上样品标签,再置入1 100 ℃恒温干燥箱中干燥1 h。

最后,将银片置入α能谱仪上连续计数48 h,测得Po-210和Po-209的净计数。

(三) 结果计算

在计算Po-210峰位对应感兴趣区内净计数时,应先减去本底谱。水样中Po-210活度浓度可以按照式(4.32)计算:

$$A_0 = A_1 \times \frac{N_0}{N_1 V}, \tag{4.32}$$

式中:A_0——水样中Po-210活度浓度,Bq/L;

A_1——示踪剂Po-209活度,Bq;

N_0——Po-210峰位对应感兴趣区内净计数;

N_1——Po-209峰位对应感兴趣区内净计数;

V——水样体积,L。

(四) 测试中的注意事项

测试过程中,某些现象应注意并进行处理:①自沉积时若溶液变黑,可加入去离子水,并减少自沉积时间。②自沉积时若发现溶液上方出现大量泡沫,可用玻璃棒或滤纸清理。③氢氧化铁沉淀过滤完全后应尽快溶解,过夜后溶解难度加大。④若水样中Po-210含量大于0.2 Bq/L时,可直接取50 mL样品,用盐酸调节酸度为0.2～0.5 mol/L,加入示踪剂后,按样品测试步骤完成实验。⑤若α能谱仪上Po-210峰面积较大,对Po-209有重叠干扰,可对样品稀释或减少取样量,再重新分析一次,可有效降低Po-210峰对Po-209峰的干扰。⑥若出现银片发黑,说明自沉积不理想,应重新分析。⑦若银片起翘等导致表面不平整,将会加大α离子散射,影响拖尾。⑧按式(4.33)计算试样计数的时间:

$$t_c = \frac{N_c + \sqrt{N_c \times N_b}}{N^2 \times E^2}, \tag{4.33}$$

式中:t_c——试样计数的时间,s;

N_c——试样源加本底的总计数率,s^{-1};

N_b——本底计数率,s^{-1};

N——试样净计数率,s^{-1};

E——预定的相对标准误差。

四、水中钚的萃取色层法测定

钚是核工业的重要原材料,在军工系统中也有非常重要的用途。在钚的生产和应用中,存在污染水体的可能,因此,掌握事故情况下环境水中及核工业排放废水中钚的常规监测方法,适时监测地下水和地面水中钚的浓度具有重要意义。

(一) 方法原理

水中钚的萃取色层法测定,适用于钚的活度在 1×10^{-5} Bq/L 以上的测量范围。其基本原理如下:水样品中的钚,在 pH 值为 9~10 的条件下用生成的钙、镁的氢氧化物共沉淀浓集。沉淀物用 6~8 mol/L 的硝酸溶解。经过还原、氧化调节钚的价态后,钚以 $Pu(NO_3)_5^-$ 或 $Pu(NO_3)_6^{2-}$ 阴离子形式存在于溶液中。当此溶液通过三正辛胺-聚三氟氯乙烯粉或三正辛胺-硅烷化 102 白色担体萃取色层柱时,又以 $(R_3NH)Pu(NO_3)_5$ 或 $(R_3NH)HPu(NO_3)_6$ 络合物形式被吸附。经用盐酸和硝酸淋洗,而达到进一步纯化钚的目的。用低浓度的草酸-硝酸混合溶液将钚从色层柱上洗脱解吸。在低酸度(pH 值为 1.5~2)下进行电沉积,钚以氢氧化物形式被沉积在不锈钢片上。最后用低本底 α 计数器或低本底 α 谱仪测量钚的活度。

氨基磺酸亚铁溶液配制方法:称取 3.0 g 还原铁粉和 12.0 g 氨磺酸,用 40 mL 左右的 0.1 mol/L 硝酸溶解,过滤除去不溶物,滤液用 0.1 mol/L 硝酸稀释至 50 mL 棕色容量瓶中,在冰箱中保存,备用。使用期可达 30 d。

色层粉的调制:每 1.0 g 聚三氟氯乙烯粉(辐照合成,40~60 目)或每 1.0 g 硅烷化 102 白色担体(60~80 目)加入 2.0 mL 10% 的三正辛烷-二甲苯溶液,充分搅拌均匀后放置在红外灯下烘烤,使二甲苯挥发并呈现松散状,用水悬浮法除去悬浮的粉后贮存在玻璃瓶中备用。

色层柱的制备:用湿法将色层粉装入色层柱中,柱的上下两端用少量的聚四氟乙烯细丝填塞,色层粉高 60 mm,使用前用 20 mL 体积比为 1∶1 的硝酸溶液以 2 mL/min 流速通过柱子以平衡柱子上的酸度。

(二) 水样的处理

将水样静置 12 h 以上,然后从静置后的水样中抽取 50 L 上层清液放入 60 L 的聚乙烯塑料桶中,加入 50 mL 氢氧化铵,搅拌均匀后加入 15 g 无水氯化钙和 30 g 氯化镁,待完全溶解,搅拌均匀后,再缓慢加入氢氧化铵,调节 pH 值为 9~10,继续搅拌 60 min 以上,然后静置 12 h 以上。抽去上层清液,将剩下的少量上层清液和沉淀一起转入离心管中,离心 10~15 min(转速为 3 000 r/min)弃去上层清液,再用 200~300 mL 蒸馏水洗涤塑料桶后转入原离心管中,并将沉淀物搅拌洗涤后再离心 10~15 min(转速 3 000 r/min),弃去洗涤液。用 80 mL 硝酸洗涤搅拌棒和塑料桶壁,然后将洗涤液倒入 250 mL 的玻璃烧杯中,再用 70 mL 体积比为 1∶1 的硝酸溶液重复洗涤一次,合并两次洗涤液并用来溶解离心管中的沉淀,将溶解后的溶液用快速滤纸过滤,并用 10 mL 体积比为 1∶1 的硝酸溶液洗涤滤纸及残渣,收集过滤液,供分析用。

(三) 钚的分离纯化

按每 100 mL 上述溶液加入 0.5 mL 氨基磺酸亚铁，进行还原，放置 5～10 min，再加入 0.5 mL 亚硝酸钠，进行氧化，放置 5～10 min，然后在电炉上煮沸溶液，使过量的亚硝酸钠完全分解，冷却至室温。将上述溶液的酸度调至 6～8 mol/L，并以 2 mL/min 的流速通过色层柱。用 10 mL 体积比为 1∶1 的硝酸溶液分 3 次洗涤原烧杯，并通过色层柱。依次用 20 mL 10 mol/L 盐酸和 30 mL 3 mol/L 硝酸以 2 mL/min 的流速洗涤色层柱，最后用 2 mL 蒸馏水以 1 mL/min 的流速洗涤色层柱。在不低于 10 ℃条件下，用 0.025 mol/L 草酸-0.15 mol/L 硝酸溶液以 1 mL/min 的流速洗脱钚，并将洗脱液收集到已准备好的电沉积槽(见图 4.9)中，用体积比为 1∶1 的氢氧化铵溶液调节电沉积槽中的洗脱液的 pH 值为 1.5～2.0。

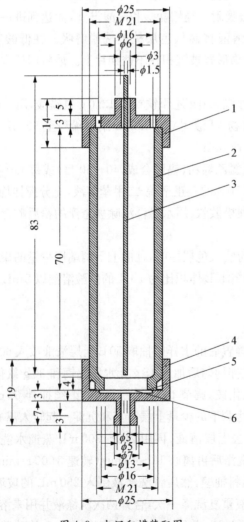

1—盖(有机玻璃或聚四氟乙烯)；2—液槽(有机玻璃或聚四氟乙烯)；3—阳极(铂金丝 ϕ1.5 mm)；4—底座(不锈钢)；5—阴极(不锈钢片，厚 0.5 mm)；6—垫片(不锈钢片，厚 0.2 mm)。

图 4.9　电沉积槽装配图

将上述电沉积槽置于流动的冷水浴中,极间距离为 4～5 mm,电流密度在 500～800 mA/cm² 下,电沉积 60 min,然后加入 1 mL 氢氧化铵(25%～28%,质量分数),继续电沉积 1 min,断开电源,弃去电沉积液,并依次用水和无水乙醇洗涤镀片,在红外灯下烤干。将镀片置于低本底 α 计数器或低本原 α 谱仪上测量。

(四) 结果计算与回收率测定

试样中钚的放射性活度按式(4.34)计算:

$$A = \frac{N}{E \cdot Y \cdot V},$$ (4.34)

式中:A——试样中钚的放射性活度,Bq/L;

    N——试样源的净计数率,s⁻¹;

    E——仪器对钚的探测效率,s⁻¹·Bq⁻¹;

    Y——钚的全程放化回收率,%;

    V——被测试样的体积,L。

在分析水样中,加入已知量的钚(Pu-242)指示剂,按待测水样相同的分析步骤操作,并按式(4.35)计算钚的全程回收率 Y:

$$Y = N_1/N_0,$$ (4.35)

式中:N_1——水样中 Pu-242 的活度,Bq;

    N_0——水样中加入 Pu-242 的活度,Bq。

需要注意的是,在本方法中,聚三氟氯乙烯粉(辐照合成 40～60 目)与硅烷化 102 白色担体(60～80 目)的效果相同,可根据各个实验室的具体条件任意选用。此外,本方法对 Np-237 的去污性能差(抗干扰能力弱),当水体试样中含有干扰核素 Np-237 时,可用 α 谱仪进行测量或采用碘氢酸-盐酸溶液解吸钚,其步骤如下:将 8.0 mL 0.025 mol/L 草酸-0.15 mol/L 硝酸改用 8.0 mL 0.4 mol/L 碘氢酸-6.0 mol/L 盐酸溶液,以 1 mL/min 流速解吸,用小烧杯收集解吸液,在电砂浴上缓慢蒸干(防止崩溅)。将蒸干的残渣用 8.0 mL 0.025 mol/L 草酸-0.15 mol/L 硝酸溶液分次溶解,并转移到电沉积槽中。后续操作与前述一致。

除了萃取色层法,还可以采用离子交换法对水中钚进行分析测定,详见本章土壤中钚的分析方法。

五、水中钍的萃取色层法测定

与钚相似,钍也是重要的核工业和武器系统中的重要原材料,掌握其生产、运输和应用等相关过程中水体中钍的含量,对控制水体污染具有重要意义。本部分介绍的方法适用于地面水、地下水、饮用水中钍的分析,测定范围:0.01～0.5 μg/L。

方法原理:在水样中加入镁载体和氢氧化钠后,钍和镁以氢氧化物形式共沉淀。用浓硝酸溶解沉淀,溶解液通过三烷基氧膦萃淋树脂萃取色层柱选择性吸附钍;草酸-盐酸溶液解吸钍；在草酸-盐酸介质中，钍与偶氮胂Ⅲ生成红色络合物，于分光光度计 660 nm 处测量其吸光度。当水样中锆和铀的总量分别超过 10 μg 和 100 μg 时，会使测试结果偏高。

(一) 萃取色层柱的准备

树脂的处理：用去离子水将三烷基氧膦（TRPO）萃淋树脂[50%（质量分数），60～75 目]浸泡 24 h 后弃去上层清液，再加入 3 mol/L 硝酸溶液搅拌，浸泡 2 h，而后用去离子水洗至中性。自然晾干，保存于棕色玻璃瓶中。

萃取色层柱的制备：用湿法将树脂装入玻璃色层交换柱（内径 7 mm）中，床高 70 mm。床的上、下两端用少量聚四氟乙烯填塞，用 25 mL 1 mol/L 硝酸溶液以 1 mL/min 流速通过玻璃色层交换柱后备用。

萃取色层柱的再生：依次用 20 mL 0.025 mol/L 草酸-0.1 mol/L 盐酸溶液，25 mL 水，25 mL 1 mol/L 硝酸溶液依 1 mL/min 流速通过萃取色层柱后备用。

(二) 样品分析

取水样 10 L，加氢氧化钠溶液（10 mol/L）调节至 pH＝7，加 5.1 g 氯化镁（MgCl$_2$ · 6H$_2$O）。在转速为 500 r/min 下搅拌，缓慢滴加 10 mL 氢氧化钠溶液（10 mol/L），加完后继续搅拌半小时。放置 15 h 以上，弃去上层清液。沉淀转入离心管中，在转速为 2 000 r/min 下离心 10 min，弃去上层清液。用约 6 mL 硝酸（质量分数 65.0%～68.0%）溶解沉淀。溶解液在上述转速下离心 10 min，上层清液以 1 mL/min 流速通过萃取色层柱。用 200 mL 1 mol/L 硝酸溶液以 1 mL/min 流速洗涤萃取色层柱，然后用 25 mL 1 mol/L 硝酸溶液洗涤，洗涤速度为 0.5 mL/min。用 30 mL 0.025 mol/L 草酸-0.1 mol/L 盐酸溶液以 0.3 mL/min 流速解吸钍。收集解吸液于烧杯中，在电砂浴上缓慢蒸干。将上述烧杯中的残渣用 0.1 mol/L 草酸-6 mol/L 盐酸溶液溶解并转入 10 mL 容量瓶中，加入 0.5 mL 偶氮胂Ⅲ（1 g/L），用 0.1 mol/L 草酸-6 mol/L 盐酸溶液稀释至刻度。10 min 后，将此溶液转入 3 cm 比色器皿中。以偶氮胂Ⅲ溶液作参比液，于分光光度计 660 nm 处测量其吸光度，从工作曲线上查出相应的钍量。

工作曲线绘制：准确移取 0 mL、0.05 mL、0.10 mL、0.30 mL、0.50 mL 钍标准溶液（10 μg/mL）置于一组盛有 10 L 自来水的塑料桶中，按待测水样方法进行分析处理。以偶氮胂Ⅲ溶液作参比液，于分光光度计 660 nm 处测量其吸光度。数据经线性回归处理后，以钍量为横坐标，吸光度为纵坐标绘制工作曲线。

试样中钍的浓度按式（4.36）计算：

$$C = W/V, \qquad (4.36)$$

式中：C——试样中钍的浓度，μg/L；

W——从工作曲线上查得的钍量，μg；

V——试样体积，L。

注意事项：①显色剂偶氮胂Ⅲ溶液的使用期不得超过 1 个月，否则会影响钍的测定；②在分析中，若需要更换试剂或分光光度计需要调整，更换零件时，必须重作工作曲线；

③对于碳酸盐结构地层的水样,由于碳酸根含量较高,碳酸根与钍可形成五碳酸根络钍阴离子$[Th(CO_3)_5^{5-}]$,从而影响钍的定量沉淀。此时,可在水样中加入过氧化氢,使钍形成溶度积小得多的水合过氧化钍$(Th_2O_7 \cdot 11H_2O)$沉淀;④用硝酸溶解沉淀时,要缓慢加入,硝酸用量以恰好溶解沉淀为宜。此溶解液在上柱前,一定要离心,防止硅酸盐胶体及其残渣堵塞柱子;⑤解吸液在蒸发至近干时,应防止通风。

第三节　土壤中放射性核素分析方法

土壤、空气和水是生物维持存活生长的基本环境要素,在环境核辐射常规监测和环境放射性本底调查中,对土壤的监测必不可少。土壤中的核辐射主要来源于两个方面,一方面是天然本底中的铀、钍、钾等,其所造成的人体内照射和外照射剂量很低;另一方面是人类活动,主要有核试验、核电站、放射性核素生产、核工业等。土壤核辐射污染主要取决于其核素的属性、土壤成分和化学反应的环境等因素。放射性核素进入土壤后与土壤结合在一起,如果被污染的土壤作为潜在的食品和动物饲料中放射性核素的长期来源,会对人体健康造成危害。

本节主要阐述在土壤环境的核辐射常规监测、本底调查和核事故应急监测过程中,土壤代表性样品的采集与制备,以及使用高分辨率半导体或 NaI(Tl)γ 能谱分析土壤中天然或人工放射性核素比活度的常规方法。

一、采样点布设与采集

(一) 土壤的质地

土壤是地球陆地表面具有肥力、能生长植物的疏松表层,该表层由岩石风化而成的矿物质、动植物残体腐解而产生的有机物质以及水分、空气等组成。土壤是有发展历史的自然体。土壤质地指土壤中矿物质颗粒的大小及其组合比例,即土壤的粗细、砂黏状况。按土壤中砂粒、粉砂粒和黏粒的含量百分数,土壤质地可分为粗砂土、沙壤土、壤土、黏壤土和黏土,区分不同质地土壤的手测标准见表 4.12。

表 4.12　土壤质地手测标准表

质地名称	土壤的感官状态
粗砂土	粗砂粒明显可见;干时为分散状态;用手接触时,有砂粒棱角感
沙壤土	干时成团;极易压碎
壤土	土块较难压碎;受搓时有粉状细腻感
黏壤土	其小团带棱角,难压碎
黏土	小块状坚硬,且带尖锐棱角,不能用手压碎

土壤样品采集是指获得有土壤代表性样品的过程。土壤代表性样品是指土壤采集中所获得的一定量的土壤样品,它与被取样的总体在性质与特点上完全相同。

(二) 采样点的选择

采样场所是指根据监测目的所确定的采集样品的地方。因此,采样场所的选择,主要取决于监测目的。核设施运行前和运行期间的采样场所,其位置不应变动,但后者采样不应重叠在前一次的采样点上。

为测定沉飘到地面上的气载长寿命放射性污染物而进行的土壤采样,其采样场所应开阔平坦,土壤应有良好的渗透性,最好是矮草地,同时,尽可能远离建筑物和树木。为对几年内的沉积进行估计,其采样点应尽量选择在没有受到干扰的地方。采样场所必须是能够重复采样的地方,并且不受施肥、灌溉所致的放射性影响。

(三) 采样点的布设

采样点的布设取决于几个方面:监测目的;核设施的性质、规模、操作放射性物质的种类和数量;该地区的气象条件和水文条件;人口分布及其他一些偶然因素。核设施运行前本底调查中的土壤采样,其采样点布设应尽量考虑到同运行期间采样点一致。核设施运行期间环境监测中的土壤采样,其采样点应布设在可能受到污染的地区。核事故情况下的应急监测中的土壤采样,其采样点的布设取决于事故的性质和可能受到污染的范围。

在相对开阔的未耕区,一般在 10 m×10 m 范围内,采用梅花形布点或根据地形采用蛇形布点(采样点不少于 5 个),也可采用棋盘式布点,如图 4.10 所示。梅花形布点,即像梅花花瓣的形状的布置,多为五点式布置。具体就是,选取正方形区域,划两条对角线,再将每条对角线 4 等分,分别布 3 个点,总共 5 个监测点(交叉点重合)。蛇形布点法,又称"S"形布点法,在"波峰"和"波谷"分别设点,并在两者的中点位置再布设 1 个点。该方法适用于面积较大、土壤不够均匀且地势不平坦的地块,需布设的监测点较多,多用于农业污染型土壤。

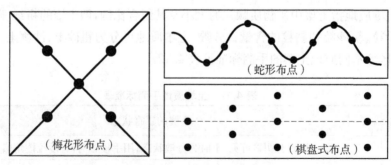

（梅花形布点）　　（蛇形布点）　　（棋盘式布点）

图 4.10　土壤监测常见的 3 种布点方式

(四) 采样设备

根据采样场所土壤质地和采样深度的不同,常见的采样器有以下 3 种:第一种采样器 SS1 是一段带把手的钢管,其内径为 8 cm,高为 20 cm,下端为锐利的刀口;第二种采样器

SS2 是一段带把手的钢管,其内径为 8 cm,高为 70～100 cm,下端装有特殊的刀子,使用时插入用第一种采样器挖好的孔中,旋转向下推进,用于采集深层土壤样品;第三种采样器是内径为 10 cm,高为 5 cm 的钢杯,用于采集表层干的、松散的砂质土壤样品。

其他采样用具包括:铁锹、移植瓦刀;塑料布、塑料袋、布袋或编织袋;大木锤或橡皮锤;卷尺、刻度尺(100 cm)、标签、木签、小勺、罗盘、绳子等;台称,可称量 10 kg,感量 50 g。

(五) 采样步骤

采样深度取决于采样目的、土壤的理化特性、分析核素的种类。在核设施运行前后的环境常规监测中,土壤采样深度为 5 cm。在事故应急监测中,其土壤采样深度为 2 cm。为测定早期核试验落下灰在土壤中的沉积量,其土壤采样深度必须深至 30 cm。为测定近期沉降到地面上的气载放射性核素,其土壤采样深度为 5 cm。为了解放射性废水在土壤中的渗透情况,土壤采样深度可视需要而定。考虑到样品制备、分析与保存,采样量为 2～3 kg。

进入采样场所后,首先对地形、土壤利用情况、土壤种类、植被情况进行观察与记录。清除采样点上的杂物,植被只留 1～2 cm 高,如需要可保留完整的植物。非表层土壤采样不受此限制。在清理后的采样场所,划定两块面积为 1.0 m² 的区域,两块区域间隔 3 m。在每个区域的中心和四角处采样。为满足采样量,可以增加采样区域。

表层土壤采样时,将 SS1 采样器垂直立在地面,用锤冲打采样器至预定深度。用铁锹、移植瓦刀等挖出采样器。如遇砂质土壤,在回收采样器时为防止采样器内的土壤滑落,可用移植瓦刀将采样器开口部位堵住。去掉采样器外表的土壤,从采样器中取出土芯。对于过于干松的土壤,可在采样前喷洒适量的水以使地面湿润。对于干松质土壤,可用第三种采样器,将采样器压入土壤中,用小勺取出环内的土壤。深层土壤采样时,可用 SS1 采样器依次继续取得下层土壤,也可用 SS2 采样器在 SS1 采样器挖好的孔位旋转向下推进取样。

将多点采集的土壤除去石块、草根等杂物,现场混合均匀后,用四分法取 2～3 kg 样品装在双层塑料袋内,密封称重、贴签,再装入布袋或编织袋中。记录土壤样品湿重 W。清洗用过的采样设备,避免交叉污染。

二、土壤样品的制备与保存

(一) 四分法取样

四分法取样,也叫四分法分样,就是指用分样板先将样品混合均匀,然后按 2/4 的比例分取样品的过程,主要有 2 种:平板四分法和圆锥四分法,如图 4.11。

平板四分法主要步骤:①将混合后样品倒在光滑平坦的平板或玻璃板上;②用分样板把样品混合均匀;③将样品摊成等厚度的正方形;④用分样板在样品上划两条对角线,分成两个对顶角的三角形;⑤任取其中两个对顶角三角形为样本;⑥将取得的样本进一步混合均匀,再按以上方法反复分取,直至最后剩下的两个对顶角三角的样品质量接近所需试样质量为止。

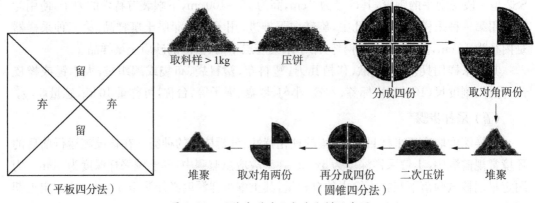

图 4.11　两种典型的四分法取样示意图

所谓圆锥四分法取样,即将样品堆积成圆锥体,并拍成圆饼形,然后沿直径方向切成四等分,去掉两个相对部分,将剩下的两部分混合后再按上述方法重复进行,直到获得试验所需量为止。

四分法取样除了适用于土壤样品,也广泛应用于其他粉末状或颗粒状的样品,如谷物籽实、矿物粉体、建材砂石颗粒等。

(二) 样品制备

制样设备包括:台秤,可称量 10 kg,感量 50 g;烘箱;盘状器血,如搪瓷盘、不锈钢盘等;粉碎机;系列分样筛;聚乙烯桶或聚乙烯瓶;小铲或大勺。

取得的土壤样品放在搪瓷盘或不锈钢盘中摊开,敲碎土块,用剪刀把植物剪碎使其均匀分布(是否保留植物,根据采样目的而定)。将盛有土壤样品的盘子置于烘箱中,在 110 ℃下烘烤 24 h。称量烘干的土壤样品,称量误差在 1% 以内,记录干土样质量 D。把研碎的样品摊开按四分法取至 1 kg,将 1 kg 粉碎样磨细并用 100 目(154 μm)分样筛过筛。将筛后的土样称重,装入聚乙烯瓶或聚乙烯桶中,贴上标签,密封保存待用,作好制样记录。清洗制样设备,避免交叉污染。制样人员必须戴口罩和手套操作。

土壤芯样含水量 A 和密度 B 分别按照式(4.37)、式(4.38)计算:

$$A = \frac{W - D}{W}, \tag{4.37}$$

$$B = \frac{W}{F \times V}, \tag{4.38}$$

式中:A——土壤芯样含水量,%;

W——土壤芯样湿重,g;

D——土壤芯样干重,g;

B——土壤芯样密度,g/cm^3;

F——土壤芯样数目,个;

V——土壤芯样体积,cm^3。

(三) 样品的储存与运输

对于需要运输的样品,要确保样品容器不被损坏,防止标签丢失和样品交叉污染,并附带记录清单一份。样品应置于贮存室内保存,贮存室应保持干燥,通风良好。必要时,贮存样品应一式两份并异地保存。同时,定期核查贮存样品及记录,确保样品不被丢失和混用。

三、土壤中放射性核素的 γ 能谱分析方法

(一) 仪器装置

1. 碘化钠 [NaI (T1)] 探测器

应用尺寸不小于 $\phi 7.5\,cm \times H7.5\,cm$ 的圆柱形 NaI(T1)探测器测量土壤样品。优先选用低钾 NaI(T1)晶体和低噪声光电倍增管。整个晶体密封于有透光窗的密封容器中,晶体与光电倍增管形成光耦合。探测器对 Cs - 137 位于 661.6 keV 光峰的分辨率应优于 9%。

2. 半导体探测器

应根据 γ 射线能量范围采用不同材料和不同类型的半导体探测器。测量土壤样品可优先采用单开端同轴高纯锗探测器,其对 Co - 60 位于 1 332.5 keV 的 γ 射线的能量分辨率(FWHM)应优于 2.5 keV,相对于 $\phi 7.5\,cm \times H7.5\,cm$ (3″×3″) NaI(T1)探测器的相对效率不低于 20%。

3. 屏蔽

探测器装置应置于等效铅当量不小于 10 cm 的金属屏蔽室中,屏蔽室内壁距晶体表面的距离≥13 cm,在铅室的内表面应有原子序数逐渐递减的多层内屏蔽材料,内屏蔽从外向里依次衬有厚度≥1.6 mm 的镉或锡、≥0.4 mm 的铜以及 2～3 mm 的有机玻璃,以减少能量为 72 keV～95 keV 的 Pb 特征 X 射线的影响。屏蔽室应有便于取、放样品的门或窗。

4. 高压电源

应有保证探测器稳定工作的高压电源,其相对纹波电压不大于±0.01%,对半导体探测器,电压应在 0～±5 000 V,1 A～100 pA 范围内连续可调,不能有间断点。

5. 谱放大器

应有与前置放大器及脉冲高度分析器匹配的,具有波形调节的放大器。

6. 脉冲高度分析器

NaI(T1)谱仪的道数应不少于 512 道,对于高纯锗 γ 能谱仪,其道数应不少于 8 192 道。

7. 计算机系统

要求与整套谱仪系统硬件相匹配,并已安装适合整套谱仪系统的获谱、解谱软件,以及配套输出终端,如打印机等。

8. 测量容器

根据样品的多少及探测器的形状、大小选用不同尺寸及形状的样品盒,如:容器底部直径等于或小于探测器直径的圆柱形样品盒,或与探测器尺寸相匹配的环形样品盒。容

器应选用天然放射性核素含量低、无人工放射性污染的材料制成，如 ABS(丙烯腈-苯乙烯-丁二烯共聚物)树脂或聚乙烯。

(二) γ 能谱仪的刻度

1. 能量刻度

用已知核素的刻度源刻度 γ 能谱系统，能量刻度范围应为 40～2 000 keV。适用于能量刻度的单能和多能核素参见表 4.13。能量刻度至少包括 4 个能量均匀分布在所需刻度能区的刻度点。记录刻度源的特征 γ 射线能量和相应全能峰峰位道址，可在直角坐标纸上作图或对数据作最小二乘直线或抛物线拟合。高纯锗 γ 能谱仪的能量非线性绝对值不应超过 0.5%，NaI(T1)γ 能谱仪的能量非线性绝对值不应超过 5%。

表 4.13 能量刻度用单能和多能核素

核 素	半 衰 期	γ 射线能量/keV	γ 射线发射概率/%
Pb - 210	22.3 a	46.5	4.25
Am - 241	432.6 a	59.54	35.78
Cd - 109	461.4 d	88.03	3.626
Co - 57	271.8 d	122.1	85.51
Ce - 141	32.508 d	145.4	48.29
Cr - 51	27.703 d	320.1	9.87
Cs - 137	30.018 a	661.7	84.99
Mn - 54	312.13 d	834.84	99.974 6
Na - 22	2.602 7 a	1 274.54	99.940
Y - 88	106.626 d	898.0	93.90
		1 836.1	99.32
Co - 60	5.271 a	1 173.2	99.85
		1 332.5	99.982 6
Eu - 152	13.522 a	121.8	28.41
		344.3	26.59
		964.1	14.50
		1 112.1	13.41
		1 408.0	20.85

能量和道址关系的变化。若能量刻度曲线的斜率和截距的变化绝对值不超过 0.5%，可利用已有的刻度数据，否则应重新刻度。γ 能谱仪的稳定性越好，能量刻度变化的可能性就越小。

2. 效率刻度

效率刻度体标准源。对于一般土壤样品测量,用铀、镭,钍、钾的体标准源进行效率刻度。用作效率刻度的标准源,其几何形状要与被测样品相同,基质密度和有效原子序数要尽量与被测样品相近。对于某些涉及长寿命人工放射性核素(如 Cs - 137)的测量,还应另外制备 Cs - 137 体标准源备用。

效率刻度曲线。当级联和跨越效应可忽略,γ 射线全吸收峰探测效率是 γ 射线能量的函数。求出若干个不同能量单能 γ 射线全吸收峰探测效率,可做出探测效率与 γ 射线能量的关系曲线(即效率曲线),或对实验点作加权最小二乘法曲线,拟合得到效率曲线。在 40~2 000 keV 范围内用 n 次对数多项式拟合,可达到满意的效果,表达式如下:

$$\ln \varepsilon = \sum_{i=0}^{n-1} a_i (\ln E_r)^i, \tag{4.39}$$

式中:ε——实验 γ 射线全吸收峰效率值;

　a_i——拟合常数;

　E_r——相应的 γ 射线能量,keV。

效率刻度的相对标准不确定度应小于 5%。

(三) 体标准源与样品的制备

1. 体标准源要求

γ 能谱仪效率刻度用的体标准源由模拟基质加特定核素的标准溶液或标准矿粉均匀混合后制成,应满足均匀性好、核素活度准确、稳定、密封等要求。

2. 模拟基质

选用放射性本底低,容易均匀混合,与待测样品密度相近的物质作为模拟基质。对于填充密度为 0.8~1.6 g/cm³ 的土壤样品的体标准源,以一定比例的氧化铝和二氧化硅作为模拟基质。

3. 体标准源活度

体标准源的活度要适中,一般为被测样品的 10~30 倍,具体倍数根据样品量的多少及强弱而定。

4. 体标准源密封

制备好的铀镭体标准源,应放入样品盒中密封 3~4 周,使铀镭及其短寿命子体达到平衡后再使用。

5. 体标准源的不确定度

体标准源活度的总不确定度应在 5% 以内。

6. 土壤样品制备

剔除杂草、碎石等异物的土壤样品经 100 ℃ 烘干至恒重,压碎过筛(40~60 目),称重后装入与刻度 γ 能谱仪的体标准源相一致的样品盒中,密封放置 3~4 周后测量。

(四) 样品测量

1. 本底测量

应测量模拟基质本底谱和空样品盒本底谱,在求体标准源全能峰净面积时,应用体标准源全能峰计数减去相应模拟基质本底计数,土壤样品的全能峰计数应扣除相应空样品盒本底计数。

2. 体标准源测量

测量体标准源时,其相对探测器的位置应与测量土壤样品时相同。

3. 测量时间

测量时间根据被测体标准源或样品的放射性强弱而定。放射性较强的样品或标准源,测量时间可以较短;放射性较弱的样品或标准源,测量时间应当较长。

4. 测量计数不确定度

体标准源的测量不确定度应小于5%。土壤样品中放射性核素活度的扩展不确定度(包含因子为2)应满足:铀小于20%,镭、钍、钾小于10%,Cs-137小于15%。

(五)γ能谱分析方法

1. 相对比较法

相对比较法适用于有待测核素体标准源可利用的情况下,对样品中放射性核素活度浓度的分析。

利用多种计算机解谱方法,如:总峰面积法、函数拟合法、逐道最小二乘拟合法等,计算出体标准源和样品谱中各特征峰的全能峰净面积。体标准源中第 j 种核素的第 i 个特征峰的刻度系数:

$$C_{ji} = \frac{A_j}{Net_{ji}}, \tag{4.40}$$

式中:A_j——体标准源中第 j 种核素的活度,Bq;

Net_{ji}——体标准源中第 j 种核素的第 i 个特征峰的全能峰净面积计数率,s^{-1}。

被测样品中第 j 种核素的活度浓度:

$$Q_j = \frac{C_{ji}(A_{ji} - A_b^{ji})}{W \times D_j}, \tag{4.41}$$

式中:Q_j——被测样品中第 j 种核素的活度浓度,Bq/kg;

A_{ji}——被测样品第 j 种核素的第 i 个特征峰的全能峰净面积计数率,s^{-1};

A_b^{ji}——与 A_{ji} 相对应的特征峰本底净面积计数率,s^{-1};

W——被测样品净重,kg;

D_j——第 j 种核素校正到采样时的衰变校正系数。

2. 效率曲线法

效率曲线法适用于已有效率刻度曲线可利用的情况下,求被测样品中放射性核素的活度浓度。

根据效率刻度后的效率曲线或效率曲线的拟合函数,求出某特定能量 γ 射线所对应的效率值 η_i,被测样品中第 j 种核素的活度浓度为:

$$Q_j = \frac{A_{ji} - A_b^{ji}}{P_{ji} \times \eta_i \times W \times D_j},\qquad (4.42)$$

式中：η_i——第 i 个 γ 射线全吸收峰所对应的效率值；

P_{ji}——第 j 种核素发射第 i 个 γ 射线的发射概率，常用的 γ 射线发射概率大于 1%的天然放射性核素表参见表 4.14；

A_{ji}——被测样品第 j 种核素的第 i 个特征峰的全能峰净面积计数率，s^{-1}；

A_b^{ji}——与 A_{ji} 相对应的特征峰本底净面积计数率，s^{-1}；

W——被测样品净重，kg；

D_j——第 j 种核素校正到采样时的衰变校正系数。

表 4.14　常用的 γ 射线发生概率大于 1%的天然放射性核素表

核　　素	能量/keV	发射概率/%	半衰期/a	产　生　方　式
Th‑234	63.3	4.8(7)	L	U‑238 衰变
U‑235	143.8	10.96(14)	$703.8(5) \times 10^6$	天然衰变
U‑235	185.7	57.2(8)	$703.8(5) \times 10^6$	天然衰变
Ra‑226	186.2	3.533(21)	1 600(7)	天然衰变
Pb‑212	238.6	43.6(3)	L	Th‑232 衰变
Ra‑224	241.0	4.12(4)	L	Th‑232 衰变
Tl‑208	277.4	6.6(3)	L	Th‑232 衰变
Pb‑214	295.2	19.3(2)	L	U‑238 衰变
Pb‑212	300.1	3.18(13)	L	Th‑232 衰变
Ac‑228	338.3	11.3(3)	L	Th‑232 衰变
Pb‑214	351.9	37.6(4)	L	U‑238 衰变
Tl‑208	583.2	85.0(3)	L	Th‑232 衰变
Bi‑214	609.3	46.1(15)	L	U‑238 衰变
Bi‑212	727.3	6.74(12)	L	Th‑232 衰变
Tl‑208	860.6	12.5(1)	L	Th‑232 衰变
Ac‑228	911.2	26.6(7)	L	Th‑232 衰变
Ac‑228	969.0	16.2(4)	L	Th‑232 衰变
Bi‑214	1 120.3	15.1(2)	L	U‑238 衰变
K‑40	1 460.82	10.66(13)	$1.265(13) \times 10^9$	天然衰变
Bi‑212	1 620.7	1.51(3)	L	Th‑232 衰变
Bi‑214	1 764.5	15.4(2)	L	U‑238 衰变

注：圆括号中数值为前面相应数据的不确定度，其不确定度值参照圆括号前数值按照最后一位小数点对齐原则给出，如 4.8(7)表示 4.8 ± 0.7；L 表示该核素的半衰期取其母体核素的半衰期；当由能量为 583.2 keV 的 Tl‑203 来计算母体 Th‑232 活度时，应将其发射概率乘以 0.36。

3. γ 能谱分析的逆矩阵法

逆矩阵法主要用于样品中核素成分已知,而能谱又部分重叠的情况。用 NaI(T1) γ 能谱仪分析土壤样品中天然放射性核素 U‑238,Th‑232,Ra‑226,K‑40 和人工放射性核素 Cs‑137 的活度浓度可用逆矩阵法。

逆矩阵法应先确定响应矩阵,确定响应矩阵的体标准源应包括待测样品中的全部待求核素,且与待测样品有相同的几何和相近的机体组成,不同核素所选特征峰道区不能重合。正确选择特征峰道区,是逆矩阵法解析 γ 能谱的基础。特征峰道区选择原则为

(1) 对于发射多种能量 γ 射线的核素,特征峰道区应选择发射概率最大的 γ 射线全能峰道区。

(2) 若几种能量的 γ 射线的发射概率接近,应选择其他核素 γ 射线的康普顿贡献少、能量高的 γ 射线特征峰道区。

(3) 若两种核素发射概率最大的 γ 射线特征峰道区重叠,其中一种核素只能取其次要的 γ 射线特征峰。

(4) 特征峰道区宽度的选取,应使多道分析器的漂移效应以及相邻峰的重叠保持最小。

用逆矩阵求解土壤中放射性核素的活度浓度,各核素选用的特征峰道区建议值如表 4.15 所示。

表 4.15　各核素选用的特征峰道区建议值

核 素 名 称	建议选用的特征峰道区
U‑238	92.6 keV
Ra‑226	352 keV 或 609.4 keV
Th‑232	238.6 keV 或 583.1 keV 或 911.1 keV
K‑40	1460.8 keV
Cs‑137	661.6 keV

当求得多种核素混合样品的 γ 能谱中某一特征峰道区的净计数率后,样品中的第 j 种核素的活度浓度:

$$Q_j = \frac{1}{WD_j} \times X_j = \frac{1}{WD_j} \times \sum_{i=1}^{m} a_{ij}^{-1} C_j, \tag{4.43}$$

式中:a_{ij}——第 j 种核素对第 i 个特征峰道区的响应系数;

C_j——样品 γ 能谱在第 i 个特征峰道区上的计数率,s^{-1};

X_j——样品第 j 种核素的活度,Bq;

W——被测样品净重,kg;

D_j——第 j 种核素校正到采样时的衰变校正系数。

对于 γ 能谱分析中的逆矩阵法,详细的计算方法概述如下:在多种核素混合样品的 γ

能谱中,某一能峰特征道区的计数率除了该峰所对应的核素的贡献外,还叠加了发射更高能量 γ 射线核素的 γ 辐射的康普顿贡献,以及能量接近的其他同位素 γ 射线的光电峰贡献。因此,混合 γ 辐射体的 γ 能谱扣除空样品盒本底后,某一能峰道区的计数率应是各核素在该道区贡献的总和如下:

$$C_i = \sum_{j=1}^m a_{ij} X_j, \tag{4.44}$$

式中:j——混合样品中核素的序号;

　　i——特征道区序号;

　　m——混合样品所包含的全部核素种数;

　　C_i——混合样品 γ 能谱在第 i 个特征峰道区上的计数率,s^{-1};

　　X_j——样品中第 j 种核素的未知活度;

　　a_{ij}——第 i 个特征峰道区对第 j 种核素的响应系数,如下:

$$a_{ij} = \frac{Net_{ji}}{A_j}, \tag{4.45}$$

式中:Net_{ji}——第 j 种核素标准谱在第 i 特征道区上的计数率,s^{-1};

　　A_j——第 j 种同位素标准源的放射性活度,Bq。

由式(4.44),样品中第 j 种核素的活度 X_j 可用式(4.46)计算:

$$X_j = \sum_{i=1}^m a_{ij}^{-1} C_j, \tag{4.46}$$

由实验可测定响应矩阵 (a_{ij}),从而求得逆矩阵 $(a_{ij})^{-1}$。因此,只需测得样品各个相应的特征道区的计数率就可计算出各种核素的活度。当土壤中含有且仅含有天然放射性核素和 Cs‐137 时,通过 5 个特征峰道区的逆矩阵程序,可同时求出土壤中 U‐238,Th‐232,Ra‐226,K‐40 和 Cs‐137 的活度。

4. 干扰和影响因素

对测试过程和结果的干扰主要来自于几个方面:γ 射线能量相近的干扰、曲线基底和斜坡基底干扰、级联加和干扰、全谱计数率限制、密度差异等。

对于 γ 射线能量相近的干扰。当两种或两种以上核素发射的 γ 射线能量相近,全能峰重叠或不能完全分开时,彼此形成干扰;在核素的活度相差很大或能量高的核素在活度上占优势时,会给活度较小、能量较低的核素的分析也带来干扰。数据处理时应尽量避免利用重峰进行计算以减少由此产生的附加不确定度。如:铀系的主要 γ 射线是 Th‐234 的 92.6 keV,钍系有一个 93.4 keV 的 X 射线,当被测样品钍核素含量高时,93.4 keV 的 X 射线峰对铀系的 92.6 keV 的峰就会产生严重干扰。

对于曲线基底和斜坡基底干扰。在复杂 γ 能谱中,曲线基底和斜坡基底对位于其上的全能峰分析构成干扰。只要有其他替代全能峰,就不应利用这类全能峰进行计算。

对于级联加和干扰。级联 γ 射线在探测器中产生级联加和现象,可以通过增加样品(或刻度源)到探测器距离的方法减少级联加和的影响。

对于全谱计数率限制。应将全谱计数率限制到小于 $2\,000\,s^{-1}$,使随机加和损失降到 1% 以下。

对于密度差异。应使效率刻度源的密度与被分析样品的密度相同或尽量接近,以避免或减少密度差异的影响。

四、土壤中钚的放射化学法测定

基于我国环境保护行业标准《水和土壤样品中钚的放射化学分析方法》(HJ 814—2016),本章前面介绍了水中钚的萃取色层法,本部分介绍萃取色层法和离子交换法测定土壤中钚的含量。

(一)土壤中钚的萃取色层法测定前处理

土壤中钚的分析方法与水中钚的分析方法基本原理相同,只是需要对土壤样品进行前处理将其中的钚转移到溶液中,然后再根据水中钚的分析方法进行分析测定。基于这种原理,其他介质(生物样品、食物等)中钚的测定也可以经前处理后,依据水中钚的测定方法进行测定。

将土壤样品中的钚转移到溶液中的前处理方法有两种:硝酸浸取法和混酸溶解法。

1. 硝酸浸取法

从土壤试样中称取 30.0 g 的试样,准确到 0.1 g;置于 250 mL 烧杯中,加入一定量的钚化学产额指示剂 Pu‐242(不确定度不大于 2%),缓慢加入 70 mL 体积比为 1:1 的硝酸搅拌均匀;然后放在电炉上加热煮沸 10~15 min(防止崩溅和溢出),冷却至室温;将浸取液和沉淀转移至 100 mL 离心管中离心 10~15 min(转速 3 000 r/min),收集上层清液。用 40 mL 体积比为 1:1 的硝酸溶液将沉淀转移至原烧杯中,再重复加热浸取一次;将两次上层清液合并。沉淀用 30 mL 3.0 mol/L 硝酸、30 mL 水分别洗涤一次,离心,上层清液与前两次上层清液合并,称为硝酸浸取处理液。最后,按前述水中钚萃取色层法测定中分离纯化步骤进行。

2. 硫酸‐高氯酸‐硝酸‐氢氟酸‐盐酸溶解法(混酸溶解法)

从土壤试样中称取 5.00 g 试样,准确到 0.01 g,置于 200 mL 烧杯中;分别加入一定量的钚指示剂 Pu‐242(不确定度不大于 2%)、5 mL 质量分数为 95%~98% 的硫酸和 5 mL 质量分数为 70%~72% 的高氯酸,搅拌均匀后盖上表面皿;在电炉砂浴上硝化 1 h,再趁热加入 5 mL 质量分数为 70%~72% 的高氯酸;继续加热硝化 1~1.5 h,去掉表面皿蒸干。

然后,将残渣转入 100 mL 聚四氟乙烯烧杯中,依次用 10 mL 质量分数为 70%~72% 的高氯酸和 10 mL 质量分数为 65%~68% 的硝酸,分多次洗涤原烧杯;洗涤液转入聚四氟乙烯烧杯中,再加入 20 mL 质量分数不低于 40% 的氢氟酸,加盖在约 200 ℃ 砂浴上微沸 3~4 h 后,去盖蒸发至干,残渣呈淡绿色或淡黄色。

用 50 mL 3 mol/L 硝酸将残渣转至 100 mL 烧杯中加热溶解,3 000 r/min 下离心 10~15 min,收集上层清液。用 25 mL 3 mol/L 硝酸将沉淀转移至原烧杯中,重复以上操作,合并两次上层清液。用 10 mL 质量分数为 36%~38% 的盐酸再将沉淀转移至原烧杯中,加热蒸发至干;用 10～15 mL 3 mol/L 硝酸加热溶解残渣,并与前两次上层清液合并。最后加入 5 g 含量不低于 99％的九水硝酸铝,得到的溶液称为混酸溶解处理液。之后,按前述水中钚萃取色层法测定中分离纯化步骤进行。

其中,如果残渣用 50 mL 和 25 mL 3 mol/L 硝酸两次加热能完全溶解时,则可省去 10 mL 质量分数为 36％～38％的盐酸处理这一步骤。

在利用萃取色层法分析土壤样品时,还需要注意几点:

(1) 聚三氟氯乙烯粉(辐照合成 40～60 目)与硅烷化 102 白色担体(60～80 目)的效果相同。因此,可根据各个实验室的具体条件任意选用。

(2) 采用三脂肪胺(TFA)作萃取剂时,其效果与采用三正辛胺(TOA)一样。

(3) 当土壤中含有难溶性的钚时,应采用硫酸-高氯酸-硝酸-氢氟酸-盐酸溶解法(混酸溶解法)对土壤试样进行前处理。

(4) 当硝酸浸取处理液和混酸溶解处理液两种溶液由于离心不好仍有少量沉淀时,可用快速滤纸过滤后,再通过萃取色层柱。

(5) 当硝酸浸取处理液中出现不溶物质时,需经过离心,收集上层清液后,剩余的沉淀用混酸溶解法进一步处理,所得溶液与上层清液合并,再通过萃取色层柱。

(6) 萃取色层法对镎的去污系数偏低,当土壤试样中含有干扰核素峰时,用 α 谱仪进行测量或用 0.4 mol/L 碘氢酸-6.0 mol/L 盐酸混合溶液解吸钚(操作要求与水中钚分析方法相同)。

(二) 离子交换法测定土壤中钚

离子交换法是液相中的离子和固相中离子间所进行的一种可逆性化学反应,当液相中的某些离子较为受离子交换固体(离子交换树脂)所"喜好"时,便会被离子交换固体吸附,为维持水溶液的电中性,所以离子交换固体必须释出等价离子回溶液中。通过这种方法,可以实现对溶液中离子的高效分离。在放射性核素的分析测定中,常常被用来富集分离阳离子(钚离子、钍离子、铀酰离子等)或阴离子(如碘离子、碘酸根离子等)。

1. 方法原理

该方法的基本原理是,经过预处理的样品制备成 7～8 mol/L 的 HNO_3 样品溶液,然后用强碱性阴离子交换树脂分离纯化钚,用盐酸和硝酸淋洗以进一步纯化钚;再用盐酸-氢氟酸溶液解吸钚,随后在硝酸-硝酸铵溶液中电沉积制源;最后用低本底 α 谱仪测量。

2. 材料准备

氨基磺酸亚铁溶液配制。称取 3.0 g 还原铁粉(质量分数不低于 97％)和 12.0 g 氨磺酸(质量分数不低于 99.5％)用 0.1 mol/L 硝酸溶液溶解,过滤除去不溶物,滤液用水稀至 50 mL,密闭于棕色瓶中低温保存,备用。使用期不得大于 30 d。

离子交换树脂的活化。将 251×8 型阴离子交换树脂研磨过 60～80 目筛,用无水乙醇浸泡 24 h,倾出漂浮物,并用蒸馏水洗涤若干次,漂去悬浮物,最后用 0.1 mol/L 硝酸浸泡,装瓶备用。

离子交换树脂的装柱。用湿法将活化后的离子交换树脂自然下沉装入交换柱中,柱的上下两端用少量的聚四氟乙烯细丝填塞,床高 70 mm。然后用 20 mL 体积比为 1∶1 的硝酸溶液以 3 mL/min 流速通过柱子,备分离纯化用。

3. 土壤样品的前处理

土壤样从土壤试样中称取 30.0 g,准确到 0.1 g,置于 250 mL 锥形瓶中,加入一定量的钚化学产额指示剂 Pu - 242(不确定度不大于 2%),缓慢加入体积比为 1∶1 的硝酸溶液 70 mL,搅拌均匀后放置电炉上加热,锥形瓶上盖一个小漏斗。煮沸 15～20 min,冷却至室温后,将浸取液用快速滤纸过滤或用离心机离心分离。再用 50 mL 体积比为 1∶1 的硝酸溶液重复上述操作一次。若土壤污染严重可用 50 mL 硝酸再重复一次。过滤上层清液,沉淀用 30 mL 蒸馏水洗涤一次,过滤,合并滤液供分析用,此液称为离子交换处理液。

4. 分离纯化

将上述离子交换处理液按每 100 mL 加入 0.5 mL 上述配制好的氨基磺酸亚铁溶液的比例混合,还原 5～10 min,再加入 0.5 mL 4 mol/L 亚硝酸钠溶液氧化 5～10 min,煮沸溶液使过量的亚硝酸钠完全分解,冷却至室温。

控制溶液的酸度为 7～8 mol/L,以 1 mL/min 的流速通过已装好树脂的交换柱,用 10 mL 体积比为 1∶1 的硝酸溶液分两次洗涤原烧杯。洗涤液以相同的流速通过交换柱。

依次用 30 mL 8 mol/L 盐酸和 40 mL 体积比为 1∶1 的硝酸溶液,3 mL 3 mol/L 硝酸和 1 mL 0.1 mol/L 硝酸洗涤交换柱,其流速为 2 mL/min。

在不低于 20 ℃条件下,用 8.0 mL 0.36 mol/L 盐酸- 0.01 mol/L 氢氟酸混合溶液以 0.2 mL/min 的流速解吸,解吸液收集在 50 mL 的烧杯中,在电砂浴上缓慢蒸干。用 8 mL 0.15 mol/L 硝酸铵- 0.15 mol/L 硝酸混合溶液分三次洗涤小烧杯,并将其用滴管转移到电沉积槽(如图 4.9)中。

5. 电沉积制源

将上述电沉积槽置于流动的冷水浴中,极间距离为 10～15 mm,在电流密度为 900～1200 mA/cm² 下电沉积 1.5 h。终止前加入 1～2 mL 质量分数为 25%～28% 的氢氧化铵,继续电沉积 1～3 min;然后断开电源,弃去电沉积液,依次用水和无水乙醇洗涤镀片,并在红外灯下烘干。最后,在电炉上 400 ℃下灼烧 1～3 min,得到制样完成的镀片。

6. 测量与计算

将制样好的镀片置于低本底谱仪上测量,并按照式(4.47)计算土壤样品中钚的放射性活度浓度 A:

$$A = \frac{N}{E \times Y \times m},\tag{4.47}$$

式中:A——试样中钚的放射性活度,Bq/kg;

N——试样源的净计数率,s⁻¹;

E——仪器对钚的探测效率,s⁻¹ · Bq⁻¹;

Y——钚的全程放化回收率,%;

m——土壤试样质量,kg。

在经烘干、研磨后需定量分析的土壤样品中,加入一定量的钚(Pu-242)指示剂,按与待测土壤样相同的前处理和分离纯化与电沉积制源等步骤操作,并按式(4.48)计算钚的全程回收率:

$$Y = N_1/N_0, \tag{4.48}$$

式中:N_1——试样中 Pu-242 的活度,Bq;

N_0——试样中加入 Pu-242 的活度,Bq。

第四节 食品和生物样品中放射性核素分析方法

环境中的放射性核素会被植物的根和叶吸收富集,而后经由食物链,被人食入或吸入后最终进入人体。电离辐射对人体的伤害过程极其复杂,涉及很多物理、化学、生物效应,如核酸、蛋白质等生物大分子被电离或是激发后,细胞功能被破坏,会导致器官衰竭甚至死亡。食品安全是过去和当前一段时间以来我国最突出的问题之一,准确掌握食品中放射性物质的含量,对于提高我国食品安全具有重要意义。本节重点针对核电厂容易对周围环境带来影响的放射性核素 I-131、Cs-137 和 Sr-90 在生物样品或食品中的分析检验方法进行介绍。

对裂变 6 天内新鲜裂变产物中 I-131 的测定最好应用 γ 能谱法,否则应进行衰变测量,以排除短寿命碘放射性同位素的干扰。放射化学测定法和 γ 能谱法测定限分别为 6.4×10^{-3} Bq/kg 和 3.9 Bq/kg。

一、牛奶(水)样品中 I-131 的分析方法

水和牛奶、羊奶等液体样品中,放射性核素碘一般以液态离子形式存在。所以,其中的 I-131 可以采用相同的方法进行分析测定。

方法原理:水或牛奶等液体样品中 I-131 用强碱性阴离子交换树脂浓集,然后用次氯酸钠解吸—四氯化碳萃取—亚硫酸钠还原—水反萃—制成碘化银沉淀源,最后用低本底 β 测量仪或低本底 γ 谱仪测量。

(一)试剂与仪器

碘载体制备:溶解 13.070 g 碘化钾于蒸馏水中,转入 1 L 容量瓶内,加少许无水碳酸钠,稀释至刻度,得到的碘载体溶液中碘的浓度为 10 mg/mL。然后进行标定,在 6 个 100 mL 烧杯中,用移液管分别吸取 5 mL 碘载体溶液,加 50 mL 蒸馏水,搅拌下滴加浓硝酸。溶液呈金黄色,加 10 mL 硝酸银溶液。加热至微沸,冷却后,用 G4 玻璃砂坩埚抽滤,依次用 5 mL 水和 5 mL 无水乙醇各洗 3 次。在烘箱内 110 ℃烘干、冷却后称重。得到碘载体,并计算碘的浓度。

树脂处理:将新树脂(201×7 Cl⁻型阴离子交换树脂或 251×8 Cl⁻型阴离子交换树

脂,20~50目)于蒸馏水中浸泡2h,洗涤并除去漂浮在水面的树脂。用5％(质量分数)氢氧化钠溶液浸泡16h,弃去氢氧化钠溶液。蒸馏水洗涤树脂至中性。再用1mol/L盐酸溶液浸泡2h后,弃盐酸溶液,树脂转为Cl⁻型。用蒸馏水洗至中性。

树脂装柱:将处理好的树脂装入玻璃交换柱中,柱床高10.4cm,柱的上下端用少量聚四氟乙烯细丝填塞。再用20mL蒸馏水洗柱。

树脂再生:用50mL蒸馏水将树脂洗至中性。再用50mL盐酸溶液以1mL/min的流速通过树脂柱,树脂转为Cl⁻型。最后用蒸馏水洗至中性。

低本底β测量装置:本底小于1cpm;或者对Cs-137平面源测量100min,置信度为95％时,最小探测限为0.05Bq。

低本底γ谱仪或γ测量装置:对单一的Cs-137薄源测量1000min,置信度为95％时,最小探测限为0.1Bq。或者,①NaI γ谱仪:尺寸不少于φ7.5cm×7.5cm的圆柱形NaI(Tl)晶体,对Cs-137的661.6keV全能峰分辨率小于9％。②高纯锗γ谱仪:灵敏体积应大于50cm³,对Co-60的1332.5keV γ射线的能量分辨率小于2.2keV。

(二) 分析步骤

1. 水样的分析

(1)水样制备。取10L环境水样品于20L聚乙烯塑料桶中,调pH为6.5~7.0,经澄清后,取4L上清液。

(2)吸附。在上述水样中加入20mg标定后的碘载体,搅拌均匀。以50~120mL/min流速通过离子交换柱,用蒸馏水洗柱,至流出液中无碘。

(3)解吸。用60mL NaClO(活性氯含量不低于2.6％)解吸液,流速为0.5mL/min解吸,解吸的适宜温度控制在10~32℃。解吸液转入250mL分液漏斗中。

(4)萃取。向分液漏斗中加入20mL 99.5％四氯化碳、6mL 3mol/L盐酸羟胺和5mL 65％~68％(质量分数)硝酸,振荡2min(注意放气),四氯化碳呈紫色。静置分相,有机相转移到100mL分液漏斗中。用15mL和5mL四氯化碳分别进行第二次、第三次萃取。各振荡2min,静置后合并有机相。

(5)水洗。用等体积蒸馏水洗涤有机相,振荡2min,静置分相,有机相转入另一个250mL分液漏斗中,弃水相。

(6)反萃取。在有机相中加等体积的蒸馏水,加5％亚硫酸氢钠溶液8滴。振荡2min(注意放气)。紫色消退,静置分相,弃有机相。水相移入100mL烧杯中。

(7)沉淀。将上述烧杯加热至溶液微沸,除净剩余的四氯化碳。冷却后,在搅拌下滴加硝酸,当溶液呈金黄色时,立即加入7mL 1％(质量分数)硝酸银溶液。加热至微沸,取下冷却至室温,得到碘化银沉淀分散液。

(8)制样。将得到的碘化银沉淀分散液转入垫有已恒重滤纸的玻璃可拆式漏斗抽滤,用蒸馏水和无水乙醇各洗3次。取下载有沉淀的滤纸,放上不锈钢压源模具,置于110℃烘箱中烘干15min。在干燥器中冷却后,得到沉淀源。称重,计算化学产额。

(9)封样。将沉淀源夹在两层质量厚度为3mg/cm的塑料薄膜中间(塑料薄膜的本底应在仪器本底涨落范围内），放好封源铜圈。将高频热合机刀压在封源铜圈上。加热5 s，封好后取下，剪齐外缘，待测。

2. 牛奶（羊奶）样品的分析

（1）吸附。将牛奶样品搅拌均匀，每份试样 4 L，装入 5 L 烧杯中。加入 30 mg 标定后的碘载体，用电动搅拌器搅拌 15 min。加入 30 mL 阴离子交换树脂（与水样处理树脂相同），搅拌 30 min，静置 5 min，将牛奶转移到另一个 5 L 烧杯中，再加入 30 mL 阴离子交换树脂，重复以上步骤，将树脂合并于 150 mL 烧杯中，用蒸馏水漂洗树脂中残余牛奶。

（2）硝酸处理。向装有树脂的烧杯中，加入 40 mL 体积比为 1∶1 的硝酸溶液，在沸水浴中沸煮 1 h（不时搅拌）。冷却至室温。把树脂转入玻璃解吸柱内，弃酸液。加入50 mL 蒸馏水洗涤树脂，弃洗液。

（3）解吸。向玻璃解吸柱内加入 30 mL 次氯酸钠（活性氯质量分数 5.2% 以上），用电动搅拌器搅拌 30 min。解析温度宜控制在 10～32 ℃。将解吸液收集到 500 mL 分液漏斗中，重复上次解吸程序。再用 15 mL 次氯酸钠（活性氯含量 5.2% 以上）和 15 mL 蒸馏水搅拌解吸 20 min。合并三次解吸液。用 40 mL 蒸馏水分两次洗涤解析柱，每次搅拌 3～5 min，将洗液与解吸液合并。

（4）萃取。向解吸液中加入 30 mL 99.5% 的四氯化碳，加 8 mL 3 mol/L 盐酸羟胺溶液。搅拌下加硝酸（$\rho = 1.40 \, \text{g/mL}$）调水相酸度，调 pH 值为 1，振荡 2 min（注意放气），静置。把四氯化碳转入 250 mL 分液漏斗中，再重复萃取两次。每次用 15 mL 四氯化碳（99.5%）合并有机相，弃水相，将有机相转入另一个分液漏斗中。

接下来的水洗、反萃取、沉淀、制样和封样等步骤与水样中分析的步骤完全相同。

（三）β 测量和计算

1. 绘制自吸收曲线

取 0.1 mL 适当活度的 I-131 参考溶液滴在不锈钢盘内，加 1 滴碱溶液，使其慢慢烘干，制成与样品测定条件一致的薄源。在低本底 β 测量装置上测量，放射性活度为 I_0。

取 6 个 100 mL 的烧杯，分别加入 0.5 mL、1.0 mL、1.5 mL、2.0 mL、2.5 mL、3.0 mL碘载体溶液。各加入 0.1 mL I-131 参考溶液，在搅拌下滴加硝酸，当溶液呈金黄色时，立即加入 7 mL 硝酸银溶液。加热至微沸，取下冷却至室温。然后按前述操作方法制源。

将薄源和制备的 6 个沉淀源，同时在低本底 β 测量装置上测定放射性活度。各源的放射性活度经化学产额校正为 I，以 I_0 为标准，求出不同厚度的碘化银沉淀源的自吸收系数 E。然后，以自吸收系数为纵坐标，以碘化银沉淀源质量厚度为横坐标，绘制自吸收标准曲线。

2. 计算

仪器探测效率，用已知准确活度的 Cs-137 参考溶液制备薄源用于测定 β 探测效率。用式（4.49）计算试样中 I-131 放射性浓度。

$$A_\beta = \frac{(N_c - N_b) \cdot F}{\eta_\beta \times E \times Y \times V \times \mathrm{e}^{-\lambda t}}, \tag{4.49}$$

式中：A_β——I-131 活度浓度，Bq/L；

　　　N_c——试样测得的计数率，s^{-1}；

　　　N_b——试样空白本底计数率，s^{-1}；

　　　η_β——β 探测效率，$s^{-1} \cdot Bq^{-1}$；

　　　E——I-131 的自吸收系数；

　　　Y——化学产额，为测得样品中碘载体重量与样品中加入碘载体重量的比值；

　　　V——所测试样的体积，L；

　　　λ——I-131 的衰变常数，s^{-1}；

　　　t——采样到测量的时间间隔，s；

　　　F——样品在测量期间的衰变校正因子，$F = \dfrac{\lambda \times T}{1 - e^{-\lambda T}}$（$T$ 为样品测量时间，s）。

按式(4.50)决定样品测量的时间 T：

$$T = \frac{N_c + \sqrt{N_c \times N_b}}{(N_c - N_b)^2 \times S^2}, \tag{4.50}$$

式中：T——样品测量（计数）时间，s；

　　　N_c——样品源加本底的计数率，s^{-1}；

　　　N_b——本底计数率，s^{-1}；

　　　S——预定的相对标准偏差。

(四) γ 测量与计算

用低本底 γ 谱仪测量 0.364 MeV 全能峰的计数率。水和牛奶中 I-131 放射性浓度按式(4.51)计算：

$$A_\gamma = \frac{(N_c - N_b) \cdot F}{\eta_\gamma \cdot Y \cdot V \cdot p \cdot e^{-\lambda t}}, \tag{4.51}$$

式中：A_γ——I-131 放射性浓度，Bq/L；

　　　N_c——0.364 MeV 全能峰的计数率，s^{-1}；

　　　N_b——0.364 MeV 全能峰下相应的本底计数率，s^{-1}；

　　　η_γ——谱仪对 0.364 MeV 左右（$\phi 20$ 平面薄膜源）全能峰的探测效率，$s^{-1} \cdot Bq^{-1}$；

　　　p——0.364 MeV 全能峰的发射几率，可取 81.1%；

其余同式(4.50)。

(五) 质量控制

每当更换试剂时，必须进行空白试样试验，样品数不少于 6 个。取未污染的牛奶样 4 L 置于 5 L 烧杯中，按前述第(二)点的分析步骤操作，并计算空白试样的平均计数率和标准偏差。

牛奶鲜样应立即分析，如需放置时，要在牛奶中加 37%（质量分数）的甲醛防腐（5 mL/L）。若使用容易解吸的树脂，可以省去分析步骤中的硝酸处理环节。

由于分析流程中用次氯酸钠溶液解吸,其解吸与温度有关,适宜温度在 $10\sim32\,℃$。高于 $35\,℃$ 次氯酸钠将分解失效。因此,若采用次氯酸钠化学试剂必须在低温下保存。

碘化银源必须用塑料膜封源,膜的质量厚度为 $3\,mg/cm^2$,膜的本底在仪器涨落范围内。如果没有高频热合机,可将沉淀源夹在塑料膜内,盖上一层黄蜡绸,用 $5\,W$ 电烙铁沿沉淀源周围画一圈封包,剪齐外缘,待测。

关于用 Cs-137 薄源代替碘-131 源刻度 β 探测效率的问题。按 Cs-137 β 衰变的发射几率(分支比),加权以后的 β 粒子平均最大能量值为 $0.547\,MeV$,I-131 β 粒子平均最大能量值为 $0.576\,MeV$,两者相对偏差为 4.9%。由此引起的探测效率(包括空气层自吸收、反散射等)偏差在实验误差范围之内,因此可以用 Cs-137 薄源刻度 β 探测效率。

二、食品和动植物样品中 I-131 的分析测定

食品和动植物样品中 I-131 的分析测定一般有 γ 能谱法和放射化学法两种方法。

γ 能谱法的基本原理:食品或动植物鲜样直接或经前处理后装入一定形状和体积的样品盒内,在 γ 能谱仪上测量样品中 I-131 在 $364.5\,keV$ 的 γ 射线特征峰全能峰净面积,与已知活度的标准放射源相比较,计算 I-131 放射性浓度。对裂变后 $6\,d$ 内新鲜裂变产物中 I-131 测定最好应用 γ 能谱法,否则应进行衰变测量,以排除短寿命碘放射性同位素干扰。

利用放射化学法对动植物样品中 I-131 的分析,在很多地方与在液体样品中的测定相同,只是需要对样品进行前处理。其测定方法的基本原理为:植物样品、动物甲状腺中 I-131,用氢氧化物固定碘、过氧化氢助灰化、水浸取、四氯化碳萃取、水反萃、制成碘化银沉淀样,最后用低本底 β 测量仪或低本底 γ 谱仪测量。

由于用 γ 能谱法测定只是样品前处理有差别,其余步骤都与水样中分析非常相近,可参见本章"水中放射性核素的 γ 能谱分析方法"。因此,本部分主要针对放射化学法测定进行介绍。

样品的放射化学法测试过程中涉及的仪器设备和材料等,以及树脂的处理方法步骤,均与液体(水和牛奶)中的测试相同。在本部分中,由于甲状腺中碘含量通常远高于其他组织器官,因此,动物样品中 I-131 的测定,选取动物甲状腺为样品进行介绍。

(一) 样品采集

植物的采集。以当地居民消费较多和(或)种植面积较大的植物为采样对象,于收获季节现场采集,采集后的样品去掉不可食部分,注意保鲜,防止变质。

动物甲状腺的采集。选择健康的禽、畜群体,随机选取若干个体为采样对象,采样时,要防止样品破损和液汁外流,并注意保鲜。

(二) 样品制备

1. 样品前处理

植物样品。将采集的各种植物样品,称取 $250\,g$ 鲜样,切碎,放入 $750\,mL$ 瓷蒸发皿中。加 $20\,mg$ 标定后的碘载体,并按 $1\,g$ 样品加入 $1\,mL\ 2\,mol/L$ 氢氧化钠溶液和 $2\,mol/L$ 氢氧

化钾溶液的混合溶液(体积比 3:2),搅拌均匀。样品在电炉上蒸干后,将瓷蒸发皿转移在 450 ℃马弗炉内灰化 1 h。冷却、研碎,用 30%过氧化氢湿润后完全蒸干,放入马弗炉内 450 ℃灰化 30 min。如仍有明显的碳粒,再加入 30%过氧化氢作为助灰化剂,继续在马弗炉内 450 ℃灰化,直至样品呈灰白色。

动物甲状腺。称 5 g 甲状腺样品的腺体组织;剪碎,置于 600 mL 瓷蒸发皿中;加入 10 mg 标定后的碘载体和 10 mL 2 mol/L 氢氧化钠溶液和 2 mol/L 氢氧化钾溶液的混合溶液(体积比 3:2);搅拌均匀,按植物样品灰化步骤进行灰化处理。

2. 浸取

将灰样转入到 100 mL 离心管,每次用 30 mL 水浸取 3 次。离心,上清液转移到 250 mL 分液漏斗中。

3. 萃取

向浸取得到的上清液中加入 20 mL 99.5%四氯化碳、2 mL 5 mol/L 亚硝酸钠溶液,逐滴加入 65%～68%(质量分数)硝酸调节水相酸度至 pH 值为 1(水相酸度用精密 pH 试纸从分液漏斗下端管口取少许水相测试);振荡 2 min(注意放气),静置分相,有机相转移到 100 mL 分液漏斗中;用 15 mL 和 5 mL 99.5%四氯化碳分别进行第二、三次萃取;各振荡 2 min,静置后合并有机相。

接下来的水洗、反萃取、沉淀、制样和封样等步骤与水样中的分析步骤完全相同。

(三) β 射线测量和计算

自吸收标准曲线的绘制和仪器探测效率的测定,均与前述液态样品中 I-131 方法相同。之后,用式(4.52)计算植物、动物甲状腺样品中 I-131 的活度浓度。

$$A_\beta = \frac{(N_c - N_b) \times F}{\eta_\beta \times E \times Y \times W \times e^{-\lambda t}}, \tag{4.52}$$

式中:A_β——I-131 的放射性活度浓度,Bq/kg;

W——所测试样的重量,kg;

其余均与式(4.49)相同。

(四) γ 射线测量与计算

用低本底 γ 谱仪测量 0.364 MeV 全能峰的计数率。植物、动物甲状腺样品中 I-131 活度浓度按式(4.53)计算:

$$A_\gamma = \frac{(N_c - N_b) \times F}{\eta_\gamma \times Y \times W \times p \times e^{-\lambda t}}, \tag{4.53}$$

式中:A_γ——I-131 的放射性活度浓度,Bq/L;

W——所测试样的重量,kg;

其余同式(4.51)。

请注意,在取样时,样品数不能少于 6 个,取未被污染的植物样 250 g,或动物甲状腺 5 g。按前述样品测试的操作,并计算空白试样平均计数率和标准偏差,并检验其与仪器本底计数率在 95% 的置信度下是否有显著性差异。

三、食品样品中 Cs-137 的 γ 能谱测定法

食品样品中 Cs-137 的测定方法较多，作为非放射化学测定方法，γ 能谱测定法针对样品中的 Cs-137 的特征峰进行测定。其基本原理是，食品鲜样直接或经前处理后装入一定形状和体积的样品盒内，在 γ 能谱仪上测量样品中 Cs-137 在 661.6 keV 的 γ 射线特征峰全能峰净面积，与已知活度的标准放射源相比较，计算得到 Cs-137 放射性活度浓度。特别是当样品中有 Cs-134 存在时，与放射化学法相比，应用本方法进行 Cs-137 的测定具有更快捷、简便的特点。

(一) 仪器和材料

1. 低本底 γ 能谱仪

低本底 γ 能谱仪系统应满足如下要求。

(1) 探测器：同轴高纯锗或锗(锂)探测器。对 Co-60 在 1 332.5 keV 的 γ 射线全能峰的能量分辨率小于 3 keV，相对效率高于 15%。

(2) 屏蔽体：主屏蔽体为等效铅当量不小于 10 cm，内衬原子序数由外至内逐渐递减的多层材料重金属屏蔽体。有条件时可采用反符合屏蔽。屏蔽体应使 γ 能谱仪积分本底小于 2.5 s^{-1}(50 keV～2 500 keV)。

(3) 多道分析器：1 024 道以上。对于高纯锗 γ 能谱仪，其道数应不少于 8 192 道。

2. 能量刻度用 γ 放射源

能量刻度用 γ 放射源应满足如下要求。

(1) 可采用一个发射多种已知能量 γ 射线的单核素或多核素放射源，如钴-60 (Co-60)、铕-152(Eu-152)、铕-154(Eu-154)、镭-226(Ra-226)及其放射性子体、钍-232(Th-232)及其放射性子体等；也可采用多个发射单种 γ 射线的放射源，其主要 γ 射线能量应大致均匀地分布在 50 keV～3 000 keV 范围内。

(2) 用于能量刻度的刻度源，其外表面应无放射性污染，其活度应保证特征峰的每秒计数率达到 100。

3. Cs-137 放射性标准物质

Cs-137 放射性标准溶液，比活度为 1 000 Bq/mL 左右，经国家法定计量部门标定，并有法定认可单位签署的检验证书。

Cs-137 标准源，利用已知活度的 Cs-137 标准溶液制成。注意，一定要使标准溶液的液面达到样品盒的刻度线。

4. 仪器的刻度

对低本底 γ 能谱仪系统的能量刻度、全能峰探测效率刻度等，可参照一般方法进行。

(二) 样品采集与制备

采样按《食品安全国家标准　食品中放射性物质检验　总则》(GB 14883.1—2016)规定进行。

1. 粮食类样品

取 500 g 样品均匀地铺在搪瓷盘或不锈钢盘内,在烘箱中 70 ℃左右烘约 5 h,称重,求出干鲜比。颗粒状粮食干燥后直接放入内外已清洗洁净的样品盒内夯实;对细粉状粮食用压样器压实,使样品高度与 Cs - 137 标准放射源高度相同。记录待测样品的干样质量、高度,计算出表观密度。

2. 蔬菜类样品

取 3 kg 左右样品,除去不可食用部分,洗净,擦去或晾干表面水珠。切碎后称鲜重。铺放在搪瓷盘或不锈钢盘中在烘箱中 70 ℃左右烘至近干而发软,称重,求出干鲜比。取一定量干样,用压样模具压缩成形,使样品高度与 Cs - 137 标准放射源高度相同。将压好的样品迅速放入内外已清洗洁净的样品盒中,上面加盖、密封。记录干样质量、高度,计算表观密度。

3. 肉类样品

取 500 g 可食用部分搅成肉末。放在搪瓷盘或不锈钢盘中在烘箱中 70 ℃左右烘 5 h,称重,求出干鲜比。取一定量干样放入样品盒,手工压实,使样品高度与 Cs - 137 标准放射源高度相同。记录样品干样质量、高度,计算表观密度。

4. 奶类样品

取 500 mL 奶液,直接蒸发浓缩至 170 mL 以下,装入样品盒,使样品高度与 Cs - 137 标准放射源高度相同。求出浓缩系数。记录样品质量、高度,计算表观密度。

(三) 样品测量与计算

将装有待测样品的样品盒放置在探测器端帽上或支架上(样品底面距探测器端帽应小于 0.5 cm),测量位置应与全能峰探测效率刻度时相同。测量试样在 661.6 keV 全能峰区域净面积(大于 10 000 计数),记录样品的全能峰净面积和测量时间。

食品中 Cs - 137 放射性活度浓度按式(4.54)计算:

$$A = \frac{N}{T \times E \times B \times W \times e^{-\lambda t} \times (1 + F)}, \tag{4.54}$$

式中: A ——食品中 Cs - 137 放射性活度浓度,Bq/kg 或 Bq/L;

N ——测量样品的 Cs - 137 全能峰净面积,计数;

T ——样品测量时间,s;

E —— Cs - 137 标准放射源在 661.6 keV 处 γ 射线全能峰的探测效率;

F ——测量效率总校正因子(见表 4.16,更精确的计算方法可参见 GB/T 16145),%;

B —— Cs - 137 在 661.6 keV 处 γ 射线的分支比,84.62%;

W ——测量样品相当的鲜样量,kg 或 L;

λ —— Cs - 137 的衰变常数($\lambda = 0.693/T_0$, T_0 为 Cs - 137 的半衰期 30 a), a^{-1} ;

t ——采样到测量后的时间间隔,a。

表 4.16　不同高度和表观密度时 Cs-137 测量效率的总校正因子 F

高度/cm	表观密度/(g·cm⁻³)						
	0.4	0.6	0.8	1.0	1.2	1.4	1.6
1.0	2.4	1.6	0.79	0	−0.78	−1.6	−2.3
1.5	3.5	2.3	1.3	0	−1.1	−2.2	−3.3
2.0	4.5	3.0	1.5	0	−1.4	−2.8	−4.2
2.5	5.4	3.6	1.8	0	−1.7	−3.4	−5.0
3.0	6.4	4.2	2.1	0	−2.0	−3.9	−5.8
3.5	7.2	4.7	2.3	0	−2.2	−4.4	−6.5
4.0	8.1	5.3	2.6	0	−2.5	−4.9	−7.2
4.5	8.9	5.8	2.8	0	−2.7	−5.3	−7.8
5.0	9.7	6.3	3.1	0	−2.9	−5.7	−8.4

四、食品与生物样品中 Cs-137 的放射化学测定

国家标准《食品安全国家标准　食品中放射性物质铯-137 的测定》(GB 14883.10—2016)规定了用磷钼酸铵法和亚铁氰化钴钾法对 Cs-137 进行测定,行业标准《水和生物样品灰中铯-137 的放射化学分析方法》(HJ 816—2016)也规定了利用磷钼酸铵测定法对水和生物样品中的 Cs-137 进行准确测定。因此,本部分重点介绍磷钼酸铵法对食品和生物样品的测定。典型条件下,该方法对食品样品的检出限为 $1.3×10^{-2}$ Bq/g(灰),对水样和生物样品灰的测量范围分别为 0.01~10 Bq/L 和 0.1~10 Bq。

该方法的基本原理:用硝基盐酸(浓硝酸:浓盐酸=1:3)浸取食品或生物样品灰化物(水样不需要经此步骤),在酸性介质中,用无机离子交换剂(磷钼酸铵)选择性地定量吸附铯,以使铯浓集并去除干扰。然后用氢氧化钠溶液溶解吸附铯后的磷钼酸铵,并转化为柠檬酸和乙酸体系,形成碘铋酸铯沉淀。干燥至恒重,以低本底 β 射线测量仪进行测量后,计算 Cs-137 的放射性活度浓度。

(一)试剂与材料

1. 磷钼酸铵 [(NH₄)₃(PMo₁₂O₄₀)]

将 8 g 磷酸氢二铵溶于 250 mL 水中,10 g 硝酸铵溶于 50 mL 水和 30 mL 硝酸中。将上述两种溶液合并,加热至 80 ℃。然后在不断搅拌下缓慢加入 250 mL 28% 钼酸铵溶液,加热片刻,放置冷却,倾去上清液,用 G5 号砂芯漏斗抽滤,先后以 1% 硝酸溶液和无水乙醇洗涤。最后,于 110 ℃烘干后,存放于棕色广口瓶内。

2. 碘铋酸钠溶液

食品样测定用:称取 5 g 三氧化二铋和 15 g 碘化钠混合,加入 50 mL 冰乙酸和 50 mL 水,搅拌溶解,加热近沸,过滤,滤液装入棕色试剂瓶中。

水样和生物样灰测定用:将 20 g 碘化铋(BiI₃)溶于 48 mL 水中,加入 20 g 碘化钠(NaI)和 2 mL 冰乙酸(质量分数不低于 98%),搅拌。不溶物用快速滤纸滤出。滤液保存于棕色瓶中。

3. Cs-137 标准溶液

对食品样:$1×10^3$ 衰变/(min·mL)左右,含 0.1 mgCs⁺/mL 的 0.1 mol/L 盐酸溶液。

水和生物样:Cs-137 标准溶液约 15 Bq/mL。

4. 铯载体溶液配制与标定

对食品样(Cs^+ 浓度 10 mg/mL):称取 12.67 g 氯化铯于小烧杯中,加水溶解后滴加 3 滴浓盐酸,定量转入 1 L 容量瓶,用水稀释到刻度。标定可用下列两法之一:①高氯酸铯法标定:准确吸取 4.00 mL 铯载体溶液入 125 mL 锥形瓶,加 1 mL 硝酸和 5 mL 高氯酸,蒸发至冒白烟数分钟。取下,冷至室温。加入 15 mL 无水乙醇,摇匀后在冰浴中冷却数分钟。将沉淀抽滤于已称量的 G4 砂芯玻璃坩埚,用 10 mL 无水乙醇洗涤 1 次,105 ℃烘干 15 min,干燥器内冷却后称量。②四苯硼铯法标定:取 2.00 mL 铯载体溶液,盛于 100 mL 烧杯中,加 20 mL 水和 1 mL 6 mol/L 乙酸溶液,搅拌均匀。加入 10 mL 3%四苯硼钠溶液,稍加热,冷至室温。在已恒量的 G5 砂芯漏斗上抽滤,用 20 mL 1%乙酸溶液洗涤烧杯,并定量转入砂芯漏斗,最后在 110 ℃下烘干,称至恒量。

对水样和生物样(Cs^+ 浓度 20 mg/mL):称取 12.7 g 在 110 ℃下烘干的氯化铯(CsCl)溶于 100 mL 水中,再加入 7.5 mL 硝酸(65%~68%,质量分数),移入 500 mL 容量瓶中,用水稀释至刻度,得到铯载体溶液。随后,对其进行标定:移取 4 份 5.00 mL 铯载体溶液分别放入锥形瓶中,加入 1 mL 硝酸(65%~68%,质量分数)和 5 mL 高氯酸(HClO₄)。加热蒸发至冒出浓白烟,冷却至室温,加入 15 mL 无水乙醇,搅拌,置于冰水浴中冷却 10 min。将高氯酸铯沉淀抽滤于已恒重的 G4 型玻璃砂芯漏斗中,用 10 mL 无水乙醇洗涤沉淀。于 105 ℃烘箱中干燥至恒重。

(二) 样品处理与制备

1. 食品样

称取 1~10 g(精确至 0.001 g)食品灰样置于 250 mL 蒸发皿,加入 2.00 mL 铯载体溶液和少量水润湿灰。慢慢滴入 40 mL 硝基盐酸,在沸水浴上蒸干,再在电炉上低温加热到无烟后,于马弗炉中 450 ℃灼烧 0.5 h。冷却,用 30~50 mL 6 mol/L 硝酸溶液浸煮并趁热离心,保留上清液。然后用热的 2 mol/L 硝酸溶液和水 20 mL 交替洗涤残渣 2 次。重复前述浸煮和洗涤 1 次,弃去残渣,合并上清液与洗出液于 250 mL 烧杯。(注意:当确定样品中存在放射性碘时,应向溶液中加入 20 mg 碘载体,将溶液加热至近沸,加入 3~5 mL 10%的硝酸银溶液,煮沸使碘化银凝聚,当上清液澄清透明后,停止加热,冷却至室温,滤去沉淀,滤液按下列步骤继续分析。)

用浓氨水调浸出液 pH 值至 1 左右,加水稀释至 200 mL 左右。加入 1 g 磷钼酸铵,搅拌 30 min(如发现磷钼酸铵由黄变为蓝绿色时,可加入 3~5 滴过氧化氢溶液使磷钼酸铵保持黄色),放置,让沉淀沉降完全。

用虹吸法吸去大部分清液,剩余部分转入离心管离心,弃去上清液。用 1‰硝酸和水各 15 mL 分别洗沉淀 1 次,离心,弃去上清液。然后加入 10 mL 2 mol/L 氢氧化钠溶液,搅拌使沉淀溶解。加 5 mL 30%柠檬酸溶液,小心加热,如有不溶物应趁热在定量滤纸上过滤,用 10 mL 水依次洗涤烧杯和滤纸,合并滤液和洗涤液入 50 mL 烧杯中,在电炉上缓缓蒸发至 5～8 mL。

将烧杯放在冰浴中冷却,加入 2 mL 冰乙酸和 2.5 mL 碘铋酸钠溶液,用玻璃棒擦壁搅拌 3 min 左右。碘铋酸铯沉淀在冰浴中放置 15 min 左右。将溶液和沉淀转入 10 mL 离心管中离心,弃去上清液。用 10 mL 冰乙酸洗涤烧杯后转入离心管,搅起沉淀进行洗涤,离心,弃去上清液。

用 10 mL 冰乙酸溶液将全部沉淀均匀地转移至装有已恒量滤纸的可拆卸漏斗中,抽滤。用冰乙酸洗到滤出液无色为止。最后用 10 mL 无水乙醇洗 1 次。然后将碘铋酸沉淀在 110 ℃下烘干,称至恒量。

2. 水样

取 1～100 L 水样,以硝酸调节至 pH＜3,加入 1.00 mL 铯载体溶液。按每 5 L 水样 1 g 的比例加入制备的磷钼酸铵,搅拌 30 min,放置澄清 12 h 以上。虹吸弃去上清液,剩余溶液转入 G4 玻璃砂芯漏斗抽滤,用 1.0 mol/L 硝酸溶液洗涤容器,将全部沉淀转入漏斗,弃去滤液。用 2.0 mol/L 氢氧化钠溶液(按 1 g 磷钼酸铵约 10 mL 氢氧化钠溶液之比例)溶解沉淀,抽滤,滤液转入 400 mL 烧杯。用水稀释至约 300 mL。按每 5 L 水样 1 g 的比例加入固体柠檬酸,搅拌溶解后加入 10 mL 硝酸(65%～68%,质量分数)。

在前处理完后的样品溶液中加入 0.8 g 前述配制的磷钼酸铵,搅拌 30 min。用 G4 玻璃砂芯漏斗抽滤,用 67 mL 65%～68%(质量分数)硝酸-8.0 g 硝酸铵(定容 1 000 mL)洗涤液洗涤容器。弃去滤液,保留沉淀。用 10 mL 2.0 mol/L 氢氧化钠溶液溶解漏斗中的磷钼酸铵,抽滤。用 10 mL 水洗涤漏斗,滤液与洗涤液收集于抽滤瓶内 25 mL 试管中。将收集液转入 50 mL 烧杯,加入 5 mL 30%(质量分数)柠檬酸溶液。在电炉上小心蒸发溶液至 5～8 mL。冷却后置于冰水浴中,加入 2 mL 98%冰乙酸和 2.5 mL 碘铋酸钠溶液(碘化铋和碘化钠各 20 g 与 2 mL 98%冰醋酸溶解于 48 mL 水中),玻璃棒搅拌至碘铋酸铯沉淀生成,在冰水浴中放置 10 min。将沉淀转入垫有已恒重滤纸的可拆卸式漏斗中抽滤。用冰乙酸洗至滤液无色,再用 10 mL 无水乙醇洗涤一次,弃去滤液。将碘铋酸铯沉淀连同滤纸在 110 ℃烘干,称至恒重。

3. 生物样

称取在 450 ℃以下处理后完全灰化的样品 5～20 g,准确到 0.01 g,置于 150 mL 瓷蒸发皿内。加入少许水润湿。加入 100 mL 铯载体溶液,再慢慢地加入 10 mL 硝酸(65%～68%,质量分数)和 3 mL 30%(质量分数)过氧化氢。搅拌均匀,盖上玻璃表面皿,在砂浴上蒸干。置于低温电炉上加热至赶尽黄烟后,放入马弗炉,在 450 ℃下灰化 1～2 h,冷却。若灰化不完全,可用饱和硝酸铵溶液润湿,置于电炉上蒸干并使硝酸铵分解。试样要灰化至无炭粒为止。用硝酸溶液(体积比为 1∶9)分几次浸取灰样。加热并趁热过滤或离心,弃去残渣,合并清液。使浸出液的体积控制在 250 mL 左右。

生物样的制备与水样制备相同。

(三) 探测(计数)效率-质量曲线绘制

1. 食品样

利用 Cs - 137 标准源校正 Cs - 137 监督源。首先,将内面光滑的不锈钢测量盘洗净烘干,用铅笔画上与测量样品相同直径的圆,滴入 0.1 mL 胰岛素溶液(20 单位/mL),使其在圆内均匀分布,烘干。往胰岛素圆面上准确加入 Cs - 137 标准溶液 10^2 衰变/min~10^3 衰变/min,仔细均匀铺开后烘干。再滴上 1 滴火棉胶溶液,均匀地覆盖于源上,晾干后即得 Cs - 137 监督源(使用活性区直径与样品相同的 Cs - 137 平面标准源更好)。然后,准确移取 2.00 mL 铯载体和 1.00 mL Cs - 137 标准溶液于 50 mL 烧杯中,按前述制样过程中添加碘铋酸钠并获得碘铋酸沉淀的步骤进行操作,得铯- 137 标准源。

连续在测量样品的低本底 β 测量仪上测量以上两种源,按下式计算出校正后的 Cs - 137 监督源强度 A_1:

$$A_1 = \frac{N_1 \times A_2}{N_2}, \tag{4.55}$$

式中:A_1——经 Cs - 137 标准源校正的 Cs - 137 监督源的强度,dpm(衰变每分钟);

N_1——标定时 Cs - 137 监督源的净计数率,cpm(计数每分钟);

A_2——加入 Cs - 137 标准溶液的活度,dpm;

N_2——经自吸收及化学回收率校正后的标准源净计数率,cpm。

接下来,进行计数效率-质量曲线的绘制。准确配制一系列含铯量不同的溶液,各加入等量的 Cs - 137 标准溶液,然后按前述制样过程中添加碘铋酸钠并获得碘铋酸沉淀的步骤进行操作。以实得碘铋酸铯质量为横坐标,测得的放射性强度 I 为纵坐标作图,得一直线。将直线延长与纵坐标相交得 I_0,以实得碘铋酸铯质量为横坐标,I/I_0 为纵坐标,绘制出计数效率-质量曲线。

2. 水样与生物样

用于测量 Cs - 137 活度的计数器应进行刻度,即确定测量装置对已知活度的 Cs - 137 的响应,它可用探测效率来表示。

首先,进行 Cs - 137 探测效率-质量曲线的绘制。取 5 个 50 mL 烧杯,分别加入 0.40 mL、0.60 mL、0.80 mL、1.00 mL、1.20 mL 铯载体溶液,各加入 1.00 mL 已知活度的 Cs - 137 标准溶液,置于冰水浴中,各加入 2 mL 98% 冰乙酸和 2.5 mL 碘铋酸钠溶液。然后,按照前述制样过程中添加碘铋酸钠并获得碘铋酸沉淀的步骤进行。所制标准源应与样品源面积大小相同。将 5 个标准源所得计数率分别除以经过铯的化学回收率校正后的 Cs - 137 的衰变率,即得探测效率,按式(4.56)进行计算:

$$E_f = \frac{N_s}{D \times Y}, \tag{4.56}$$

式中：E_f——Cs-137 的探测效率，$s^{-1} \cdot Bq^{-1}$；

　　N——Cs-137 标准源的净计数率，s^{-1}；

　　D——1.00 mL Cs-137 标准溶液（约 15 Bq/mL）的活度，Bq；

　　Y——铯的化学回收率。

然后，绘制探测效率-质量曲线，供分析时查用。在测量盘内均匀滴入一定量的 Cs-137 标准溶液，在红外灯下烘干，制成与样品源相同面积大小的检查源。在刻度仪器效率时，同时测定 Cs-137 检查源的计数率。在常规分析中应当用 Cs-137 检查源来检查仪器状态是否正常。也可使用状态和表面发射率稳定（不会随时间变化出现子体污染，半衰期长）的平面源（如电镀源）作为检查源。

(四) 测定与计算

1. 食品样

在低本底 β 测量仪上测量制备好食品灰样中 Cs-137 的 β 放射性，接着在同样条件下测量 Cs-137 监督源。按式(4.57)计算食品样中 Cs-137 放射性活度浓度：

$$A = \frac{N \times A_1 \times M}{60 \times W \times \delta \times R \times N_3}, \tag{4.57}$$

式中：A——食品中 Cs-137 放射性活度浓度，Bq/kg 或 Bq/L；

　　N——样品测量得到的净计数率，cpm；

　　A_1——同式(4.55)；

　　M——灰鲜比，g/kg 或 g/L；

　　W——分析用灰质量，g；

　　δ——Cs-137 的自吸收系数，可由自吸收曲线查得；

　　R——铯的化学回收率；

　　N_3——样品测量时 Cs-137 监督源的净计数率，cpm。

2. 水样

以碘铋酸铯($Cs_3Bi_2I_9$)形式计算铯的化学回收率。将沉淀连同滤纸置于测量盘上，在低本底 β 测量仪上计数。按照式(4.58)计算水样中 Cs-137 的放射性活度浓度：

$$A = \frac{N \times J_0}{V \times Y \times J \times E_f}, \tag{4.58}$$

式中：A——水中 Cs-137 的放射性活度浓度，Bq/L；

　　N——样品源净计数率，s^{-1}；

　　J_0——刻度测量仪器的探测效率时测得的 Cs-137 参考源的净计数率，s^{-1}；

　　V——水样体积，L；

　　Y——铯的化学回收率；

　　J——样品测量时 Cs-137 参考源的净计数率，s^{-1}；

　　E_f——仪器探测效率（由 Cs-137 探测效率-质量曲线查得），$s^{-1} \cdot Bq^{-1}$。

3. 生物样

按照式(4.59)计算生物样品灰中 Cs-137 的放射性活度浓度:

$$A = \frac{N \times J_0}{m \times Y \times J \times E_f},$$ (4.59)

式中:A——生物样品灰中 Cs-137 的放射性活度浓度,Bq/g;

$\quad m$——称取的灰样质量,g;

$\quad$ 其他符号及代号见公式(4.55)。

注意:如果需要表示为生物试样中 Cs-137 的活度浓度,可将最后结果乘以样品的灰鲜比(g/kg)。

(五) 食品样品中 Cs-137 的亚铁氰化钴钾测定法

按照国标 GB 14883.10—2016,食品中 Cs-137 还可以采用亚铁氰化钴钾法进行测定。其基本原理是,硝基盐酸或浓硝酸浸取食品灰,亚铁氰化钴钾吸附,碘铋酸钠沉淀铯后,用低本底 β 测量仪测量 Cs-137 的 β 放射性。典型条件下,该方法的检出限为 1.3×10^{-2} Bq/g 灰。

1. 试剂与材料

亚铁氰化钴钾:在室温下将 1 个体积的 0.5 mol/L 亚铁氰化钾$\{K_4[Fe(CN)_6]\}$溶液滴加到 2.4 个体积的 0.3 mol/L 亚硝酸钴溶液中,不断搅拌 30 min 完成操作。离心,弃去上清液。水洗沉淀,要充分搅拌全部沉淀,离心,弃去洗涤液。如此洗涤到清液无色为止。将沉淀物取出涂在表面皿上,在 115 ℃ 干燥至沉淀变成紫褐色时,取出冷却,研碎,过筛。将通过 250 μm 的亚铁氰化钴钾粉末装瓶备用。其余试剂与磷钼酸铵相同。

2. 样品制备

首先,按照食品样磷钼酸铵法的前处理方法对食品样进行前处理。然后,向合并的溶液中加入 1 g 亚铁氰化钴钾,不停搅拌 10 min 左右,用定量滤纸过滤全部沉淀。用 30 mL 蒸馏水先洗烧杯后洗沉淀。将沉淀连同滤纸一起转移至瓷坩埚中,在电炉上烘干、炭化,再在马弗炉中 450 ℃ 下灰化 10~20 min,以不沾有亚铁氰化钴钾粉末的滤纸灰化变白、坩埚壁上没有黑色为灰化完成的标志,取出冷却。

坩埚中加入 10 mL~20 mL 沸水,搅拌并捣碎灰化物,静止片刻,上清液过滤到 100 mL 烧杯中。如灰化不好,沸水浸取时炭末可能透过滤纸,会影响铯回收率。如发生这种情况,可将浸取液加热浓缩,使炭末集聚,然后再过滤除去炭末。再用沸水如此浸取铯 3 次。将合并的浸取液缓缓蒸至 5 mL 左右,冷却至室温。加入 6 mL 冰乙酸和 10 mL 碘铋酸钠溶液,擦壁搅拌至碘铋酸铯沉淀出现,再放置 10 min 左右。

在装有已恒量滤纸的可拆卸漏斗中抽滤沉淀。用冰乙酸将沉淀全部转入漏斗并洗沉淀至洗出液无色,再用 10 mL 无水乙醇洗沉淀。沉淀与滤纸一起在 120 ℃ 烘干,称至恒量。

3. 测定与计算

监督源的校正和计数效率-质量曲线的绘制等,均与前述食品样磷钼酸铵法相同。

在低本底 β 测量仪上测量碘铋酸铯的放射性,接着测量 Cs－137 监督源。食品样中 Cs－137 的计算也与前述食品样磷钼酸铵法相同,见式(4.57)。

五、食品和生物样品中 Sr－90 放射化学分析方法

国家标准《食品安全国家标准　食品中放射性物质 Sr－89 和 Sr－90 的测定》(GB 14883.3—2016)和环境保护标准《水和生物样品灰中锶-90 的放射化学分析方法》(HJ 815—2016)均包含了二-(2-乙基己基)磷酸萃取色层法、发烟硝酸沉淀法和离子交换法对 Sr－90 的测定,前者是对 GB 14883.3—1994 的修订,后者是 GB 6766—86,GB 6764—86,GB 6765—86 和 GB 11222.1—89 四项标准的整合修订,所采用的分析方法原理与原标准基本一致。其中,二-(2-乙基己基)磷酸萃取色层法适用于水和食品灰样与动植物灰样中 Sr－90 的测定,发烟硝酸沉淀法和离子交换法适用于水和食品灰样中 Sr－90 的测定。对水中 Sr－90 活度浓度的测量范围为 0.02～10 Bq/L,对动、植物灰样中 Sr－90 活度的测量范围为 0.01～10 Bq/L。

(一) 二-(2-乙基己基)磷酸萃取色层法

1. 方法原理

样品中 Sr－90 的活度根据与其处于放射性平衡的子体核素 Y－90 的活度来确定。基本方法:硝酸浸取食品或生物样品灰,二-(2-乙基己基)磷酸(简称 HDEHP)萃取分离钇和其他稀土杂质;水相 14 d 后用 HDEHP 再萃取生成的 Y－90,以 6 mol/L 硝酸反萃取钇后进行草酸钇沉淀;在低本底 β 测量仪上测量 Y－90 的放射性,计算出 Sr－90 放射性浓度;在确定食品灰 Sr－90—Y－90 已达到平衡且没有 Y－91 污染时,可直接用第一次萃取出的 Y－90 经 6 mol/L 硝酸反萃取并经进一步纯化后,同样制样测量 Y－90 放射性,以快速测定 Sr－90 的放射性活度浓度。

1) 快速法

样品经预处理,调节酸度后,其溶液通过涂有二-(2-乙基己基)磷酸的聚三氟氯乙烯(简称 kel－F,60～100 目)色层柱吸附钇,再以 1.5 mol/L 硝酸淋洗色层柱,洗脱钇以外的其他被吸附的锶、铯、铈、钜等离子,并以 6 mol/L 硝酸解吸钇,以草酸钇沉淀的形式进行 β 计数和称重。

2) 放置法

样品的前处理方法与快速法同。调节溶液酸度后,通过 HDEHP－(kel－F)色层柱。除去钇、铁和稀土等元素。将流出液放置 14 d 以上,使 Y－90 与 Sr－90 达到放射性平衡,再次通过色层柱,分离和测定 Y－90。

2. 试剂和材料

1) 锶载体溶液(锶含量约 50 mg/mL)

配制方法:称取 153 g 氯化锶($SrCl_2 \cdot 6H_2O$)溶解于 0.1 mol/L 硝酸中,转入 1 L 容量瓶内,并用 0.1 mol/L 硝酸稀释至刻度。

标定方法:取上述配制的 4 份 2.00 mL 锶载体溶液分别置于烧杯中,加入 20 mL 水,

用25%～28%(质量分数)氢氧化铵(氨水)调节溶液pH值至8.0,加入5mL饱和碳酸铵溶液,加热至将近沸腾,使沉淀凝聚、冷却。用已称重的G4玻璃砂芯漏斗抽吸过滤,用水和无水乙醇各10mL洗涤沉淀。在105℃烘干1h。冷却,称至恒重。

锶标准溶液(锶含量约100 μg/mL):准确移取上述配制的1.00 mL锶载体溶液至500 mL容量瓶中,用0.1 mol/L硝酸稀释至刻度。

2) 钇载体溶液(钇含量约20 mg/mL)

配制方法:称取86.2 g硝酸钇[Y(NO₃)₃·6H₂O]加热溶解于100 mL硝酸(体积比1∶1.5)中,转入1 L容量瓶内,用水稀释至刻度。

标定方法:取上述配制的4份2.00 mL钇载体溶液分别置于烧杯中,加入30 mL水和5 mL饱和草酸溶液,用25%～28%(质量分数)氢氧化铵调节溶液pH值至1.5。在水浴中加热,使沉淀凝聚。冷却至室温。沉淀过滤在置有定量滤纸的三角漏斗中,依次用水、无水乙醇各10 mL洗涤。取下滤纸置于瓷坩埚中,在电炉上烘干,炭化后,置于900℃马弗炉中灼烧30 min。在干燥器中冷却,称至恒重。

Sr-90-Y-90标准溶液(约10 Bq/mL):在0.1 mol/L的硝酸介质中。

3) 镧溶液(质量分数为5%)

将15.5 g硝酸镧[La(NO₃)₃·6H₂O]溶于水中,加入几滴65%～68%(质量分数)硝酸,转入100 mL容量瓶中,用水稀释至刻度。

4) HDEHP-(kel-F)色层柱(内径8～10 mm,高约150 mm)

色层粉的制备:称取3.0 g kel-F粉(60～100目)放入50 mL烧杯中,加入5.0 mL HDEHP-正庚烷(0.681～0.687 g/mL)溶液反复搅拌,放置10 h以上。在80℃下烘至呈松散状。

装柱:色层柱的下部用玻璃棉填充,关紧活塞。将上述制备好的色层粉用0.1 mol/L硝酸移入柱内。打开活塞,让色层粉自然下沉。柱内保持一定的液面高度。备用。

注意:每次使用后用50 mL体积比为1∶1.5的硝酸溶液洗涤柱子,流速为1 mL/min。用水洗涤至流出液的pH值为1.0。

3. 样品的前处理

按照HJ 493—2009和HJ 61—2021中的相关规定进行样品的采集和保存。

1) 水样的前处理

取水样1～50 L,用硝酸调节pH值至1.0,加入前述配制的2.00 mL锶载体溶液和1.00 mL钇载体溶液,钙含量少的样品,应加入适量钙。用氨水调节pH值至8～9,搅拌下每升水样加入8 g碳酸铵。水样加热至将近沸腾,使沉淀凝聚,取下冷却,静置过夜。

用虹吸法吸去上层清液,将余下部分离心,或者在布式漏斗中通过中速滤纸过滤,用质量分数为1%碳酸铵溶液洗涤沉淀。弃去清液。沉淀转入烧杯中,逐滴加入6 mol/L硝酸至沉淀完全溶解,加热,滤去不溶物。滤液用氨水调节pH值至1.0。

2) 生物灰样的前处理

称取5～30 g灰样,准确到0.01 g,置于100 mL瓷坩埚内,加入前述配制的2.00 mL锶载体溶液和1.00 mL钇载体溶液。用少许水润湿后,加入5～10 mL硝酸(65%～68%,

质量分数),3 mL 30%过氧化氢。置于电热板上蒸干。移入 600 ℃马弗炉中灼烧至试样无炭黑为止。

取出试样,冷却至室温。用 30~80 mL 体积比为 1:5 的盐酸溶液加热浸取两次。经离心或过滤后,浸取液收集于 250 mL 烧杯中。再用 0.1 mol/L 盐酸洗涤不溶物和容器,离心或过滤,洗涤液并入浸取液中,弃去残渣。

加入 5~15 g 草酸,用氢氧化铵(25%~28%,质量分数)调节溶液的 pH 值至 3。在水浴中加热 30 min 冷却至室温。用中速滤纸过滤沉淀,用 20 mL 0.5%草酸溶液洗涤沉淀两次,弃去滤液。将沉淀连同滤纸移入 100 mL 瓷坩埚中,在电炉上烘干,炭化后,移入马弗炉保持在 600 ℃中灼烧 1 h。取出坩埚,冷却。先用少量体积比为 1:1.5 的硝酸溶液溶解沉淀,直至不再产生气泡为止。再加入 40 mL 体积比为 1:9 的硝酸溶液使沉淀完全溶解。溶解液用慢速滤纸过滤,滤液收集于 150 mL 烧杯中,用体积比为 1:9 的硝酸溶液洗涤沉淀和容器,洗涤液经过滤后合并于同一烧杯中,弃去残渣。滤液体积控制在 60 mL 左右。

4. 样品的分离纯化

1) 快速法

将样品前处理后的溶液以 2 mL/min 流速通过前述装填好的 HDEHP -(kel - F)色层柱,流出液收集于 150 mL 烧杯中。记下从开始过柱至过柱完毕的中间时刻,作为锶、钇分离时刻。用 40 mL 体积比为 1:9 的硝酸溶液以 2 mL/min 流速淋洗色层柱,收集前面的 10 mL 流出液合并于同一个 150 mL 烧杯中。保留该流出液(称为流出液 A)供放置法用,弃去其余流出液。

用 30 mL 体积比为 1:1.5 的硝酸溶液以 1 mL/min 流速解吸钇,解吸液收集于 100 mL 烧杯中。向解吸液中加入 5 mL 饱和草酸溶液,用氢氧化铵(25%~28%,质量分数)调节溶液 pH 值至 1.5~2.0,水浴加热 30 min,冷却至室温。在铺有已恒重的慢速定量滤纸的可拆卸式漏斗上抽吸过滤,依次用 0.5%草酸溶液、水和无水乙醇各 10 mL 洗涤沉淀,沉淀在 45~50 ℃下干燥至恒重。

按草酸钇[$Y_2(C_2O_4)_3 \cdot 9H_2O$]的分子式计算钇的化学回收率。只进行试样的快速法测定时,放置法步骤可以省去。

2) 放置法

使用前述快速法处理得到的流出液 A,用氢氧化铵(25%~28%,质量分数)调节 pH 值至 1.0,以 2 mL/min 流速通过 HDEHP -(kel - F)色层柱。流出液收集于 100 mL 容量瓶中,用 10 mL 0.1 mol/L 硝酸淋洗色层柱,流出液并入同一容量瓶中。

向上述容量瓶中加入 1.00 mL 钇载体溶液,用 0.1 mol/L 硝酸稀释至刻度,记下体积 V_0。取出其中 1.00 mL 溶液(记下体积为 V_1)至 50 mL 容量瓶中,保留此溶液(称为溶液 B)供锶化学回收率的测定用。

锶化学回收率的测定:向上述保留的溶液 B 加入 3.0 mL 5%镧溶液和 1.0 mL 硝酸(65%~68%,质量分数),用水稀释至刻度,记下体积 V_2。在原子吸收分光光度计上测定其吸光值。

工作曲线的绘制:向 7 个 50 mL 容量瓶中分别加入 0 mL、2.50 mL、5.00 mL、

$10.0\,\text{mL}$、$15.0\,\text{mL}$、$20.0\,\text{mL}$ 和 $25.0\,\text{mL}$ 的锶标准溶液(约 $100\,\mu\text{g/mL}$),分别加入 $3.0\,\text{mL}$ 5%镧溶液,用 $0.1\,\text{mol/L}$ 硝酸稀释至刻度。在原子吸收分光光度计上测定吸光值。以吸光值为纵坐标,锶浓度为横坐标,绘制工作曲线。

根据试样溶液的吸光值从工作曲线上查出锶浓度。按照式(4.60)、式(4.61),分别计算锶的回收量和化学回收率:

$$q = \frac{C \times V_0 \times V_2}{1\,000 \times V_1}, \tag{4.60}$$

$$Y_{\text{Sr}} = \frac{q}{q_0}, \tag{4.61}$$

式中:q——锶的回收量,mg;

C——从工作曲线上查得的锶浓度,$\mu\text{g/mL}$;

V_0——前述试样溶液稀释后的体积,mL;

V_1——从 V_0 中吸取的溶液体积,mL;

V_2——将 V_1 再次稀释后的体积,mL;

$1\,000$——将微克变成毫克的转换系数;

Y_{Sr}——锶的化学回收率;

q_0——向试样中加入锶载体的量,mg。

请注意,如果只进行样品的放置法测定时,最初的流出液 A 可以采用样品前处理最后步骤得到的滤液代替,并且在前处理的第一步中不必加入钇载体溶液。

5. 测量计算

将沉淀连同滤纸固定在测量盘上,在低本底 β 测量仪上计数。记下测量进行到一半的时刻。快速法按式(4.62)计算 Sr - 90 的活度浓度,放置法、发烟硝酸沉淀法和离子交换法按式(4.63)计算 Sr - 90 的活度浓度。

$$A = \frac{N \times J_0}{E_{\text{f}} \times V \times Y_{\text{Y}} \times J \times DF_{\text{Y}}}, \tag{4.62}$$

$$A = \frac{N \times J_0}{E_{\text{f}} \times V \times Y_{\text{Sr}} \times Y_{\text{Y}} \times J \times DF_{\text{Y}} \times (1 - \text{e}^{-\lambda t_1})}, \tag{4.63}$$

式中:A——试样中 Sr - 90 的活度浓度,Bq/L(或 Bq/g);

N——试样的净计数率,s^{-1};

J_0——校准测量仪器的探测效率时测得的 Sr - 90 检验源的净计数率,s^{-1};

E_{f}——Y - 90 的探测效率,$\text{s}^{-1} \cdot \text{Bq}^{-1}$;

V——分析水样的体积,L;(或 m——生物样品灰质量,g);

J——测量试样时 Sr - 90 检验源的净计数率,s^{-1};

Y_{Y}——钇的化学回收率;

DF_{Y}——Y - 90 的衰变因子($DF_{\text{Y}} = \text{e}^{-\lambda(t_3 - t_2)}$,其中 t_2 为锶、钇分离的时刻,h;t_3 为

Y‐90 测量进行到一半的时刻,h;$\lambda = 0.693/T$,T 为 Y‐90 的半衰期,64.2 h);

　　Y_{Sr}——锶的化学回收率;

　　$1-e^{-\lambda t_1}$——Y‐90 的生成因子(此处的 t_1 为 Sr‐90 和 Y‐90 的平衡时间,h)。

　　Y‐90 的衰变因子和 Y‐90 的生成因子除了可通过计算得到,还可由《水和生物样品灰中锶‐90 的放射化学分析方法》(HJ 815—2016)附录 A 查得。

6. 注意事项

1) 二‐(2‐乙基己基)磷酸萃取色层法分析水样

(1) 水样中的 Sr‐90 和 Y‐90 应处于平衡状态,Y‐91 存在时会干扰 Sr‐90 的快速测定,应当用放置法或衰变扣除法对结果进行校正。

(2) Ce‐144 和 Pm‐147 等核素的活度浓度大于 Sr‐90 活度浓度的 100 倍时,会使快速法测定 Sr‐90 的结果偏高。

(3) 水样中的锶含量超过 1 mg 时,应进行样品自身锶含量的测定,并在计算锶的化学回收率时将其扣除。

2) 二‐(2‐乙基己基)磷酸萃取色层法分析生物灰样

(1) 灰样中锶的总量超过 1 mg 时,应当进行试样中自身锶含量的测定,其方法为:称取 5.00 g 样品灰,用少量水润湿,逐滴加入 10～15 滴王水,缓慢蒸干。加入 10 mL 体积比为 1:5 的盐酸溶液。加热至沸腾。趁热过滤至 100 mL 容量瓶中。先后用 5 mL 热盐酸(0.1 mol/L)和水洗涤残渣数次。将滤液和洗涤液合并,用水稀释至刻度。移取 25.0 mL 浸取液至 50 mL 容量瓶中。按本方法锶化学回收率测定的方法操作,按式(4.60)计算锶的含量,并在计算锶的化学回收率时将其扣除。

(2) 当试样中含有较多的 Y‐91 和稀土放射性核素时,应当用放置法进行分析。如果采用快速法的分析步骤,应当在试样第一次计数后放置 14 d,让 Y‐90 衰变后再次进行 β 计数。根据两次计数结果计算出长寿命的干扰核素对第一次计数的贡献,并将其扣除。

(3) 如果从采样到测量的时间超过 1 a,则式(4.62)和式(4.63)中的分母应当乘以 Sr‐90 的衰变校正因子,它等于 $e^{-0.693 t_4}/T$。此处 t_4 为采样到测量经过的时间(a),T 为 Sr‐90 的半衰期(28.1 a)。

(4) 如果式(4.62)需要表示为生物试样中 Sr‐90 的含量,可将最后结果乘以样品的灰鲜比(g/kg)。

(二) 其余测定方法

根据国家标准 GB 14883.3—2016 和环境保护标准 HJ 815—2016 的介绍,除了可用二‐(2‐乙基己基)磷酸萃取色层法测定 Sr‐90 的放射性活度浓度外,还可以用发烟硝酸沉淀法和离子交换法测定。

1. 发烟硝酸沉淀法

方法原理:用发烟硝酸沉淀法除去水样中钙和大部分其他干扰离子(或硝基盐酸浸取食品灰,发烟硝酸沉淀方法分离锶,经硝酸洗涤),用铬酸钡沉淀除去镭、铅和钡,用氢氧化铁沉淀除去其他裂变产物;放置 14 d 后分离测量 Y‐90 的 β 计数,从而确定 Sr‐90 的放射性活度浓度。该方法适用于水中 Sr-90 含量的测定。

2. 离子交换法

方法原理:硝酸浸取食品灰(水样不需要次步骤),用乙二胺四乙酸二钠(简称 EDTA-2Na)和柠檬酸两种络合剂,将水样中钙、镁等络合,调节溶液 pH 值至 4.5~5.0,使绝大部分钙通过阳离子交换柱,而锶和部分钙被树脂吸附。再用不同浓度和 pH 值的乙二胺四乙酸(EDTA)-乙酸胺溶液先后淋洗钙和锶。向含锶的流出液中加入铜盐,将锶从 EDTA 和柠檬酸的络合物中置换出来,进行碳酸盐沉淀,放置 14 d 后分离出钇,通过测定 Y-90 的 β 活度来确定水中 Sr-90 的浓度。

六、食品中放射性物质 Ra-226 的测定

(一) 方法原理

食品灰经碱熔融、用盐酸溶解水浸取后的不溶物,以铅、钡为载体,Ba-133 作为示踪剂,用硫酸盐沉淀浓集镭,沉淀用乙二胺四乙酸二钠碱性溶液溶解后封存于扩散器,以射气法测量子体 Rn-222,计算 Ra-226 放射性活度浓度。

典型条件下,该方法的检出限为 4.3×10^{-3} Bq/g 灰。

(二) 试剂与仪器

(1) 0.2 mol/L EDTA-2Na 碱性溶液:溶解 74 g 乙二胺四乙酸二钠和 15 g 氢氧化钠于水中,稀释至 1 L。

(2) Ba-133 示踪剂:Ba-133(NO$_3$)$_2$,放射性活度浓度约为 104/(min·mL)。

(3) 6 mg Ba^{2+}/mL 钡载体溶液:称取 10.7 g 氯化钡(BaCl$_2$·2H$_2$O),溶于 1‰硝酸中并稀释至 1 L。

(4) 50 mg Pb^{2+}/mL 铅载体溶液:称取 80.0 g 硝酸铅[Pb(NO$_3$)$_2$],溶于 1‰硝酸中并稀释至 1 L。

(5) Ra-226 标准溶液:用液体 Ra-226 标准溶液或标准镭粉准确配制成 1‰硝酸体系,放射性浓度为 0.1~1 Bq^{226}Ra/mL。

(6) 氡钍分析仪:FD-125 型或其他型号,配合以适当定标器和闪烁室,其本底计数率应不大于 2 计数/min。

(7) 玻璃扩散器:容积 100 mL,可专门烧制或用 100 mL 大试管代替。

(8) 闪烁室换算系数 k 值的测定。

换算系数 k 值表示每单位净计数率代表 Ra-226 的贝克数。其测定方法如下:把预先抽成真空的闪烁室如图 4.12 所示连接好;扩散器内盛有已知量的 Ra-226(1~10 Bq)标准溶液,通气驱氡 10 min 后封存一定时间;先开右侧 3 个夹子,然后缓缓松开闪烁室和干燥管间螺旋夹控制扩散器气泡为可计数;利用闪烁室负压徐徐吸入除氡空气,以使扩散器中氡气转入闪烁室,直到无气泡为止;闪烁室放置 3 h 后在氡钍分析仪上测量,转入氡之前闪烁室应先抽真空测量本底;样品测量后闪烁室应立即用真空泵抽气,以尽量降低闪烁室本底,防止污染。

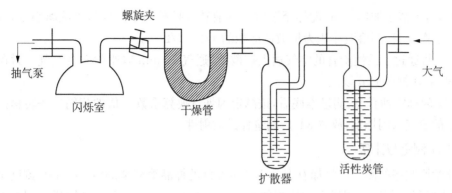

图 4.12　氡-222 转移装置

要求准确测定时应使用各闪烁室本身的 k 值,一般在实际监测中也可使用数个闪烁室测出的平均 k 值来计算:

$$k = \frac{A'(1 - e^{-\lambda T'})}{N_1' - N_0},$$
(4.64)

式中:k——闪烁室换算系数,为仪器响应 $1\,min^{-1}$ 相当的 Ra-226 贝克数,Bq·min;

$\quad A'$——标准源 Ra-226 含量,Bq;

$\quad \lambda$——氡衰变常数(可由 GB 14883.6—2016 附录 A 查得),d^{-1};

$\quad T'$——镭标准源封存时间,d 或 h;

$\quad N_1'$——镭标准源计数率,cpm;

$\quad N_0$——标准源测量时闪烁室本底计数率,cpm。

(三) 样品制备

(1) 称取 $1\sim4\,g$(精确至 $0.001\,g$)食品灰于铁坩埚中,加铅、钡载体溶液各 2.00 mL(测回收率的样品灰中还加入 1.00 mL Ba-133 示踪剂)。使灰分全润湿后在红外灯下烘干。用玻璃棒捣碎后分别加入 2 g 无水碳酸钠、5 g 氢氧化钠和 8 g 过氧化钠。搅匀后在表面覆盖 2 g 过氧化钠,放入已升温到 $650\sim700\,℃$ 的马弗炉中熔融 $7\sim10\,min$,使其呈暗红色均匀熔体状。

(2) 取出坩埚稍冷后,使坩埚外壁浸泡在冷水中骤冷。取出坩埚,放于盛有 200 mL 热水的 600 mL 烧杯中,小心放倒,加热水至浸没坩埚,加热。待反应完毕,熔块脱出后取出坩埚,用水洗涤坩埚,再用少量稀盐酸溶液及水将坩埚内外壁擦洗干净。洗涤液合并于烧杯中,搅匀。

(3) 过滤,以 50 mL 热的 1% 碳酸钠溶液分数次洗涤沉淀,弃去滤液和洗涤液。用 30 mL 体积比为 1:1 的盐酸溶解沉淀,过滤滤液于 300 mL 烧杯中,用水冲洗滤纸至白色。加水至 250 mL 左右,电炉上加热至沸腾。搅拌下滴加 5 mL 体积比为 1:1 的硫酸,冷却。放置 4 h 以上。

(4) 弃上清液,将沉淀全部转入 50 mL 离心管,离心,弃去清液。用 10 mL 硝酸、40 mL 水各洗沉淀 1 次,弃去洗出液。将前述 15 mL 0.2 mol/L EDTA-2Na 碱性溶液加入离心管,水浴中加热,不时搅拌至溶解。溶液转入扩散器中。少量水洗离心管,合并洗出液于扩散器,控制溶液体积为扩散器体积的 $1/3 \sim 1/2$。

（5）将通过了活性炭管的空气通入扩散器,通气 10 min 以驱除残存氡气。封存并记录时间,最好封存 12 d 以上。

（6）闪烁室抽真空、测量本底后,按测定闪烁室换算系数 k 值的相同方法转移扩散器样品中的氡气入闪烁室,放置 3 h 后测量样品放射性。

(四) 测定与计算

化学回收率的测定。将加有 Ba-133 示踪剂的样品溶液全部转入 40 mL 刻度小烧杯中,用水稀释至刻度。用盛有同体积的水、含 1 mL Ba-133 示踪剂的同样的刻度小烧杯在 γ 放射性测量装置上测定化学回收率。

食品中 Ra-226 的放射性活度浓度按式(4.65)计算:

$$A = \frac{kM}{WR} \times \left(\frac{N_1 - N_3}{1 - e^{-\lambda T}} - \frac{N_2 - N_4}{1 - e^{\lambda T_0}} \right), \tag{4.65}$$

式中:A——食品中 Ra-226 放射性活度浓度,Bq/kg;

k——闪烁室换算系数,同式(4.64);

M——灰鲜比,g/kg;

W——分析用灰质量,g;

R——镭化学回收率;

N_1——样品总计数率,cpm;

N_3——样品测量时闪烁室本底计数率,cpm;

λ——氡衰变常数;

T——样品封存时间,d 或 h;

N_2——试剂空白总计数率,cpm;

N_4——试剂空白测量时闪烁室本底计数率,cpm;

T_0——试剂空白封存时间,d 或 h。

第五节　建筑材料放射性核素测定

建筑材料的放射性对我们日常生活造成了潜在的影响,准确掌握建筑材料的放射性情况,对于选择建筑材料及其装饰材料具有重要的指导作用。本节主要阐述了建筑材料放射性核素限量和天然放射性核素 Ra-226、Th-232、K-40 放射性比活度的测定方法。

一、照射指数

(一) 放射性比活度

物质中的某种核素放射性活度与该物质的质量之比值,称为放射性比活度。表达式:

$$C = A/m, \tag{4.66}$$

式中：C——放射性比活度，Bq/kg；

A——核素放射性活度，Bq；

m——物质的质量，kg。

（二）内照射指数

建筑材料中天然放射性核素 Ra-226 的放射性比活度与本标限准中规定的量值之比值，称为内照射指数。内照射指数按照式(4.67)进行计算：

$$I_{Rn} = \frac{C_{Ra}}{200}, \tag{4.67}$$

式中：I_{Rn}——内照射指数；

C_{Ra}——建筑材料中天然放射性核素 Ra-226 的放射性比活度，Bq/kg；

200——仅考虑内照射情况下，国家规定的建筑材料中放射性核素 Ra-226 的放射性比活度限量，Bq/kg。

（三）外照射指数

外照射指数是指建筑材料中天然放射性核素 Ra-226、Th-232 和 K-40 的放射性比活度分别与其各单独存在时我国规定的限量值(200 Bq/kg)之比值的和。

外照射指数按照式(4.68)计算：

$$I_r = \frac{C_{Ra}}{370} + \frac{C_{Th}}{260} + \frac{C_K}{4\,200}, \tag{4.68}$$

式中：I_r——外照射指数；

C_{Ra}、C_{Th}、C_K——分别为建筑材料中天然放射性核素 Ra-226、Th-232 和 K-40 的放射性比活度，Bq/kg；

370，260，4 200——分别为仅考虑外照射情况下，建筑材料中天然放射性核素 Ra-226、Th-232 和 K-40 在各自单独存在时国家标准规定的放射性比活度限量，Bq/kg。

二、建材放射性水平测定及其分类

建材放射性水平测定的基本步骤如下：随机抽取样品两份，每份不少于 2 kg。一份封存，另一份作为检验样品。然后将检验样品破碎，磨细至粒径不大于 0.16 mm。将其放入与标准样品几何形态一致的样品盘中，称重(精确至 0.1 g)、密封、待测。当检验样品中天然放射性衰变链基本达到平衡后，在与标准样品测量条件相同情况下，采用低本底多道 γ 能谱仪对其进行 Ra-226、Th-232 和 K-40 比活度测量。

（一）建筑主体材料

建筑主体材料中，天然放射性核素 Ra-226、Th-232 和 K-40 的放射性比活度应同时满足 $I_{Rn} \leqslant 1.0$ 和 $I_r \leqslant 1.0$。对空心率大于 25% 的建筑主体材料，其天然放射性核素

Ra-226、Th-232 和 K-40 的放射性比活度应同时满足 $I_{Rn} \leqslant 1.0$ 和 $I_r \leqslant 1.3$。其中,空心率是指空心建材制品的空心体积与整个空心建材制品体积之比的百分率。

(二) 装饰装修材料

根据装饰装修材料的放射性水平大小,划分为以下 3 类。

1. A 类装饰装修材料

装饰装修材料中天然放射性核素 Ra-226、Th-232 和 K-40 的放射性比活度同时满足 $I_{Rn} \leqslant 1.0$ 和 $I_r \leqslant 1.3$ 要求的为 A 类装饰装修材料。A 类装饰装修材料产销与使用范围不受限制。

2. B 类装饰装修材料

不满足 A 类装饰装修材料要求,但同时满足 $I_{Rn} \leqslant 1.0$ 和 $I_r \leqslant 1.9$ 要求的为 B 类装饰装修材料。B 类装饰装修材料不可用于 I 类民用建筑的内饰面,但可用于 II 类民用建筑物、工业建筑内饰面及其他一切建筑的外饰面。

3. C 类装饰装修材制

不满足 A、B 类装修材料要求,但满足 $I_{Rn} \leqslant 1.0$ 和 $I_r \leqslant 2.8$ 要求的为 C 类装饰装修材料。C 类装饰装修材料只可用于建筑物的外饰面及室外其他用途。

根据我国国家标准规定,建筑材料生产企业应当按照建材放射性水平分类方法要求,在其产品包装或说明书中注明其放射性水平类别。

在天然放射性本底较高地区,单纯利用当地原材料生产的建筑材料产品,只要其放射性比活度不大于当地地表土壤中相应天然放射性核素平均本底水平的,可限在本地区使用。

三、建筑物表面氡析出率测定

建筑物结构主体内部,会经由建筑物表面如天花板、楼面、地面、内墙和外墙等外表面,向外释放 Rn-222 及其子体。氡子体是指 Rn-222 的短寿命衰变产物,包括 Po-218,Pb-214,Bi-214 和 Po-214。通常用面积氡析出率来表明释放的程度,面积氡析出率是指在单位时间内自单位建筑物表面析出并进入空气中的氡活度,其单位用 Bq·m^{-2}·s^{-1} 表示。

氡析出率的测量方法主要有活性炭吸附法和积累法。

(一) 活性炭吸附法

1. 仪器和设备

测量过程中用活性炭盒收集气体,测量所采用的仪器主要是 γ 能谱仪。

活性炭盒是采用低放射性材料(如聚乙烯、有机玻璃、不锈钢等)制成的内装活性炭的圆柱形容器,其底部直径应等于或稍小于 γ 探测器的直径,高度以直径的 $1/3 \sim 2/3$ 为宜。活性炭选用微孔结构发达、比表面积大、粒径为 $18 \sim 28$ 目的优质椰壳颗粒状活性炭。选用具有良好透气性的材料,例如尼龙纱网、金属筛网或纱布等,罩于活性炭盒开口表面,网罩栅孔密度应与活性炭粒径相匹配。收集时用真空封泥密封活性炭盒和待测介质表面之间的缝隙,固定它们之间的相对位置。

γ能谱仪可以选用闪烁探测器 NaI(Tl),其晶体体积应不小于 $\phi 7.5\,cm \times 7.5\,cm$。探测器对铯-137 的 661.6 keV 特征 γ射线的分辨率应优于 9%,NaI(Tl)谱仪的道数应不少于 256 道。如果选用半导体探测器 Ge(Li)或高纯锗(HPGe)探测器,其灵敏体积大于 $50\,cm^3$,对 Co-60 的 1 332.5 keV 的特征 γ射线的分辨率应优于 2.2 keV,高分辨率半导体谱仪其道数应不小于 4 096 道。探测系统应选用放射性核素含量低且无表面污染的屏蔽材料搭建屏蔽室。探测器置于壁厚不小于 10 cm 铅当量的屏蔽室中央,屏蔽室内壁距探测器表面的最小距离应大于 13 cm;铅室的内衬应由原子序数逐渐递减的多层屏蔽材料组成,从外向里可依次由 1.6 mm 的镉、0.4 mm 的铜及 2~3 mm 厚的有机玻璃材料等组成。屏蔽室应有便于取放样品的门。在测量过程中应有保证探测器稳定工作的高压电源,其纹波电压不大于 ±0.01%,对半导体探测器,其高压应在 0~5 kV 范围内连续可调。

2. 析出氡的收集和测量

首先要制备活性炭盒,将活性炭置于烘箱内,在 120 ℃下烘烤 7~8 h,以去除活性炭中残存的吸气。将烘烤过的活性炭装满活性炭盒容器,称重,各炭盒间质量差应小于 5%;然后加网罩、加盖,密封待用。留 1~2 个新制备且没有暴露于氡及其子体中的活性炭盒(简称"新鲜"炭盒)于实验室中,作为本底计数测量用。

收集气体时要去除欲测建筑物表面的灰尘和砂粒。打开活性炭盒,倒扣于该表面,周围用真空泥固定和封严,记下开始收集析出氡的时刻。析出氡收集持续 5~7 天。收集结束时,除去真空泥,小心取下活性炭盒,加盖密封,记录结束时刻,带回实验室。

对收集到的氡进行测量时要先用 Ra-222 检验源检查,并调整 γ谱仪使之处于正常工作状态。在与样品测量相同的条件下,在 γ谱仪上测量"新鲜"活性炭盒的本底 γ能谱。收集结束后的活性炭盒放置 3 h 以上。当用高分辨率 γ谱仪时,测量 Bi-214 的 0.609 MeV,Pb-214 的 0.241 MeV、0.295 MeV、0.352 MeV 中的一个或几个 γ射线峰计数率。当用 NaI(Tl)γ谱仪时,测量上述能量相应能区的计数率。

3. 氡析出率的计算

建筑物表面氡析出率按式(4.69)计算:

$$R = \frac{(n_c - n_b) \times \lambda \times e^{xt_2}}{S \times \varepsilon [1 - e^{-xt_1}]}, \tag{4.69}$$

式中:R——氡的面积析出率,$Bq \cdot m^{-2} \cdot s^{-1}$;

n_c——活性炭盒内所选定的氡子体 γ射线峰或能区的计数率,s^{-1};

n_b——与 n_c 相对应的"新鲜"活性炭盒的计数率,s^{-1};

t_1——活性炭盒收集析出氡的时间,s;

t_2——收集结束时刻到测量开始时刻的间隔,s;

ε——与 n_c 相应的 γ射线峰能量或能区处的探测效率;

S——被测表面的面积,m^2;

λ——氡的放射性衰变常数,取 $2.1 \times 10^{-6}\,s^{-1}$。

由式(4.69)可以看出,计算之前必须进行探测效率刻度,这就需要制备体标准源。标准源基质与活性炭盒所用的活性炭种类相同且等重。用万分之一天平准确称取由国家法定计量部门认定的已知比活度的碳酸钡镭标准粉末,其总活度应在 $50\sim500$ Bq 范围内,比活度的相对标准偏差不大于 4%。将标准粉末置于 500 mL 的烧杯中,以 1 mol 盐酸溶液溶解,再用 0.1 mol 的盐酸稀释到所需体积(应足以使活性炭基质全部浸入),倒入活性炭颗粒,并不断搅拌。将活性炭在红外灯下烘烤,使其水分不断蒸发,在将近恒重时,转移到另一干净烧杯中,用少量 0.1 mol 盐酸洗液清洗用过的 500 mL 烧杯,将清洗液倒入活性炭中(注意不要与目前盛放活性炭的干净烧杯壁接触),再用红外灯烘烤,不断搅匀,直至恒重。将活性炭转入空的活性炭盒时,铺平,加盖,密封,放置 30 d。待 Ra-226 与氡及其子体处于放射性平衡后备用。标准源的综合不确定度(一倍标准偏差)应控制在 $\pm5\%$ 以内。

对于 γ 谱仪系统,要先进行能量刻度。然后在与样品测量相同条件下,分别获取上述已知 Ra-226 活度的体标准源 γ 能谱和"新鲜"活性炭盒本底谱。从净谱中选择氡的子体 Pb-214 的 0.241 MeV、0.295 MeV 和 0.352 MeV 以及 Bi-214 的 0.609 MeV 中的一个或几个 γ 射线的全能峰,并计算其净峰计数率。如果使用 NaI(Tl) 闪烁探测器,在上述几个 γ 射线峰不能清楚分开时,亦可计算包含上述一个以上峰的能区净计数。根据所选 γ 射线的全能峰(或所选能区)净计数率,计算探测效率。

4. 测量的误差

面积氡析出率测量结果的相对标准偏差为:

$$\sigma_{\text{total}} = \sqrt{\sigma_{\text{calib}}^2 + \sigma_{\text{ct}}^2}, \tag{4.70}$$

式中:σ_{total}——总相对标准偏差,$\%$;

σ_{calib}——效率刻度的相对标准偏差,$\%$;

σ_{ct}——测量计数相对标准偏差,$\%$。

其中,σ_{ct} 可用式(4.71)计算:

$$\sigma_{\text{ct}} = \frac{\sqrt{N_a/t_a^2 + N_b/t_b^2}}{N_a/t_a - N_b/t_b}, \tag{4.71}$$

式中:N_a——活性炭盒内选定的氡子体 γ 射线峰或能区的积分计数,s^{-1};

N_b——与 N_a 相对应的"新鲜"活性炭盒的积分计数,s^{-1};

t_a——样品计数时间,s;

t_b——本底计数时间,s。

在实际的整个测量过程中,存在着一些干扰和影响的因素,比如活性炭盒倒扣于建筑物表面,所得结果不代表自然状态下氡的析出率,而相当于外界空气中氡浓度为 0 时氡的析出率,即最大析出率。这种方法不考虑外界空气流速、交换率的影响。但可能引起活性炭盒所扣处被测材料局部含水量的变化,会对氡的析出率产生微小干扰。另外,在收集析出氡期间,面积氡析出率实际上受周围环境的气象、温度、相对湿度、气压、风速变化等影响。因此,测量结果只代表在对应的环境条件下收集期间面积氡析出率的平均值。对于测量系统,在用 NaI(Tl) γ 谱仪确定活性炭盒所收集的氡活度时,氡子体 Pb - 214 的 0.242 MeV γ 射线峰受 Th 射气子体 Pb - 212 的 0.238 MeV γ 射线峰的干扰,该干扰对测量结果的影响小于 1%。因此,当用高分辨率的半导体探测器测量时,不存在这种干扰。

(二) 积累测量法

1. 测量方法

除了用活性炭收集测量氡表面析出率,还可以采用积累法进行测量。积累法适用于地面及其他表面物质的氡析出率的测量。主要的测量方法是在待测的表面扣置一个用不透气、不吸氡、不溶氡材料制成的集氡罩,周边用不透气、不吸氡材料密封。所扣表面析出的氡都被集氡罩收集,其浓度随时间增长而不断增加,最后达到平衡。在集氡罩内的氡浓度呈线性增长的时间范围内,取样并测量其氡浓度,再计算出待测表面的氡析出率。

积累测量法根据取样方法不同,又包含真空取样法和循环取样法。其中,真空取样法基本原理就是利用真空负压的作用,实现对表面氡的采集。首先,将集氡罩扣在拟取样物体表面并用胶泥密封;然后将本底较低的取氡容器(闪烁室或电离室)、干燥管、扩散器与集氡罩连接在一起,再将连接体系抽成真空;缓慢打开调节阀,开始采样;取样时间控制在 30～60 s 内。本节重点介绍循环取样法。

2. 装置及测量

采用循环法取样测量的装置如图 4.13 所示。测量时将取氡容器、干燥管、扩散器、膜片泵按图 4.13 与集氡罩连接,依次打开 K1～K5,开泵并记录开泵时刻,开泵循环时间应确保取氡容器内的氡浓度与集氡罩内的氡浓度相等,记下停泵时刻。依次关闭 K1～K5,已取氡的取氡容器从系统中取出待测量。用双连球排除干燥管、扩散器内的残氡,待用。将另一个取氡容器和干燥管、扩散器、膜片泵按图 4.13 与集氡罩连接;再次取集氡罩内的氡,操作过程同第一次。

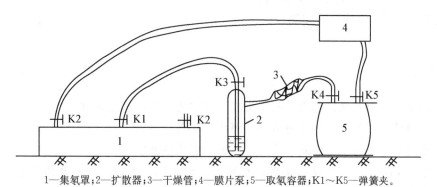

1—集氡罩;2—扩散器;3—干燥管;4—膜片泵;5—取氡容器;K1～K5—弹簧夹。

图 4.13 循环法取样装置示意图

雨天测量应防止取样容器内部被雨水淋湿或被泥沙沾污,用真空法取样时,要经常检验取样容器是否漏气。使用新集氡罩时需认真复核集氡罩的容积和有效扣罩面积。取样时应选择平坦表面扣集氡罩,若无平坦表面,可事先稍加平整,应当根据现场情况和氡析出率的高低选择集氡罩的积累时间。积累时间确定方法是扣罩后测 t 时刻集氡罩内的氡浓度 C,作 C-t 曲线。该曲线的线性段的时间区间内的任一时刻均可为扣罩后的取样时间。待测表面性质、环境条件、氡析出率范围相近时,可选取有代表性的待测表面作 C-t 曲线后确定的取样时间作为每次测量的取样时间,而不必每次测量都确定一个取样时间。当析出率数值相差很大时,必须重新确定取样时间。氡析出率测量时应记录气温、气压、相对湿度、风速、风向、被测物料的含水量和地温等数据,用以对测量结果进行分析。

3. 计算及误差

取样后等待 3 h,使氡及其子体平衡,用 α 闪烁计数器测量闪烁室内的放射性(若要提前测量,则需按氡及其子体的平衡规律进行修正)。氡浓度 C_t 和氡析出率 J 的计算公式分别为:

$$C_t = K \times f \times (n - n_0), \tag{4.72}$$

$$J = \frac{V}{S} \times \frac{C_2 - C_1}{\Delta T}, \tag{4.73}$$

式中:C_t——扣罩积累时间为 t 时,集氡罩内空气中的氡浓度,Bq/m^3;

K——仪器的刻度系数,$Bq \cdot s \cdot m^{-3}$;

n——取样后测得的计数率,s^{-1};

n_0——闪烁室的本底计数率,s^{-1};

f——体积修正系数,用循环法取样时 $f = V_{总} / V$,V 为集氡罩与被扣表面间的容积(m^3),$V_{总}$ 为闪烁室和膜片泵、扩散器、干燥管、管路系统内部空间容积与 V 之和(m^3);

J——集氡罩所扣表面的氡析出率,$Bq/(m^2 \cdot s)$;

S——集氡罩所扣表面面积,m^2;

C_1、C_2——分别为第一次、第二次取样时集氡罩内空气中的氡浓度,Bq/m^3;

V——集氡罩与被扣表面间的容积,m^3;

ΔT——两次取样时间间隔,s。

习题 4

1. 浸渍活性炭中浸渍剂为什么能对空气中的有机碘实现捕获收集?

2. 环境空气中氡测量的 4 种方法的基本原理是什么?

3. 常见的 γ 能谱仪系统的组成及其屏蔽组件有哪些?

4. 水中 Po-210 的 α 能谱法测定方法的基本原理,并写出其中涉及的 3 个主要化学反应方程式。

5. 水中钚的萃取色层法测定基本原理,并写出其中涉及的 3 个主要化学反应方程式。

6. 水中钍的萃取色层法测定基本原理,并写出其中涉及的 3 个主要化学反应方程式。

7. 土壤采样点布点的几种方式是什么？

8. 土壤中钚的离子交换法测定基本原理及其涉及的 3 个主要化学反应方程式是什么？

9. 水中 I-131 分析方法的基本原理，及其涉及的 4 个主要化学反应方程式是什么？

10. 生物样品中 Cs-137 的磷钼酸铵测定法的基本原理及其涉及的 3 个主要化学反应方程式是什么？

11. 利用二-(2-乙基己基)磷酸萃取色层法开展 Sr-90 的测定，其中锶载体溶液配制和标定过程涉及一些化学反应，请写出其中 3 个主要的化学反应方程式（氯化锶与硝酸反应生成硝酸锶，氨水调节 pH 值形成氢氧化锶，碳酸铵加入形成碳酸锶沉淀）。

12. 离子交换法测定生物样品中 Sr-90 的基本原理及其涉及的 5 个主要化学反应方程式是什么？

13. 请简述内照射指数和外照射指数。

14. 建筑物表面氡析出率活性炭吸附法测定工作的原理是什么？请指出该法与环境空气中氡活性炭盒测定法的异同点。

第五章 环境辐射剂量的估算

电离辐射是把双刃剑,在造福人类的同时,也会对人体健康造成潜在危害。电离辐射剂量学主要研究:①电离辐射的能量在物质中的转移、吸收规律;②受照物质中的剂量分布及其与辐射场的关系;③照射剂量与有关辐射效应的关系;④在各种电离辐射中各类电离辐射量的测量以及计算方法等。

辐射剂量学按体内外照射,可分为外照射剂量学和内照射剂量学。外照射指的是电离辐射源处于生物体(如人体)外部所产生的照射,只有当机体处于辐射场中时,辐射才对其产生作用。与指体外电离辐射源对生物体照射的外照射相对应,内照射指的是环境中放射性核素进入生物体内造成体内放射性污染而产生的照射。本章将从电离辐射对生物体的生物效应、辐射剂量学量、外照射剂量计算方法与内照射剂量计算方法4个部分展开介绍。

第一节 电离辐射对生物体的生物效应

国际放射防护委员会(ICRP)根据电离辐射所诱发生物效应对生物体健康的危害程度将其分为4类:①变化(change),指电离辐射对生物体照射所产生的作用可能是有害的也可能是无害的;②损伤(damage),表示某种程度的有害变化,如对细胞有害,但对受照者个体未必有害;③损害(harm),指受照者个体自身或后代已显现出临床上可以观察到的有害效应;④危害(detriment),结合了损害的概率、严重程度及显现时间等表征受照射的总伤害,是个复合概念。本节将对生物体的辐射生物效应、电离辐射的生物学效应进行阐述。

一、生物体的辐射生物效应

(一) 细胞的辐射效应

电离辐射所导致的生物体急性损伤与慢性损伤、早期效应与远期效应,都以辐射对细胞的损伤作用为基础。辐射对细胞的损伤效应不仅与受照射细胞类型、细胞所处周期相关,还与射线种类、照射剂量、剂量率、照射方式等因素相关。

对细胞而言,电离辐射的生物学效应主要以脱氧核糖核酸(DNA)损伤为主。DNA是一种由核苷酸重复排列组成的长链聚合物,其长链骨架是由糖类 S 与磷酸 P 借由酯键相连而成,两股长链上的碱基以氢键相互吸引,使双螺旋形态得以维持,组成 DNA 的 4 种碱基分别为腺嘌呤 A、胞嘧啶 C、鸟嘌呤 G 和胸腺嘧啶 T。当电离辐射照射 DNA 双螺旋结构时,会发生直接作用和间接作用,如图 5.1 所示。其中,直接作用指的是 DNA 分子直接被电离辐射所电离或激发从而破坏 DNA 分子;间接作用指的是电离辐射与 DNA 分子周边的水分子发生作用,产生大量自由基从而破坏 DNA 分子结构。

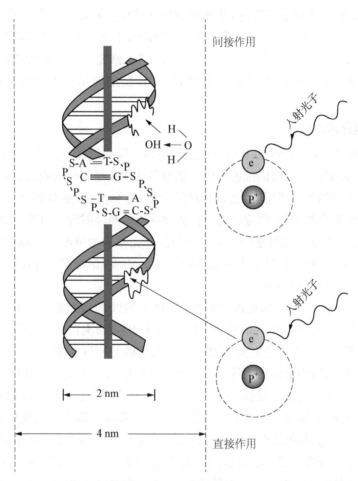

图 5.1　光子辐射对 DNA 的直接作用和间接作用

人体是由各种物质所组成,其中水(H_2O)占人体体重的 $70\%\sim80\%$,因此辐射损伤在很大程度上是由水分子受辐射作用发生分解造成的。水分子的分解电离会使分子发生变化并形成对染色体有害的化学物质,引起细胞结构和功能的改变,进而引发人体的一些临床症状。当 H_2O 受辐射分解作用后,可能产生如下反应:

$$H_2O \longrightarrow H_2O^+ + e^-, \tag{5.1}$$

当 H_2O 受辐射电离作用后,可能产生 H^+ 与 OH^-,两者会形成正、负离子对。若 H^+ 与 OH^- 的正、负离子对没有受到进一步的辐射电离作用,则可经由带正、负电的离子吸引结合方式变回原来正常的水分子 H_2O。H^+ 与 OH^- 的再复合对 DNA、蛋白质、脂质等较大分子结构的影响可以忽略。H_2O 受到辐射的电离作用后,除了可以产生 H^+ 与 OH^- 的离子对之外,也可以产生不带电的中性原子的氢自由基 $H\cdot$ 和分子的羟自由基 $\cdot OH$,其中"$\cdot$"代表自由基不带电。水的辐射分解产物中,羟自由基 $\cdot OH$ 的产量非常高,而自由基会对其周围重要生物分子造成破坏。自由基虽然不带电,但其化学性质非常活泼,很容易扩散至其他分子或细胞,并互相发生化学反应而伤害到分子或细胞。

无论是直接作用还是间接作用都可能造成 DNA 分子的单链断裂或双链断裂,单链断裂细胞可自行修复,双链断裂可造成细胞变异(错误修复),甚至细胞死亡。通常,辐射光子对 DNA 所造成的损伤是以间接作用为主,其发生的半径大约为 2 nm,如图 5.1 所示。

(二) 细胞存活曲线

细胞存活曲线(cell survival curve)描述的是辐射吸收剂量与细胞存活分数之间的关系,用于定量分析辐射所引起的细胞效应。细胞存活曲线是评估细胞辐射损伤的方法,是将存活细胞数在以集落形成率(代表细胞存活分数)为纵坐标,照射剂量为横坐标的半对数坐标系上所绘制出的剂量-效应曲线。存活细胞指的是经射线照射后,细胞仍具有完整的增殖能力,能产生克隆或集落的细胞。如果没有完整的增殖能力,即使形态完整,具有有限分裂能力,但不能传宗接代,也称为细胞死亡。细胞存活曲线可通过体外细胞培养来获取,也可通过体内试验来获取。

射线对生物体的损伤是随机的,同时生物体对射线的辐射敏感度也是不同的。图 5.2 为哺乳类动物典型的细胞存活曲线,其中纵坐标轴为细胞存活分数的对数,线性刻度的横坐标轴为剂量。图中致密电离辐射指的是高传能线密度辐射,如低能量的中子和 α 粒子;稀疏电离辐射指的是低传能线密度辐射,如 X 射线或 γ 射线。从图 5.2 中可以看出,对于致密电离辐射而言,细胞存活曲线从开始就是直线,也就是说,细胞存活分数与剂量接近指数函数关系,说明细胞对射线敏感,细胞 DNA 被一次击中就发生死亡。对于稀疏电离辐射而言,在低剂量情况下细胞存活曲线在半对数坐标系上开始是呈直线分布的,也就是说细胞存活分数与剂量呈指数函数关系;在较高剂量时,细胞存活曲线变宽,且呈现弯曲形状的区域涵盖了几个 Gy 的剂量范围;在非常高剂量的情况下,细胞存活曲线常常再次趋于一条直线,细胞存活分数与剂量恢复指数函数关系。许多生物物理模型和理论被提出并用于解释哺乳类动物细胞存活曲线的形状,其中广泛使用的为线性平方模型(linear-quadratic model)和靶击模型(target models)两种,下面分别对这两种模型进行介绍。

1. 线性平方模型

图 5.2(a)中实验数据用线性平方存活曲线方程式来解释,称之为线性平方模型,由 Sinclair 于 1965 年提出,该模型是建立在二元理论或 DNA 双链断裂学说基础上的,又称为 α、β 模型。此模型认为由辐射造成的细胞死亡分为两部分:一部分与剂量成正比,另一

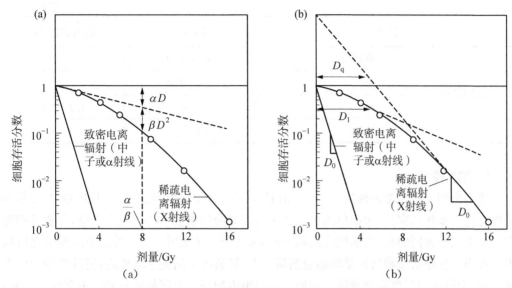

图 5.2 哺乳类动物细胞受辐射后的细胞存活曲线
(a) 线性平方模型 (b) 单击多靶模型

部分与剂量平方成正比。此模型的细胞存活分数 S 与辐射吸收剂量 D 之间的关系可表示为：

$$S = e^{-(\alpha D + \beta D^2)} , \tag{5.2}$$

其中，常数 α 是描述存活（对数）与剂量（线性）的半对数关系中细胞死亡敏感性的线性部分，β 是描述细胞对更高辐射剂量的增加敏感性；α/β 比值表示细胞杀死的线性项和平方项相等时的剂量，反映了存活曲线的曲率。对于增殖缓慢的均一性细胞群，如自我更新缓慢的器官系统（如肾脏、脊髓），α/β 比值较低、半对数图中的曲线度较显著。对于快速增殖的异质性细胞群，如口腔黏膜和小肠中的再增殖细胞群，α/β 比值较高、存活曲线较直。对于组织早期反应，α/β 比值一般为 $7\sim20\,\mathrm{Gy}$（通常用 $10\,\mathrm{Gy}$），晚期反应是 $0.5\sim6\,\mathrm{Gy}$（通常用 $3\,\mathrm{Gy}$）。表 5.1 所示为部分组织早期反应及晚期反应的 α/β 比值实验与临床数据。

表 5.1 α/β 比值的实验与临床数据

组织		实验数据/Gy	临床数据/Gy
早期反应	皮肤/皮下组织	9~12	5~10
	空肠	6~10	2.2~8
	结肠	10~11	—
	睾丸	12~13	—
	假骨质	9~10	—

（续表）

组织		实验数据/Gy	临床数据/Gy
晚期反应	脊髓	1.0～4.9	3.3
	肾	1.5～2.4	—
	肺	2.4～6.3	4.1～4.7
	膀胱	3.1～7.0	3.4～4.5

2. 靶击模型

靶击模型又称为靶击理论，1924 年由 Crowther 提出，20 世纪 40 年代中期，Lea 等对靶概念进一步加以完善，包括单击单靶和单击多靶两种模型。所谓靶击理论，是假设细胞内有几个大小相同的靶，当细胞受到辐照时，每个靶只有被击中、未被击中两种情况可以单一选择。受照射细胞所接受的辐射剂量越大，靶被击中的概率就越高；所接受的辐射剂量越小，靶被击中的概率就越低。如果一个细胞内的每一个靶都被辐射击中至少一次时，就会导致该细胞死亡。对辐射诱发的致死率而言，染色体（特别是 DNA）是主要的靶。辐射粒子的时空分布概率符合泊松分布规律。

对单击单靶模型而言，细胞存活分数 S 与辐射吸收剂量 D 的关系为：

$$S = e^{-D/D_0}, \tag{5.3}$$

式中：D_0 为平均致死剂量（mean lethal dose），是每个细胞平均被击中一次所需的平均剂量。对于单击单靶概念而言，意味着每个细胞内那个唯一的靶被平均受到一次击中，即 D_0 为直线斜率的倒数。由式（5.3）可知，当剂量 $D = D_0$ 时，$S = e^{-1} \approx 0.37$，因此 D_0 也可理解为细胞存活分数为 37%（e^{-1}）时所需的辐射剂量，此剂量可简明地作为细胞对辐射敏感性的一个指标，又可称为辐射敏感性。D_0 值越大，细胞对辐射越抗拒，比如 $D_0 = 100 \, cGy$ 的细胞比 $D_0 = 200 \, cGy$ 的细胞辐射敏感性更强，哺乳类细胞的 D_0 值多在 $1 \sim 2 \, Gy$。一般来说，单击单靶模型适用于描述由高传能线密度电离辐射（如 α 粒子）所致的细胞存活分数曲线。

对单击多靶模型而言，细胞存活分数 S 与辐射吸收剂量 D 的关系为：

$$S = 1 - (1 - e^{-D/D_0})^N, \tag{5.4}$$

式中：D_0——平均致死剂量；

N——靶击理论细胞内的靶数或击中数。

在此模型中，另有一个描述细胞亚致死性损伤修复能力的参数，称为肩宽剂量 D_q（shoulder dose），如图 5.2(b) 所示，其值为存活曲线的直线部分向上延伸与通过存活率为 1 的横轴相交点的剂量，表示从开始照射到细胞呈指数性死亡所浪费的剂量。D_q 值小表示细胞亚致死性损伤修复能力弱，很小的剂量就能使得细胞进入致死性损伤的指数性死亡阶段；D_q 值大表示细胞亚致死损伤修复能力强。单击多靶模型细胞存活曲线比单击单靶模型细胞存活曲线多出一个"肩区"，但当 $N = 1$，$D = D_0$ 时，$S = e^{-1} \approx 0.37$，单击多靶模型就转变为单击单靶模型；当 $N>1,D=D_0$ 时，细胞存活分数将大于 37%。图 5.2(b) 中 D_1 代表的是单次死亡事件所导致的初始斜率(initial slope)，是在曲线起始直线部分将细胞存活分数降低到 37% 时的剂量；D_0 代表的是多次死亡事件导致的最终斜率(final slope)，是指细胞存活分数从 0.1 降到 0.037 或从 0.01 降到 0.0037 时所需的剂量。由于细胞存活分数为对数刻度，并且在高剂量时存活曲线是直线，所以在所有高剂量区域对应的存活水平下，将细胞存活降低一定系数(0.37)所需的剂量都是相同的，使每个细胞产生一个使其死亡事件时所需的平均剂量，即 D_0。D_q，D_0 与 N 3 个参数之间的关系可通过下式进行表示：

$$D_q = D_0 \ln N。 \tag{5.5}$$

因此，该模型在 $D=D_0$ 时细胞存活分数不是一个常数。表 5.2 为 Co‑60 辐射几种细胞株时 D_0 和 D_q 的值。一般来说，单击多靶模型用于描述带有肩宽的人和哺乳动物细胞剂量-存活分数曲线较好。该模型绘制的存活曲线表现为：在低剂量区，出现一个缓慢下降的"肩区"；在高剂量区，曲线近似直线，细胞呈指数性死亡，如图 5.2(b) 所示。

表 5.2　Co‑60 辐射几种细胞株时 D_0 和 D_q 值

细胞株来源	D_0/Gy	D_q/Gy
骨髓	0.95	～0
乳腺	1.27	2.0
皮肤	1.35	3.5
肠上皮隐窝细胞	1.30	4～4.5
睾丸	1.68	2.7

细胞存活曲线可以反映以下辐射生物效应关系：①研究各种细胞生物效应与放射剂量的定量关系；②比较各种因素对放射敏感性的影响；③观察有氧和乏氧情况下细胞放射敏感性的变化；④比较不同传能线密度射线的生物学效应；⑤研究细胞的各种放射损伤效应。

(三) 传能线密度与相对生物效能

1. 传能线密度

传能线密度(Linear Energy Transfer, LET)是用来描述带电粒子在介质中因相互作用而沿其径迹损失能量的情形，由 Zirkle 等人于 1952 年提出。带电粒子可能是直接电离粒子，或由光子经光电效应、康普顿散射、电子对效应所产生的电子，或由中子经由非弹性碰撞所产生的带电粒子。LET 的定义为带电粒子在其单位长度径迹上消耗的平均能量，其专用单位通常为 keV/μm。国际辐射单位与测量委员会(ICRU)9 号报告将该物理量定义为：带电粒子在介质中的 LET 为 dE/dl 所得的商，即

$$\text{LET} = dE/dl, \tag{5.6}$$

式中：dE——该特定能量的带电粒子穿过单位距离 dl 后授予该区域介质的平均能量。

沿粒子径迹不同距离的能量沉积并非绝对相等，即使同一粒子，其 LET 在径迹不同部分也是不同的，这是因为粒子的电荷虽为常数，但其速度沿径迹逐渐降低，能量释放沿径迹有较大的变化，因此 LET 只能是一个平均值。计算 LET 最常用的方法有计算轨迹均值和计算能量均值两种。具体而言，计算轨迹均值为通过将轨迹分为若干个相等的距离，计算粒子在每一段距离上的能量沉积量，求其平均值；计算能量均值为将轨迹分为若干个相等的能量增量，计算各等分能量段的轨迹长度均值，如图 5.3 所示。对于 X 射线或单能带电粒子而言，以上两种方法得到的 LET 值差异很小，但对于中子而言，两种方法得到的 LET 值有所差异，比如对于 14 MeV 的中子，轨迹均值所得 LET 约为 12 keV/μm，而能量均值所得 LET 为 100 keV/μm。对于中子而言，其生物学特性与能量均值更相关。

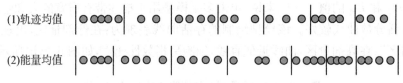

图 5.3 传能线密度的两种计算方法

根据 LET 的大小，可以把辐射分为高 LET 辐射和低 LET 辐射。质子、中子和 α 粒子等大质量（质子质量为 $1.6726231 \times 10^{-27}$ kg，中子质量为 $1.6749286 \times 10^{-27}$ kg，α 粒子质量为 6.68×10^{-27} kg）的粒子具有浓密的径迹，所以 LET 较高；而 γ 射线、X 射线和 β 射线具有稀疏的径迹，所以 LET 较低。由于高 LET 辐射在生物体内将造成较大的电离密度（ionization density），所以每单位径迹长度的电离事件发生数目较多，也就比较容易伤害到 DNA。高 LET 辐射造成生物体的伤害以直接作用为主，约占 1/3。低 LET 辐射在生物体内将造成较小的电离密度，所以每单位径迹长度的电离事件发生数目较少。低 LET 辐射造成生物体的伤害以间接作用为主，约占 2/3。间接作用时，二次电子仍在 DNA 的双螺旋上与 S，P，A，C，G 或 T 上的 H_2O 作用，产生 ·OH 而造成间接的辐射伤害，但却比不上直接作用所造成的伤害。中子比 X 射线更容易诱发白内障，α 粒子比 β 粒子、γ 射线的辐射伤害更大，所以在比较各种辐射所产生的潜在伤害或相对的毒性时，是以等量的能量吸收为基础的。通常 LET 较高的辐射，对生物会产生较大的辐射伤害。各种电离辐射的 LET 值如表 5.3 所示。

表 5.3 各种电离辐射的 LET 值

辐射类型		LET/(keV·μm⁻¹)
光子束	^{60}Co γ 射线	0.2
	250 kVp X 射线	2.0
质子束	10 MeV	4.7
	150 MeV	0.5

（续表）

辐射类型		LET/(keV·μm^{-1})
α射线	2.5 MeV	166
中子束	14 MeV	12(轨迹均值),100(能量均值)

2. 相对生物效能

吸收剂量主要用于度量单位质量物质所吸收的能量,但若使用吸收剂量来衡量生物效能会产生很大的偏差,等剂量不同类型的电离辐射不会产生相同的生物效能,比如1 Gy的中子所产生的生物效能要大于1 Gy的X射线所产生的生物效能,因此为比较相同吸收剂量下不同类型电离辐射作用于生物体而产生生物效能的差异,引入了相对生物效能(Relative Biological Effectiveness, RBE),这个概念曾被称为"相对生物效应"。相对生物效能的一般定义为,250 kVp的标准X射线或固定能量的γ射线引起某一生物效应所需的剂量与待测辐射产生相同生物效应所需要的辐射剂量的比值,即

$$RBE = D_X/D_t, \tag{5.7}$$

式中:D_X——250 kVp标准X射线或固定能量γ射线所产生生物效应的辐射剂量;

D_t——待测辐射产生相同生物效应的辐射剂量。

RBE值越高,则该待测辐射的生物伤害效应就越大。因为RBE是在较严谨的特定实验条件下所求得,所以ICRU 10号报告将RBE限制为仅可用于辐射生物学。

RBE值来自离体或在体的实验,低能X射线的RBE值明显高于^{60}Co的γ射线。细胞实验显示,20 kVp的X射线RBE值是200 kVp的X射线RBE值的2～3倍,是^{60}Co的γ射线RBE值的2倍。图5.4所示为培养的哺乳类动物细胞在分别受到250 kVp的X射线和快中子照射后的细胞存活曲线。从图中可以看出,X射线照射后细胞存活曲线有一个大的初始肩区,快中子照射后细胞存活曲线的初始肩区较小,且后面的坡度较陡。由于细胞存活曲线形状不同,因此RBE并不是唯一值,而是随着剂量变化而变化的。根据图中两条存活曲线便可计算出引起某一相同生物效应时各自对应的照射剂量,从而通过计算两者的比值便可计算出RBE值。若将比较终点选为存活分数等于0.6时所需的剂量,那么所需的中子剂量为1 Gy,而X射线剂量为3 Gy,得到的RBE为3∶1或3.0。RBE通常随着剂量的升高而降低,X射线照射后细胞存活曲线坡度起始点剂量与相应中子照射后细胞存活曲线上的剂量比值为RBE的最大值。

α粒子的RBE值因所考虑的生物效应终点不同而有较大差异,在同一生物效应终点时,则因所在器官和组织位置不同而异。根据有限的人类数据估算的α粒子RBE值,肺癌和肝癌为10～20,骨肿瘤和白血病则略低些。表5.4为α粒子诱发人淋巴细胞染色体双着丝粒体畸变的RBE值。中子的RBE值与中子的能量息息相关,表5.5为不同能量中子以^{60}Co γ射线为参考辐射时,诱发人淋巴细胞染色体畸变的RBE值。

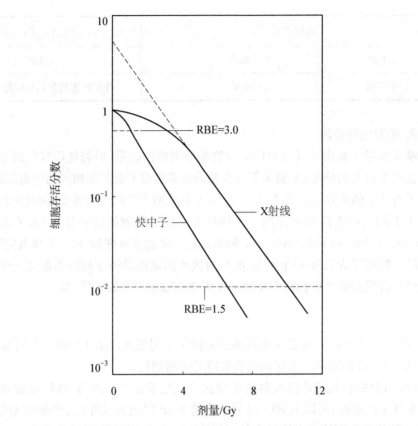

图 5.4　哺乳类动物细胞受 250 kVp 的 X 射线和快中子照射后的细胞存活曲线

表 5.4　α 粒子诱发人淋巴细胞染色体双着丝粒体畸变的 RBE 值

α 粒子能量/MeV	250 kVpX 射线	Co - 60 γ 射线
5.1	8	24
6.1	6	18
23.0	16	48

表 5.5　不同能量中子诱发人淋巴细胞染色体畸变的 RBE 值

中子来源及能量	RBE
裂变中子,0.7 MeV	53
裂变中子,0.9 MeV	46
^{252}Cf 中子,2.13 MeV	38
加速器中子,7.6 MeV	30

　　由于单位吸收剂量的生物效能会因射线的不同而不同,RBE 太为错综复杂,无法用于剂量限值的制定,因此 ICRP 60 号出版物引入了术语辐射权重因数(radiation weighting factor,ω_R),它是从一系列随机效应的 RBE(低剂量率、小剂量照射下 RBE 的平稳最大值)中凭经验挑选的一些典型值,即 ω_R 值只是低剂量率、小剂量照射下 RBE 的粗略代表。将权重因数和吸收剂量相乘所得的物理量称为当量剂量,其单位为 Sv。表 5.6 所示为 ICRP 103 号出版物所给出的光子、电子、质子、α 粒子以及重离子等所对应的辐射权重因数推荐值,表中所有数值均指照射到身体上的辐射,或对内照射源而言,则指该照射源所发出的辐射。对于中子而言,如图 5.5 所示,ICRP 103 号出版物所给出的是一个随中子能量变化的连续曲线。

表 5.6　推荐的辐射权重因数 ω_R 值

辐射类型	ω_R
光子	1
电子和 μ 介子	1
质子及带电 π 介子	2
α 粒子、裂变碎片、重离子	20
中子	随中子能量变化的连续函数

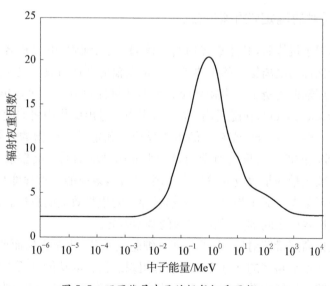

图 5.5　不同能量中子的辐射权重因数 ω_R

3. 传能线密度与相对生物效能的关系

　　总体而言,相对生物效能 RBE 与传能线密度 LET 呈正相关关系。但在不同 LET 范围内,两者的关系不完全一样。如图 5.6 所示,RBE 先随着 LET 的增加而缓慢上升,当

LET 超过 $10\,keV/\mu m$ 时，RBE 随着 LET 的增加而迅速上升，当 LET 增加到 $100\,keV/\mu m$ 时，RBE 达到最高，之后如果 LET 继续增大，RBE 反而下降。所以就产生生物效能而言，LET 在 $100\,keV/\mu m$ 左右时是最佳的，这是因为在此电离密度时，电离事件的平均距离约为 $2\,nm$，正好为 DNA 双螺旋的直径大小。

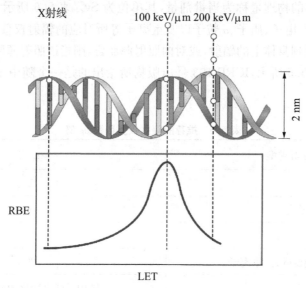

图 5.6　DNA 双螺旋直径与 RBE、LET 的关系

二、电离辐射的确定性生物效应

电离辐射作用于机体后，其能量传递给机体的分子、细胞、组织和器官所造成的形态结构和功能的变化称为电离辐射的生物效应。依据辐射剂量与效应之间的关系，ICRP 26 号出版物中将电离辐射所诱发的生物效应分为非随机性效应（non-stochastic effect）和随机性效应（stochastic effect），在随后出版的 ICRP 103 号出版物中将非随机性效应称为确定性效应（deterministic effect）或有害的组织反应。确定性效应指的是效应的发生可能存在剂量阈值，效应的严重程度与所受剂量大小成比例增加的一类辐射导致的生物效应的总称。随机性效应指的是效应的发生没有剂量阈值，效应的严重程度与剂量无关，但是其发生的概率与剂量大小成正相关的一类辐射导致的生物效应的总称。图 5.7 所示为确定性效应与随机性效应之间剂量-效应关系的基本差异。

确定性效应指高剂量照射后，由于大部分细胞被杀死/功能丧失而产生的机体效应，也就是剂量大到导致足够多的细胞死亡而引起组织或器官的功能有所损伤。若在一个组织或器官内有足够多的细胞被杀死，或无法继续增殖与发挥正常功能，则此组织或器官的功能将会消失，称为确定性效应。

ICRP 26 号出版物曾将确定性效应称为非随机性效应，但在辐射暴露初期的细胞变化是概率性的，由于引发临床上可见的非随机性效应会涉及大量的细胞，而使得这种效应具有确定性的特征，所以 ICRP 103 号出版物将其改称为确定性效应。

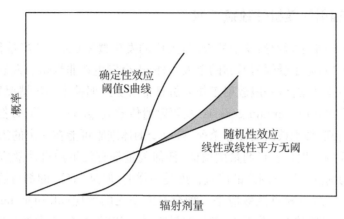

图 5.7 确定性效应和随机性效应之间剂量-效应关系的基本差异

大部分的辐射生物效应均属于确定性效应。低剂量情况下,确定性效应发生的概率为零。确定性效应在生物效应被观察到之前有一最小剂量,此最小剂量称为阈剂量(threshold dose)。当剂量高于阈剂量,则发生概率将迅速增加到 100%。且当接受的剂量大于阈剂量时,损害程度将随剂量增加而加重,也就是说确定性效应的严重程度与所受的剂量大小有关,且剂量越大后果越严重。具体的阈值大小与个体情况有关,一般而言,发生确定性效应的阈剂量通常为数 Gy,或每年达到 1 Gy 的一定比率以上的剂量率左右。高剂量的辐射暴露所导致的白内障、器官萎缩以及孕妇的胎儿受高剂量暴露造成的才智迟钝或心智迟滞等均为确定性效应。

ICRP 103 号出版物中将确定性效应也称为有害的组织反应,ICRP 在评价了关于组织反应的大量资料之后,做出以下判断:在吸收剂量高至 100 mGy 的范围内(包括低 LET 或高 LET),组织不会表现出辐射敏感性,一般也不会超过足以使临床相关功能损伤的剂量阈值。该判断既适用于单次急性照射,又适用于那些长期受小剂量照射(如每年反复照射)的情况。表 5.7 为 ICRP 103 号出版物所给出的器官和组织确定性效应的剂量阈值。

表 5.7 器官和组织确定性效应的剂量阈值(ICRP 103 号出版物)

器官或组织	确定性效应	剂量阈值/Gy
全身	呕吐	0.5
骨髓	死亡	1
皮肤	一时性红斑,暂时性脱毛	3
肺	肺炎	5
	死亡	10
甲状腺	非致死性机能紊乱,黏液性水肿和破坏	10

三、电离辐射的随机性致癌效应

随机性效应通常是指偶然发生的效应,效应的发生概率(而非其严重程度)与剂量大小有关的那些效应,除了受辐射暴露的个人之外,也会发生在非暴露的人群中。由于发生随机性效应的概率非常低,一般放射工作人员日常所受到那种小剂量情况下,随机效应极少发生。辐射致癌效应(carcino genesis)及辐射遗传效应(genetic effect)都属于随机性效应,其起因是受辐照细胞被改变而非杀死,被改变的体细胞可能在一定的潜伏期后诱发成癌。随机性效应的发生是没有剂量阈值的,任何剂量都有发生随机性效应的可能。因为1 cGy 与 1 Gy 的剂量所诱发癌症的严重程度是一样的,但是 1 cGy 的剂量诱发癌症的概率小于 1 Gy 的剂量,所以随机性效应是一种全有或全无的效应(all-or-none effect)。如图5.7 所示,尽管随机性效应的发生概率与剂量有关,但其发生的严重性与剂量无关,它随着剂量的增加可以是线性或线性平方的关系的增加。下面分别针对随机性效应中的致癌效应和遗传效应进行介绍。

(一)辐射致癌的剂量-效应关系

随机性效应通常需要经历一段潜伏期才可能诱发,辐射致癌属于随机性效应的一种,因为辐射暴露是一种致癌因素,所以辐射暴露的结果会造成随机性效应发生的概率增加,而概率的增加正比于剂量的大小。大量实验研究和人群流行病学调查证实,辐射诱发肿瘤类型与受照剂量、射线性质、照射条件和照射对象的特点不同,可有不同类型的剂量-效应曲线,它反映了辐射作用于机体不同组织器官的复杂过程。

通用的剂量-效应曲线是随剂量增加,首先为上升型曲线,达到顶峰后呈现下降的图形,如图 5.8(a)所示,其数学表达式为:

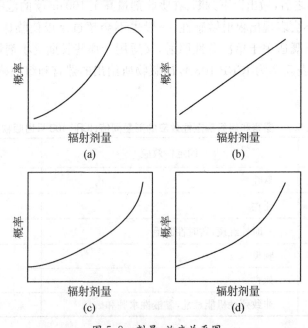

图 5.8 剂量-效应关系图

(a) 通用曲线 (b) 线性曲线 (c) 二次曲线 (d) 线性二次曲线

$$I_D = (a_0 + a_1 D + a_2 D^2) e^{-(\beta_1 D + \beta_2 D^2)}, \tag{5.8}$$

式中，β_1 和 β_2 为指定系数，表示其效应为负的。低剂量时 $a_1 D$ 占主导地位，效应与剂量呈线性关系；高剂量时 $a_2 D^2$ 占主导地位，曲线转陡上升；再大剂量时则 $e^{-(\beta_1 D + \beta_2 D^2)}$ 占主导地位，效应反而降低，使得整个曲线呈现 S 形。也就是说，在较低剂量阶段，肿瘤的诱发占优势，随着剂量的增加，杀死细胞的概率比肿瘤转化的概率大得多，所以大剂量时癌变细胞的灭活占优势，顶峰时的剂量两者持平。当式(5.8)某些系数变为零时，通用的剂量-效应曲线简化为如图 5.8(b)~(d)所示的 3 种简单曲线，分别为线性、二次形式以及线性二次形式的剂量-效应曲线。下面对这 3 种曲线逐一进行介绍。

1. 线性的剂量-效应曲线

如图 5.8(b)所示，线性曲线认为辐射致癌的概率随着辐射剂量的加大而直线增加，无阈值，也就是说任意一微小剂量的增加都有致癌的危险，拟合成数学函数为：

$$I_D = a_0 + a_1 D, \tag{5.9}$$

式中：I_D ——效应发生率；

D ——吸收剂量；

a_0 ——自然发生数；

a_1 ——常数。

I_D 正比于 D，可以外推，剂量和剂量率不影响单位剂量诱发肿瘤的概率。高 LET 辐射和低 LET 辐射大剂量($>1\text{Gy}$)范围支持线性无阈模型。但是，在 0.2Gy 以下还未找到直接证据，用高剂量外推低 LET 辐射在 1Gy 范围内的效应，可能过高地估计了辐射致癌危险。

2. 二次形式的剂量-效应曲线

如图 5.8(c)所示，二次曲线认为辐射致癌概率随剂量的平方而增加，其数学表达式为：

$$I_D = a_0 + a_2 D^2, \tag{5.10}$$

式中：I_D ——效应发生率；

D ——吸收剂量；

a_0 ——自然发生数；

a_2 ——常数。

3. 线性二次形式的剂量-效应曲线

如图 5.8(d)所示，线性二次曲线为用线性项(与剂量成正比)与平方项(与剂量平方成正比)的和来描述效应危险(疾病、死亡或异常)，此曲线适用于低 LET 辐射、低剂量率照射，其数学表达式为：

$$I_D = a_0 + a_1 D + a_2 D^2, \tag{5.11}$$

式中：I_D ——效应发生率；

D——吸收剂量；

a_0——自然发生数；

a_1、a_2——常数。

式(5.11)的含义为低剂量和低剂量率时 a_1D 起主导作用，在高剂量($>1\,\text{Gy}$)和高剂量率($>1\,\text{Gy/min}$)时 a_2D^2 起主导作用。

上述几种剂量-效应关系模型很可能说明了辐射致癌的多样性。对高 LET 辐射而言适合直线模型，而低 LET 辐射诱发各种癌不一定有同一的剂量-效应模型。此外，目前关于低剂量致癌效应的估算曲线形状尚存争议。

（二）辐射致癌的潜伏期

辐射致癌危险评估中，把所有恶性肿瘤分为白血病和实体瘤（指的是除白血病之外的其余全部肿瘤）两类。癌症的形成是多因素及多步骤的，其形成大致可分为三个时期：起始作用、促进作用及增进作用。从接受辐照到临床癌症显现，需要一段潜伏期。各类癌症的潜伏期不尽相同，白血病的潜伏期最短，平均期限为 10 a，而其他实体瘤的潜伏期都较长，某些在 20 a 以上。表 5.8 为美国国家科学院电离辐射生物效应委员会（BEIR）所列出各类癌症的辐射致癌潜伏期。

表 5.8 电离辐射生物效应委员会（BEIR）所列出的辐射致癌潜伏期

癌症类别	最小年限/a	最长年限/a	平均值/a
白血病	2～4	25～30	10
甲状腺癌	5～10	>40	20
乳腺癌	5～15	>40	23
骨癌	2～4	25～30	15
其他实体瘤	10	>40	20～30

（三）辐射致癌的危险估计

电离辐射是致癌因素之一，辐射所致癌症大约占人类总癌症的 1%。辐射所致癌症没有特异性，与一般人群所发生的癌症在临床、病理和实验检查上都没有任何区别，只是增加了癌症基线的发生率。基线率指的是一般人群某种癌症的自然发生率，其中实际包括某些原因，如吸烟和本底辐射等引起的危险。

为评价电离辐射的危害，ICRP 系列出版物提出危险系数（risk coefficient）的概念，其指的是当某种有害健康的效应发生概率与辐射剂量成正比时的比例因子，因而危险系数只适用于符合线性假说的随机性效应，如辐射致癌、辐射遗传危害的估计。危险系数概念的提出使得人们可以定量地评价辐射危害，可为选定辐射防护剂量限值提供生物学依据，为评价辐射对健康危害的重要参数。实际上危险系数为单位剂量照射所引起的危险，所谓危险，指的是受到一定剂量照射后发生某种有害效应的概率，可分为绝对危险和相对危险。其中,绝对危险指的是一定剂量照射引起的某种癌症概率的增加额,通过受到照射和未受到照射人群癌症发生率或死亡率的差值或观察数与预期数的差值来计算获得;相对危险则是通过受到照射和未受到照射人群癌症发生率或死亡率的比值或观察数与预期数的比值来计算获得。

1. 辐射致癌危险估计的不确定因素

ICRP 对辐射致癌的危险估计主要来源于日本长崎、广岛原子弹爆炸幸存者终生随访观察的资料,这是由于该人群数量大、剂量范围宽、随访时间长,且登记资料完整。但是由于原子弹爆炸可以视为在特定条件下的照射,用此资料所得结果推论低剂量率的危险系数存在着不确定因素。

1) 剂量-剂量率差别与外推

原子弹爆炸为一次急性照射,剂量率高。在当前可使用的低剂量/剂量率照射的资料较少,因此利用原子弹爆炸资料需要利用剂量-效应关系模型进行剂量外推。ICRP 采用了线性模型,关于剂量率效应,ICRP 99 号出版物引入了剂量和剂量率效能因数(DDREF)来修正高剂量率向低剂量率外推,数值采用 2。

2) 时间外推

利用有限随访时间得到的危险通过危险预测模型推算终生的危险,这种模型有相乘模型和相加模型两种。经过潜伏期后,一些实体癌的增长曲线与该种癌症的基线率随年龄而变化的曲线形状相似,假设这一现象持续终生,则辐射导致癌症增加与基线率之间将存在简单的正比关系,即终生癌症增加的预测值将是已知基线率与某系数的乘积,这种预测模型便被称为相乘模型。采用相乘模型推算该人群发生的全部癌症预测值等于相对危险系数与其基线率的乘积,癌症的增加值等于超额相对危险系数与基线率的乘积。采用相乘模型估计的癌症终生率概率较高。

癌症的死亡率增加与基线率没有关系,受到照射后经过潜伏期便开始增加,保持在较为恒定的水平,直到最后下降,这种预测模型便被称为相加模型。白血病和骨癌就属于此种情况。用相加模型推算该人群发生的全部癌症预测值等于根据绝对危险系数得到增加值与基线值之和。

3) 人群外推和人群危险转移模型

ICRP 以日本原子弹爆炸幸存者的资料为基础,试图给出可以适用于世界各国的危险系数,其中最为重要的影响因素为寿命长短,特别是癌症基线发生率以及致癌因子与促癌因子的差异。以日本、美国、英国和中国为代表,利用日本辐射效应研究基金会(Radiation Effects Research Foundation,RERF)所提供的超额绝对危险和超额相对危险系数,各国寿命表和不同癌症的基线死亡率研究相加、相乘等预测模型的人群转移效果,以期确定合理的人群转移模型和有代表性的危险系数。

4) 其他因素

在危险系数的确定中,还包括一些其他不确定因素,如流行病学调查中统计学抽样误差、广岛的中子剂量与相对生物效能等。

2. 辐射致癌病因概率推算

辐射致癌是随着受到照射剂量增加而增加的一种随机效应,其病因判断包括以下 3 个必备条件:一为有明确的接受一定剂量电离辐照的历史及可信赖的个人受照射剂量资料;二为受照射后要经过一定时间的潜伏期,其中白血病为几年到十几年,其他的恶性疾病为白血病的两倍;三为所患癌症必须是能够由电离辐射所引起的,而且肿瘤原发于所受到照射的部位。

根据现有人群流行病学调查资料所得辐射致癌危险系数,从平均意义上可以估算出任何受到类似照射的群体的癌症超额危险。对已患有某癌症的个体,只要将其看作已获得超额危险系数估算值群体中的典型个体,则该癌症患者的辐射病因概率可以用该群体超额危险系数值来估算。病因概率(probability of causation,PC)表示个人所患的癌症起因于既往所受一定剂量照射的可能性,是一定剂量的照射所导致某人患某种癌症概率的增加额与癌症总概率(一定剂量照射后某癌症概率增加额与某癌症自然发生率的和)之比,即

$$PC = \frac{E_x}{E_x + I},\qquad(5.12)$$

式中:PC——病因概率;

E_x——照射所导致的癌症危险增加量;

I——该癌症的自然发生率。由于癌症相对危险增加值 $R = E_x/I$,代入式(5.12)可得 $PC = R/(R+1)$。

由于癌症相对危险增加值 R 与所受照射剂量的函数 F 和从受照射到癌症被诊断所经历的时间 T 有关,即:

$$R = F \times T \times K,\qquad(5.13)$$

式中:F——照射因子。

对于低 LET 辐射所导致的乳腺癌和甲状腺癌以及高 LET 辐射所诱发的骨恶性肿瘤,其剂量 D 与效应关系符合线性模型,则 $F = D$;对符合线性平方模型的白血病以及其他癌症,则 $F = (D + D^2)/116$。

辐射致癌的病因概率推算为辐射致癌病人的病因判断提供了定量的方法,具有一定的科学依据,目前已经在一些国家应用并以此来决定辐射致癌的赔偿。但是由于对辐射致癌过程、剂量-效应、时间效应模型、群体间和个体间敏感性差异等认识的局限性,决定了其在计算过程中还有许多的不确定性,比如个人剂量估算的准确性,以及基线发生率人群的代表性等都会造成其计算误差,还需要进一步的改进以及完善。

四、电离辐射的辐射遗传效应

若辐射伤害发生于生殖细胞,则可能会有不同类别与不同程度的生物效应表现在受照射者的后代身上,这便是电离辐射遗传效应。具体而言,它是通过损伤亲代生殖细胞中 DNA 造成的,使其遗传性状在后代中表现出来,通常具有终生性的特征,包括显性突变、

隐性突变以及多因性疾病。显性突变主要发生于受辐照人员的第一、二代后代,此种疾病中有的对罹患者伤害极大,有时还会致命;隐性突变对最初几个后代的影响较小,但对后代遗传损伤概率增加;由于遗传与环境因素,除了辐射之外,还有许多有害的条件会对人体造成实质上的伤害,所以称为多因性疾病。

由于人的资料只能在偶然的事故现场获得,得到准确的性腺剂量几乎不大可能,且例数有限;人的生育周期长,在一定时间内积累观察病例往往不够统计学要求;此外,人的群体遗传组成、婚配行为不受人为干预,因此定量研究辐射对人的遗传效应甚是困难。目前针对辐射遗传效应的研究主要通过以下两个途径获得:一是辐射流行病学调查,主要是日本长崎、广岛原子弹爆炸幸存者后代;二是依赖于动物实验研究并借助于一定技术方法外推到人,特别是针对小鼠的研究。

引入辐射遗传危险系数(risk coefficient)来评价遗传危害,其定义为单位剂量照射所引起的遗传危险。此概念的提出使得辐射遗传效应危害评价得以实现定量、相加和对比,但由于迄今为止对人类本身影响的资料不足以给定遗传效应估算值,必须使用动物实验所得结果外推来估计人类生殖细胞损伤,因而遗传效应危险系数不能像辐射致癌那样从受到照射的人群进行推算。虽然从一种生物推论另一种生物不存在本质性区别,但是评价电离辐射遗传危害的精确方法还没有建立起来,目前所使用的方法有间接法和直接法两种。

间接法又称为加倍剂量法,此方法是以正常人群自然发生率 m_1 为基准给出辐射所致遗传性疾病的相对增加,无须知道照射后引起变化的遗传基因位点的数目及其突变率,但要求合理确定人类遗传病的自然发生率和加倍剂量。此方法有 3 个前提条件:第一个前提条件为假定照射剂量 D 与遗传效应发生率 I 之间为线性关系,即

$$I = m_1 + m_2 D, \tag{5.14}$$

式中: m_2 ——单位剂量诱发率。

由于只有低剂量率照射才有可能保持线性,因而此方法只适合于估计低剂量-剂量率照射所引起的辐射遗传危害。加倍剂量 D_d 是 $I = 2m_1$ 的剂量,因而线性模型中 $m_1 + m_2 D_d = 2m_1$,则 $D_d = m_1/m_2$,也就是说加倍剂量是自然发生率 m_1 与单位剂量诱发率 m_2 的比值。m_2/m_1 被称为单位剂量照射所引起的相对突变危险。由前文可知,D_d 越低,则相对突变危险越高,辐射遗传危险越大。此方法是假定各种遗传病具有相同的加倍剂量 D_d,目前公认的 D_d 为 1 Gy。第二个前提条件为正常人群每代自发突变与由于选择作用而被淘汰的突变保持平衡。某一人群接受照射后新产生的突变加入社会全部基因组成即基因库中,通过世代随机婚配其频率会因自然选择和淘汰最后降到原来平衡值,其降低速度取决于选择或淘汰的效果。第三个前提条件为假定突变率与遗传性疾病的发生率成正比,否则对遗传病的估计需要利用突变份额进行校正,在当前辐射遗传危险估计中对常染色体显性和 X 连锁病取突变份额为 1,因此当突变率增加 1 倍时,遗传病的发生率也增加 1 倍。

直接法是以一定剂量照射实验动物后所发生某种遗传效应的频率,主要是观察辐射诱发子代骨骼突变和白内障发生率,以及辐射诱发染色体平衡易位对受到照射动物第一代发生先天畸形的危险进行估算。其优点是不必依靠人类自然发生率和增加剂量进行间

接换算,缺点是含有更多不确定因素,因此对辐射遗传效应危险估计主要用间接法,而把直接法当成一种辅助手段。

第二节 辐射剂量学量

从能量的角度来看,电离辐射与物质的相互作用就是能量转移的过程,最终能量沉积在发生相互作用的物质中而被物质所吸收。现行的辐射剂量学量为 ICRU 85 号报告《电离辐射的基本量和单位》所定义,该报告包括 16 个最基本的放射计量学量、8 个相互作用系数、12 个辐射剂量学量以及 3 个量度放射性量。

具体而言,辐射剂量学量分为描述能量转移的量和描述能量沉积的量两类,其中描述能量转移的量有比释动能(Kinetic energy released per mass,Kerma)、比释动能率(Kerma Rate)、照射量(Exposure)、照射量率(Exposure Rate)、比转换能(Converted energy per mass,Cema)和比转换能率(Cema Rate),描述能量沉积的量有沉积能(Energy Deposit)、授予能(Energy Imparted)、线能(Lineal Energy)、比能(Specific Energy)、吸收剂量(Absorbed Dose)和吸收剂量率(Absorbed-Dose Rate)。其中沉积能、授予能、线能和比能为随机量,比释动能率、照射量率、比转换能率和吸收剂量率则分别为比释动能、照射量、比转换能和吸收剂量对时间微分的结果。下面分别对这 12 个辐射剂量学量进行介绍。

一、比释动能 K 及比释动能率 $\dot{K}$

(一) 比释动能 K

电离辐射可分为带电电离粒子和非带电电离粒子两大类,其中,带电电离粒子能直接引起被穿透的物质电离,如 α 射线、β 射线、质子等,因此也被称为直接电离粒子;而非带电电离粒子是在与物质相互作用过程中产生带电的次级粒子而引起物质电离,如光子、中子,因此也被称为间接电离粒子。带电电离粒子和非带电电离粒子与物质的相互作用过程各不相同,前者可直接引起物质电离,而后者与物质相互作用可分为以下两个步骤:①非带电电离粒子在物质中产生带电电离粒子和另外的次级非带电电离粒子而损失其能量;②带电电离粒子再通过电离或激发过程将能量授予该物质。一般而言,这两个步骤不会发生在同一位置,度量非带电电离辐射传递给物质的能量需要度量它给予带电电离粒子的能量,因此引入比释动能 K 来对第一步骤的结果进行表征,即非带电电离粒子与物质相互作用时把多少能量传递给了带电电离粒子的物理量,而第二步骤的结果则用吸收剂量 D 来表征,由此可见 K 和 D 两者有着密切的关联关系。

K 是描述非带电电离粒子所形成的辐射场中,与能量传输转移密切关联的剂量学量,其定义为: dE_{tr} 除以 dm 的商。dE_{tr} 是非带电电离粒子在质量为 dm 的某一物质内释放出的全部带电电离粒子的初始动能的总和,包括这些带电电离粒子在韧致辐射过程中辐射的能量,在 dm 内发生的次级过程所产生的任何带电电离粒子的动能也包括在内,因此俄歇电子的能量也是 dE_{tr} 的一部分。K 的国际制单位为焦耳每千克(J/kg),专用名称为戈瑞(Gy,1 Gy=1 J/kg)。

根据 K 的定义可知:它只适用于非带电电离辐射,对于粒子注量为 Φ、能量为 E 的非带电电离粒子,其在指定物质中的 K 可利用下式计算获得:

$$K = \Phi E \frac{\mu_{tr}}{\rho} = \Psi \frac{\mu_{tr}}{\rho}, \tag{5.15}$$

式中:μ_{tr}/ρ ——非带电电离粒子在物质中的质能转移系数,cm^2/g 或 m^2/kg。

在剂量学计算中,当所对应能量连续分布时,比释动能 K 通常用非带电电离粒子注量的能量分布 Φ_E 来表征,因此 K 可通过下式给出:

$$K = \int \Phi_E E \frac{\mu_{tr}}{\rho}(E) dE = \int \Psi_E \frac{\mu_{tr}}{\rho}(E) dE, \tag{5.16}$$

式中:$\frac{\mu_{tr}}{\rho}(E)$ ——能量 E 的非带电电离粒子在物质中的质能转移系数。

使用粒子注量来表示比释动能可以清楚地获得任一空间中某点或不同物质内部特定物质的比释动能或比释动能率的值,比如可以讨论水模体内部某点的空气比释动能。如果在物质内部,在要确定其比释动能的那点处存在着带电粒子平衡,并且轫致辐射损失可以忽略不计,则该点处的比释动能与吸收剂量数值相等,在后文 K 与 D 的关系部分将对此进行详细介绍。

按照上面 K 与 Φ 及 E 的关系,可推导并定义一个非带电电离粒子的比释动能系数 f_K(kerma coefficient)为:

$$f_K = K/\Phi = E \frac{\mu_{tr}}{\rho}, \tag{5.17}$$

式中:f_K ——比释动能系数,是单位注量所对应的比释动能值,常作为非带电电离粒子相互作用系数的另一种表述,$Gy \cdot m^2$。

需要说明的是,由于系数暗示了物理维度,而因子没有,所以此参数替代了曾经使用的比释动能因子(kerma factor)。以单能光子为例,表 5.9 给出了一些能量值的单能光子的空气比释动能系数 f_K,具体应用条件下光子、中子等的更多有关系数资料可从 ICRU 与 ICRP 联合编写出版的报告中查得。

表 5.9 单能光子的空气比释动能系数 f_K

光子能量/ MeV	f_K/ pGy · m²	光子能量/ MeV	f_K/ pGy · m²	光子能量/ MeV	f_K/ pGy · m²
0.01	7.43	0.02	1.68	0.04	0.429
0.015	3.12	0.03	0.721	0.05	0.323

（续表）

光子能量/ MeV	f_K/ pGy · m²	光子能量/ MeV	f_K/ pGy · m²	光子能量/ MeV	f_K/ pGy · m²
0.06	0.289	0.5	2.38	4.0	12.1
0.08	0.307	0.6	2.84	5.0	14.1
0.1	0.371	0.8	3.69	6.0	16.1
0.15	0.599	1.0	4.47	8.0	20.1
0.2	0.856	1.5	6.14	10.0	24.0
0.3	1.38	2.0	7.55		
0.4	1.89	3.0	9.96		

（二）比释动能率 $\dot{K}$

比释动能率 $\dot{K}$ 是在单位时间内单位质量的特定物质中，由非带电电离粒子释放出来的所有带电电离粒子初始动能的总和，其严格定义为：在 t 到 $t+\mathrm{d}t$ 时间内，比释动能的增量 $\mathrm{d}K$ 除以该时间间隔 $\mathrm{d}t$ 而得的商。$\dot{K}$ 的国际制单位为焦耳每千克每秒[J/(kg·s)]，专用名称为戈瑞每秒[Gy/s，$1\,\mathrm{Gy/s}=1\,\mathrm{J}/(\mathrm{kg·s})$]。

二、照射量 X 及照射量率 $\dot{X}$

（一）照射量 X

一束光子穿过空气时与空气发生相互作用而产生次级电子，这些次级电子在使空气电离而产生离子对的过程中，最后全部损失了本身的能量。照射量 X 是表示光子所形成的辐射场中，能量传输转移给与其相互作用物质的剂量学量，是辐射量电离本领的一种量度，其定义为：$\mathrm{d}q$ 除以 $\mathrm{d}m$ 而得的商。

$\mathrm{d}q$ 表示在质量为 $\mathrm{d}m$ 的空气中，光子所释放出来的全部电子（负电子和正电子）完全被空气所阻止时，在空气中所产生的任何一种符号的离子总电荷的绝对值。X 的国际制单位为库伦/千克（C/kg），已被淘汰的旧专用名称为伦琴（R，$1\,\mathrm{R}=2.58\times10^{-4}$ C/kg）。X 仅适用于光子和空气介质，不能用于其他类型的辐射和介质。X 是根据次级电子对空气的电离能力来表征 γ/X 射线辐射场，严格按照定义测量照射量必须满足电子平衡条件，即进入与离开所考察体积元的次级电子的总能量及能谱分布均等同。但是对于高能射线，在实际所使用的测量仪器中很难实现带电粒子平衡，所以 X 仅适用于 3 MeV 以下的 γ/X 射线。

$\mathrm{d}q$ 包含了原子/分子弛豫过程中发射的俄歇电子所产生的电离，但不包含由辐射损失而发射的光子（即韧致辐射和荧光光子）所引起的电离。除了这种在高能情况下显著的差异外，以上定义的照射量是干燥空气比释动能的电离模拟。对于干燥空气和某一能量，X 可以使用光子注量 Φ 的能量分布 Φ_E 和质能转移系数 μ_{tr}/ρ 来表示：

$$X \approx \frac{e}{W} \int \Phi_E E \frac{\mu_{\mathrm{tr}}}{\rho}(1-g)\mathrm{d}E \approx \frac{e}{W} \int \Phi_E E \frac{\mu_{\mathrm{en}}}{\rho}\mathrm{d}E, \tag{5.18}$$

式中：e ——电子的电荷量；

$\quad\;\; W$ ——电子在干燥空气中每产生一对离子对所消耗的平均能量，33.85 eV；

$\quad\;\; g$ ——光子与空气作用过程中产生电子辐射损失的能量份额。

式(5.18)中的近似符号反映了这样一个事实，即 X 包括由入射光子释放的电子或离子的电荷，而 W 仅与这些电子减速期间产生的电荷有关。

对于能量为 1 MeV 及其以下的光子，光子所释放的电子在物质中由于辐射损失的能量占全部电子能量的份额 g 很小，因此式(5.18)可进一步近似表示为：

$$X \approx \frac{e}{W} K_{\mathrm{air}}(1-\bar{g}) = \frac{e}{W} K_{\mathrm{col,air}}, \tag{5.19}$$

式中：K_{air} ——初级光子的干燥空气比释动能；

$\quad\;\; \bar{g}$ ——对应电子能量的空气比释动能分布求得 g 的平均值。

利用碰撞比释动能可以方便地获得自由空间中或不同于空气的物质内部某一点的照射量或照射量率，比如，可以讨论水模体中某个点的照射量。

(二) 照射量率 $\dot{X}$

照射量率 $\dot{X}$ 是单位时间内的照射量，其定义为：在 t 到 $t+\mathrm{d}t$ 时间内，照射量的增量 $\mathrm{d}X$ 除以 $\mathrm{d}t$ 而得的商。$\dot{X}$ 的国际制单位为库伦/千克秒[C/(kg · s)]。

γ 点源在某点的照射量率大小取决于光子能量、放射源活度 A 以及照射点与源的距离。为定量描述 γ 点源在某点照射量率的特征，引进照射量率常数 Γ 把放射源的活度 A 和照射量率联系起来，其物理意义是 γ 辐射源每衰变一次在距 γ 辐射源 1 m 处的空气中所产生的辐射量，其国际制单位为 C · m²/(kg · Bq · s)。对于每一种 γ 放射性核素而言，其照射量率常数 Γ 是一定的，常用 γ 放射性核素在空气中的照射量率常数 Γ 的值如表 5.10 所示。

表 5.10 常用 γ 放射性核素在空气中的照射量率常数 Γ

核素	照射量率常数 Γ/ [C · m² · (kg · Bq · s)⁻¹]	核素	照射量率常数 Γ/ [C · m² · (kg · Bq · s)⁻¹]
Na-24	3.532×10^{-18}	I-125	2.938×10^{-19}
Sc-46	2.097×10^{-18}	I-131	4.198×10^{-19}
Sc-47	1.051×10^{-19}	Cs-134	1.699×10^{-18}
Fe-59	1.203×10^{-18}	Cs-137	6.312×10^{-19}
Co-57	1.951×10^{-19}	Ta-182	1.304×10^{-18}
Co-60	2.503×10^{-18}	Ir-192	8.966×10^{-19}
Zn-65	5.950×10^{-19}	Au-198	4.488×10^{-19}

（续表）

核素	照射量率常数 $\Gamma/$ $[C \cdot m^2 \cdot (kg \cdot Bq \cdot s)^{-1}]$	核素	照射量率常数 $\Gamma/$ $[C \cdot m^2 \cdot (kg \cdot Bq \cdot s)^{-1}]$
Sr－87＊	4.490×10^{-19}	Au－199	9.034×10^{-20}
Mo－90	3.261×10^{-19}	Ra－226	1.758×10^{-18}
Ag－110＊	3.000×10^{-18}	U－235	1.382×10^{-19}
Ag－111	3.427×10^{-20}	Am－241	2.298×10^{-20}

从而距放射性活度为 A 的 γ 点源 R 处的空气中照射量率 $\dot{X}$ 为：

$$\dot{X} = A\Gamma/R^2, \qquad (5.20)$$

式中：A——放射性活度，Bq；

$\quad R$——距离，m；

$\quad \dot{X}$——照射量率，C/(kg·s)。

三、比转换能 C 及比转换能率 $\dot{C}$

（一）比转换能 C

与 K 描述非带电电离粒子所形成的辐射场相对应，比转换能 C 被用来专门描述带电电离粒子所形成的辐射场，其定义为：带电粒子（不含次级电子）在质量为 $\mathrm{d}m$ 的物质中由于电子碰撞而损失的能量 $\mathrm{d}E_{\mathrm{el}}$ 除以 $\mathrm{d}m$ 而得的商。$\mathrm{d}E_{\mathrm{el}}$ 是带电粒子与核外电子发生非弹性碰撞在质量为 $\mathrm{d}m$ 的物质中所损失的能量。C 的国际制单位与 K 相同，为焦耳每千克（J/kg），专用名称为戈瑞（Gy）。与 K 描述非带电电离粒子在各种介质中转移给所释放次级电子的动能不同，C 的入射粒子是带电粒子，并且在各种介质中与核外电子发生非弹性碰撞所损失的能量，包括摆脱原子核束缚所需要的能量和所释放次级电子的所有初始动能之和。显然，这些次级电子在后续相互作用中损失的能量不属于 $\mathrm{d}E_{\mathrm{el}}$ 的范畴，此外，因原子激发和振动所引起的能量损失也不在其中。

C 也可以使用带电粒子注量对能量的导数的分布来表示，根据比转换能的定义，Φ_E 的分布并不包括次级电子对注量的贡献，但所有其他带电粒子（如次级质子、α 粒子、氘核以及核相互作用所产生的离子）的贡献都包括在 C 中。因此 C 可通过下式求得：

$$C = \int \Phi_E \frac{S_{\mathrm{el}}}{\rho} \mathrm{d}E = \int \Phi_E \frac{L_\infty}{\rho} \mathrm{d}E, \qquad (5.21)$$

式中：S_{el}/ρ——给定物质对能量为 E 的带电粒子的质量（碰撞）阻止本领；

$\quad \mathrm{el}$——与电子碰撞；

$\quad L_\infty$——相应的非限定传能线密度 $(L_\infty = S_{\mathrm{el}})$；

$\quad \rho$——物质的密度。

一般而言，C 使用所有种类的带电粒子（产生的次级电子除外）贡献的总和来进行评估。C 与 K 二者量纲、单位相同,都能适用于包括空气在内的各种物质。两者的差异首先在于 C 的入射粒子是带电的,如电子、质子、α 粒子等,而 K 的入射粒子是呈电中性的;C 包括由带电入射粒子与围绕原子核运动的电子碰撞所造成的能量损失,因此必然包含要克服核对电子的束缚能,而 K 只涉及授予释放出次级带电粒子的动能,并未考虑束缚能。一般而言,束缚能比次级带电粒子的动能小得多。

对于高能带电粒子,不可无视各种能量次级电子的能量传输,有限比转换能 C_Δ(restricted cema)可定义为积分:

$$C_\Delta = \int \Phi'_E \frac{L_\Delta}{\rho} dE,\tag{5.22}$$

式(5.22)中用传能线密度 L_Δ 代替了式(5.21)中的 L_∞,而 Φ'_E 的分布要包括动能大于 Δ 的次级电子,因此仍可发生损失能量小于 Δ 的电子碰撞。若 $\Delta = \infty$,则比转换能和有限比转换能与注量有关,意味着对给定物质,在自由空间的一点或在其他物质中,其值可求。所以,可有空气中组织比转换能的说法,类似于水体模中某点的空气比释动能的概念。

C 和 C_Δ 可作为带电粒子所致吸收剂量的近似。如果轫致辐射能的损失以及原子核弹性碰撞可忽略不计且次级电子平衡成立,那么 D 与 C 近似相等。若次级电子注量在其射程之内是常数的话,则次级电子平衡可在该点达到。对于 C_Δ,只需要部分次级电子平衡(上限动能为 Δ)的条件满足即可。但带电粒子的射程远比非带电电离粒子的等效射程短,即单位射程损失的能量要大得多,电子平衡条件不易满足,常使用准平衡的条件。

(二) 比转换能率 $\dot{C}$

比转换能率 $\dot{C}$ 是单位时间内的比转换能,其定义:在 t 到 $t+dt$ 时间内,比转换能的增量 dC 除以 dt 而得的商。

$\dot{C}$ 的国际制单位为焦耳每千克每秒[J/(kg·s)],专用名称为戈瑞每秒(Gy/s)。

由于 C 和 $\dot{C}$ 适用于描述带电粒子在各种介质中的能量转移和传递,因而这一组剂量学量可适用于重带电粒子或者间接用于能产生重带电粒子的中子。

四、沉积能、授予能、线能及比能

(一) 沉积能

沉积能是定义授予能、线能、比能、吸收剂量以及吸收剂量率的基础。为更好地理解沉积能、授予能、线能和比能之间的差异与关系,先介绍一下单次相互作用(a single interaction)和单次事件(a single event)。其中单次相互作用指的是入射致电离辐射(粒子)与物质相互作用发生的一次能量转移,这次能量转移可以造成原子的激发、电离或/和核反应;而单次事件是指入射致电离粒子与物质相互作用发生的一系列能量转移,这些能量转移是统计相关的。简而言之,单次事件由不小于一次的统计相关的一连串单次相互作用组成,如 α 粒子在其路径上产生的一系列离子对事件,如图 5.9 所示,图中用 a、b 和 c 标示的○表示单次相互作用。在图 5.9(a)中,单次事件 A 造成的 3 个单次相互作用 a、b 和 c 是统计相关的;图 5.9(b)中,单次事件 A 形成的 2 个单次相互作用 a 和 b 是统计相关的,而事件 B 仅由相互作用 c 组成,且由于事件 A 和 B 之间统计无关,因此相互作用 c 与 a、c 与 b 均是统计无关的;图 5.9(c)中,单次事件 A、B 和 C 分别引起统计不相关的 3 个单次相互作用 a、b 和 c。一般来说,由一个入射粒子造成的所有的单次相互作用,以及这些相互作用产生的次级粒子再引起的后续的所有单次相互作用之间都是统计相关的。显然,在这些单次相互作用中,父代和子代关系越近且间隔时间越近的相互作用间的统计相关性越强;反之,父代和子代关系越远且间隔时间越远的相互作用间的相关性越弱,乃至可以忽略其相关性。因此,一个入射致电离粒子可以形成至少一个单次事件(如果发生的话),而一个单次事件至少可产生一个单次相互作用。

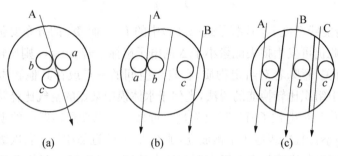

图 5.9　单次相互作用与单次事件和沉积能、授予能与线能的示意图
(a) 单次事件 A 造成的 3 个单次相互作用　(b) 单次事件 A 形成的 2 个单次相互作用
(c) 单件事件 A、B、C 分别引起不相关的 3 个单次相互作用

沉积能是描述能量沉积的随机量,其定义为在一单次相互作用 i 中所沉积的能量 ε_i,可表示为 $\varepsilon_{in} - \varepsilon_{out} + Q$。其中,$\varepsilon_{in}$ 为入射致电离粒子的能量(不包括静止能量);ε_{out} 为离开这次相互作用点的所有入射致电离粒子和因这次相互作用产生的次级电离粒子的能量之和(不包括静止能量);Q 为包含在这次相互作用中原子核和所有粒子的静止能量的变化,若 $Q > 0$,意味着静止能量减少,若 $Q < 0$,意味着静止能量增加。沉积能 ε_i 的国际制单位为焦耳(J),有时也用电子伏特(eV)。虽然沉积能 ε_i 的定义中并未指明有关单次相互作用的时间和空间尺度情况,但根据致电离粒子与生物体作用机制,其物理作用时间,即激发或电离一般不超过 10^{-14} s。

与原子电子的相互作用导致原子激发(以及随后的退激)不涉及原子核或基本粒子的静止能量的变化,因此有 $Q = 0$。原则上,ε_{in} 和 ε_{out} 对电离粒子能量的限制可以通过忽略非电离粒子的净能量输运而导致轻微的能量不平衡,因此,可以离开相互作用的非电离粒子的能量(如能量非常低的光子)都包含在能量沉积中。能量被重新吸收的维度可以被认为定义了与单次相互作用相关的空间区域。

(二) 授予能

受照射物质所发生的辐射效应与它们所吸收的辐射能量有关,但一定数量的辐射能量分别授予一小块和一大块物质时,所导致的辐射效应可能不同,因此用授予能 ε 来进行表示。授予能 ε 指的是电离辐射授予一定体积中物质的能量,且这些能量全部被该体积内的物质所吸收,可表示为对该体积中的所有沉积能量 ε_i 进行求和 $\sum_i \varepsilon_i$。值得注意的是,ε 为一随机量,其国际制单位为焦耳(J),有时也用电子伏特(eV)。执行求和的能量沉积可以属于一个或多个能量沉积事件,比如它们可能属于一个或几个独立的粒子轨迹。能量沉积事件这一术语表示通过相关粒子(包括质子及其次级电子、正负电子对或核反应中的初级和次级粒子)将能量传递给物质。

如果在某一体积中授予物质的能量是由单个能量沉积事件所引起的,则它等于与能量沉积事件相关的体积中能量沉积的总和;如果在某一体积中授予物质的能量是由几个能量沉积事件引起的,则它等于由每个能量沉积事件而授予该体积中物质的单个能量的总和。在某一体积内授予物质的平均授予能 $\bar{\varepsilon}$ 等于进入这一体积的所有带电和非带电电离粒子的平均辐射能 R_{in} 减去离开这一体积的所有带电和非带电电离粒子的平均辐射能 R_{out},再加上在此体积中发生的原子核和所有粒子的静止能量的所有变化 $\sum Q$。若 $Q>0$,意味着静止能量减少;若 $Q<0$,意味着静止能量增加。

(三) 线能

线能 y 的定义为 ε_s 除以 $\bar{l}$ 而得的商。其中,ε_s 为在单次能量沉积事件中授予某一体积内物质的能量;$\bar{l}$ 为在所研究的体积内的平均弦长;y 的国际制单位为焦耳每米(J/m)。y 为随机量,若 ε_s 使用电子伏特(eV)来表示,那么 y 可以表示为电子伏特(eV)的倍数和米(m)的约数,比如 keV/μm。

需要指出的是,授予能和线能均是多次沉积能之和,因此,至少不会小于单次相互作用沉积能所用的事件;此外,授予能和线能也都是定义在一个给定体积内的多次沉积能,显然两者的体积也绝不会小于沉积能所占的"体积"。

y 强调的是单次事件,如图 5.9(a)中,线能 $y=(\varepsilon_a+\varepsilon_b+\varepsilon_c)/\bar{l}$,其中,$\varepsilon_a$、$\varepsilon_b$ 和 ε_c 为 3 个单次相互作用的沉积能,$\bar{l}$ 为整个球体的平均弦长;而在图 5.9 (b)中,有两个线能,一个为 $(\varepsilon_a+\varepsilon_b)/\bar{l}_1$,另一个为 $\varepsilon_c/\bar{l}_2$,其中 $\bar{l}_1$ 和 $\bar{l}_2$ 分别为左右半球的平均弦长。而在授予能的情况下,强调的是至少一次事件的沉积能量,因此对图 5.9(a)～(c)均有授予能 $\varepsilon=\varepsilon_a+\varepsilon_b+\varepsilon_c$。

某一体积的平均弦长是通过该体积的随机定向弦(均匀各向同性随机性)的平均长度。对于任意形状的凸面体,其平均弦长 $\bar{l}$ 等于 $4V/A$,其中 V 为凸面体的体积,A 为凸面体的表面积;对于球体而言,其平均弦长是球体直径的 2/3。考虑线能 y 的概率分布是很有用的,其分布函数 $F(y)$ 的值是由单个能量沉积事件引起的线性能量等于或小于 y 的概率。概率密度函数 $f(y)$ 是分布函数 $F(y)$ 的导数,因此:

$$f(y)=\frac{\mathrm{d}F(y)}{\mathrm{d}y}, \tag{5.23}$$

式中:分布函数 $F(y)$ 和概率密度函数 $f(y)$ 与吸收剂量和吸收剂量率无关,但与体积的大小和形状相关。

(四) 比能

比能 z 也称为比授予能(specific energy imparted),是随机量,其定义为 ε 除以 m 而得的商。ε 为电离辐射授予质量为 m 的物质的能量;比能 z 的国际制单位为焦耳每千克(J/kg),专用名称为戈瑞(Gy)。z 可以是由于一个或多个能量沉积事件,其分布函数 $F(z)$ 是比能小于或等于 z 的概率。概率密度函数 $f(z)$ 是分布函数 $F(z)$ 的导数,因此:

$$f(z) = \frac{dF(z)}{dz}, \tag{5.24}$$

式中:分布函数 $F(z)$ 和概率密度函数 $f(z)$ 取决于质量为 m 的物质的吸收剂量。对于没有能量沉积的概率,概率密度 $f(z)$ 包括 $z=0$ 处的离散分量(狄拉克函数)。

在单次能量沉积事件中,沉积比能的分布函数 $F_s(z)$ 是在发生单次能量沉积事件时比能小于或等于 z 的条件概率。概率密度函数 $f_s(z)$ 是分布函数 $F_s(z)$ 的导数,因此:

$$f_s(z) = \frac{dF_s(z)}{dz}。 \tag{5.25}$$

对于任意形状的凸面体,y 和由单个能量沉积事件引起的比能增量 z 的关系为:

$$y = \frac{\rho A}{4} z, \tag{5.26}$$

式中:A ——凸面体的表面积;

ρ ——凸面体中物质的密度。

五、吸收剂量 D 及吸收剂量率 $\dot{D}$

从某种意义而言,电离辐射与物质的相互作用是一种能量的传递过程,其结果为电离辐射的能量被物质所吸收从而造成辐射效应,也就是说受照射的物质的性质发生各种变化。带电电离辐射与非带电电离辐射授予物质能量的方式是不同的,为定量研究辐射效应与辐照之间的关系,需要一系列有关电离辐射剂量的辐射量,吸收剂量就是与这种电离辐射能量被沉积吸收密切关联的最基本剂量学量。

(一) 吸收剂量 D

吸收剂量 D 是当电离辐射与物质相互作用时,用来表示单位质量的物质吸收电离辐射能量大小的物理量,其定义为:电离辐射授予质量为 dm 的物质的平均能量 $d\bar{\varepsilon}$ 除以 dm 而得的商。$\bar{\varepsilon}$ 为平均授予能,能量可以对任何确定的体积加以平均,平均能量等于授予该体积的总能量除以该体积的质量;D 的国际制单位为焦耳每千克(J/kg),专用名称为戈瑞(Gy),已被替代的旧专用名称为拉德(rad),与其专用名称的换算关系为:1 Gy = 100 rad。

D 与辐射效应程度密切相关,一般而言,受到照射的物质中吸收剂量越大,其中的辐射效应越大。D 所关注的是受到照射的物质在特定体积内,单位质量物质吸收的辐射能量,这些能量有的来自相关体积内,有的来自相关体积外,来自体积外的势必涉及考察吸收剂量的体积在受到照射的物质中的位置,甚至涉及周边物质的性质。所以 D 与受到照射物质的性质、大小以及所关注的位置密度息息相关。所有受到照射的物质中每一点处都有其特定的吸收剂量值,因此在某一点处考察物质吸收剂量时,所取的体积必须足够小,以便显示因辐射场或物质不均匀所导致的吸收剂量值的变化;但与此同时,该体积又要足够大,从而保证考察吸收剂量的时间内,其中有相当多的相互作用过程,使得因为作用过程的随机性,造成授予能的统计不确定性可忽略。根据比能的定义可知,当质量很小的时候,D 就等于平均比能 $\bar{z}$。作为点函数,D 的定义允许可以通过空间分布来说明,即用感兴趣考察点的吸收剂量的传能线密度 LET 的分布 D_L 来反应,于是吸收剂量 D 也可表示为:

$$D = \int D_L \, \mathrm{d}L = \int \frac{\mathrm{d}D}{\mathrm{d}L} \, \mathrm{d}L, \tag{5.27}$$

式中:D_L 的单位为 m/kg;$\mathrm{d}D$ 为传能线密度在 L 到 $L + \mathrm{d}L$ 之间的初级带电粒子所造成的吸收剂量。

D 是由无限小体积内发生的核转变和相互作用过程共同提供的,但是在所关注的体积内,发生的核转变数远远小于核转变中发出的电离粒子而后所经历的相互作用次数,因此常忽略了自发核转变对吸收剂量的贡献。不论是非带电电离粒子(如光子经光电效应或康普顿散射)还是带电粒子所引起的电离、激发过程,与此类过程相应的授予能量相差无几,只是所关注体积内,非带电电离粒子所引发的相互作用次数远不及这些过程所释放出的带电粒子随后引发的相互作用次数,所以非带电电离粒子自身所提供的吸收剂量常常可以忽略;非带电电离粒子授予物质的吸收剂量绝大部分是通过次级带电粒子所造成的。

带电粒子在相互作用过程中所损失的能量也并不是"就地"给予物质,这是因为带电粒子与物质原子碰撞时会释放出 δ 粒子;碰撞之后受激原子退激,又会产生特征 X 射线的光子及俄歇电子。这些次级粒子会从其得到能量的那个体积离去,跑到其他的体积继续消耗它们的能量,从而形成带电粒子能量的级联传播。此外,初始带电粒子的一部分能量还可能变成韧致辐射,在远离带电粒子级联传播的区域,韧致辐射又将生成新的带电粒子。

从而在特定时间内,受到照射的物质中任何一点 r 处的吸收剂量 $D(r)$ 最终都是由到达该点的各类带电粒子共同造成的,也就是与各种带电粒子注量的能量分布相联系,其计算式为:

$$D(r) = \sum_j \int \Phi_{E,j}(r) \left(\frac{S(E)}{\rho} \right)_{\mathrm{col},j} k_{\mathrm{col},j}(E) \, \mathrm{d}E, \tag{5.28}$$

式中,$(S(E)/\rho)_{\mathrm{col},j}$ 是能量为 E 的第 j 种带电粒子的质量碰撞阻止本领;$k_{\mathrm{col},j}(E)$ 是能量为 E 的第 j 种带电粒子在电离、激发过程中损失的能量中能"就地"授予物质的份额,其中不包括电离过程后出现的 δ 粒子、俄歇电子、特征 X 射线的光子能量;$\Phi_{E,j}(r)$

是在 r 点处出现的第 j 种带电粒子注量的能谱分布,这里所指的带电粒子也包括由韧致辐射、特征 X 射线所产生的新的带电粒子,但是要精确了解所有带电粒子注量的能谱分布是困难的,通常可以利用一些近似的辐射平衡(radiation equilibrium)条件进行计算。

辐射平衡是辐射场特定位置存在的一种状态,若由每一种给定能量、特定类型的电离粒子从辐射场某点一个无限小体积内带走辐射能的期望值,与相同能量、同类粒子带进该体积的辐射能的期望值正好相等,则称辐射场这一点存在了辐射平衡。简而言之,辐射平衡下,进入辐射场某点一个无限小体积的辐射能,正好补偿离开该体积的辐射能。电离辐射场按其组成的辐射成分可分解为若干种辐射场,例如辐射场可划分为非带电电离粒子辐射场和带电粒子辐射场,其中带电粒子辐射场又可分为初级带电粒子辐射场和次级 δ 粒子辐射场,而次级 δ 粒子辐射场还可进一步细分为初始动能大于某个特定 Δ 值的 δ 粒子辐射场和初始动能不大于特定 Δ 值的 δ 粒子辐射场。与每一种辐射成分相应,可能有不同类型的辐射平衡,例如带电粒子平衡、δ 粒子平衡。

(二) 吸收剂量率 $\dot{D}$

吸收剂量率 $\dot{D}$ 表示单位时间内的吸收剂量,其定义为:在 t 到 $t+dt$ 时间内,吸收剂量的增量 dD 除以该时间间隔 dt 而得的商。吸收剂量率 $\dot{D}$ 的国际制单位为焦耳每千克每秒[J/(kg·s)],专用名称为戈瑞每秒(Gy/s)。

六、比释动能 K、照射量 X、比转换能 C 与吸收剂量 D 的关系

比释动能 K 与比释动能率 $\dot{K}$、照射量 X 与照射量率 $\dot{X}$、比转换能 C 与比转换能率 $\dot{C}$、吸收剂量 D 与吸收剂量率 $\dot{D}$ 是常用的四组电离辐射剂量学量,它们都具有共同的电离辐射剂量学的物理量属性,彼此之间既有定义、概念上的区别,又有颇为密切的相互关联。

相较于 X 仅适用于能量在几个 keV 至 3 MeV 范围内的光子(γ 射线和 X 射线)和空气介质,D 作为最基本的剂量学量,描述的是电离辐射能量在受照射物质中的沉积与被吸收,适用于任何类型的电离辐射和任何介质;K 与 C 都是与发生相互作用的电离辐射能量转移相关联的剂量学量,但 K 只适用于电中性的非带电电离粒子和任何介质,而 C 适用于带电电离粒子和任何介质。D、C 和 K 三者相比,都是非随机量,量纲单位相同,可用于各种受作用的物质。K 只涉及电中性粒子在质量为 dm 的物质中转移给次级电子的动能,不管这些动能将损失在何处,在哪里被吸收;C 则考虑带电粒子在 dm 中因与核外电子相互作用所损失的能量,也不理会这些次级电子将如何损失它们的能量;而 D 涉及沉积在 dm 的平均能量,却不管这些能量来自何方。D 比较适宜于测量(也可进行理论计算),而 C 和 K 更适用于理论计算和计算机模拟。

(一) 比释动能 K 与吸收剂量 D 的关系

K 与 D 虽然有相同的量纲及单位,但所表达的概念不同,K 有时被用作 D 的近似值。非带电电离粒子(如 X、γ 或中子)在与物质相互作用过程中,传递给单位质量的物质

的能量,只有在带电粒子平衡的条件下,才近似等于单位质量的物质实际吸收的能量,即在带电粒子平衡的条件下,若忽略带电粒子由于轫致辐射所引起的能量损失,K 的数值接近 D 的数值。

为证实此结论,首先需要了解带电粒子平衡,假设非带电电离粒子通过体积为 V 的物质,如图 5.10 所示,在 V 内任意取一点 O,围绕着 O 点取一小体积元 ΔV,其质量为 $\mathrm{d}m$。 则非带电电离粒子传递给小体积元 ΔV 的能量等于其在 ΔV 内产生的次级带电粒子动能的总和。由于非带电电离粒子有的作用于 ΔV 内,也有的作用于 ΔV 外,则次级带电粒子有的产生在 ΔV 内,也有的产生在 ΔV 外。在 ΔV 内产生的次级带电粒子有可能离开体积元 ΔV,如图 5.10 中的径迹 a,也有可能在 ΔV 外产生次

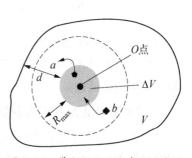

图 5.10　带电粒子平衡条件示意图

级带电粒子而进入此体积元,如图 5.10 中的径迹 b。若每一个次级带电粒子离开体积元 ΔV,就有另一个相同类型、相同能量的次级带电粒子进入体积元 ΔV 来补充,就称 O 点存在带电粒子平衡。在带电粒子平衡条件下,进入与跑出所观察区域的带电粒子不仅总能量相等,而且能谱分布也相同。

在以 O 点为中心的小体积元 ΔV 内实现带电粒子平衡的条件是:①以小体积元 ΔV 边界向各个方向延伸的距离 d,至少应该大于初级入射粒子在该体积元内产生的次级带电粒子的最大射程 $R_{\max}$;②在 $d \geqslant R_{\max}$ 这个区域内,辐射场应是恒定的,也就是说入射粒子注量和谱分布恒定不变;③在 $d \geqslant R_{\max}$ 这个区域内,物质对次级带电粒子的阻止本领以及对初级入射粒子的质能吸收系数也应该是恒定不变的。如果所涉及的带电粒子特指电子,则称为电子平衡。虽然上述条件很难实现,但在某些情况下能够达到相当好的近似。比如对于 Cs - 137、Co - 60 的 γ 射线,如果认为入射辐射 1% 左右的减弱可以忽略不计,那么在受照射物质(如水)中可能有很好的近似电子平衡;对于中子,由于建立带电粒子平衡相对容易,因此即使中子能量高达 30 MeV,在某些物质中(如水)仍然有较好的近似带电粒子平衡。

当辐射损失不可忽略时,一个与 K 相关的量碰撞比释动能 K_{col} 长期以来一直被用作 D 的近似值。碰撞比释动能 K_{col} 不包括次级带电粒子的辐射损失,对于特定物质中能量为 E 的非带电电离粒子的粒子注量 Φ,碰撞比释动能 K_{col} 由下式给出:

$$D = K_{\mathrm{col}} = \Phi E \frac{\mu_{\mathrm{en}}}{\rho} = \Phi E \frac{\mu_{\mathrm{tr}}}{\rho}(1 - g) = K(1 - g), \tag{5.29}$$

式中:μ_{en} / ρ ——能量为 E 的非带电电离粒子在物质中的质能吸收系数,$\mathrm{cm^2/g}$ 或 $\mathrm{m^2/kg}$;

g ——次级带电粒子在物质中由于发生轫致辐射而损失的能量份额。

对于能量较低的 γ 射线和 X 射线的次级电子而言,g 值与电子能量 E(MeV)和原子序数 Z 之间的关系可近似地为 $g \approx EZ/(EZ + 800)$,大约为 10^{-3} 至 10^{-2} 之间,一般可以忽略。

在剂量学计算中，K_{col} 可以用非带电电离粒子的注量相对于能量的导数的分布 Φ_E 来表示，因此 K_{col} 可通过下式给出：

$$K_{col} = \int \Phi_E E \frac{\mu_{en}}{\rho} dE = \int \Phi_E E \frac{\mu_{tr}}{\rho}(1-g) dE = K(1-\bar{g}), \tag{5.30}$$

式中：$\bar{g}$——比释动能 K 相对于电子能量的分布上 g 平均值。

K_{col} 用 K 和辐射损失校正因子的乘积来表示，从而可以获得在自由空间中或与指定物质不同的物质内某一点处的碰撞比释动能或碰撞比释动能率的值。

(二) 照射量 X 与吸收剂量 D 的关系

X 与 D 是两个不同含义的辐射量，其中 X 只能作为 γ 或 X 射线辐射场的量度，描述电离辐射在空气中的电离本领；而 D 则可以用于任何类型的电离辐射，反映被照介质吸收辐射能量的程度。但是，在一定条件下两个量又可以相互换算。对于同种类、同能量的射线和同一种被照物质来说，D 是与 X 成正比的，测得 X 便可进一步推算出相应的 D。

K 和 X 所反映的都是非带电电离粒子与物质相互作用的结果，其中 K 适用于任何的非带电电离粒子和任何物质，剂量学上常以对某种适当物质的比释动能率来描述间接电离粒子辐射场；而 X 只能适用于能量在几个 keV 至 3 MeV 范围内的光子（γ 和 X 射线）和空气介质。当 γ 或 X 射线与物质相互作用时，如果轫致辐射的损失和次级过程产生的带电粒子可以忽略不计，也就是说在电子平衡条件下，则照射量数值就等于空气中比释动能的电离当量，即对于能量为 E 的单能 γ 或 X 射线，空气中某点的 X 可以用下式计算：

$$X = \frac{e}{W} K_{col,air} = \frac{e}{W} \Psi \left(\frac{\mu_{en}}{\rho}\right)_{air} = \frac{e}{W} \Phi E \left(\frac{\mu_{en}}{\rho}\right)_{air} = f_X \Phi, \tag{5.31}$$

式中：$f_X = \frac{e}{W} E \left(\frac{\mu_{en}}{\rho}\right)_{air}$ 称为照射量因子，它表示与某一能量下的单位 γ 或 X 射线注量相应的照射量值，其单位为 $C \cdot kg^{-1} \cdot m^2$。照射量因子可由表 5.11 中查得。

表 5.11 空气中的照射量因子 f_X

光子能量/MeV	$f_X / (C \cdot kg^{-1} \cdot m^2)$	光子能量/MeV	$f_X / (C \cdot kg^{-1} \cdot m^2)$
0.01	2.200×10^{-17}	0.06	8.542×10^{-19}
0.015	9.258×10^{-18}	0.08	9.065×10^{-18}
0.02	4.958×10^{-18}	0.10	1.098×10^{-18}
0.03	2.136×10^{-18}	0.15	1.771×10^{-18}
0.04	1.270×10^{-18}	0.20	2.529×10^{-18}
0.05	9.556×10^{-19}	0.30	4.078×10^{-18}

（续表）

光子能量/MeV	$f_X/(\text{C} \cdot \text{kg}^{-1} \cdot \text{m}^2)$	光子能量/MeV	$f_X/(\text{C} \cdot \text{kg}^{-1} \cdot \text{m}^2)$
0.40	5.583×10^{-18}	3.0	2.918×10^{-17}
0.50	7.019×10^{-18}	4.0	3.537×10^{-17}
0.60	8.383×10^{-18}	5.0	4.115×10^{-17}
0.80	1.091×10^{-17}	6.0	4.674×10^{-17}
1.0	1.319×10^{-17}	8.0	5.763×10^{-17}
1.5	1.807×10^{-17}	10.0	6.839×10^{-17}
2.0	2.217×10^{-17}		

由于 K_{col} 长期以来一直被用作 D 的近似值,所以式(5.31)中的 $K_{\text{col,air}}$ 可替换为 D_{air},即

$$X = \frac{e}{W} D_{\text{air}}。 \tag{5.32}$$

从而可得:

$$D_{\text{air}} = \frac{W}{e} X。 \tag{5.33}$$

在国际单位制下有:

$$D_{\text{air}} = \frac{W}{e} X = \frac{1.602 \times 10^{-19} \times 33.85(\text{J})}{1.602 \times 10^{-19}(\text{C})} \times X\left(\frac{\text{C}}{\text{kg}}\right) = 33.85 X(\text{Gy})。 \tag{5.34}$$

如果 X 以伦琴为单位,则有:

$$D_{\text{air}} = \frac{W}{e} X = \frac{5.42 \times 10^{-18}(\text{J})}{1.602 \times 10^{-19}(\text{C})} \times 2.58 \times 10^{-4}(\text{C/kg}) \times X(R) = 8.69 \times 10^{-3} X(\text{Gy})。$$

$$\tag{5.35}$$

具体而言,对于 γ 射线或 X 射线,如果已知射线能量并测知空气中某点的 X(单位为 C/kg 时),便可通过下式求出受到照射机体内处于空气中同一点处的吸收剂量:

$$D_{\text{m}} = D_{\text{air}} \times \frac{(\mu_{\text{en}}/\rho)_{\text{m}}}{(\mu_{\text{en}}/\rho)_{\text{air}}} = 33.85 \times \frac{(\mu_{\text{en}}/\rho)_{\text{m}}}{(\mu_{\text{en}}/\rho)_{\text{air}}} \times X = f_{\text{m}} X, \tag{5.36}$$

式中,f_{m} 为由照射量(C/kg)(率)换算到吸收剂量(Gy)(率)的一个换算因子,其单位为 J/C,f_{m} 的值取决于光子的能量和介质性质的转换系统,可通过查阅有关手册获得,表 5.12 给出了在水、骨骼和肌肉组织等介质中一些 γ 光子能量与转换系数 f_{m} 值的关系;$(\mu_{\text{en}}/\rho)_{\text{m}}$ 为对于给定能量的 γ 射线或 X 射线在组织中的质能吸收系数。

表 5.12　在水、骨骼和肌肉组织中 γ 光子能量与转换系数 f_m (J/C)的关系

光子能量/MeV	水	骨骼	肌肉组织
0.01	35.31	131.11	35.70
0.015	34.88	149.22	35.70
0.02	34.57	157.75	35.62
0.03	34.26	164.34	35.58
0.04	34.38	156.20	35.74
0.05	34.88	136.43	36.01
0.06	35.50	112.40	36.32
0.08	36.51	75.19	36.78
0.10	37.05	56.20	37.05
0.15	37.48	41.09	37.21
0.20	37.56	37.91	37.25
0.30	37.60	36.47	37.29
0.40	37.64	36.16	37.29
0.50	37.64	36.05	37.29
0.60	37.64	35.97	37.29
0.80	37.64	35.93	37.29
1.0	37.64	35.93	37.29
1.5	37.64	35.93	37.29
2.0	37.64	35.93	37.29
3.0	37.52	36.09	37.17
4.0	37.40	36.32	37.05
5.0	37.44	36.51	36.90
6.0	37.13	36.71	36.74
8.0	36.86	37.09	36.47
10.0	36.63	37.40	36.24

（三）比转换能 C 与吸收剂量 D 的关系

C 可用于带电电离粒子吸收剂量的近似计算,尤其是物质受到重带电粒子或中子的外照射时,只要存在 δ 粒子的准平衡,便可以采用 C 作为同一点处 D 的估计值,从而不必过问 δ 粒子辐射能量迁移的后续过程。

为证实此结论,首先需要了解 δ 粒子准平衡。由于 δ 粒子后续的电离、激发过程未必都在所关注的点处发生,所以 δ 粒子会从关注的体积内带走部分能量。如果受到均匀照射的物质中,所关注的点与物质边界的距离不小于 δ 粒子的最大射程,且在该射程范围内,又能均匀释出 δ 粒子(即原初重带电粒子无明显衰减),则在所关注的点处,就有 δ 粒子平衡,δ 粒子从别处带入关注体积的能量能充分补偿同类 δ 粒子从其中带走的能量。δ 粒子平衡情况下,单位质量物质中,与 C 相应的能量犹如被物质"就地"吸收一般,从而不必细究 δ 粒子对所关注点处辐射能量迁移的后续过程。所以存在 δ 粒子平衡时,物质的吸收剂量 D 可由下式给出:

$$D = C(1 - \bar{g}_\delta), \tag{5.37}$$

式中:C——相关时间内同一位置上的比转换能;

$\bar{g}_\delta$——δ 粒子能量辐射损失的平均份额。再结合式(5.21),D 可通过带电电离粒子注量的谱分布来表示,即:

$$C = \int \Phi_E \frac{S_{el}}{\rho} (1 - g_\delta) \, dE, \tag{5.38}$$

在受照物质中不容忽视带电电离粒子能量的衰减,受到能量为 E 的重带电粒子均匀照射的物质中,随着物质深度 d 的增加,其中,比转换能 $C(d)$、吸收剂量 $D(d)$ 大致呈下列的变化趋势:

$$C(d) = \Psi(0) \times e^{-\mu_c d} \times \frac{\mu_c}{\rho}, \tag{5.39}$$

$$D(d) = C(d) \times (1 - \bar{g}_\delta) \times \frac{\mu_\delta}{\mu_\delta - \mu_c} \times \left[1 - e^{-(\mu_\delta - \mu_c)d}\right], \tag{5.40}$$

式中:$\Psi(0)$——受照物质表面处重带电粒子的能量注量;

μ_c——物质中重带电粒子的线能衰减系数;

μ_δ——物质中 δ 粒子的线能衰减系数。

在物质中,δ 粒子的衰减远甚于释出它的带电粒子,所以 μ_δ 值会远大于 μ_c。如果考虑吸收剂量的位置,处在受照物质的较大深度,则式(5.40)中的指数项可以忽略不计,那么随着物质深度的增加,吸收剂量值将按比转换能的变化趋势而同步改变,即出现 δ 粒子准平衡状态。

若物质受到重带电粒子外照射或中子外照射,且已知其中各处次级重带电粒子注量的谱、角分布,那么受照物质中,只要存在 δ 粒子准平衡,吸收剂量计算便可以采用比转换能近似,也就是说,受照物质中,将比转换能值视为同一位置上的吸收剂量值。但 C 和 D 的近似中,两者的量值大小会略有不同,空间位置也稍有偏移。然而总体看来,中子吸收剂量的比转换能近似,却好于其比释动能近似。

第三节　外照射剂量计算方法

对于人体而言,外照射主要来自中子、γ 射线、X 射线、β 射线、α 射线等电离辐射粒子,其所造成危害的程度与辐射穿透能力息息相关。其中,α 射线穿透能力很弱、射程很短,天然放射性核素如铀、钍等所放射出来的 α 粒子在人体组织中只有几十微米的射程,因而 α 射线对人体不存在外照射危害,所以外照射剂量计算一般不涉及 α 射线(被加速的高能 α 粒子除外)。β 射线相比于 α 射线,具有较大的穿透能力,如 β 射线在空气中的射程可以达到几米,大约 70 keV 的 β 射线就能穿透人体皮肤角质层使组织受到伤害,因此 β 射线对人体可以构成外照射危害,且较大剂量的 β 外照射可能灼伤皮肤、损伤眼角膜。与 α 射线和 β 射线相比,γ 射线的穿透本领大得多,即使在离放射源较远的地方也可能使人体受到照射,X 射线是与 γ 射线性质相同、具有强穿透力的一种电磁辐射。本节将分别针对带电粒子、γ/X 射线以及中子的外照射剂量计算方法进行介绍,此外,对利用蒙特卡罗方法实现外照射剂量计算也进行了介绍。

一、带电粒子的剂量计算

带电粒子的种类很多,最为常见的有 α 粒子、β 射线、质子、电子等。其中凡是静止质量大于电子的带电粒子都称为重带电粒子,比如 α 粒子、^{3}He、质子等带电粒子;轻带电粒子包括 β 射线、正电子等,β 射线与电子本质相同,通常而言电子指的是核外电子,β 射线指的是原子核所发射出的高速电子。带电粒子与物质相互作用时发生以下 3 种形式的能量转换:①使物质的原子或分子激发和电离,将部分能量转化为激发能和电离能;②带电粒子在物质的原子核电场作用下,运动突然受到阻滞,运动方向发生大的变化并得到了加速度,此时带电粒子的一部分动能转化为连续能量分布的轫致辐射;③带电粒子通过物质的原子和分子不断地发生弹性碰撞,将带电粒子的一部分能量转化为热能。由于带电粒子的种类和能量不同,以及物质原子序数不同,以上 3 种能量转换的比例也不同,但其中电离能的转换是主要的。带电粒子在通过物质时,随着其能量的不断损失,运动速度越来越慢,最后停留在该物质中,此现象被称为吸收。使用质量阻止本领 S/ρ 来表示带电粒子在物质中的一切能量损失,由于在一般能量范围内,带电粒子损失能量主要是通过电离激发和轫致辐射,而其他过程的能量损失相对而言可忽略不计,因此质量阻止本领 S/ρ 等于碰撞质量阻止本领 $(S/\rho)_{col}$ 与辐射质量阻止本领 $(S/\rho)_{rad}$ 之和。下面分别对重带电粒子和 β 射线的剂量计算展开介绍。

(一) 重带电粒子的剂量计算

对于重带电粒子而言,轫致辐射损失能量可忽略,也就说质量阻止本领 S/ρ 等于碰撞质量阻止本领 $(S/\rho)_{col}$。重带电粒子的剂量可采用质量阻止本领法和剂量转换因子法两种方法进行计算,下面分别对这两种计算方法进行介绍。

1. 质量阻止本领法

质量阻止本领法顾名思义是采用参数质量阻止本领来对剂量进行计算。具有相同速度的两种带电粒子在同一物质中的阻止本领之比等于它们所带电荷数的平方之比,这一原理被称为等效质子能量,使用该原理便可利用物质对质子的质量阻止本领计算其他带电粒子的质量阻止本领。利用 M、E、v、z 分别代表入射重带电粒子的质量、能量、速度以及电荷数,质子的质量和电荷数用 M_p、z_p($z_p = 1$)来进行表示,等效质子能量 ε 可表示为速度等于 v 时的质子能量,即:

$$\varepsilon = \left(\frac{M_p v^2}{M v^2}\right) E = \frac{M_p}{M} E。 \tag{5.41}$$

通过查询质子能量为 ε 时所求物质中的质量阻止本领 $(S/\rho)_p$,便可求出入射重带电粒子在所求物质中的质量阻止本领,即:

$$\frac{S}{\rho} = \left(\frac{z}{z_p}\right)^2 \left(\frac{S}{\rho}\right)_p = z^2 \left(\frac{S}{\rho}\right)_p。 \tag{5.42}$$

表 5.13 为质子在不同材料中的质量阻止本领。

表 5.13　质子在不同材料中的质量阻止本领

质子能量/MeV	质子的质量阻止本领 $(S/\rho)_p$/ $(\mathrm{MeV \cdot m^2 \cdot kg^{-1}})$		质子能量/MeV	质子的质量阻止本领 $(S/\rho)_p$/ $(\mathrm{MeV \cdot m^2 \cdot kg^{-1}})$	
	肌肉	骨骼		肌肉	骨骼
1.0	25.800	21.300	30	1.860	1.630
1.5	19.400	16.100	40	1.480	1.300
2.0	15.700	13.200	50	1.230	1.090
3.0	11.600	9.830	60	1.070	0.944
4.0	9.330	7.940	80	0.855	0.757
5.0	7.850	6.710	100	0.723	0.641
6.0	6.800	5.830	150	0.540	0.480
8.0	5.410	4.670	200	0.445	0.397
10	4.530	3.920	300	0.349	0.312
15	3.260	2.840	400	0.301	0.269
20	2.580	2.260	500	0.272	0.243

重带电粒子在物质中能量损失的主要途径为电离与激发,与电子在物质中能量损失的途径相同,因此计算剂量当量率的公式形式也一样,即:

$$\dot{H} = \varphi Q \left(\frac{S}{\rho}\right), \tag{5.43}$$

式中：φ ——重带电粒子的注量率,粒子/(m² · s)；

Q ——品质因数,其值可从品质因数与能量的关系图中查出；

S/ρ ——能量为 E 的重带电粒子在物质中的质量阻止本领,J · m²/kg；

$\dot{H}$ ——剂量当量率单位为 Sv/s($1\,\mathrm{Sv/s}=3.6\times10^6\,\mathrm{mSv/h}$)。

此式原则上适用于一切重带电粒子的剂量计算,但在计算外照射剂量时,还应考虑粒子的种类及能量,比如能量为 5 MeV 以下的 α 粒子及能量为 2 MeV 以下的质子都几乎不能穿透皮层,可不进行计算。

2. 剂量转换因子法

为辐射防护计算的方便,通过实验或理论计算,求出相当于每小时 1 mrem($1\,\mathrm{rem}=10^{-2}\,\mathrm{Sv}$)所需的粒子注量率 φ_0,或求出每单位注量率对剂量的贡献 d,φ_0 或 d 被称为剂量转换因子,表 5.14 所示为不同能量质子的剂量转换因子。对于给定的重带电粒子的注量率 φ,便可求出重带电粒子的剂量当量率：

$$\dot{H}=\frac{\varphi}{\varphi_0}\times10^{-2},\tag{5.44}$$

式中：φ ——重带电粒子的注量率,单位为粒子/(m² · s)；

φ_0 ——剂量转换因子,单位为[粒子/(m² · s)]/(mrem/h)；

$\dot{H}$ ——剂量当量率,单位为 mSv/h。

表 5.14　质子的剂量转换因子

质子能量/MeV	剂量转换因子 φ_0/ [质子数 · (m² · s)$^{-1}$ · (mrem/h)$^{-1}$]	质子能量/MeV	剂量转换因子 φ_0/ [质子数 · (m² · s)$^{-1}$ · (mrem/h)$^{-1}$]
2~10	0.40×10^4	400	2.50×10^4
		600	2.40×10^4
100	0.41×10^4	800	2.20×10^4
150	0.42×10^4	1 000	2.00×10^4
200	0.43×10^4	1 500	1.60×10^4
250	2.10×10^4	2 000	1.40×10^4
300	2.40×10^4	3 000	1.10×10^4

（二）轻带电粒子的剂量计算

与重带电粒子不同,轻带电粒子与物质相互作用过程中除电离损失外,还能通过轫致辐射过程而损失能量,且质量辐射阻止本领 $(S/\rho)_{\mathrm{rad}}$ 与质量碰撞阻止本领 $(S/\rho)_{\mathrm{col}}$ 之间的比值近似等于 $EZ/700$。其中 E 为电子的能量,单位为 MeV；Z 为物质的原子序数。本部分主要针对 β 射线源的剂量计算展开介绍,β 射线可由某些放射性核素释放,表 5.15 所示为常见的用于 β 密封源同位素的基本性质。

表 5.15　常见的用于 β 密封源同位素的基本性质

同位素	粒子最大能量/MeV	半衰期/a
^{3}H	0.018	12.35
^{14}C	0.158	5 730
^{22}Na	0.547	2.60
^{24}Na	1.39	15.0
^{32}P	1.709	14.29
^{90}Sr	0.554	29.12
^{90}Y	2.274	64.1
^{106}Rh	3.54	30.0
^{147}Pm	0.255	2.623
^{204}Tl	0.763	3.78

β 射线源的剂量计算远比 γ 射线源复杂得多,其主要原因是 β 射线是连续谱,虽然它在物质中的减弱近似遵循指数规律,但物质对其散射很明显,并且此散射情况与离源的距离、源周围散射物性质以及源的几何形状、位置等因素息息相关。迄今为止,尚无满意的计算 β 射线源剂量的理论公式,故通常使用经验公式进行近似计算。下面分别就点源与面源两类的剂量计算进行介绍。

1. 点源的剂量计算

一般情况下,若辐射场内某点与辐射源的距离比辐射源本身的几何尺寸大 5 倍以上,那么在这一点上便可把辐射源视为点源。假设 β 源可视为点源,且点源周围介质是均匀的,则离该点源距离 R 处的吸收剂量率 $\dot{D}$ 的值可用下式作粗略计算:

$$\dot{D} = 8.1 \times 10^{-12} A/R^2, \tag{5.45}$$

式中:A——β 点源的放射性活度,Bq;

R——与 β 点源之间的距离,m;

$\dot{D}$——吸收剂量率,Gy/h。

2. 面源的剂量计算

为简单估算具有较大尺寸的 β 平面源在空气中的吸收剂量率,可用下面的近似公式:

$$\dot{D} = 2.7 \times 10^{-10} A_s \bar{E}_\beta \frac{\omega}{2\pi}, \tag{5.46}$$

式中:A_s——有限薄面源的比活度,Bq/g;

$\bar{E}_\beta$——β 粒子的平均能量,MeV;

ω——源到计算点所张的立体角。

二、γ/X 射线的剂量计算

γ 射线和 X 射线都是由光子组成,在本质上或物理性质上没有什么差别,在电磁辐射能谱中所占的范围基本相同,只能从其来源不同进行区别,其中 γ 射线是从核内产生的,X 射线是从核外产生的。γ/X 射线与物质相互作用时能产生次级带电粒子(主要是电子)和次级光子,通过这些次级带电粒子的电离、激发过程把能量传递给物质。γ/X 射线与物质相互作用不像带电粒子那样通过多次小能量的损失逐渐消耗其能量,而是在一次相互作用过程中就可能损失大部分或全部能量,其相互作用过程主要为光电效应、康普顿效应和电子对效应,其他相互作用过程(如相干散射和光核反应)是次要的。γ/X 射线与物质相互作用过程中损失能量的过程取决于射线本身的能量和物质的原子序数。

具体而言,在生物软组织中,当 γ/X 射线的光子能量小于 50 keV 时,以光电效应为主,此时光子将它的全部能量传递给轨道电子,使其具有动能而发射出去,这种能量吸收过程被称为光电效应,所发射的电子被称为光电子;当 γ/X 射线的光子能量在 60～90 keV 范围内时,光电效应与康普顿效应大致相等;当 γ/X 射线的光子能量在 0.2～2 MeV 范围内时,以康普顿效应为主,此时光子与物质原子的 1 个轨道电子碰撞,产生 1 个向一定角度发射的反冲电子和 1 个散射的带有剩余能量的光子,此过程被称为康普顿效应;当 γ/X 射线的光子能量在 5～10 MeV 范围内时,电子对的产生逐渐增加,能量在 50～100 MeV 范围内时,电子对产生为主要的能量吸收形式,形成电子对时,入射的高能光子转化为一对正负电子对,此过程称为电子对效应,形成的正电子慢化后,最终与负电子结合而转变为约 0.511 MeV 的 2 个光子。γ/X 射线在物质中穿行一段距离时,有的与物质发生相互作用,有的则没有发生,线衰减系数 μ 是入射 γ/X 射线在物质中穿行单位距离时平均发生一切相互作用的概率,等于各相互作用过程的线衰减系数的总和,即:

$$\mu = \tau + \sigma_c + \sigma_{coh} + \kappa, \tag{5.47}$$

式中:μ ——线衰减系数,cm^{-1} 或 m^{-1};

$\quad\tau$ ——光电线衰减系数;

$\quad\sigma_c$ ——总康普顿线衰减系数;

$\quad\sigma_{coh}$ ——相干散射线衰减系数;

$\quad\kappa$ ——电子对效应线衰减系数。

线衰减系数 μ 除以物质的密度 ρ 称为质量衰减系数 μ/ρ,其值等于各相互作用过程的质量衰减系数的和,即:

$$\frac{\mu}{\rho} = \frac{\tau}{\rho} + \frac{\sigma_c}{\rho} + \frac{\sigma_{coh}}{\rho} + \frac{\kappa}{\rho}, \tag{5.48}$$

式中:μ/ρ ——质量衰减系数,cm^2/g 或 m^2/kg。

γ/X 射线在物质中穿行单位距离时,由于各种相互作用而转移为带电粒子的动能占总能量的份额称为线能量转移系数 μ_{tr},其值等于 γ/X 射线在各相互作用过程中的线能量转移系数之和,即:

$$\mu_{tr} = \tau_a + \sigma_a + \kappa_a, \tag{5.49}$$

式中：μ_{tr}——线能量转移系数，cm^{-1} 或 m^{-1}。

线能量转移系数 μ_{tr} 除以物质的密度 ρ 称为质能转移系数 μ_{tr}/ρ，其值等于各相互作用过程的质能转移系数的和，即：

$$\frac{\mu_{tr}}{\rho} = \frac{\tau_a}{\rho} + \frac{\sigma_a}{\rho} + \frac{\kappa_a}{\rho}, \tag{5.50}$$

式中：μ_{tr}/ρ——质能转移系数，单位为 cm^2/g 或 m^2/kg。

由于 γ/X 射线与物质相互作用过程中转移给次级电子的能量有一部分是通过轫致辐射损失的，真正被物质所吸收的能量应等于 γ/X 射线转移给次级电子的动能减去因轫致辐射而损失的能量。因而某一能量的 γ/X 射线在某种物质中的质能吸收系数 μ_{en}/ρ 等于该能量的质能转移系数 μ_{tr}/ρ 与 $(1-g)$ 的乘积。质能吸收系数 μ_{en}/ρ 的单位为 cm^2/g 或 m^2/kg；g 为在物质中的次级电子由于发生轫致辐射而损失的能量份额。

下面分别对 γ 射线和 X 射线的剂量计算进行介绍。

（一）γ 射线的剂量计算

γ 射线来自放射性核素的衰变，当不稳定的核衰变成稳定的核时，多余的能量便以 γ 射线方式放出。γ 射线辐射源可分为点源和非点源。在实际工作中，使用最多的是点源，任何其他形状的源，都可视为若干个点源的叠加。因此，点状 γ 辐射源的剂量计算具有重要的意义，它是其他任何形状的 γ 源剂量计算的基础。对于点源可以利用简单的距离平方反比的公式进行推算，对于非点源可以在点源公式基础上加以推导或者采用蒙特卡罗方法模拟计算获得。

1. 点源的剂量计算

在带电粒子平衡的条件下，由比释动能与吸收剂量间关系以及比释动能与 γ 射线注量间关系可推得光子注量与吸收剂量的关系为：

$$D = \Phi E_\gamma \frac{\mu_{tr}}{\rho}(1-g)。 \tag{5.51}$$

结合前述质能吸收系数 μ_{en}/ρ 与质能转移系数 μ_{tr}/ρ 的关系，可得 γ 射线的吸收剂量 D 的计算公式为：

$$D = \Phi E_\gamma \frac{\mu_{en}}{\rho}, \tag{5.52}$$

式中：Φ——空气中计算剂量点处 γ 射线的注量；

E_γ——γ 射线的能量，J；

μ_{en}/ρ——能量为 $E(MeV)$ 的 γ 射线的质能吸收系数，m^2/kg。

根据式（5.52）可知，当 Φ 和 E 确定不变时，吸收剂量与物质的质能吸收系数成正比，因此只要知道在一种物质中的吸收剂量，便可求出相同情况下在另一物质中的吸收剂量。

此外，若已知 γ 点源所含核素的放射性活度，便可利用式（5.20）结合照射量率常数 Γ 计算出照射量率 $\dot{X}$ 的值。

2. 非点源的剂量计算

针对非点源外照射剂量的计算,必须考虑其形状和体积,还需考虑辐射源自身对射线的散射及吸收,下面将分别讨论放射性呈均匀分布时线状源、圆盘面源、圆柱状面源、半无限大体源和无限大体源五种情况时的剂量计算公式。

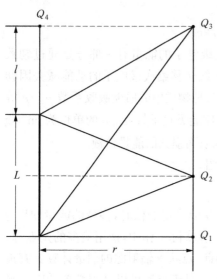

图 5.11 计算 γ 线状源各点几何位置

1) 线状源

假设线源长度为 $L(\mathrm{m})$,γ 放射性物质沿线源均匀分布,总放射性活度为 $A(\mathrm{Bq})$,则单位长度内的放射性活度为 $A/L(\mathrm{Bq/m})$,设源的 γ 照射率常数为 Γ,以下分四种情况进行讨论,如图 5.11 所示。

(1) Q_1 点垂直于线状源的端点,且距离为 r,该点的照射量率为:

$$\dot{X} = \frac{A\Gamma}{Lr}\arctan\left(\frac{L}{r}\right) \text{。} \tag{5.53}$$

需要说明的是,当 $r \geqslant 2L$ 时,便可将线状源当作点源来进行处理。

(2) Q_2 点在 L 的垂直平分线上,因此可以将其看作 2 个长度为 $L/2$ 的线状源在此点处所产生的照射量率的叠加,该点的照射量率为:

$$\dot{X} = \frac{2A\Gamma}{Lr}\arctan\left(\frac{L}{2r}\right) \text{。} \tag{5.54}$$

(3) Q_3 点离线状源另一端点的投影距离为 r,可以将其看作线源 $(l+L)$ 在 Q_3 点产生的照射量率减去线状源 l 在 Q_3 点产生的照射量率,因此该点的照射量率为:

$$\dot{X} = \frac{A\Gamma}{Lr}\left[\arctan\left(\frac{L+l}{r}\right) - \arctan\left(\frac{l}{r}\right)\right] \text{。} \tag{5.55}$$

(4) Q_4 点位于线状源轴线上,当不考虑线状源自吸收时,该点的照射量率为:

$$\dot{X} = \frac{A\Gamma}{(L/2+l)^2 - (L/2)^2} \text{。} \tag{5.56}$$

当考虑线状源自吸收时,该点的照射量率则为:

$$\dot{X} = \frac{A\Gamma}{(L/2+l)^2} \times \frac{1-\mathrm{e}^{-\mu L}}{\mu L} \text{。} \tag{5.57}$$

2) 圆盘面源

假设圆盘半径为 r,γ 放射性物质在圆盘上均匀分布,总放射性活度为 $A(\mathrm{Bq})$,则单位圆盘面积上的放射性活度为 $A/\pi r^2(\mathrm{Bq/m^2})$,设源的 γ 照射率常数为 Γ,以下分四种情况进行讨论,如图 5.12 所示。

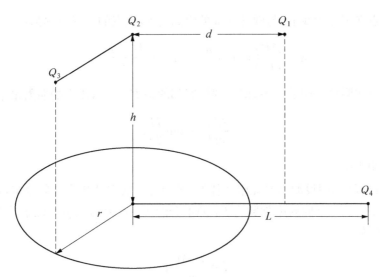

图 5.12　计算 γ 圆盘面源各点几何位置

（1）Q_1 点离圆盘距离为 h，离圆盘中心轴的距离为 d，该点的照射量率为：

$$\dot{X}=\frac{A\Gamma}{r^2}\ln\left[\frac{1}{2h^2}(h^2+r^2-d^2)+\sqrt{r^4+2r^2(h^2-d^2)+(h^2+d^2)^2}\right]。\quad(5.58)$$

需要说明的是，当 $h\geqslant 5r$ 时，便可将圆盘面源当作点源来进行处理。

（2）Q_2 点位于轴心上，距源中心为 h，离圆盘中心轴的距离 $d=0$，因此该点的照射量率为：

$$\dot{X}=\frac{A\Gamma}{r^2}\ln\left(\frac{h^2+r^2}{h^2}\right)。\quad(5.59)$$

（3）Q_3 点平行离开圆盘中心轴，距源中心为 h，离圆盘中心轴距离 $d=r$，因此该点的照射量率为：

$$\dot{X}=\frac{A\Gamma}{r^2}\ln\left(\frac{h+\sqrt{h^4+4r^2}}{2h^2}\right)。\quad(5.60)$$

（4）Q_4 点过圆盘中心，在距源中心为 L 的水平线上，即 $h=0$，因此该点的照射量率为：

$$\dot{X}=\frac{A\Gamma}{r^2}\ln\left(\frac{L^2}{L^2-r^2}\right)。\quad(5.61)$$

3）圆柱状面源

假设圆柱状面源的高为 H，半径为 r，γ 放射性物质在圆柱面上均匀分布，总放射性活度为 A（Bq），源的 γ 照射率常数为 Γ，以下分两种情况进行讨论，如图 5.13 所示。

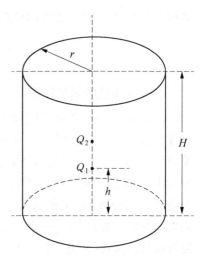

图 5.13　计算 γ 圆柱状面源各点几何位置

（1）Q_1 点在圆柱轴线上，与圆柱底部的距离为 h，该点的照射量率为：

$$\dot{X} = \frac{A\Gamma}{rH}\left(\arctan\frac{h}{r} + \arctan\frac{H-h}{r}\right)。 \tag{5.62}$$

（2）Q_2 点在圆柱轴线的中央，即与圆柱底部的距离 $h=0$，该点的照射量率为：

$$\dot{X} = \frac{2A\Gamma}{rH}\arctan\frac{H}{2r}。 \tag{5.63}$$

4）半无限大体源

如图 5.14 所示，假设源为半无限大体源，源内的 γ 放射性物质均匀分布，每单位体积的活度为 $A(\mathrm{Bq/m^3})$，γ 照射率常数为 Γ，源本身的线衰减系数为 μ_s，位于其表面上 Q 点处的照射量率为：

$$\dot{X} = \frac{2\pi A\Gamma}{\mu_\mathrm{s}}。 \tag{5.64}$$

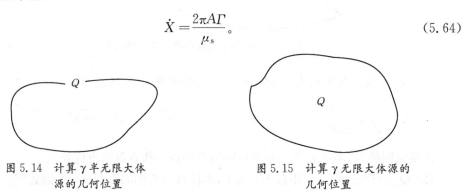

图 5.14　计算 γ 半无限大体
源的几何位置

图 5.15　计算 γ 无限大体源的
几何位置

5）无限大体源

如图 5.15 所示，假设源为无限大体源，源内的 γ 放射性物质均匀分布，每单位体积的活度为 $A(\mathrm{Bq/m^3})$，γ 照射率常数为 Γ。在无限大体源内，照射量率处处相等，当不考虑多次散射的时候，无限大体源内任意一点的照射量率为：

$$\dot{X} = \frac{4\pi A\Gamma}{\mu_\mathrm{s}}。 \tag{5.65}$$

（二）X 射线的剂量计算

X 射线在工业、农业、科研和医疗等领域有着广泛的应用，它是与 γ 射线性质相同、具有强穿透力的一种电磁辐射。产生 X 射线的机理有以下两种：一是轫致辐射产生连续谱 X 射线，占主要部分；二是特征辐射产生特定能量的特征 X 射线。实际应用的 X 射线通常是由 X 射线管所产生，如图 5.16 所示。X 射线管是工作在高压下的真空电子管，有两个电极：一个为阴极，又称为电子源，由发射电子的灯丝所构成，灯丝电流越大，温度越高，则发射的电子数越多；另一个为阳极，是用于接受电子轰击的靶材，靶材一般是根据应用需要由某种材料（如钨、钼、金等）制成，被加速的电子打在钨靶上，于是产生轫致辐射（即 X 射线）。阴极所发射的电子束通过阴极与阳极之间的高压加速电场来进行加速，这是由连续可调的高压电源所决定的，电压越大则电子所获能量越大，从而产生的 X 射线能量

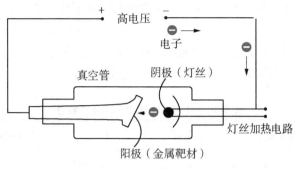

图 5.16　X 射线管原理示意图

也越高。从 X 射线管阴极上射在钨靶上的电子形成的电流称为管电流,加上 X 射线管上的高压称为管电压,常以 keV 为单位。发射 X 射线的最高能量等于管电压值,例如一台 250 kV 的 X 射线机,被加速电子的最大能量等于 250 keV,所发射 X 射线的最高能量也等于 250 keV。

　　计算 X 射线的剂量要比计算 γ 射线的剂量复杂,计算 X 射线剂量时需要知道 X 射线管的输出额,且输出额与 X 射线管的类型、靶材料、管电压、管电流、管电压波形、过滤片材质及厚度息息相关。当这些因素确定后,可通过 X 射线管厂家出厂测试所给的输出额与管电压的关系图查得 X 射线束轴上的输出额 $\dot{X}_0$。从而便可根据下式计算得到距离靶 R 处的照射点的吸收剂量:

$$D = f\dot{X}_0 It\left(\frac{R_0}{R}\right)^2, \tag{5.66}$$

式中:D——吸收剂量,Gy;

　　　f——换算系数,Gy/R;

　　　$\dot{X}_0$——距离靶 R_0 处的 X 射线输出额,其数值可通过所用 X 射线机所给的输出额与管电压的关系图确定,R/mA·min;

　　　I——管电流大小,mA;

　　　t——受照射的时间,min;

　　　R_0——输出额为 $\dot{X}_0$ 时与靶之间的距离,cm;

　　　R——实际受照点与靶之间的距离,cm。

三、中子的剂量计算

　　按中子的产生方式,中子源可分为同位素中子源、反应堆中子源和加速器中子源。其中,同位素中子源是利用放射性核素衰变时放出一定能量的粒子去轰击靶物质而发生核反应放出中子的装置,具有价格便宜、尺寸小、易于制备和转移的特点。它通常又分为 (α, n) 中子源、(γ, n) 中子源和自发裂变中子源三种,其中 (α, n) 中子源是利用 α 粒子与轻元素(如铍)所发生的 (α, n) 反应产生中子的中子源,(γ, n) 中子源是利用高能 γ 射线与铍(或氘)所发生的 (γ, n) 反应产生中子的中子源,自发裂变中子源是利用重核自发裂变产生中子的中子源。表 5.16 所示为一些常用的同位素中子源。反应堆中子源是利用重核裂变的链式反应或轻核聚变反应释放出大量中子。加速器中子源是利用加速器加速后的带电粒子轰击靶物质导致核反应而产生中子,可通过改变靶物质种类、调节带电粒子类型和能量或控制中子的出射方向来获得不同能量的中子。

表 5.16　常用同位素中子源及其特性

种类	反应类型	半衰期	种类	反应类型	半衰期
Ra-226-Be	(α, n)	1620 a	Na-24-Be	(γ, n)	14.8 h
Po-210-Be	(α, n)	138.4 d	Sb-124-Be	(γ, n)	60 d
Pu-239-Be	(α, n)	24 400 a	Cf-252	自发裂变	2.65 a (有效半衰期)
Am-241-Be	(α, n)	433 a			

中子不带电,其本身不能被直接加速,与 γ 射线和 X 射线一样,都是通过产生带电的次级粒子而引起的电离,但 γ 射线和 X 射线是与核外电子发生作用,中子只与原子核发生作用。中子与物质的相互作用可分为碰撞和核反应两大类:碰撞包括弹性碰撞、非弹性碰撞和无弹性碰撞等,核反应包括中子俘获和散裂反应等。对于快中子和 1 keV 以上的中能中子而言,弹性碰撞是主要的;但对于 1 keV 以下的中能中子,只有轻核才是以弹性碰撞为主,重核则是以中子俘获为主;对于热中子则以中子俘获为主,无弹性碰撞一般发生在中子能量大于 0.1 MeV 时,而且重核发生的可能性比轻核大;非弹性碰撞发生的可能性较小,只限于一些轻核;散裂反应一般在重核中发生。

中子的剂量计算需考虑中子与物质不同元素之间的相互作用,对人体组织而言,C,H,O,N 4 种元素占人体总质量 95% 以上,特别是含有大量的 H,占人体原子总数的 60% 以上。快中子在组织内的能量损失主要通过其与人体组织中 C,H,O,N 等原子核发生弹性碰撞和非弹性碰撞,从而不断地将能量传递给组织而被慢化。当快中子被慢化为热中子时,通过 $^1H(n, \gamma)^2H$ 和 $^{14}N(n, p)^{14}C$ 反应被组织所吸收。在确定中子的吸收剂量时,必须计算在快中子慢化和热中子俘获过程中,由组织吸收的总能量。计算中子剂量时必须知道中子注量、能谱、组织成分的百分比以及各种反应截面。在已知中子谱的情况下,将计算所得比释动能的值作为吸收剂量的近似值,还可使用剂量转换因子法进行计算,除此之外,还可使用蒙特卡罗模拟方法进行计算。下面分别对比释动能计算法和剂量转换因子法进行介绍,蒙特卡罗计算方法将在后文进行介绍。

(一) 比释动能计算法

对于具有连续能谱分布的中子源,其比释动能为:

$$K = \int \frac{d\Phi(E)}{dE}\left(\frac{\mu_{tr}}{\rho}\right)E\,dE, \tag{5.67}$$

式中:积分号内的函数表示能量在 E 到 $E+dE$ 之间的中子在介质中所产生的比释动能

K。在带电粒子平衡条件下,比释动能 K 等于吸收剂量 D。积分函数(5.67)再乘以与该能量相应的有效品质因数 $\bar{Q}$,便可得到相应的中子剂量当量值,即

$$H = \int \frac{\mathrm{d}\Phi(E)}{\mathrm{d}E}\left(\frac{\mu_{\mathrm{tr}}}{\rho}\right)E\bar{Q}\mathrm{d}E, \tag{5.68}$$

式中,有效品质因数 $\bar{Q}$ 是在组织等效材料中,出现最大剂量当量的某一深度处,其最大剂量当量与此点的吸收剂量的比值。

具体计算步骤如下:将已知中子源的能谱分成许多相等的能量间隔(比如 $\Delta E = 10$ keV),从能谱上查出 E_i 与 $E_i + \Delta E$ 之间的中子分数,再乘以总的中子注量 Φ,便可以得到在此能量间隔内的中子注量;再查出与 E_i 相对应 μ_{tr}/ρ 值以及 $\bar{Q}$ 值,便可计算出 ΔH_i;最后对全能谱内计算的 ΔH_i 求和,便可得 H 值。值得一提的是,能量间隔划分越小,计算值越精确。

(二) 剂量转换因子法

已知某中子源或确定能量的中子注量率 $\varphi(\mathrm{n}/\mathrm{m}^2 \cdot \mathrm{s})$,再结合相应的剂量转换因子 d_H,便可利用两者相乘求出中子的剂量当量率 $\dot{H}$,即

$$\dot{H} = \varphi d_H, \tag{5.69}$$

式中:d_H 的单位为 $\mathrm{Sv} \cdot \mathrm{m}^2/\mathrm{n}$;$\dot{H}$ 的单位为 Sv/s。不同中子源的剂量转换因子如表 5.17 所示。

表 5.17 不同中子源的剂量转换因子

中子能量/MeV	剂量转换因子/ Sv·m²/n	有效品质因数	中子能量/MeV	剂量转换因子/ Sv·m²/n	有效品质因数
2.5×10^{-8}	1.068×10^{-15}	2.3	5	4.065×10^{-14}	7.8
1×10^{-7}	1.157×10^{-15}	2	10	4.085×10^{-14}	6.8
1×10^{-6}	1.263×10^{-15}	2	20	4.274×10^{-14}	6.0
1×10^{-5}	1.208×10^{-15}	2	50	4.554×10^{-14}	5.0
1×10^{-4}	1.157×10^{-15}	2	$^{210}\mathrm{Po}\text{-}\mathrm{B}, \bar{E}_n = 2.8$	3.310×10^{-14}	8.0
1×10^{-3}	1.029×10^{-15}	2	$^{210}\mathrm{Po}\text{-}\mathrm{Be}, \bar{E}_n = 4.2$	3.550×10^{-14}	7.5
1×10^{-2}	0.992×10^{-15}	2	$^{226}\mathrm{Ra}\text{-}\mathrm{Be}, \bar{E}_n = 4.0$	3.450×10^{-14}	7.3
1×10^{-1}	5.787×10^{-15}	7.4	$^{239}\mathrm{Pu}\text{-}\mathrm{Be}, \bar{E}_n = 4.1$	3.950×10^{-14}	7.4
5×10^{-1}	1.984×10^{-14}	11	$^{241}\mathrm{Am}\text{-}\mathrm{Be}, \bar{E}_n = 4.5$	3.520×10^{-14}	7.5
1	3.268×10^{-14}	10.6	$^{252}\mathrm{Cf}, \bar{E}_n = 2.13$	3.321×10^{-14}	9.15
2	3.968×10^{-14}	9.3			

注:$\bar{E}_n$ 表示中子源发射中子的平均能量。

四、基于蒙特卡罗方法的剂量计算

前面简要介绍了一些简单几何结构的源在周围空气中产生的吸收剂量、照射量率等的计算方法,但是在实际工作中,外照射剂量计算的条件比这些更复杂。利用蒙特卡罗方法可以模拟粒子在物质中的输运过程从而进行精确的剂量计算,可以面对各种复杂情况开展计算。下面对蒙特卡罗方法的基本原理、常用的蒙特卡罗相关软件以及实现外照射剂量计算的流程进行介绍。

(一) 蒙特卡罗方法的基本原理

蒙特卡罗(Monte Carlo,MC)方法,又被称为随机模拟法或者统计试验法,是在 20 世纪 40 年代计算机诞生之后发展起来的一种新兴计算方法。它通过随机抽样模拟求解数值积分和数值微分,特点是使用随机数进行抽样,用统计平均给出估计量的均值。MC 方法的基本特点是利用各种概率密度函数或分布函数,通过随机抽样,计算得到估计量的近似值,用统计平均值作为估计量的解。MC 方法的理论基础是概率论和数理统计,其中大数定律和中心极限定理是 MC 方法的理论基础。与其他确定论方法相比,MC 方法获得的解存在一定的随机性和统计不确定性,近似解的精度是在一定概率置信度下保证的。由于具有随机性,MC 方法获得的解不唯一。

MC 方法被认为最初是由 Ulam 发明,其首次提出使用统计抽样方法求解数学问题。MC 方法的快速发展可追溯到美国曼哈顿工程(原子弹的研制),研发人员使用 MC 方法模拟了中子链式反应和装置的临界性。自此,MC 方法在核科学领域的粒子输运模拟中发挥了重要作用,也被广泛应用于各类射线与工作场景的剂量计算中,被认为是辐射剂量计算的金标准。

MC 方法求解粒子输运问题时,应该遵循 4 个主要的步骤:弄清楚粒子输运的全部物理过程;确定适用的 MC 技巧;确定描述粒子运动的状态参数和状态序列;确定粒子输运过程中有关分布的抽样方法。如图 5.17 所示,模拟粒子输运过程大致分为:源分布抽样,确定输运粒子的初始状态;空间、能量和运动的随机游动过程,确定粒子输运过程中的状态;记录贡献与分析结果。以光子输运为例,首先根据放射源信息创建初级粒子,随后开始后续的初始粒子和所创建的所有次级粒子的输运过程。粒子的径迹是指其直到能量全部损失之前经过的路径。初级粒子和次级粒子的径迹组成一次事件。为进行计算机计算,每一个粒子径迹需要分成许多小步。为进行剂量计算,蒙特卡罗模拟是在给定几何条件上百万次事件的集合。粒子每走一步都损失能量,根据反应截面判断反应类型以及后续粒子的状态信息,其能量损失将被记录下来。重复此过程,完成所有粒子模拟,将上百万次事件的剂量累积起来得到一个剂量分布。

MC 方法的最大优点包括:①能够比较逼真地描述具有随机性质的事物的特点及物理实验过程;②受几何条件限制小;③收敛速度与问题的维数无关;④具有同时计算多个方案与多个未知量的能力;⑤误差容易确定;⑥程序结构简单,易于实现。MC 方法的缺点包括:①收敛速度慢;②误差具有概率性;③在粒子输运问题中,计算结果与系统大小有关。

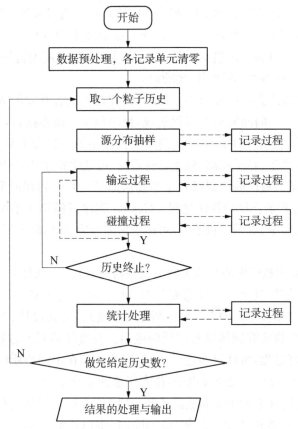

图 5.17 蒙特卡罗方法解粒子输运问题的程序结构框图

(二) MC 程序相关软件

建立完善的通用 MC 程序可以避免大量的重复性工作,并且可以在程序的基础上,开展对于蒙特卡罗方法技巧的研究以及对于计算结果的改进和修正的研究,而这些研究成果反过来又可以进一步完善 MC 程序。通用 MC 程序通常具有以下特点:①具有灵活的几何处理能力;②参数通用化,使用方便;③元素和介质材料数据齐全;④能量范围广,功能强,输出量灵活全面;⑤含有简单可靠又能普遍适用的抽样技巧;⑥具有较强的绘图功能。国内外已经开发出可用于辐照剂量计算的众多 MC 粒子输运程序,具有代表性的程序有 MCNP,Geant4,FLUKA,EGS,PHITS,JMCT 等。

1. MCNP（Monte Carlo N-Particle Transport）

MCNP 程序由美国洛斯阿拉莫斯国家实验室为模拟核武器而编制的大型通用中子-光子输运程序,其近期版本可用于中子、光子、带电粒子输运,是目前国际上发展历史最长、知名度最高和用户最多的通用型多粒子输运 MC 程序。MCNP 程序配备的精细截面数据和详细的物理数学处理,是公认的计算精度最高的程序之一。国际上后续发展的 MC 程序和确定论程序均选择 MCNP 程序作为自身程序精度的验证工具。MCNP 程序始于 1963 年,1973 年通过模拟中子反应的 MCNP 程序和模拟高能光子的 MCG 程序的合并，诞生了中子-光子耦合输运 MC 程序 MCNG，1977 年 MCNG 与模拟低能光子的 MCP 程序合并，取名 MCNP 程序。MCNP 程序最新版本为 MCNP6，可求解包括中子、光子、电子、质子等 37 种粒子的输运问题，具有在线多普勒温度展宽等多种功能。

2. Geant4（GEometry ANd Tracking）

Geant4 是由欧洲核子中心（CERN）等多家研究机构联合开发的 MC 工具包，其源代码完全开放，使用 C++ 的面向对象编程实现，程序预留了很多接口，用户可根据需求选择合适的类进行调用。Geant4 提供了探测器模拟所需的一整套工具包，包括几何建模、物质模型、初始粒子产生、粒子探测、粒子轨迹追踪、可视化界面、用户接口等，其核心程序为一整套适用于极宽能量区间内射线粒子与物质原子交互的物理模型，包括电磁、强子、输运、衰变、光学、光子强子和参数化过程。Geant4 程序可模拟几乎所有的射线类型，包括中子、光子、电子、质子、重带电粒子等，可用于探测器响应计算、剂量计算等。

3. FLUKA

FLUKA 是由欧洲核子中心与意大利国家核物理研究所（CERN-INFN）共同开发的一种通用 MC 模拟软件，其历史可以追溯至 20 世纪 60 年代初 Ranft 编写的用于模拟强子碰撞过程的一种专用程序。FLUKA 在高能实验物理、屏蔽设计、宇宙射线研究、探测器设计、剂量学、医学物理等领域都有广泛的应用。在持续的开发过程中，FLUKA 不断添加和改进各种物理过程，可针对多达 60 种不同的粒子在不同物质中的输运进行模拟，包括从 1 keV 到几千 TeV 的光子和电子，任意能量的 μ 介子，20 TeV 以下的强子以及对应的反粒子，从热能区往上的中子和重离子等。FLUKA 还可以输运极化光子（比如同步辐射）和可见光。使用改进的组合几何（Combinatorial Geometry，CG）软件包，FLUKA 能够处理非常复杂的几何结构，FLUKA 的 CG 包还同时设计用于追踪带电粒子（包括磁场或电场模拟）。

4. EGS

EGS（Electron-Gamma Shower）程序可模拟能量从几个 keV 到几个 TeV 的电子-光子级联过程，由美国 SLAC 国家加速器实验室提供。EGS 于 1979 年第一次公开发表提供使用。EGS4 是 1986 年发表的 EGS 程序版本（由 SLAC、日本高能物理国家实验室 KEK、加拿大国家研究所 NRC 联合推出）。1995 年发表 BEAMnrc，用于模拟医用直线加速器。2000 年发表 EGSnrc，主要应用于高能物理、低能物理、医学物理等。EGSnrc 是世界上公认的最准确的光电输运程序，原因在于它具有更好的带电粒子输运机制和低能作用截面。此外，它还具有计算速度快和计算结果准确度高的特点。

5. PHITS

PHITS（Particle and Heavy-Ion Transport code System）是一款通用的 MC 粒子输运模拟程序，由日本原子能机构 JAEA 与世界多个研究机构共同研发。它提供数种核反应模型和数据库，可实现对几乎所有类型的放射性粒子的输运计算，且适用粒子能量范围宽，主要应用于粒子与重离子输运计算的相关领域。

6. JMCT

JMCT（J Monte Carlo Transport）程序是由中国工程物理研究院高性能计算软件中

心粒子输运团队自主研发的一款通用三维中子-光子电子耦合输运蒙特卡罗模拟软件。此软件具备粒子并行与区域分解多级并行功能,支持千万量级几何体、千亿粒子规模输运问题模拟。JMCT 属于反应堆粒子输运软件系统 JPTS(J Particle Transportation Software System)的一部分,该系统致力于核反应堆物理与几何材料的精细建模和模拟,为反应堆堆芯物理分析、临界安全分析、屏蔽设计、燃料优化设计、极端事故分析等提供系统级解决方案。JMCT 目前已发展成为一个大型多功能、通用型高分辨率多粒子输运 MC 软件,除了反应堆方面的应用,还可应用于核探测、生物医学、剂量计算等领域。

(三) MC 方法剂量计算

采用 MC 方法进行剂量计算的具体流程根据所使用程序的不同而有所不同,但其基本流程基本一致,主要包括:

(1) 放射源的精确描述,精确详细的放射源描述是剂量计算准确的关键。首先需要确定放射源的类型是固定源或裂变源。针对固定源,需要详细描述射线类型、能量以及源的形状(点源、面源、体源)等。通常在此部分还需要定义需要模拟的事件个数,从而满足结果的精确度要求。

(2) 符合实际问题的几何结构,几何形状由用户指定。根据代码,可以定义平面、圆柱体、球体、圆锥体等不同几何结构,有时甚至是更复杂的结构。在人体/生物体的剂量计算中,几何信息是由人体的解剖结构决定的。常用的人体组织材料有软组织、骨骼、肺部器官等,其元素组分可以参考 ICRU 46 号报告或者 ICRP 89 号出版物。

(3) 物理模型的设置,物理模型通常在 MC 软件中进行硬编码。主要包括不同能量的粒子与元素周期表中大多数元素发生的反应类型及反应概率的数据表。这些数据表不可更改。但用户能够通过一些传输参数来控制物理建模。例如,用户可以启用/禁用某些反应,或设置截止能量或电子步长。这些设置可能会显著影响计算结果。例如,当一个粒子的能量降低到低于截止能量时,它会被丢弃,剩余的能量被假设沉积在当前位置。这些近似意味着我们不再忠于物理定律。所有算法最终都会在速度和准确性之间做出一些权衡。

(4) 数据的记录,在通用的 MC 程序中,通常可以记录射线与物质相互作用的各类信息,包括穿过某一面积的通量、探测器的探测效率、能量沉积、辐照剂量等。因此,在剂量计算中也应选取合适的计数方法,从而得到可靠的结果。

第四节　内照射剂量计算方法

放射性废物向环境的排放、大气层中进行的核武器爆炸和核设施放射性核素泄露事故等都有可能导致放射性核素通过环境进入人体内而产生内照射。内照射放射性核素监测的目的是了解放射性核素在体内的滞留量及其动态变化、估算内照射剂量、对机体和环境进行评价,并依据相关标准和规范对内照射人员进行必要的医学处理。

内照射剂量估算比外照射剂量计算所涉及的因素更为复杂，比如放射性核素所处的环境状态、物理化学性质、进入体内途径、个人代谢特点、所采用的计算模式等因素都与内照射剂量估算相关，因此内照射很难进行精确计算。进行内照射剂量估算时，首先应通过测量获得体内或者排泄物中放射性核素活度值，然后可根据内照射生物动力学模型了解放射性物质在人体内的行为，把测得的放射性活度值转换为摄入量和待积有效剂量。

通常有以下3种方法用于给出某个器官或组织内的放射性核素的活度：①通过全身计数器测量体内放射性核素所释放出的辐射强度或组织样品中核素的活度；②测量排泄物（粪便或尿液）或呼气中放射性核素的活度，再采用适当的代谢模型去估算体内有关器官或组织中核素的活度；③测量环境介质（水和空气）或食物中放射性核素的活度以估算摄入量，再采用适当的代谢模型去估计放射性核素在器官或组织内的沉积和滞留。为合理估算人体摄入放射性核素后所受到的内照射剂量，需要充分了解放射性核素进入人体的途径以及在人体内的放射性核素代谢的变化规律。我国现行的国标为GB/T 16148—2009《放射性核素摄入量及内照射剂量估算规范》。本节将对放射性核素进入人体的主要途径、放射性核素在体内的代谢模型、滞留函数与排泄函数以及内照射剂量计算方法进行介绍。

一、放射性核素进入人体的主要途径

环境中的放射性核素进入体内的主要途径包括经呼吸道吸入、经胃肠道食入、通过皮肤或伤口摄入3种，下面针对这3种途径进行介绍。

（1）经呼吸道吸入，放射性核素通常以气态、气溶胶或微小粉尘的形式存在于空气中。气态放射性核素（如氡以及碘和氚水的蒸气等）极易经呼吸道黏膜或通过肺泡吸收进入血液，粉尘或气溶胶态的放射性核素在呼吸道内的吸收过程既取决于呼吸道的解剖生理因素，又取决于粒径的大小及化合物性质。一般粒径越大吸收率越低，粒径大于 $1\,\mu\text{m}$ 者大部分被阻滞在鼻咽部、气管和支气管内，然后通过咳嗽排出体外或者吞入胃内，仅少部分吸收进入血液。粒径在 $0.01\sim1\,\mu\text{m}$ 者大部分沉积在肺部，因此危害最大。难溶性化合物多被吞噬，而可溶性化合物则易被肺泡吸收进入血液。

（2）经胃肠道食入，当职业人员用口接触了被放射性核素污染的器具、物品时，会造成职业人员短时间的放射性核素摄入；或是当环境介质受到放射性核素污染时，则有可能通过生物体，经食物链途径进入体内导致居民和职业人员长时间摄入放射性核素，如图5.18所示。放射性核素经胃肠道的吸收率随其化学属性有很大差异。

（3）通过皮肤或伤口摄入，完好的皮肤提供了一个有效防止放射性核素进入体内的天然屏障。但是，有些气态或蒸气状态的放射性核素（如氧化氚蒸气），以及溶于有机溶液或酸性溶液的化合物（如碘及其化合物溶液）能通过完好的皮肤被吸收，如氚水蒸气经皮肤进入体内的量与经由肺进入体内的量几乎相等。当皮肤有伤口时，放射性核素可以通过皮下组织吸收进入体液。

放射性核素进入人体后，会在体内留存或通过代谢进行转移，最终对人体产生内照射，放射性核素在体内的代谢途径如图5.19所示。放射性核素被摄入体内后，接着就向

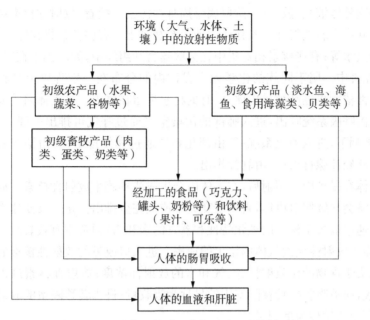

图 5.18　放射性物质经食物链进入人体的过程

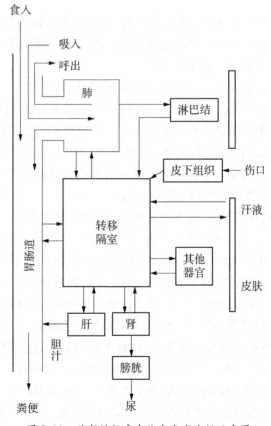

图 5.19　放射性核素在体内代谢途径示意图

转移隔室(细胞外体液)扩散,这一阶段属于周身性污染。接着,放射性核素经历多种多样复杂的转移,并决定着放射性核素在体内的分布和排出。有些核素将在体内弥漫分布,即均匀分布,如氚水等;有些核素相对集中在某些器官和组织中,如碘集中在甲状腺内,碱土族核素集中在骨中。属于同族的化学元素在体内的分布在一定程度上是相似的。再以后,有的放射性核素将逐渐被排出体外,有的将永远留在体内。进入体内的放射性物质排出途径有:①由呼吸系统呼出,进入肺部的污染空气通过呼气可排出一部分,呼出的部分也有一部分被咽下,进入消化系统;②由消化系统通过粪便排出;③由泌尿系统通过尿液排出;④由皮肤经汗腺排出;⑤由乳汁排出。

此外,人体在受到中子照射后,在人体内会生成各种感生放射性核素。放射性核素一旦进入体内,将会连续照射机体,直到衰变完了或被完全排出为止。衰变速率取决于物理半衰期;排出速率取决于核素的理化特性和器官的亲和力,通常用有效衰减常数或有效半衰期来定量描述放射性核素从体内排出的速率。进入口或鼻的放射性核素的量称为摄入量,摄入量取决于食物的比放射性、空气和水的放射性浓度;放射性核素进入转移隔室的过程称为吸收,而被吸收到转移隔室中的量称为吸收量;进入转移隔室的放射性核素分布到所考虑器官中的量称为沉积量。

二、放射性核素在体内代谢的模型

为了更好地用数学形式说明人体代谢过程,开展摄入人体放射性核素的吸收剂量或有效剂量的计算,需要有一个适当的模型来描述各器官、组织和全身对该核素的吸收率以及该核素从各器官、组织和全身排出的速率。

ICRP 在各个时期发布了不同的涉及内照射剂量估算的生物和剂量学模型及主要内容的出版物。具体而言,ICRP 2 号出版物有了肺模型、胃肠道模型和周身性生物动力学模型的雏形,但多为放射性核素生物动力学观察结果的简单的数学表达式,通常假定为单库室一级动力学函数和链式代谢系统的动力学函数,其中肺模型和胃肠道模型仅以转移分数给出,周身性生物动力学模型仅以指数或幂函数给出,剂量估算方法比较简单;ICRP 30 号出版物概述了放射性核素被摄入体内的途径、不同摄入途径放射性核素的生物动力学模型及其在体内的转移情况,采用多库室理论分别建立了肺模型、胃肠道模型和周身性生物动力学模型,并给出了基于成年参考人食入和吸入剂量系数的工作人员年摄入量限值(ALI);ICRP 35 号出版物发布了工作人员辐射防护监测的一般原则;ICRP 54 号出版物发布了工作人员摄入放射性核素的个人监测:计划和解释;ICRP 66 号出版物替代了 ICRP 30 号出版物,虽然呼吸道模型(也称"肺模型")、胃肠道模型和周身性生物动力学模型仍采用多库室理论,但除胃肠道模型仍采用 ICRP 30 号出版物的模型外,呼吸道模型和周身性生物动力学模型均有很大的改进,除库数大量增加外,还增加了反馈,其转移速率也有较大的变化;ICRP 68 号出版物计算了工作人员吸入放射性核素的剂量系数;ICRP 70 号出版物全面修订了组织解剖学和生理学的基本数据;ICRP 56、ICRP 67 和 ICRP 69 三个出版物修订了被筛选的放射性核素的生物动力学模型,给出了 31 种元素的放射性同位素在食入情况下对公众成员产生的年龄剂量系数;ICRP 71 号出版物给出了 31 种元素的放射性同位素在吸入情况下对公众成员产生的年龄剂量系数;ICRP 72 号出版物根据 ICRP 新呼吸道模型对剂量系数进行了修订,并增加了剩余元素放射性同位素的吸入剂量系数以及食入剂量系数;ICRP 78 号出版物代替了 ICRP 54 号出版物;ICRP 95 号出版物给出了母亲摄入放射性核素对胚胎和胎儿的剂量系数,用于计算沉积在胚胎/胎儿组织内、胎盘中或母体内放射性核素对胚胎和胎儿组织的剂量;ICRP 最新发表的 OIR 系列 ICRP 100 号出版物与 ICRP 130 号出版物分别介绍了人消化道隔室模型(Human Alimentary Tract Model)与人呼吸道隔室模型(Human Respiratory Tract Model),详细描述了放射性核素经消化道、呼吸道进入人体后,在各个器官中的分布滞留情况以及不同器官之间的转运动向,并给出了相应的转运参数。

下面将通过呼吸道模型和胃肠道模型来具体描述放射性核素进入人体呼吸道系统、胃肠道系统的途径和分布。

(一) 呼吸道模型

呼吸道是放射性物质摄入的重要途径之一,通过呼吸道吸入的放射性物质是对职业工作人员造成内照射剂量的主要来源,也是一般居民有效剂量当量的主要来源。当空气中含有不与组织结合的放射性气体时,吸入的放射性气体还会被呼出,在呼吸道中最多只能达到与周围空气相同的放射性浓度。当吸入放射性气溶胶粒子时,将以某种概率沉积在呼吸道的不同区段并向人体的其他组织转移,只有一小部分被呼出。呼吸道模型就是反映吸入的放射性气溶胶粒子在呼吸道内沉积、转移或廓清规律的模型。

1. 1979 年 ICRP 发布的呼吸道模型

ICRP 30 号出版物采用多库室理论建立了肺模型,如图 5.20 所示,该模型将呼吸道分为 3 个区域:鼻咽区域(N-P)、气管与支气管区域(T-B)和肺部区域(P),其中肺部是指进行气体交换的较深呼吸道。这 3 个区域是指吸入微粒尘埃可能沉积的区域,此外,从肺中清除微粒尘埃还包括肺的淋巴系统(L)。图 5.20 中,N-P 区域分为 a 和 b 2 个小隔室,T-B 区域分为 c 和 d 两个小隔室,P 区域分为 e,f,g 和 h 4 个小隔室,淋巴系统 L 分为 i 和 j 2 个小隔室。

根据核素从肺中的总廓清时间将吸入化合物分为 D,W 和 Y 三类,然而实验证明,许多动物实验中所采用的或人类照射中所遇到的放射性核素化合物,从呼吸道中廓清的速率与所指定的三类化合物

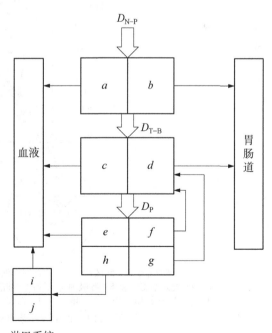

图 5.20　ICRP 30 号出版物的呼吸系统隔室模型

的廓清速率大不相同,尤其是某些难溶性化合物,如钚的氧化物从肺中的廓清要比它所属的 Y 类慢得多。此呼吸道模型专用于工作人员,不用于不同种族人群的其他人员。此外,该模型计算的剂量是针对整个肺质量的平均剂量,但吸入放射性核素至少在呼吸道内产生的剂量是很不均匀的。因此,总体而言,ICRP 30 号出版物的肺模型是一种比较简化的生理学系统模型,在应用中受到很大的限制。

2. 1994 年 ICRP 发布的呼吸道模型

在采用剂量学、放射生物学和流行病学等学科的最新科研成果的基础上,ICRP 66 号出版物提出新的呼吸道模型,考虑了更广泛的吸入物质的数据,使其比 ICRP 30 号出版物的肺模型更接近人体生理情况,我国现行标准 GB/T 16148—2009 所使用的内照射呼吸道模型正是基于此出版物的。此模型在解剖学和生理学上更为逼真,实际上是一个更细致、具体的多隔室系统,一个趋于完善的生物动力学模型。如图 5.21 所示,此呼吸道模型被分为以下四个解剖区:胸腔外区 ET(包括前鼻通道 ET_1、后鼻通道、口腔、咽和喉区 ET_2)、支气管区 BB(包括气管和支气管)、细支气管区 bb(包括细支气管和终末细支气管)和肺泡间质区 AI(包括呼吸细支气管、肺泡囊、肺泡管以及间质结缔组织)。所有的区都含有淋巴组织(LN)或淋巴组织的一部分,其中胸腔外区的淋巴组织 LN_{ET} 负责清除 ET 区有害物质,胸区(包括 BB、bb 和 AI)的淋巴组织 LN_{TH} 负责清除胸区(TH)的有害物质。

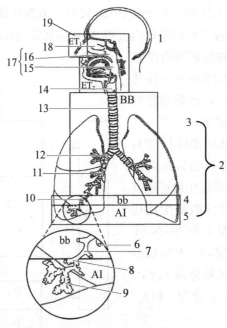

1—胸腔外区;2—胸区;3—支气管区;4—细支气管区;5—肺泡间质区;6—细支气管;
7—终末细支气管;8—呼吸细支气管;9—肺泡小管和小泡;10—细支气管;11—支气管;
12—主支气管;13—气管;14—喉;15—口部;16—鼻部;17—咽;18—后鼻通道;19—前鼻通道。

图 5.21 ICRP 66 号出版物的人体呼吸道模型

相较于 ICRP 30 号出版物中肺模型的剂量为基于血液充盈的肺的总质量基础上求得的平均肺剂量,ICRP 66 号出版物的呼吸道模型考虑了呼吸道特定组织的剂量和呼吸道不同组织的放射敏感性。沉积于呼吸道内的放射性核素粒子主要靠血液转移、吞咽进入胃肠道以及通过机械清除机制转移到其他隔室 3 种途径廓清。其中向血液转移途径采用所观察的人的资料和实验动物的各类化合物的吸收速度参数,在没有这些数据的情况下,按吸收速率将吸入物质分为 F(快)、M(中度)和 S(慢)三类,分别对应 ICRP 30 号出版物呼吸道模型中的 D,W 和 Y 化合物。相较于 ICRP 30 号出版物的肺模型,此模型更复杂、剂量计算更准确、适用范围更宽,可应用于更广范围的工作人员和公众。

3. 2015 年 ICRP 发布的呼吸道模型

ICRP 130 号出版物在 ICRP 66 号出版物的基础上,对人类呼吸道模型进行了修订,形成新的人类呼吸道模型。呼吸道模型仍被分为胸腔外区 ET 和胸区 TH 两大区域,具体而言被分为前鼻通道区 ET_1、后鼻通道区 ET_2'(分为后鼻通道 ET_2' 与后鼻通道壁区 ET_{seq})、支气管区 BB(分为支气管 BB′ 与支气管壁区 BB_{seq})、细支气管区 bb(分为细支气管 bb′ 与细支气管壁 bb_{seq})和肺泡间质 AI(分为肺泡区 ALV 与肺间质区 INT)。

在人呼吸道隔室模型中,进入呼吸道的放射性核素以两种独立的方式廓清,一部分以粒子转移的方式进行廓清,另一部分则通过吸收入血。物质由呼吸道向胃肠道的转移以及在淋巴结和呼吸道中由一部分向另一部分转移的过程称为粒子转移。ICRP 130 号出版物给出最新的吸入物质在呼吸道中粒子运输的过程,如图 5.22 所示,在肺泡间质区、细支气管区、支气管区以及前鼻通道中沉积的粒子因为纤毛运动、呼吸、擤鼻等机械作用不断向后鼻通道、咽、喉廓清,最后吞入进入胃中,进入消化道循环;附着在气道壁上的粒子会因为巨噬细胞的吞噬作用进入淋巴组织中。粒子在隔室中转移的同时,也在以一定的速率吸收入血,粒子转移与吸收入血是相互竞争的两个过程。放射性核素从肠或肺向血液转移的份额在很大程度上受食入或吸入的放射性核素的化学形态的影响,不同物质被血液吸收的速率差别很大。吸收入血描述的是食入或吸入的放射性核素从胃肠道或呼吸道转移到血液(更准确地说是转移到全身血液循环)中的量,ICRP 130 号出版物默认在所

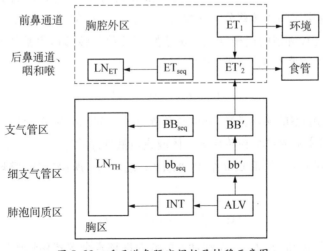

图 5.22　呼吸道各隔室间粒子转移示意图

有隔室中,粒子始终以相同的速率吸收入血。在人呼吸道隔室模型中,吸收入血的过程分为溶解与吸收两个步骤,这两个步骤在时间上是相互独立的。

(二)胃肠道模型

胃肠道食入是放射性物质进入人体的重要途径,通过胃肠道食入放射性物质是对职业工作人员以及居民造成内照射剂量的主要来源之一。ICRP 30 号出版物提出了胃肠道模型,ICRP 100 号出版物对其更新并命名为人消化道隔室模型,下面对其进行介绍以便更深入地理解。

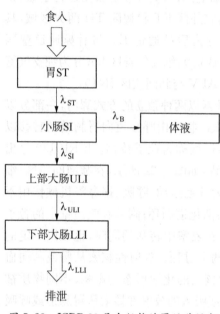

图 5.23 ICRP 30 号出版物的胃肠道隔室模型

1. 1979 年 ICRP 发布的胃肠道模型

最早的胃肠道模型由 ICRP 30 号出版物提出,它将胃肠道分为 4 个区域,每一个区域均由一个单独的隔室构成,分别为胃(ST)、小肠(SI)、上部大肠(ULI)和下部大肠(LLI),如图 5.23 所示。对不太会被胃肠道吸收的放射性核素而言,胃肠道或其一部分可能成为接受最大约定等价剂量的组织或器官。当所食入的放射性核素经由食道进入胃以后,放射性核素会继续如图 5.23 所示的胃肠道模型途径,经由胃进入小肠。小肠有两条通道,一条通往体液或血液,一条通往大肠上部。小肠通往体液的通道是被 ICRP 假设胃食入放射性核素到达体液的唯一途径。若食入的放射性核素没有被体液吸收,则会经由大肠上部与大肠下部而在排泄物中排出体外。

设放射性核素的稳定同位素从小肠向体液的转移分数为 f_1,则向大肠的转移分数为 $1-f_1$,胃肠道其他隔室之间的转移分数均视为 1。图 5.23 中的 λ 代表指定库室中的放射性核素沿相应代谢途径廓清的速率常数。由于廓清分数与转移速率常数成正比,因此由小肠向体液转移的速率常数 λ_B 与 f_1 相关:

$$f_1 = \lambda_B / (\lambda_{SI} + \lambda_B), \tag{5.70}$$

式中:λ_{SI}——小肠隔室的移除常数,其值与移除半化时间的乘积等于 $\ln 2 (= 0.6931)$;

λ_B——代谢率常数自小肠转移进入体液或血液的净除率。

由式(5.70)可知,λ_B 不能独立给出,而是由 λ_{SI} 和 f_1 所决定的,整理此式,可得代谢率常数 λ_B 为:

$$\lambda_B = f_1 \cdot \lambda_{SI} / (1 - f_1)。 \tag{5.71}$$

通过式(5.71)可知,若 $f_1 = 1$,则食入的放射性核素全部转移到体液,也就是说,食入的放射性物质将在胃部被吸收而不进入胃肠道的其他部分。ICRP 30 号出版物的胃肠道模型的四个隔室的新陈代谢数据如表 5.18 所示。

表 5.18　ICRP 30 号出版物所发布胃肠道模型隔室的新陈代谢数据

胃肠道区域	胃壁、肠壁质量/g	内容物质量/g	平均存留时间/d	λ/d^{-1}
胃(ST)	150	250	1/24	24
小肠(SI)	640	400	4/24	6
上部大肠(ULI)	210	220	13/24	1.8
下部大肠(LLI)	160	135	24/24	1

ICRP 30 号出版物胃肠道的隔室之间内容物是以一次动力学方式移动的。当以 ALI 为基础进行剂量计算时,ICRP 30 号出版物假设放射性核素均匀分布在胃肠道的隔室内容物之内,其胃壁或肠壁的质量、内容物的质量如表 5.18 所示。放射性核素在隔室内容物的活度时间变量等于进入内容物的活度时间变量与从内容物移出的活度时间变量之差,通过图 5.23 以及表 5.18 可求出在胃隔室(ST)的活度的时间微分量 dq_{ST}/dt 为:

$$dq_{ST}/dt = I(t) - \lambda_{ST}q_{ST} - \lambda_R q_{ST}, \tag{5.72}$$

式中:$I(t)$——放射性核素每天的定量进入率,其 SI 单位为 Bq/s,进入胃肠道的途径包括连续咽入含放射性核素的食物,以及由吸入放射性悬浮微粒尘埃,经由 ICRP 呼吸系统隔室的净除而进入胃肠道;

λ_{ST}——胃隔室的代谢率常数或周转率,其值为 24 d^{-1};

λ_R——放射性核素的放射衰变常数。

当所摄入放射性核素在胃隔室(ST)的活度是稳态情况时,也就是说放射性核素进入胃隔室的活度等于离开胃隔室的活度时,在胃隔室的活度的时间微分量 dq_{ST}/dt 为 0。当 $dq_{ST}/dt = 0$ 时,式(5.72)中的放射性核素每天定量进入率 $I(t)$ 为:

$$I(t) = \lambda_{ST}q_{ST} + \lambda_R q_{ST}。 \tag{5.73}$$

如图 5.23 所示,胃的内容物进入小肠,而小肠内容物的时间净变化率等于自胃进入的部分减去自小肠净除的部分。小肠净除放射性核素的方式有以肠壁蠕动而进入大肠上部,也有在小肠内层表面的放射性核素以分子扩散方式进入血管,所以在小肠隔室(SI)的活度的时间微分量 dq_{SI}/dt 为:

$$dq_{SI}/dt = \lambda_{ST}q_{ST} - \lambda_{SI}q_{SI} - \lambda_R q_{SI} - \lambda_B q_{SI}, \tag{5.74}$$

式中:λ_B——放射性核素自小肠进入体液或血液的净除率或转移率。

ICRP 30 号出版物的胃肠道剂量模式中,假设仅有水可以从大肠被吸收而进入血流中,如图 5.23 所示,在上部大肠隔室(ULI)的活度的时间微分量 dq_{ULI}/dt 为:

$$dq_{ULI}/dt = \lambda_{SI}q_{SI} - \lambda_{ULI}q_{ULI} - \lambda_R q_{ULI}。 \tag{5.75}$$

下部大肠隔室(LLI)的活度的时间微分量 dq_{LLI}/dt 为:

$$dq_{LLI}/dt = \lambda_{ULI}q_{ULI} - \lambda_{LLI}q_{LLI} - \lambda_R q_{LLI} 。 \tag{5.76}$$

2. 2006 年 ICRP 发布的消化道隔室模型

ICRP 30 号出版物的胃肠道模型假设放射性核素的吸收入血过程只发生在小肠内，对剂量的计算不考虑放射性核素在肠道不同区域的滞留或转移，但某些放射性核素在成年人小肠内的滞留会对局部剂量产生很大的贡献。另外，虽然大多数核素的吸收入血过程只发生在小肠内，但在有些情况下，吸收入血过程也发生在消化道的其他区域，例如碘的吸收发生在胃以及近端小肠。基于此，ICRP 100 号出版物提出了新的消化道隔室模型 HATM，比起旧模型——ICRP 30 号出版物的胃肠道模型有了较大改变，增加了隔室的数目，考虑了消化吸收更全面的胃肠道解剖学区域而不仅仅关注胃肠道，不仅可以计算工作人员胃肠道受到的剂量，还可以计算公众和儿童胃肠道受到的剂量。

该模型所提出的新的消化道隔室模型将隔室结构分为口腔、食道、胃及胃壁、小肠及小肠壁、右结肠及右结肠壁、左结肠及左结肠壁、乙状结肠及乙状结肠壁共七个隔室，其解剖示意图如图 5.24 所示。其中，口腔隔室中包含牙齿及腮腺，核素在口腔内可能会残留于牙齿表面以及进入腮腺；右结肠隔室是指解剖区中称为升结肠、盲肠、横结肠靠右部的那一半区域；左结肠隔室是指解剖区中称为降结肠、横结肠靠左部的那一半区域；乙状结肠隔室是指结肠和直肠。

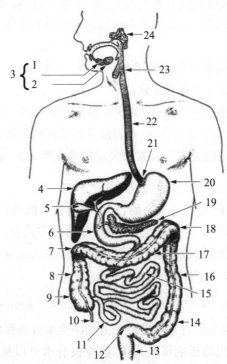

1—舌下；2—颌下；3—唾液腺；4—肝脏；5—胆囊；6—十二指肠；
7—结肠右曲；8—升结肠；9—盲肠；10—囊尾；11—回肠；12—直肠；
13—肛门；14—乙状结肠；15—空肠；16—降结肠；17—横结肠；18—结肠左曲；
19—胰腺；20—胃；21—贲门；22—食管；23—咽；24—腮腺。

图 5.24   ICRP 100 号出版物的消化道解剖示意图

图 5.25 所示为 ICRP 100 号出版物的胃肠道隔室模型,图中虚线框表示胃肠道模型和呼吸道模型或系统动力学模型之间的联系,箭头表示廓清方向。新的消化道隔室模型考虑了放射性核素在胃肠道的吸收及滞留的位置,胃肠道吸收核素后的排泄途径,每个区(口腔、食道、胃、小肠、结肠)各自敏感细胞受到的剂量,内腔、滞留及转移至血液的核素造成的剂量。此外,新的胃肠道模型解决了旧模型的一些问题,允许口腔、胃、结肠、小肠中发生吸收。

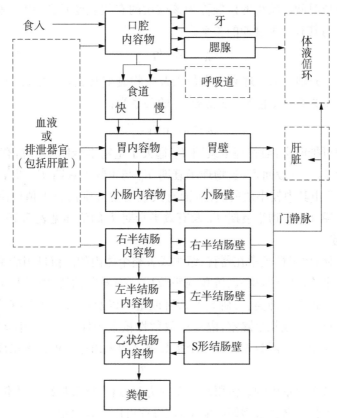

图 5.25　ICRP 100 号出版物的胃肠道隔室模型

三、滞留函数与排泄函数

根据推荐的代谢模型便可以计算出人体内各隔室中的放射性核素的浓度。放射性核素在人体代谢过程中,每一个隔室内的放射性含量及变化主要受滞留函数和排泄函数的影响,下面将对这两个函数的概念及计算过程进行介绍。

(一)滞留函数

1. 有效半衰期与生物半衰期

某种放射性核素进入体内或某一特定器官,由于生理代谢过程和放射性自发衰变,减少到初始量一半所需要的时间,称为有效半衰期,用 T 表示。有效半衰期的大小决定于该核素的生物半衰期和物理半衰期。生物半衰期的定义是某种放射性核素在全身或某一特定器官内,由于机体生理代谢作用而减少到初始量一半所需要的时间,用 T_b 表示。生物半衰期与物理半衰期无关,仅决定于该元素的物理性质、化学性质以及器官的亲和力。

某一核素的有效半衰期 T 与物理半衰期 T_p、生物半衰期 T_b 的关系可表示为:

$$T = (T_p \cdot T_b)/(T_p + T_b)。 \tag{5.77}$$

某种放射性核素进入体内后,由于物理衰变和生物排除,人体内或某一器官或组织内放射性核素在单位时间内减少的份额称为该核素的有效衰变常数,用 λ 表示。各核素的有效半衰期常数与其有效半衰期的关系为:

$$\lambda = \ln 2/T。 \tag{5.78}$$

若使用 λ_p,λ_b 分别表示物理衰变常数以及生物衰变常数,由式(5.77)可得有效衰变常数 λ 与物理衰变常数 λ_p、生物衰变常数 λ_b 的关系为:

$$\lambda = \lambda_p + \lambda_b。 \tag{5.79}$$

由式(5.79)可推断出,当物理半衰期 T_p 远大于生物半衰期 T_b 时,有效半衰期 T 便等于生物半衰期 T_b。一般而言,当物理半衰期 T_p 与生物半衰期 T_b 两者相差 10 倍以上时,有效半衰期 T 由其中较小值所决定,而有效衰变常数则由较大值所决定。各放射性核素的物理半衰期 T_p、生物半衰期 T_b 及有效半衰期 T 的值详见表 5.19。

2. 滞留函数

随时间的推移,放射性核素在器官、组织或者整个体内的滞留量用滞留函数表示。滞留量指的是在某个给定时刻,摄入、沉积或吸收后某一隔室、器官内以及全身放射性核素的量。滞留函数与核素的种类、所研究的器官或组织以及摄入方式等有关。任何一个器官或组织可以含有一个或几个隔室,隔室中放射性核素的代谢服从一阶动力学规律。因此通常可以使用一个指数函数项或若干个指数项之和来描述一种核素在任何器官或组织中的滞留。

假定物质从各个隔室中的廓清服从一阶动力学方程,核素从某一隔室廓清出去,沿着各转移链可能进入另一器官或组织的隔室,该过程可用公式表示为:

$$\frac{dq_i(t)}{dt} = \dot{I}_i(t) + \sum_{\substack{j=1 \\ j \neq i}}^{N} \lambda_{ji} q_j(t) - \left(\lambda_R + \sum_{\substack{j=1 \\ j \neq i}}^{N} \lambda_{ij}\right) q_i(t), \tag{5.80}$$

式中:$q_i(t)$ ——核素在 t 时刻 i 隔室的滞留量,Bq;

$\dot{I}_i(t)$ ——核素在 t 时刻 i 隔室摄入速率,Bq/s;

λ_{ji} ——核素从 j 隔室向 i 隔室的廓清速率常数;

N ——人体包括的总隔室;

λ_R ——核素的衰变常数;

λ_{ij} ——核素从 i 隔室向 j 隔室的廓清速率常数,对 λ_{ij} 相对 j 求和得到 i 隔室总廓清速率常数,即:

$$\lambda_i = \sum_{\substack{j=1 \\ j \neq i}}^{N} \lambda_{ij}。 \tag{5.81}$$

表 5.19　各放射性核素的物理半衰期 T_p、生物半衰期 T_b 及有效半衰期 T 值

放射性核素	关键器官	物理半衰期 T_p	生物半衰期 T_b/d	有效半衰期 T/d
H-3(可溶 β)	全身	4.5×10^3	12	12
C-14(可溶 β)	全身	2×10^6	10	10
	脂肪组织		12	12
	骨		40	40
Na-22(可溶 β、γ)	全身	0.63	11	0.6
P-32(β)	全身	4.3	257	13.5
	骨		1155	14.1
	脑		257	13.5
S-32(β)	全身	87.1	90	44.3
	骨		600	76.1
	皮肤		1530	82.4
	睾丸		623	76.4
Ca-45(β、γ)	全身	164	1.64×10^4	62
	骨		1.8×10^4	162

放射性核素	关键器官	物理半衰期 T_p	生物半衰期 T_b/d	有效半衰期 T/d
Cs-137(β、γ、e)	全身	1.1×10^4	70	70
	肌肉组织		140	138
	肺		140	138
Ce-141(β、γ)	全身	32	563	30
	骨		1500	31
	肝		293	29
	肾		563	30
Pr-143(β、γ)	全身	13.7	750	13.5
	骨		1500	13.6
	肾		750	13.5
	肝		375	13.2
Pm-147(β)	全身	920	656	383
	骨		1500	570
	肾		656	383
	肝		656	383
Au-198(β、γ)	全身	2.7	120	2.6
	脾		240	2.7
	肾		280	2.7
	肝		300	2.7
Tl-204(β)	全身	1.1×10^{-3}	5	5
	骨		7	7
	肾		7	7
	肝		5	5
	肺		6	6
	肌肉组织		5.5	5.5

（续表）

放射性核素	关键器官	半衰期/d		
		物理半衰期 T_p	生物半衰期 T_b	有效半衰期 T
Co-60(β,γ)	全身	1.9×10^3	9.5	9.5
	肝		9.5	9.5
	脾		9.5	9.5
	胰腺		9.5	9.5
Sr-90(β)	全身	10^4	1.3×10^4	5700
	骨		1.8×10^4	6.4×10^3
Y-90(β)	全身	2.68	1.4×10^4	2.68
	骨		1.8×10^4	2.68
Zr-95(β,γ)	全身	63.3	450	55.5
	骨		1000	59.5
	脾		900	59
	肾		900	59
	肝		320	53
Nb-95(β,γ)	全身	35	760	33.5
	骨		1000	33.8
	脾		950	33.8
	肾		760	33.5
	肝		845	33.6

放射性核素	关键器官	半衰期/d		
		物理半衰期 T_p	生物半衰期 T_b	有效半衰期 T
Po-210(α)	全身	138.4	30	25
	骨		24	20
	脾		60	42
	肾		70	46
	肝		41	32
Rn-222(α,β,γ,e)	肺	3.83		
Mo-99(β,γ)	全身	2.79	5	1.8
	肾		3	1.5
	肝		45	2.66
Ru-106(β,γ)	全身	3.65	7.3	7.2
	骨		16	15
	肾		2.5	2.48
I-131(β,γ,e)	全身	8	138	7.6
	甲状腺		138	7.6
	骨		14	5.1
	脾		7	3.73
	肾		7	3.73
	肝		7	3.73
	睾丸		7	3.73

（续表）

放射性核素	关键器官	半衰期/d		
		物理半衰期 T_p	生物半衰期 T_b	有效半衰期 T
Ra-226(α,β,γ,e)	全身	5.9×10^5	900	900
	骨		1.64×10^4	1.64×10^4
	肾		10	10
	肝		10	10
Th-228(α,β,γ,e)	全身	700	5.7×10^4	691
	骨		7.3×10^4	693
	肾		2.2×10^4	678
	肝		5.7×10^4	691
Th-232(α,β,γ,e)	全身	5.1×10^{12}	5.7×10^4	5.7×10^4
	骨		7.3×10^4	7.3×10^4
	肾		2.2×10^4	2.2×10^4
	肝		5.7×10^4	5.7×10^4
Pa-231(α,β,γ)	全身	1.3×10^7	4.1×10^4	4.1×10^4
	骨		7.3×10^4	7.3×10^4
	肾		5.1×10^4	5.1×10^4
	肝		5.8×10^4	5.8×10^4

放射性核素	关键器官	半衰期/d		
		物理半衰期 T_p	生物半衰期 T_b	有效半衰期 T
U-235(α,β,γ)	全身	2.6×10^{11}	100	100
	骨		300	300
	肾		15	15
U-238(α,γ,e)	全身	1.6×10^{12}	100	100
	骨		300	300
	肾		15	15
Pu-239(α,γ)	全身	8.9×10^6	6.5×10^4	6.4×10^4
	骨		7.3×10^4	7.2×10^4
	肾		3.2×10^4	3.2×10^4
	肝		3×10^4	3×10^4
Am-241(α,γ)	全身	1.7×10^5	2×10^4	1.8×10^4
	骨		7.3×10^4	5.1×10^4
	肾		2.7×10^4	2.3×10^4
	肝		3.48×10^4	3.4×10^4

利用前面所介绍的呼吸道模型、胃肠道模型便可计算得到各个隔室的滞留量 $q_i(t)$，解是若干个指数项之和。滞留函数是用来描述不同摄入量情况下滞留量与时间关系的函数，即摄入 1 Bq 放射性核素后 t 时刻，全身或指定器官、组织或隔室中的滞留量。如果单次摄入量为 Q，第 i 隔室中的活度为 $q_i(t)$，则第 i 隔室中的滞留函数用式(5.82)表示：

$$r^i(t) = q_i(t)/Q 。 \tag{5.82}$$

利用式(5.82)对器官或组织的各个隔室求积分便可获得某一器官或组织的滞留函数。全身滞留量 $r^i_{wb}(t)$ 包括周身滞留量、呼吸系统滞留量和胃肠道滞留量，即：

$$r^i_{wb}(t) = r^i_s(t) + r^i_{lung}(t) + r^i_{GIT}(t) , \tag{5.83}$$

式中：$r^i_s(t)$——摄入单位活度后 t 时刻周身含量，Bq；

   $r^i_{lung}(t)$——摄入单位活度后 t 时刻肺中的活度，Bq；

   $r^i_{GIT}(t)$——摄入单位活度后 t 时刻胃肠道中的活度，Bq。

（二）排泄函数

随时间的推移，经由尿或粪便所排出放射性物质的量用排泄函数表示。不计放射性衰变而单纯从生物排泄考虑，则排泄函数等于每天减少的滞留函数。经尿排出体外的放射性核素的量为尿排泄量；粪便排泄量包括吸收后物质经胆及胃肠道排出体外的周身性粪便排泄量和胃肠道中未被吸收物质的直接粪便排泄量两项。

每日尿或粪便排泄速率通常是根据在摄入后 t 时刻内排泄的测量值估计的。t 时刻的尿或粪便排泄量由下式给出：

$$e^i_u(t) = \int_{t-1}^{t} e^i_u(\tau) e^{-\lambda_R(t-\tau)} d\tau , \tag{5.84}$$

$$e^i_f(t) = \int_{t-1}^{t} e^i_f(\tau) e^{-\lambda_R(t-\tau)} d\tau , \tag{5.85}$$

式中：$e^i_u(t)$——尿排泄量，Bq；

   $e^i_f(t)$——粪便排泄量，Bq；

   λ_R——放射性衰变常数；

   i——表示第 i 隔室。

四、内照射剂量计算方法

进入人体的放射性核素会对人体组织产生照射，根据核素的半衰期以及在人体内的生物滞留时间，这种照射可能是短暂的，也可能是终生的。当摄入氚水时，其物理半衰期是 12.3 a，但生物半排期仅为 10 d，因此主要是在摄入后 2~3 个月内产生剂量。但是若摄入的是一些长半衰期的核素如 ^{239}Pu，物理半衰期长达 24 000 a，在体内的生物滞留时间也非常长，在人体的整个生命过程中均有剂量累积。内照射剂量主要通过比有效能量、待积当量剂量、待积有效剂量、剂量系数这几个参数来反映，下面将对这些参数的计算过程进行详细描述。

(一) 有效能量和比有效能量

为方便计算组织或器官剂量当量,引入了有效能量 ε 的概念,其定义为:放射性核素及其子体在进入体内的整个核衰变过程中,各次核衰变发射的某种电离辐射授予组织或器官的能量 E_i,与该种电离辐射的品质因素 Q_i、相对危害因子 N_i(即其他修正系数)及放射性核素衰变链因子 F_i(该衰变占总衰变的百分数)的乘积之和。其中,E_i 与 ε 的单位均为 MeV。有效能量 ε 主要考虑了沉积在器官内的放射性核素,在核衰变过程中所发射的辐射授予该器官的有效能量。

在有效能量 ε 的基础上又提出了比有效能量 $SEE_{(T\leftarrow S)}$ 的概念,它把器官或组织分为源器官 S 和靶器官 T,其中源器官 S 为放射性核素进入体内后,含有放射性核素的器官或组织,靶器官 T 为吸收辐射能量且预期发生随机性效应的那些器官、组织或者这些器官、组织内辐射敏感细胞所在的特定区域。源器官 S 和靶器官 T 可以是同一个器官,也可以是不同的器官。美国核医学学会医学内辐射剂量委员会(MIRD)所发展的两者之间的 4 种可能物理关系如图 5.26 所示,图 5.26(a)表示源器官 S 与靶器官 T 为同一器官,图 5.26(b)表示靶器官 T 包含于源器官 S 之内,图 5.26(c)表示源器官 S 包含于靶器官 T 之内,图 5.26(d)表示源器官 S 与靶器官 T 为不同器官。比如肺沉积了 γ 放射性核素,则肺是源器官,由肺所发出的 γ 射线不但使肺本身受到照射,而且会使临近的心脏等器官也受到照射,因此肺和心脏都称为靶器官。

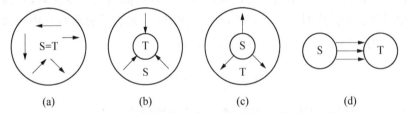

图 5.26　MIRD 所发展的源器官 S 与靶器官 T 之间的 4 种可能物理关系
(a) S 与 T 为同一器官　(b) T 包含于 S 之内　(c) S 包含于 T 之内　(d) S 与 T 为不同器官

所谓的比有效能量 $SEE_{(T\leftarrow S)}$ 是指在源器官 S 内,每次核衰变所发射的某一特定的辐射 i 授予每克靶器官 T 的能量(MeV),并使用品质因数 Q_i 进行适当修正的值。任何放射性核素 j 对靶器官 T 和源器官 S 的比有效能量 $S_{EE(T\leftarrow S)_j}$ 可用下式来进行计算:

$$SEE_{(T\leftarrow S)_j} = \sum_i \frac{Y_i E_i AF_{(T\leftarrow S)_i} W_{R,i}}{M_T},\qquad(5.86)$$

式中:Y_i——放射性核素 j 每次核衰变时产生第 i 种辐射的份额;

E_i——第 i 种类型辐射的单一能量或平均能量,MeV;

$W_{R,i}$——第 i 种辐射的辐射权重因数;

M_T——靶器官的质量,g;

$AF_{(T\leftarrow S)_i}$——在源器官 S 中每发射一次第 i 种辐射,靶器官 T 所吸收的辐射能量的份额；

$AF_{(T\leftarrow S)_i}/M_T$ ——比吸收份额(SAF)。

式(5.86)中包括了源器官中放射性核素 j 每次核衰变所产生的一切辐射。

有效能量 ε 主要考虑了沉积在器官内的放射性核素在核衰变过程中所发射的辐射授予该器官的有效能量；比有效能量 $SEE_{(T\leftarrow S)_i}$ 除考虑沉积于靶器官的放射性核素在核衰变过程中所发射的辐射授予每克靶器官的有效能量外，还考虑了其他源器官发射的辐射对每克靶器官有效能量的贡献。采用比有效能量 $SEE_{(T\leftarrow S)_i}$ 来计算器官的内照射剂量比用有效能量 ε 计算会更精确些，但计算更为复杂，主要适用于穿透力较强的 γ 辐射。而对于穿透能力弱的 α、β 射线，一般均可被源器官所吸收，因此用有效能量 ε 和比有效能量 $SEE_{(T\leftarrow S)_j}$ 对源器官的剂量当量进行计算结果相差不大。

(二) 待积当量剂量和待积有效剂量

为实现内照射所产生危险的评价，需要了解一段时间内摄入体内的放射性核素对器官组织所产生的累积剂量，因此引入了属于防护量范畴的待积剂量概念。由摄入体内的放射性核素所产生的待积剂量，指的是在指定时间段内预期会授予机体的总剂量。ICRP 建议待积剂量是针对发生摄入放射性核素的那一年来给定的，对于工作人员通常对摄入之后 50 a 时间段进行评估，这是 ICRP 考虑到一个年轻人参加工作之后预期工作寿命所取的一个约整值，对婴儿和儿童，剂量则评估到 70 岁。

待积当量剂量指的是组织或器官摄入放射性核素之后，经过一段时间所累积的当量剂量。体内任一器官或组织中的放射性核素在任一段时间内的核变化数，是该器官或组织中的放射性核素的活度对该段时间的积分。使用 U_S 来表示源器官 S 中的放射性核素在摄入后 50 a 期间的核变化总数，可由下式给出：

$$U_S = \int_0^{50} R_S(t)\mathrm{d}t,\qquad(5.87)$$

式中：$R_S(t)$——t 时刻放射性核素在源器官 S 中滞留的活度，Bq。

假设源器官 S 中的放射性核素 j，每次核衰变只放射出某一种类型的辐射 i，则单次摄入放射性物质于体内后靶器官 T 在 50 a 内将累积的当量剂量可称为靶器官 T 的待积当量剂量 $H_{50}(T\leftarrow S)_i$，表示为：

$$H_{50}(T\leftarrow S)_i = U_S \times 1.602 \times 10^{-13} \times S_{EE}(T\leftarrow S)_i \times 10^3,\qquad(5.88)$$

式中：U_S——摄入放射性核素 50 a 内，源器官 S 所含放射性核素 j 的核变化总数；

1.602×10^{-13}——从 MeV 转换为 J 的系数；

$SEE_{(T\leftarrow S)_i}$——源器官 S 中每次核衰变发射的辐射 i 与靶器官 T 的比有效能量；

10^3 为 J/g 转换到 J/kg 的转换系数；

$H_{50}(T\leftarrow S)_i$——待积当量剂量，Sv。

若放射性核素 j 有 i 种辐射，则靶器官 T 的待积当量剂量 $H_{50}(T\leftarrow S)_j$ 可表示为：

$$H_{50}(T\leftarrow S)_j = 1.602 \times 10^{-13} \times \left[U_S \sum_i SEE_{(T\leftarrow S)_i}\right]_j \times 10^3.\qquad(5.89)$$

若靶器官受到几个源器官 S 发射的辐射的照射,设每个源器官含有 j 种放射性核素,则靶器官 T 的待积当量剂量 $H_{50,T}$ 为:

$$H_{50,T} = 1.602 \times 10^{-13} \times \sum_S \sum_j [U_S \sum_i SEE_{(T \leftarrow S)_i}]_j \times 10^3, \tag{5.90}$$

式中:$\sum_S$——对所考虑的几个源器官求和。

由上可知,待积当量剂量是基于比有效能量概念,考虑到摄入放射性核素的不同途径,计算靶器官的待积当量剂量。

有效剂量 E 指的是人体中受照射的各组织或器官的当量剂量 H_T 与各该组织或器官的组织加权因子 W_T 的乘积之和,其单位为 Sv。待积有效剂量指的是各组织或器官的待积当量剂量与组织加权因子 W_T 的乘积之和,所以待积有效剂量 E_{50} 为

$$E_{50} = \sum_T W_T H_{50}, \tag{5.91}$$

式中,E_{50}——待积有效剂量,Sv。

(三) 基于 MC 方法的内照射剂量计算

在本章第三节中介绍了 MC 方法的基本原理、发展历程以及常用软件等,采用蒙特卡罗程序进行内照射剂量计算与外照的基本步骤基本相同,但存在如下几点不同:

(1) 在内照射的剂量计算中,主要涉及的是体积放射源,且需要充分考虑放射源在体内的不均匀分布。

(2) 内照射通常涉及生物代谢过程,需要模拟多个时间点的剂量信息,进行叠加得到一定时间内的受照剂量。

为了减少计算时间,研究人员有时会预先采用 MC 方法计算得到各种射线类型/能量在人体不同源器官分布时的比有效能量或吸收分数数据库,然后进行合理的叠加计算得到特定条件下的内照射剂量。

习题 5

1. 什么是辐射的直接效应与间接效应? 对直接效应和间接效应分别进行举例说明。

2. 单击单靶模型中,若 D-37 剂量为 4 Gy,则存活分数 50% 的剂量为多少 Gy?

3. 什么是随机性效应和确定性效应? 并从以下 3 个方面加以说明:①低限剂量;②严重程度和发生概率与剂量变化的关系;③疾病案例。

4. 什么叫辐射平衡原理? 什么情况下可以达到辐射平衡?

5. 已知能量为 100 keV 的光子在空气中某一点处所产生的照射量率为 2.58×10^{-5} C·kg^{-1},求处于同一位置小块肌肉组织和骨骼中的吸收剂量。

6. 外照射剂量计算的一般方法是什么?

7. 什么叫内照射? 相对于外照射,内照射的特殊性在哪里?

8. 放射性物质进入人体的主要途径有哪些?

第六章　常见核技术利用项目环境影响评价

核技术利用是指密封放射源、非密封放射源和射线装置在医疗、工业、农业、地质调查、科学研究和教学等领域中的使用。我国核技术利用大体上经历了 20 世纪 50 年代开创、60～70 年代应用开展和 80 年代以来全面发展 3 个历史阶段。特别是 20 世纪 90 年代以后，核技术的应用步入了商业化进程，已初步形成具有一定规模和水平的较为完整的体系，在工业、农业、医疗及科研等各个领域获得了越来越广泛的运用，推动了我国国民经济的建设和发展。在这些利用中，主要是利用射线的贯穿能力和对物质原子的电离能力。

根据相关法律规定，在中华人民共和国境内生产、销售、使用放射性同位素与射线装置的单位（即核技术利用单位），应当取得辐射安全许可证，在申请领取许可证前应当进行环境影响评价工作。本章选取以下几类常见核技术利用项目进行环境影响评价主要内容的阐述。

第一节　医用直线加速器项目环境影响评价

一、设备组成与工作原理

医用直线加速器是实现放疗的最常见设备之一，它是能够产生高能 X 射线和电子束的装置，为远距离治疗机，主要由机架组件、辐射头、水冷系统、速调管、真空系统、充气系统、高压脉冲调制器、栅控电子枪电源、控制柜及操作盒、运控机箱、整机动力配电及低压电源、整机联锁保护电路等组成。典型医用直线加速器示意图见图 6.1。

医用直线加速器是以磁控管为微波功率源的驻波型直线加速器。常用直线加速器有两种治疗模式：

（1）电子束治疗模式：当直线加速器按电子束模式运行时，从电子枪里发出来的电子束经加速管加速后直接从加速管引出用于治疗患者，电子束到达预定部位后能量迅速下降，因而能大大减少射线对病变后面正常组织的危害，特别适于体表或靠近体表的各种肿瘤，例如，采用电子束治疗乳腺癌，肺部及心脏病变。

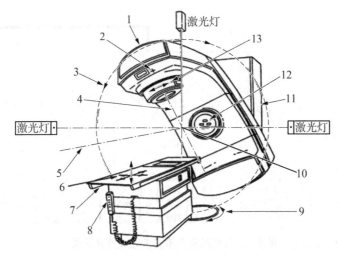

1—机架；2—靶；3—机架旋转；4—射线束中心轴；5—机架旋转轴；
6—床运动指示；7—治疗床；8—手控盒；9—床旋转；10—等中心；
11—机柜；12—数字显示器；13—准直器旋转。

图 6.1　典型医用直线加速器示意图

（2）X 线治疗模式：电子枪产生的电子由微波加速波导管加速后进入偏转磁场，所形成的电子束由电子窗口射出，通过 2 cm 左右的空气射到金属钨靶，产生大量高能 X 线，经一级准直器和滤线器形成剂量均匀稳定的 X 线束，再通过监测电离室和二次准直器限束，最后到达患者病灶实现治疗目的。

二、工作场所分区及其防护原则

（一）分区原则

应按照《电离辐射防护与辐射源安全基本标准》（GB 18871—2002）、《放射治疗辐射安全与防护要求》（HJ 1198—2021）、《放射治疗放射防护要求》（GBZ 121—2020）等要求将放射治疗工作场所划分出控制区和监督区，并进行相应的管理。

控制区：放射治疗机房。

监督区：与控制区相邻的、不需要采取专门防护手段和安全控制措施，但需要经常对职业照射条件进行监督和评价的区域（如直线加速器机房相邻的控制室及与机房相邻区域等）。

（二）分区示例

某医院放疗科拟配备直线加速器等放疗设备，开展放射治疗，放疗设备工作场所将划分控制区和监督区，控制区包括放射治疗机房，监督区包括控制室、辅助机房、水冷机房、准备室等与机房相邻的区域，其中活动大厅和风机房虽与治疗室相邻，但因其不属于放疗设备工作场所，因此不划为监督区。具体分区情况见图 6.2。

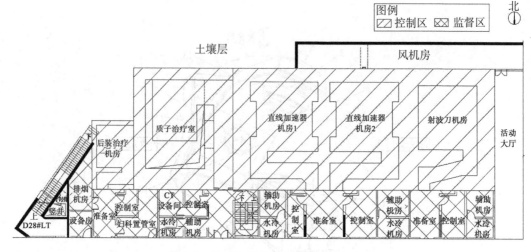

图 6.2　某医院放射治疗工作场所分区图

(三) 辐射防护原则

1. 实践的正当性

直线加速器的建设立项,必须进行正当性分析,以确定该项目的正当性。

2. 防护的最优化

直线加速器的设计和建造要求所有照射剂量都保持在规定限值以内,并在考虑社会和经济因素之后,个人受照剂量的大小、受照射的人数以及受照射的可能性均应保持在可合理达到的尽量低的水平,即 ALARA(As Low As Reasonably Achievable)原则。

3. 个人剂量约束

辐射工作人员职业照射和公众照射的剂量限值应满足《电离辐射防护与辐射源安全基本标准》(GB 18871—2002)的要求,同时根据《放射治疗辐射安全与防护要求》(HJ 1198—2021)等行业标准的要求,直线加速器项目辐射防护的剂量约束值规定为:

(1) 辐射工作人员个人年有效剂量为 5 mSv。

(2) 公众成员个人年有效剂量为 0.1 mSv。

三、直线加速器机房及其污染源分析

(一) 直线加速器及其机房基本情况

本示例中的直线加速器属于 II 类射线装置,其加速粒子为电子,其中 X 射线能量为 6/10 MV,电子线能量为 4~22 MeV,距靶 1 m 处 X 射线最大剂量率为 1 440 Gy/h(10 MV)或 960 Gy/h(6 MV),最大照射野为 40 cm×40 cm,最大源轴距(SAD)为 100 cm,射线最大出射角为 28°,机架旋转角度 360°,靶材料为钨合金,等中心点离地高度 120 cm。

在所有的方向上,设备所泄漏的 X 射线距离电子加速路径 1 m 处的 X 线吸收剂量,均不超过等中心处吸收剂量的 0.1%。加速器周最大治疗照射时间为 20 h,年最大治疗照射时间为 1 000 h。

如图 6.2 所示,直线加速器机房 1 位于地下一层,无地下二层,机房上方为土壤层和院内绿化,加速器机房采用钢筋混凝土(密度为 2.35 g/cm³)结构屏蔽,防护门为屏蔽门,机房屏蔽设计参数见表 6.1。

表 6.1　加速器机房屏蔽设计参数

位置	屏蔽角色	屏蔽厚度	主屏蔽宽度
东墙	主屏蔽	300 cm 混凝土	440 cm
	次屏蔽	150 cm 混凝土	—
南墙	迷路内墙	140 cm 混凝土	—
	迷路外墙	(90~140)cm 混凝土	—
西墙	主屏蔽	300 cm 混凝土	440 cm
	次屏蔽	220 cm 混凝土	—
北墙	—	170 cm 混凝土	—
顶棚	主屏蔽	300 cm 混凝土	420 cm
	次屏蔽	140 cm 混凝土	—
防护门	—	10 mm 铅当量＋ 100 mm 厚含硼聚乙烯	—

(二) 放射性污染源

示例中直线加速器 X 射线能量最大为 10 MV,对于不大于 10 MV 的 X 射线放射治疗设备,一般无须考虑中子和感生放射性的影响。因此,该示例中仅需考虑电子束和 X 射线两种放射性污染源。

1. 电子束

当加速器按电子束模式运行时,从电子枪里发出来的电子束经加速管加速后直接从加速管引出用于治疗患者。产生的电子属初级辐射,贯穿物质时受物质库仑场的影响,贯穿深度有限。

加速器在运行时产生的高能电子束,因其贯穿能力远弱于 X 射线,在 X 射线得到充分屏蔽的条件下,电子束亦能得到足够的屏蔽。因此,在加速器电子束治疗时间时,电子束对周围环境辐射影响小于 X 射线治疗。

2. X 射线

当加速器以 X 射线模式运行时,从加速器电子枪里发出来的电子束,在加速管内经加速电压加速,轰击到钨金靶上,产生 X 射线。发射出来的 X 射线主要用于治疗,治疗剂量与剂量率的大小、加速器电子能量、受照射的靶体材料、电子束流强度、电子入射方向、考察点到源的距离等因素有关。由于 X 射线的贯穿能力极强,将对工作人员、公众及周围环境造成辐射污染。

四、剂量率参考控制水平($\dot{H}_c$)

根据 GBZ/T 201.2—2011《放射治疗机房的辐射屏蔽规范 第2部分:电子直线加速器放射治疗机房》的要求,在加速器机房外设定关注点。从保守角度出发,在加速器机房设计的尺寸厚度基础上,假定加速器以最大功率运行并针对关注点最不利的情况进行预测计算,关注点设定见图6.3(加速器机房地下为土壤层,无人员居留,不设定关注点)。

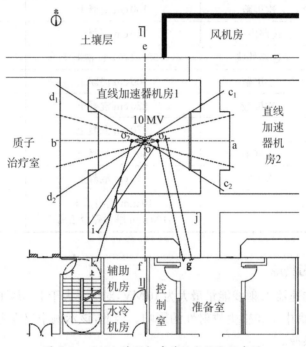

图6.3 示例加速器机房关注点设定示意图

直线加速器机房外各关注点的剂量率参考控制水平 $\dot{H}_{c,d}$ 由以下方法确定:

(1)使用放射治疗周工作负荷、关注点位置的使用因子和居留因子,由周剂量参考控制水平求得关注点的导出剂量率参考控制水平 $\dot{H}_{c,d}(\mu Sv/h)$,估算公式根据《放射治疗放射防护要求》(GBZ 121—2020)中式(1)得出:

$$\dot{H}_{c,d} = \frac{H_e}{t \times U \times T},\tag{6.1}$$

式中:H_e——周剂量参考控制水平(按如下方式取值:放射治疗机房外辐射工作人员为 $H_e \leqslant 100\ \mu Sv/$周,放射治疗机房外非辐射工作人员为 $H_e \leqslant 5\ \mu Sv/$周),$\mu Sv/$周;

t——治疗装置周最大累积照射的小时数,h/周;

U——治疗装置向关注位置的方向照射的使用因子(对于有用线束主屏蔽区取 1/4,其余方向均保守取 1);

T——人员在关注点位置的居留因子(取值方法见《放射治疗辐射安全与防护要求》(HJ 1198—2021)中附录 A)。

(2) 按照关注点人员居留因子的不同,分别确定关注点的最高剂量率参考控制水平 $\dot{H}_{c,max}$:

人员居留因子 $T > 1/2$ 的场所: $\dot{H}_{c,max} \leqslant 2.5\,\mu Sv/h$。

人员居留因子 $T \leqslant 1/2$ 的场所: $\dot{H}_{c,max} \leqslant 10\,\mu Sv/h$。

(3) 取(1)、(2)中较小者作为关注点的剂量率参考控制水平($H_{c,d}$)。

示例中直线加速器机房外各关注点剂量率参考控制水平见表 6.2。

表 6.2　加速器机房外关注点剂量率参考控制水平

关注点	位置	$H_c/(\mu Sv \cdot 周^{-1})$	t/h	U	T	$\dot{H}_{c,d}/(\mu Sv \cdot h^{-1})$	$\dot{H}_{c,max}/(\mu Sv \cdot h^{-1})$	$\dot{H}_c/(\mu Sv \cdot h^{-1})$
a	东墙主屏蔽区外 30 cm 处,为直线加速器机房 2	100	20	1/4	1/2	40	10	10
b	西墙主屏蔽区外 30 cm 处,为质子加速器机房	100	20	1/4	1/2	40	10	10
l	顶部主屏蔽区外 30 cm 处,为土壤层(土壤层上方为绿化)	5	20	1/4	1/40	40	10	10
e	机房北墙外 30 cm 处,为土壤层和风机房	保守取 5	20	1	1/40	10	10	10
f	机房南墙外 30 cm 处,为辅助机房和控制室	100	20	1	保守取 1	5	2.5	2.5
k	机房南侧迷路外墙外 30 cm 处,为楼梯间	5	20	1	1/40	10	10	10
c_1 (c_2)	机房东墙次屏蔽区外 30 cm 处,为直线加速器机房 2	100	20	1	1/2	10	10	10
d_1 (d_2)	机房西墙次屏蔽区外 30 cm 处,为质子加速器机房	100	20	1	1/2	10	10	10
m_1 (m_2)	机房顶部次屏蔽区外 30 cm 处,为土壤层(土壤层上方为绿化)	保守取 5	20	1	1/40	10	10	10
g	机房迷路入口防护门外 30 cm 处,为准备室	100	20	1	1/8	40	10	10

五、加速器 X 线治疗时机房屏蔽效果预测

(一) 屏蔽区宽度及关注点剂量率

根据《放射治疗机房的辐射屏蔽规范 第1部分:一般原则》(GBZ/T 201.1—2007)的相关公式,计算机房有用线束主屏蔽区的宽度 Y_P(m)为:

$$Y_p = 2[(a + SAD) \times \tan\theta + 0.3], \tag{6.2}$$

式中:SAD——源轴距,m;

θ——治疗束的最大张角(相对束中的轴线),即射线最大出射角的一半,度(°);

a——等中心点至"墙"的距离(当主屏蔽区向机房内凸时,"墙"指与主屏蔽墙相连接的次屏蔽墙或顶的内表面;当主屏蔽区向机房外凸时,"墙"指主屏蔽区墙或顶的外表面),m。

将各参数代入式(6.2)得出机房的主屏蔽宽度核算结果见表6.3。

表6.3 直线加速器机房主屏蔽墙宽度计算参数及计算结果一览表

主屏蔽区	东侧	西侧	屋顶
SAD/m	1	1	1
θ/(°)	14	14	14
a/m	6.575	4.375	5.8
Y_p 计算值/m	2.19×2	1.64×2	2.0×2
Y_p 设计值/m	2.2×2	2.2×2	2.1×2
评价结果	满足	满足	满足

注:$a_{东侧}$=3.575+3=6.575(m),$a_{西侧}$=3.575+0.8=4.375(m),$a_{屋顶}$=2.8+3=5.8(m)。

从表6.3可知,示例中直线加速器机房主屏蔽区的实际设计宽度均大于理论计算值,有用线束主屏蔽区的宽度设计满足要求。

根据 GBZ/T 201.2—2011 的相关公式进行有用线束主屏蔽核算,在给定屏蔽物厚度 X(cm)时,首先按照式(6.3)计算有效厚度 X_e(cm),按照式(6.4)估算屏蔽物质的屏蔽透射因子 B,再按照式(6.5)计算相应辐射在屏蔽体外关注点的剂量率 $\dot{H}$ (μSv/h)。

$$X_e = X/\cos\theta = X \cdot \sec\theta, \tag{6.3}$$

$$B = 10^{-\frac{X_e + TVL - TVL_1}{TVL}}, \tag{6.4}$$

$$\dot{H} = \frac{\dot{H}_0 \times f}{R^2} \times B, \tag{6.5}$$

式中:X——设计屏蔽厚度,cm;

θ——斜射角,度(°);

TVL_1 和 TVL——辐射在屏蔽物质中的第一个什值层厚度和平衡什值层厚度(查 GBZ/T 201.2—2011 附录 B 表 B.1),cm;

$\dot{H}_0$——加速器有用线束中心轴上距产生治疗 X 射线束的靶(以下简称"靶")1 m 处的常用最高剂量率(示例加速器 X 线最大能量为 10 MV 时最大为 1.44×10^9 μSv・m²/ h),μSv・m²/h;

R——靶点至参考点的距离(参考点取屏蔽体外 30 cm,其中顶棚上方依次为土壤层和院内绿化,参考点仍保守取顶棚屏蔽体外 30 cm),m;

f——对有用线束为 1,对泄漏辐射为 0.001。

(二)主射线影响区域的屏蔽效果分析

对于有用线束主屏蔽区,其射线路径(射线类型):东墙为 $o_2 \rightarrow a$(主射线),西墙为 $o_1 \rightarrow b$(主射线),顶棚为 $o_3 \rightarrow l$(主射线)。

将各参数代入模式计算,得到屏蔽体外关注点的剂量率 $\dot{H}$(μSv/h),辐射剂量率计算参数和计算结果见表 6.4。

表 6.4　主屏蔽墙外参考点辐射剂量率计算参数和计算结果

关注点	东墙主屏蔽 (a 点)	西墙主屏蔽 (b 点)	顶棚主屏蔽 (l 点)
X/cm	300 混凝土	300 混凝土	300 混凝土
X_e/cm	300	300	300
TVL/cm	37	37	37
TVL_1/cm	41	41	41
B	1.00×10^{-8}	1.00×10^{-8}	1.00×10^{-8}
R/m	7.875	7.875	7.1
$\dot{H}_0$/μSv・m²・h⁻¹	1.44×10^9	1.44×10^9	1.44×10^9
f	1	1	1
关注点处辐射剂量率$\dot{H}$/(μSv・h⁻¹)	0.23	0.23	0.29
剂量率参考控制水平 $\dot{H}_c$/(μSv・h⁻¹)	10	10	10
评价结果	满足	满足	满足

注:$R_a = R_b = 1 + 3.575 + 3 + 0.3 = 7.875$(m),$R_l = 1 + 2.8 + 3 + 0.3 = 7.1$(m)。

(三)漏射线影响区域的屏蔽效果分析

对于侧屏蔽墙,加速器机房南墙、北墙主要考虑加速器泄漏辐射的辐射影响,其射线路径(射线类型):南墙为 $o \rightarrow f$(漏射线),北墙为 $o \rightarrow e$(漏射线)。此外,加速器主射线不向迷路照射,加速器机房内加速器机头位于 o_2 点时,南墙 k 点处辐射剂量率最大,泄漏辐射起决定性作用。因此,迷路外墙射线路径(射线类型):$o_2 \rightarrow k$(漏射线)。根据图 6.3,o_2 至 k 的泄漏辐射斜射角为 24°,估算时保守取泄漏辐射斜射角为 0°。

南北侧屏蔽墙和迷路外墙辐射防护预测模式与主射线估算相同如式(6.5)所示,结果如表 6.5 所示。

表 6.5　漏射线区域参考点辐射剂量率计算参数和计算结果

关注点	南墙侧屏蔽 (f 点)	北墙侧屏蔽 (e 点)	迷路外墙 (k 点)
X/cm	(140+140)混凝土	170 混凝土	140 混凝土
X_e/cm	280	170	140
TVL/cm	31	31	31
TVL_1/cm	35	35	35
B	1.25×10^{-9}	4.42×10^{-6}	4.10×10^{-5}
R/m	9.1	6.57	9.1
$\dot{H}_0/\mu Sv \cdot m^2 \cdot h^{-1}$	1.44×10^9	1.44×10^9	1.44×10^9
f	0.001	0.001	0.001
关注点处辐射剂量率 $\dot{H}/(\mu Sv \times h^{-1})$	2.17×10^{-5}	0.15	0.71
剂量率参考控制水平 $\dot{H}_c/(\mu Sv \times h^{-1})$	2.5	10	10
评价结果	满足	满足	满足

注:$R_f = 4+1.4+2+1.4+0.3 = 9.1$(m),$R_e = 4.57+1.7+0.3 = 6.57$(m),$R_k = 4+1.4+2+1.4+0.3 = 9.1$(m)。

（四）泄漏辐射和散射辐射共同存在的屏蔽区

同时存在泄漏辐射和散射辐射的屏蔽区主要涉及东墙、西墙、顶棚和机房入口防护门几个区域。

与主屏蔽区直接相连的次屏蔽区的辐射影响主要考虑有用线束水平或向顶照射时人体的散射辐射和加速器泄漏辐射,射线照射路径如下:散射射线路径包括东墙 $o_2 \to o \to c_1(c_2)$,西墙 $o_1 \to o \to d_1(d_2)$,顶棚 $o_3 \to o \to m_1(m_2)$;泄漏射线路径包括东墙 $o \to c_1(c_2)$,西墙 $o \to d_1(d_2)$,顶棚 $o \to m_1(m_2)$。

到达迷路入口的 X 射线成分比较复杂,但影响较大的射线主要由两部分组成,一部分是加速器的泄漏辐射穿透迷路内墙到达迷路入口处的 X 射线,另一部分是人体受有用线束照射时,散射至 i 点的辐射并经西墙二次散射至 j 点,后经迷路墙三次散射至 g 点的散射辐射。因此,机房入口防护门区域的泄漏辐射射线路径为 $o_1 \to g$,散射辐射射线路径为 $o_1 \to o \to i \to j \to g$。

在进行泄漏辐射防护计算时,为简化漏射线辐射计算,通常假定漏射线与有用线束射线具有相同的能量,且与靶心距离相同的漏射线辐射的最大强度不会超过有用射线强度的 0.1%(即 $f = 0.001$),辐射防护预测模式与主射线估算相同[同式(6.5)]。

散射辐射预测模式可采用 GBZ/T 201.2—2011 第 5.2 章中推荐的估算公式:

$$\dot{H} = \frac{\dot{H}_0 \times \alpha_{ph} \times (F/400)}{R_s^2} \times B, \tag{6.6}$$

式中：$\dot{H}$，$\dot{H}_0$ 及 B——意义同前；

R_s——患者（位于等中心点）至关注点的距离，m；

F——治疗装置有用束在等中心处的最大治疗野面积（取 40 cm×40 cm），cm^2；

α_{ph}——400 cm^2 面积上的散射因子，即患者 400 cm^2 面积上垂直入射 X 射线散射至距离其 1 m（关注点方向）处的剂量比例。

无防护门情况下，迷路入口 g 点处的散射辐射剂量率按照式（6.7）计算，具体计算参数和计算结果为：

$$\dot{H}_g = \frac{\alpha_{ph} \cdot (F/400)}{R_1^2} \times \frac{\alpha_2 \cdot A_1}{R_2^2} \dot{H}_0 \times \frac{\alpha_3 \cdot A_2}{R_3^2}, \tag{6.7}$$

式中：$\dot{H}_0$，F——意义同前；

α_{ph}——患者 400 cm^2 面积上的散射因子，计算时取 45°入射散射角的值；

α_2，α_3——混凝土墙入射的患者散射辐射的散射因子（α_2 取 i 处的入射角为 45°、散射角为 0°；α_3 取 j 处的入射角为 0°、散射角为 45°，取值见 GBZ/T 201.2—2011 附录，通常使用其 0.5 MeV 栏内的值）；

A_1，A_2——散射点处的散射面积（A_1 取 12.06 m^2，A_2 取 11.82 m^2），m^2；

R_1——等中心点到 i 之间的距离，m；

R_2——i 到 j 之间的距离，m；

R_3——j 到 g 之间的距离，m。

各关注点处的泄漏辐射及散射辐射剂量率值计算参数和计算结果见表 6.6。

表 6.6 漏射线及散射线区域参考点辐射剂量率计算参数和计算结果

关注点		东墙 （c_1/c_2 点）	西墙 （d_1/d_2 点）	顶棚 （m_1/m_2 点）	迷路入口 （g 点）
$\dot{H}_0/(\mu Sv \cdot m^2 \cdot h^{-1})$		1.44×10^9	1.44×10^9	1.44×10^9	1.44×10^9
X/cm		150 混凝土	220 混凝土	140 混凝土	140 混凝土
$\theta/(°)$		保守取 30	保守取 30	保守取 30	最小为 12.5
X_e/cm		173.2	254	161.6	143.4
$R/R_s/m$		7.07	7.94	5.2	—
泄漏 辐射	TVL/cm	31	31	31	31
	TVL_1/cm	35	35	35	35
	B	3.48×10^{-6}	8.62×10^{-9}	8.24×10^{-6}	3.19×10^{-5}
	f	0.001	0.001	0.001	0.001
	$\dot{H}/(\mu Sv \cdot h^{-1})$	0.1	1.97×10^{-4}	0.44	0.53

（续表）

关注点		东墙 (c_1/c_2 点)	西墙 (d_1/d_2 点)	顶棚 (m_1/m_2 点)	迷路入口 （g 点）
散射 辐射	TVL/cm	28	28	28	—
	B	6.52×10^{-7}	8.48×10^{-10}	1.69×10^{-6}	—
	α_{ph}	3.18×10^{-3}	3.18×10^{-3}	3.18×10^{-3}	1.35×10^{-3}
	F/cm^2	1 600	1 600	1 600	1 600
	$\dot{H}/(\mu\text{Sv}\cdot\text{h}^{-1})$	0.24	2.46×10^{-4}	1.15	8.86
泄漏辐射和散射辐射的 复合作用$/(\mu\text{Sv}\cdot\text{h}^{-1})$		0.34	4.43×10^{-4}	1.59	
剂量率参考控制水平 $\dot{H}_c/(\mu\text{Sv}\cdot\text{h}^{-1})$		10	10	10	
评价结果		满足	满足	满足	—

注：$R_{东墙}=R_{s东墙}=(3.575+0.75+1.5+0.3)/\cos 30°=7.07(\text{m})$；$R_{西墙}=R_{s西墙}=(3.575+3+0.3)/\cos 30°=7.94$ (m)；$R_{顶棚}=R_{s顶棚}=(2.8+1.4+0.3)/\cos 30°=5.20(\text{m})$。

示例防护门屏蔽估算中，R 为 9.314 m；R_1，R_2，R_3 分别为 7.752 m，8.7 m，3.013 m；而 A_1 取 12.06 m²，A_2 取 11.82 m²；α_2 和 α_3 分别为 22.0×10^{-3} 和 15.0×10^{-3}。

加速器机房入口门外的总辐射剂量率按式（6.8）计算，g 处的散射辐射能量约为 0.2 MeV，铅中的 TVL 值约为 0.5 cm，入口门外辐射剂量率计算参数和计算结果见表 6.7。

表 6.7　机房入口门外的总辐射剂量率计算参数和计算结果

参　　数	机房入口门外（g 点）
$\dot{H}_g/(\mu\text{Sv}\cdot\text{h}^{-1})$	8.86
X/cm	1 铅
TVL/cm	0.5
$\dot{H}_{og}/(\mu\text{Sv}\cdot\text{h}^{-1})$	0.53
防护门外 g 点总辐射剂量率$/(\mu\text{Sv}\cdot\text{h}^{-1})$	0.62
剂量率参考控制水平$\dot{H}_c/(\mu\text{Sv}\cdot\text{h}^{-1})$	10
评价结果	满足

$$\dot{H}=\dot{H}_g\times10^{-\frac{X}{TVL}}+\dot{H}_{og}, \tag{6.8}$$

式中：$\dot{H}_g$，$\dot{H}_{og}$——意义同前；

　　　　X——防护门铅屏蔽厚度，cm；

　　　　TVL——辐射在铅中的什值层（取 0.5 cm），cm。

六、加速器电子束治疗时防护评价

示例中直线加速器电子束治疗时，最大电子束能量不会超过 22 MeV。由于电子束的穿透能力远小于 X 射线，对治疗 X 射线的屏蔽机房，完全能够满足屏蔽电子束的要求。此外，电子束治疗时，平均束流为 nA 量级，X 射线治疗时，平均束流为 μA 量级，治疗电子束所产生的韧致辐射远小于 X 射线治疗时的辐射，即使电子束能量大于治疗 X 射线的最大能量，对屏蔽电子束的韧致辐射所要求的厚度也远低于对 MV 级 X 射线的屏蔽要求。

七、人员年有效剂量估算

工作人员及公众年有效剂量可通过下式进行估算：

$$E = \dot{H} \cdot U \cdot T \cdot t, \tag{6.9}$$

式中：E——人员年有效剂量，$\mu Sv/a$；

$\dot{H}$——参考点处剂量率，$\mu Sv/h$；

U——使用因子；

T——人员在相应关注点驻留的居留因子；

t——照射时间，h/a。

根据式（6.9），项目职业工作人员及公众成员的附加年有效剂量估算结果见表 6.8。

表 6.8 直线加速器辐射工作人员及公众成员的年有效剂量估算一览表

关注点	场所类型	$\dot{H}/$ $(\mu Sv \cdot h^{-1})$	T	U	E 估算值/ $(mSv \cdot a^{-1})$	保护目标
东墙主屏蔽	加速器机房 2	0.23	1/2	1/4	2.88×10^{-2}	辐射工作人员
东墙次屏蔽		0.34		1	0.17	
西墙主屏蔽	质子加速器机房	0.23	1/2	1/4	2.88×10^{-2}	
西墙次屏蔽		6.24×10^{-4}	1/2	1	2.22×10^{-4}	
北墙侧屏蔽	土壤层和风机房	0.15	保守取 1/40	1	3.75×10^{-3}	公众
南墙侧屏蔽	辅助机房和控制室	2.17×10^{-5}	保守取 1	1	2.17×10^{-5}	辐射工作人员
迷路外墙	楼梯间	0.71	1/40	1	1.78×10^{-2}	公众
顶棚主屏蔽	土壤层（土壤层上方为绿化）	0.29	1/40	1/4	1.81×10^{-3}	
顶棚次屏蔽	土壤层（土壤层上方为绿化）	1.59	1/40	1	3.98×10^{-2}	
入口防护门	准备室	0.62	1/8	1	7.75×10^{-2}	辐射工作人员

从表 6.8 中可以看出,辐射工作人员和周围公众年有效剂量能够满足 GB 18871—2002《电离辐射防护与辐射源安全基本标准》中对职业人员和公众受照剂量限值要求以及项目的目标管理值要求:职业人员年有效剂量不超过 5 mSv,公众年有效剂量不超过 0.1 mSv。

第二节　后装治疗项目环境影响评价

一、后装治疗机及其机房与污染源

(一) 设备工作原理

后装治疗机使用 4π 发射的 Ir - 192、Cs - 137 或 Co - 60 放射源,是使用放射源产生的 γ 射线治疗肿瘤的近距离治疗设备。它的功能是近距离放射治疗,被广泛应用于宫颈癌、前列腺癌、乳腺癌和皮肤癌的治疗,也同样适用于许多其他部位的肿瘤治疗。常见后装机外形见图 6.4。

后装治疗时先将不带放射源的治疗容器(施源器)置于治疗部位,然后在安全防护条件下用遥控装置将放射源通过导管送到已安装在患者体腔内的施源器内进行放射治疗,由于放射源是后来装上去的,故称之为"后装"。近距离后装治疗在放射治疗中居重要地位。后装治疗时依照临床要求,使 γ 放射源在人体自然腔、管道或组织间驻留而达到预定的剂量及其分布的治疗手段,后装治疗具有放射源强度小、治疗距离短、局部剂量高、周边剂量迅速跌落的特点,主要治疗不同部位的肿瘤以及手术难以切净而周围又有重要脏器限制外照射剂量的患者。

图 6.4　常见后装机外形图

后装治疗机和医用直线加速器同属于放射治疗设备,其工作场所分区原则与医用直线加速器一致,分区示例见图 6.2。

(二) 机房基本情况

后装治疗机房位于地下一层,无地下二层,机房上方为土壤层和院内绿化,机房采用钢筋混凝土(密度为 2.35 g/cm³)结构屏蔽,防护门为屏蔽门。机房屏蔽设计参数包括:东墙为 150 cm 混凝土,南墙迷道内外墙和西墙、北墙及顶棚均为 60 cm 混凝土,防护门为 8 mm 铅当量。机房平面布置见图 6.5。

后装机使用 1 枚 Ir - 192 放射源,最大装源活度为 3.7×10¹¹ Bq,周最大治疗照射时间为 16.7 h,年最大治疗照射时间为 833 h。

(三) 放射性污染源

示例中后装机使用 1 枚 Ir - 192 放射源,后装机未使用时,放射源处于贮源器内。因

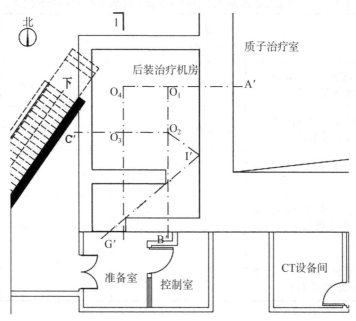

图 6.5　后装治疗机房平面布置及关注点设定示意图

贮源器的不完全屏蔽,主要考虑泄漏辐射对进入治疗机房的摆位工作人员的外照射影响。后装机在出源治疗时,放射源被传送至施源器,放射源发射出的 γ 射线会穿透治疗机房屏蔽体,对机房外的工作人员和公众产生外照射影响。

Ir - 192 放射性核素的特性主要包括:半衰期 75.0 d,衰变类型及分支比为 β^- (95.13%) 和 ε(5.87%),主要 α,β 辐射能量与绝对强度为 538.3 keV(41.43%)、675.1 keV(48.0%) 和 258.7 keV(5.6%),主要 γ,X 射线能量与绝对强度为 316.5 keV (82.75%)、468.1 keV(47.81%)、308.5 keV(29.68%)、296.0 keV(28.72%)、605.4 keV (8.2%),γ 射线能量均值为 0.37 MeV,空气比释动能率常数为 0.111 μSv/(h・MBq)。

二、剂量率参考控制水平($\dot{H}_c$)

后装治疗机房外的辐射影响主要考虑后装机出源治疗时的辐射影响,主要考虑 Ir - 192 放射源发射的 γ 射线(即初级辐射)对机房屏蔽体的直接照射,以及散射辐射对机房入口处的照射。预测时采用 GBZ/T 201.3—2014《放射治疗机房的辐射屏蔽规范　第 3 部分:γ 射线源放射治疗机房》推荐的后装机房的屏蔽计算方法,在后装机房墙体、顶棚、防护门外表面 30 cm 处设定关注点,从保守角度出发,在后装机房设计的尺寸厚度基础上,以最大装源活度时,并针对关注点最不利的情况进行预测计算。

机房周围关注点设定见图 6.5,其中 O_1、O_2、O_3、O_4 围成的虚线内区域为治疗源可能活动的范围,对于不同关注点分别以最近距离进行保守预测。机房北侧和底板下均为土壤层,不设定关注点。后装治疗机房外各关注点剂量率参考控制水平 $\dot{H}_c$ 确定方法同加速器机房,具体估算结果见表 6.9 和表 6.10。

表 6.9   后装治疗机房外关注点剂量率参考控制水平(单一有用线束)

关注点	位　　置	$H_c/$ $(\mu Sv \cdot 周^{-1})$	t/h	U	T	$\dot{H}_{c,d}/$ $(\mu Sv \cdot h^{-1})$
A'	机房东墙外 30 cm 处,为质子加速器机房	100	16.7	1	1/2	12
B'	机房南墙外 30 cm 处,为准备室和控制室	100	16.7	1	保守取 1	6
C'	机房西墙外 30 cm 处,为排烟机房	5	16.7	1	1/20	6
M'	机房顶棚外 30 cm 处,为土壤层(土壤层上方为绿化)	5	16.7	1	1/40	12
G'	机房迷路入口防护门外 30 cm 处,为准备室	100	16.7	1	1/8	48

表 6.10   后装治疗机房外各关注点处剂量率参考控制水平

关注点	位　　置	居留因子 T	$H_{c,d}/$ $(\mu Sv \cdot h^{-1})$	$H_{c,max}/$ $(\mu Sv \cdot h^{-1})$	$\dot{H}_c/$ $(\mu Sv \cdot h^{-1})$	主要考虑的辐射束
A'	机房东墙外 30 cm 处,为质子加速器机房	1/2	12	10	10	有用束
B'	机房南墙外 30 cm 处,为准备室和控制室	保守取控制室处 1	6	2.5	2.5	有用束
C'	机房西墙外 30 cm 处,为排烟机房	1/20	6	10	6	有用束
M'	机房顶棚外 30 cm 处,为土壤层(土壤层上方为绿化)	1/40	12	10	10	有用束
G'	机房迷路入口防护门外 30 cm 处,为准备室	1/8	48	10	10	有用辐射、散射辐射

三、机房屏蔽效果预测

(一)机房外初级辐射屏蔽剂量估算

根据 GBZ/T 201.3—2014 中使用的什值层(TVL)计算方法,预测后装机最大装载放射源活度时,放疗机房外各预测点的初始辐射剂量率水平。

对于给定的屏蔽物质,当 γ 射线以 θ 角斜射入厚度为 X (mm)的屏蔽物质时,射线束在斜射路径上的有效屏蔽厚度 X_e(mm)、屏蔽透射因子 B 和辐射在屏蔽体外关注点的剂量率 $\dot{H}$(μSv/h)分别按下述公式计算：

$$X_e = \frac{X}{\cos\theta} = X \cdot \sec\theta, \tag{6.10}$$

$$B = 10^{-\frac{X_e + TVL - TVL_1}{TVL}}, \tag{6.11}$$

$$\dot{H} = \frac{\dot{H}_0 \times f}{R^2} \times B, \tag{6.12}$$

式中：X——实际屏蔽厚度，mm；

θ——斜射角，即入射与屏蔽物质平面的垂直线之间的夹角，度($^\circ$)；

TVL_1 和 TVL——辐射在屏蔽物质中的第一个什值层厚度和平衡什值层厚度（当未指明 TVL_1 时，$TVL_1 = TVL$；对于 Ir - 192 放射源，查 GBZ/T 201.3—2014 的附录 C 表 C.1 可知，混凝土 $TVL_1 = TVL = 152$ mm，铅 $TVL_1 = TVL = 16$ mm），mm；

$\dot{H}_0$——活度为 A 的放射源在其 1 m 处的剂量率，μSv $\cdot$ m^2/h；

R——辐射源到参考计算点的距离，m；

f——对有用线束为 1。

放射源的体积相对于放疗机房的体积非常小，因此可将放射源作为点源进行考虑。此时，可利用下式计算活度为 A 的放射源在距其 1 m 处的剂量率(μSv/h)。

$$\dot{H}_0 = A \times K_r, \tag{6.13}$$

式中：A——放射源的活度，MBq；

K_γ——放射源的空气比释动能率常数[对于 Ir - 192 为 0.111 μSv/(h $\cdot$ MBq)]，μSv/(h $\cdot$ MBq)。

根据上述公式，可计算出后装治疗机房外各参考点的初始辐射剂量率水平，结果见表 6.11。

表 6.11　后装治疗机房外初级辐射屏蔽剂量的计算参数及计算结果一览表

关注点	X_e/mm	A/MBq	R/m	$TVL_1(TVL)$/mm	$\dot{H}$ 估算值/(μSv $\cdot$ h^{-1})
东墙 A′	1 500 混凝土	3.7×10^5	3.2	152	5.43×10^{-7}
南墙 B′	600 混凝土	3.7×10^5	4.625	152	0.22
西墙 C′	600 混凝土	3.7×10^5	2.3	152	0.88
顶棚外 M′	600 混凝土	3.7×10^5	4	152	0.29
防护门外 G′	600 混凝土＋8 铅	3.7×10^5	4.625	混凝土 152，铅 16	6.85×10^{-2}

(二) 迷道入口处辐射水平估算

迷道入口处散射剂量率可按下式进行预测计算：

$$\dot{H} = \frac{A \times K_\gamma \times S_w \times \alpha_w}{R_1^2 \times R_2^2}, \tag{6.14}$$

式中: $\dot{H}, A, K_\gamma$ ——意义同前;

R_1——辐射源至一次散射体中心点的距离,取 1.71 m;

R_2——一次散射体中心点至计算点的距离,取 5.71 m;

α_w——散射体的散射因子,查 GBZ/T 201.3—2014 附录 C 表 C.4, α_w 保守取 3.05×10^{-3} (0.25 MeV 在 45°入射辐射、45°反散射的散射因子);

S_w——散射面积,取 1.18 m^2 (0.289 m × 5.1 m)。

经计算得,初始射线经散射到达迷道入口处剂量率为 1.55 $\mu Sv/h$。示例中迷道入口处设置了 8 mm Pb 的防护门,散射至迷道入口处的次级射线能量约为 0.2 MeV,其在铅中的 TVL 值为 5 mm,根据式(6.11)可估算出屏蔽投射因子 B 为 0.025;散射射线经铅防护门屏蔽后,防护门外辐射水平为 3.88×10^{-2} $\mu Sv/h$。防护门外预测点 G' 的辐射剂量率为散射辐射和初级射线辐射之和,即约 0.11 $\mu Sv/h$。

(三) 机房剂量估算结果

示例中后装治疗机房墙、顶、门外理论估算结果汇总见表 6.12。

表 6.12 后装治疗机房墙、顶、门外理论估算结果汇总一览

位置	关注点	剂量率估算值/ ($\mu Sv \cdot h^{-1}$)	剂量率参考控制水平/ ($\mu Sv \cdot h^{-1}$)	评价结果
东墙	A'	5.43×10^{-7}	10	满足
南墙	B'	0.22	2.5	满足
西墙	C'	0.88	6	满足
顶棚	M'	0.29	10	满足
防护门	G'	0.11	10	满足

根据表 6.12 可知,示例中后装治疗机房以最大工况(治疗用 Ir-192 放射源活度为 3.7×10^{11} Bq)运行时,机房墙、顶、门外各关注点处剂量率估算值为($5.43 \times 10^{-7} \sim 0.88$) $\mu Sv/h$,能够满足项目辐射环境剂量率控制水平($\dot{H}_c$)要求。

四、人员年有效剂量估算

后装治疗项目人员年有效剂量估算公式同直线加速器,估算公式见式(6.9)。示例中后装治疗机房外辐射工作人员及公众成员的附加年有效剂量估算结果见表 6.13。

表 6.13　后装治疗机房外辐射工作人员及公众成员的年有效剂量估算一览

关注点	场所类型	$\dot{H}/(\mu Sv \cdot h^{-1})$	T	E 估算值/$(mSv \cdot a^{-1})$	保护目标
东墙	质子加速器机房	5.43×10^{-7}	1/2	2.26×10^{-7}	辐射工作人员
南墙	控制室	0.22	1	0.18	
	准备室		1/8	2.29×10^{-2}	
西墙	排烟机房	0.88	1/20	3.67×10^{-2}	公众
顶棚	土壤层(土壤层上方为绿化)	0.29	1/40	6.04×10^{-3}	
防护门	准备室	0.11	1/8	1.15×10^{-2}	辐射工作人员

(一) 辐射工作人员

对于后装治疗项目辐射工作人员,受照剂量来源主要包括摆位状态和出源治疗状态。

1. 摆位状态

示例中后装机运行后预计每天接待治疗患者 20 人,每周工作 5 d,每年工作 50 周,治疗前工作人员进入机房摆位约 2 min/人次,摆位人员年最大受照射时间约为 166.7 h;工作人员摆位时一般距后装机机头至少 1 m。

参考 WS 262—2017《后装 γ 源近距离治疗质量控制检测规范》中的要求,贮源器表面 100 cm 泄漏辐射所致周围剂量当量率应不大于 5 μSv/h,理论估算时保守选取 5 μSv/h 近似估算泄漏辐射对摆位人员造成的年有效剂量。经估算可得出,后装治疗机房内摆位人员因摆位工作受到的年受照剂量为 0.83 mSv。

2. 出源治疗状态

由表 6.13 可知,示例中后装机运行后,后装治疗机房辐射工作人员在机房外受到的年有效剂量最大为 0.18 mSv。

保守假设后装治疗机房的辐射工作由 1 名辐射工作人员负责,在考虑了辐射工作人员在机房外从事设备操作等工作、在机房内从事摆位等工作受到的叠加辐射影响后,示例中后装治疗机房辐射工作人员年有效剂量为 1.01 mSv,能够满足 GB 18871—2002 中剂量限值要求和项目管理目标剂量约束值要求:职业人员年有效剂量不超过 5 mSv。

(二) 机房周围公众

由表 6.13 可知,示例中后装机运行后,后装治疗机房周围公众受到的年有效剂量最大为 3.67×10^{-2} mSv,能够满足 GB 18871—2002 中剂量限值要求和项目管理目标剂量约束值要求:公众年有效剂量不超过 0.1 mSv。

第三节　核医学项目环境影响评价

核医学是采用核技术来诊断、治疗和研究疾病的一门新兴学科。它是核技术、电子技术、计算机技术、化学、物理和生物学等现代科学技术与医学相结合的产物。核医学可分为两类，即临床核医学和基础核医学（或称实验核医学）。在医疗上，放射性同位素及核辐射可以用于诊断、治疗和进行医学科学研究；在药学上，可以用于药物作用原理的研究、药物活性的测定、药物分析和药物的辐射消毒等方面。

此处主要介绍临床核医学开展诊断和治疗项目的环境影响评价，以核医学科中常见的 PET-CT 放射诊断、核素治疗为例。

一、核医学科活动种类及工作分区

（一）活动种类和范围

PET-CT 放射诊断使用非密封放射性物质和射线装置，其中非密封放射性物质为正电子核素，诊断中最常用的正电子核素为 F-18，此外还有 Ga-68、Zr-89、C-11、N-13、O-15 等；射线装置为 CT 装置，属于Ⅲ类射线装置。

核素治疗使用非密封放射性物质，常用的放射性核素为 I-131，开展项目主要为甲亢门诊治疗、甲癌住院治疗。

非密封源工作场所的分级按日等效最大操作量进行划分：甲级，$>4\times10^9$ Bq；乙级，$2\times10^7\sim4\times10^9$ Bq；丙级，豁免活度值以上$\sim2\times10^7$ Bq。

放射性核素的日等效操作量，等于放射性核素的实际日操作量（Bq）与该核素毒性因子的乘积，再除以与操作方式有关的修正因子。核医学科 PET-CT 放射诊断常用放射性核素 F-18、核素治疗常用放射性核素 I-131 的毒性组别与操作方式及其修正因子见表 6.14。

表 6.14　核医学常用放射性核素毒性组别与操作方式及其修正因子

活动（项目）类型	核素及状态	毒性组别（修正因子）	操作方式（修正因子）
医疗机构使用 （PET-CT 放射诊断）	F-18（液态）	中毒（0.1）	很简单操作（10）
核素治疗	I-131（液态）	低毒（0.01）	简单操作（1）

核医学科患者均实行预约制，在诊断/治疗前均已确定药物用量，医疗机构根据患者具体情况订购药物并安排就诊时间。PET-CT 放射诊断单名患者用药量一般为 $1.48\times10^8\sim3.7\times10^8$ Bq，甲亢门诊治疗单名患者最大用药量一般为 3.7×10^8 Bq，甲癌住院治疗单名患者用药量一般为 $1.7\times10^9\sim7.4\times10^9$ Bq。

在项目给定使用核素种类、单日最大患者数量及用药量的情况下，进行工作场所日等效最大操作量的计算及场所分级。目前，大部分医疗机构核医学科为丙级或乙级非密封源工作场所。

（二）工作场所分区

应按照 GB 18871—2002《电离辐射防护与辐射源安全基本标准》和 HJ 1188—2021

《核医学辐射防护与安全要求》等要求将核医学工作场所划分出控制区和监督区,并进行相应的管理。

PET-CT放射诊断、核素治疗工作场所的控制区主要包括:使用非密封源核素的房间(放射性药物分装室、放射性药物贮存室、给药室等)、给药后候诊室、扫描室、核素治疗病房、给药后患者的专用卫生间、保洁用品储存场所、放射性废物暂存库、衰变池等区域。

PET-CT放射诊断、核素治疗工作场所的监督区主要包括:显像设备控制室、卫生通过间以及与控制区相连的其他场所或区域。

某医院核医学科拟开展PET-CT放射诊断、核素治疗(甲亢门诊治疗、甲癌住院治疗)项目,分区包括门诊和住院治疗工作场所。控制区包括:储源分装室、PET-CT机房及设备间、注射后候诊室、留观室(兼做抢救室)、自动分装室、甲癌病房、放射性固废间、处置室、污被暂存室、病人通道。监督区包括:甲功室、卫生通过间、淋浴室、PET-CT操作区等。工作场所南侧地下车库虽与控制区相邻,但因其不属于核医学工作场所,因此不划为监督区。具体分区情况见图6.6。

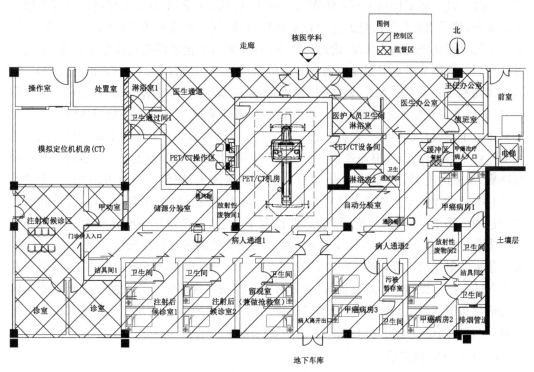

图6.6 某医院核医学科分区示例

二、核医学科常见项目工作原理

(一) PET-CT放射诊断

PET-CT全称为正电子发射断层与计算机断层诊断技术,是将PET与CT融为一体,由PET提供病灶详尽的功能与代谢等分子信息,而CT提供病灶的精确解剖定位,一次显像可获得全身各方位的断层图像,具有灵敏、准确、特异及定位精确等特点,可一目了然地了解全身整体状况,达到早期发现病灶和诊断疾病的目的。

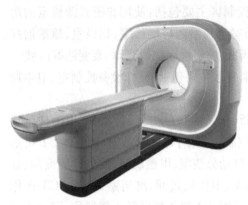

图 6.7　常见 PET-CT 外形

PET 系统的主要部件包括机架、环形探测器、符合电路、检查床及工作站等。探测系统是整个正电子发射显像系统中的主要部分,它采用的块状探测结构有利于消除散射、提高计数率。许多块结构组成一个环,再由数十个环构成整个探测器。CT 主要由扫描部分、计算机系统、图像显示和存储系统组成,其中扫描部分由 X 线管、探测器和扫描架组成。常见 PET-CT 外形见图 6.7。

PET-CT 是通过正电子核素或其标记的示踪剂,示踪人体内特定生物物质的生物活动,采用多层、环形排列于发射体周围的探头,由体外探测正电子示踪剂湮灭辐射所产生的光子,然后将获得的信息通过计算机处理,以解剖影像的形式及其相应的生理参数,显示靶器官或病变组织的状况,借此诊断疾病,又称为生化显像或功能分子显像,是目前唯一可以在活体分子水平完成生物学显示的影像技术。同时 PET-CT 和 PET/MR 结合应用高档多排 CT 或 MR 技术进行精确定位,可精确地提供靶器官的解剖和功能双重信息,并能够独立完成多排螺旋 CT 或 MR 的临床显像,大大提高临床使用价值。

正电子发射是放射性核素衰变的方式之一。这类核素在自发的从不稳定状态向基态衰变过程中,从核内释放出与普通电子一样但电荷相反的粒子,即正电子。正电子是一种反物质,从核内放出后很快与环境中自由电子碰撞湮灭,转化为一对方向相反、能量为 0.511 MeV 的 γ 光子。如果在这对光子飞行方向上对置一对探测器,便可以几乎同时接受到这两个光子,并可推定光子发源(即正电子发射)点在两探头间连线上。通过环绕 360°排列的多组配对探头,经探头对之间符合线路检验判定每只探头信号时间耦合性,排除其他来源射线的干扰,得到探头对连线上的一维信息,再用滤波反投射方式,将信号按探头对的空间位置向中心点反投射,便可形成与探头组连线轴平行的断层面正电子发射示踪剂分布图像。这种探测方式一次只反映一个层面的信息。实用中常用多层排列的探头对,配合层间符合线路,以利探测并重建更多层面的图像。

(二) I-131 核素治疗

碘是合成甲状腺激素的物质之一,放射性的 I-131 也能被摄取并参与甲状腺激素的合成,其被摄取的量和速度与甲状腺功能密切相关。将 I-131 引入受检者体内,利用体外探测仪器测定甲状腺部位放射性计数的变化,可以了解 I-131 被甲状腺摄取的情况,从而判断甲状腺的功能。

I-131 用于甲状腺方面疾病的治疗时,甲状腺疾病患者口服的 I-131 药剂大都聚集在甲状腺内;I-131 衰变发射的 β 射线在组织内平均射程仅为 1 mm,因此 β 粒子的能量几乎全部释放在甲状腺组织内,对甲状腺周围的组织和器官影响较小。甲亢患者,如给予适当剂量的Ⅰ-131,则可利用其放射性"切除"部分甲状腺组织而又保留一定量的甲状腺组织,达到治疗目的,使甲状腺功能恢复正常;分化型甲状腺癌患者,手术切除癌变甲状腺组织后,可用Ⅰ-131去除残留的甲状腺组织,或者利用Ⅰ-131显像发现分化型甲状腺癌的转移灶,对其复发或者转移进行诊断。

三、典型核医学项目辐射剂量估算

(一) 剂量约束值与剂量率控制水平

辐射工作人员职业照射和公众照射的剂量限值应满足 GB 18871—2002 的要求。同时根据 HJ 1188—2021《核医学辐射防护与安全要求》等行业标准的要求,核医学项目辐射防护的剂量约束值规定为:①辐射工作人员个人年有效剂量为 5 mSv;②公众成员个人年有效剂量为 0.1 mSv。

对于辐射环境剂量控制水平,应遵循以下要求:

(1) 距核医学工作场所各控制区内房间防护门、观察窗和墙壁外表面30 cm 处的周围剂量当量率应小于 2.5 μSv/h,如屏蔽墙外的房间为人员偶尔居留的设备间等区域,其周围剂量当量率应小于 10 μSv/h。

(2) 放射性药物分装的箱体、通风柜、注射窗等设备外表面 30 cm 处人员操作位的周围剂量当量率小于 2.5 μSv/h,放射性药物分装箱体非正对人员操作位表面的周围剂量当量率小于 25 μSv/h。

放射性药物在分装、给药等过程中,以及给药后患者在候诊、扫描或住院等过程中,由于核素的持续衰变产生的 γ 射线,将会造成医务人员及公众的外照射;此外,PET-CT 在诊断过程中 CT 运行会产生 X 射线外照射。

核医学工作场所控制区需要采取实体屏蔽措施对项目运行过程中产生的 X、γ 射线外照射进行屏蔽,屏蔽设计应适当保守,按照可能使用的最大放射性活度、最长时间和最短距离进行计算。

(二) 放射性核素的辐射影响估算

根据 GBZ 120—2020《核医学放射防护要求》附录 I,所有核素工作场所的屏蔽,可采用瞬时剂量率计算方法,根据下式可计算得到:

$$\dot{H} = \frac{A \cdot \Gamma}{r^2} \times 10^{-\frac{x}{TVL}}, \tag{6.15}$$

式中:$\dot{H}$——参考点剂量率,μSv/h;

A——单个患者或受检者所用放射源的最大活度,MBq;

Γ——距源 1 m 处的周围剂量当量率常数,μSv·m²/(MBq·h);

r——参考点与放射源间的距离,m;

x——屏蔽厚度,mm;

TVL——γ 射线的什值层厚度,mm。

示例中某医院核医学科位于地下一层，无地下二层，地上一层为体检区。^{18}F 单次最大分装量为 3.7×10^9 Bq，要求对放射性药物分装手套箱的屏蔽效果进行理论估算；PET - CT 放射诊断单名患者最大注射量为 3.7×10^8 Bq，要求对图 6.6 中 PET - CT 机房的屏蔽效果进行理论估算。

F - 18 药物分装时，距离手套箱各侧屏蔽体最近 0.2 m，手套箱厚度为不低于 10 cm，六面屏蔽为 50 mmPb。PET - CT 患者在机房内接受扫描时，与机房各侧屏蔽体外参考点（屏蔽体外 30 cm）距离：东墙/东门 3.7 m、南墙/南门 5.5 m、西墙/观察窗 5.1 m、北墙 3.4 m、西门 5.6 m、顶棚 5.6 m。机房各侧屏蔽体屏蔽材质及厚度：四周墙体 25 cm 混凝土、防护门和观察窗 10 mmPb、顶棚 25 cm 混凝土（密度为 2.35 g/cm³）。估算时，按照室内可能使用的最大放射性活度、与关注点的最短距离进行保守计算。

根据 GBZ 120—2020 附录 H 表 H.1，放射性核素 ^{18}F 的周围剂量当量率常数（裸源）为 0.143 $\mu Sv \cdot m^2 / (MBq \cdot h)$。根据该标准附录 I 表 I.1，放射性核素 ^{18}F 对应铅（11.3 g/cm³）和混凝土（2.35 g/cm³）的什值层厚度分别为 16.6 mm 和 176 mm。

将相关参数代入式（6.15）可估算得出放射性药物分装手套箱、PET - CT 机房外参考点的剂量率，结果见表 6.15。

表 6.15　放射性药物分装手套箱、PET - CT 机房外参考点的剂量率估算

参考点位		活度 A/MBq	参考点与放射源间的距离 r/m	防护措施	透射比 η	参考点辐射水平/($\mu Sv \cdot h^{-1}$)
手套箱	设备外表面 30 cm 处操作位	3 700	0.6	50 mmPb	9.73×10^{-4}	1.43
	设备非正对人员操作位外表面		0.3			5.72
PET - CT 机房	东墙外 30 cm	370	3.7	25 cm 混凝土	3.80×10^{-2}	0.15
	南墙外 30 cm		5.5			6.64×10^{-2}
	西墙外 30 cm		5.1			7.73×10^{-2}
	北墙外 30 cm		3.4			0.17
	东门外 30 cm		3.7	10 mmPb	0.25	0.97
	南门外 30 cm		5.5			0.44
	西门外 30 cm		5.6			0.42
	观察窗外 30 cm		5.1			0.51
	顶棚外 30 cm		5.6	25 cm 混凝土	3.80×10^{-2}	6.41×10^{-2}

注：患者对于西门外关注点为斜射，斜射角约 27°，保守按垂直入射估算，不考虑防护门的等效屏蔽。

根据表 6.15 估算结果，放射性药物分装手套箱、PET - CT 机房外参考点辐射剂量率均能满足辐射环境剂量率控制水平要求。

(三) PET-CT中CT设备的辐射影响估算

PET-CT在诊断过程中CT运行将产生X射线,示例中CT装置X射线球管的最大管电压为140kV,根据GBZ 130—2020《放射诊断放射防护要求》附录C的表C.7,示例中PET-CT机房的屏蔽材料可折算成等效屏蔽铅当量。其中,东墙、南墙、西墙、北墙和顶棚为25 cm混凝土,等效屏蔽效果为3 mm铅当量;防护门和观察窗为10 mmPb,等效屏蔽效果为10 mm铅当量。因此,PET-CT机房各方向屏蔽材料均能够满足GBZ 130—2020中CT机房有用线束及非有用线束方向铅当量不小于2.5 mm的要求。

根据表6.15估算结果,F-18对PET-CT机房3 mmPb屏蔽体外30 cm处造成的辐射剂量率最大为0.17 μSv/h。CT设备属于Ⅲ类射线装置,最大管电压为140 kV,远低于F-18光子能量(0.511 MeV)。机房各侧屏蔽不低于3 mmPb,可推测PET-CT机房内CT运行对周围环境影响远低于F-18,CT运行对机房外基本无叠加影响,F-18和CT对机房外造成的叠加辐射剂量率能满足辐射环境剂量率控制水平要求。

四、人员年有效剂量估算

核医学项目人员年有效剂量估算公式同直线加速器,估算公式见式(6.9)。示例中核医学科每日平均接诊10名F-18患者,每年工作250 d,单次注射前分装时间1 min,单名患者扫描时间20 min,对分装人员、PET-CT设备操作人员及PET-CT机房周围公众的年有效剂量进行估算。具体估算参数及估算结果见表6.16。

表6.16　人员年有效剂量估算一览

参考点位		$\dot{H}/$ $(\mu Sv \cdot h^{-1})$	t/h	场所及居留因子 T	E 估算值/ mSv	保护目标
手套箱外表面30 cm 处人员操作位		1.43	41.7	储源分装室,1	5.96×10^{-2}	
PET-CT 机房	观察窗外30 cm	0.51	833.3	PET-CT操作区,1	0.42	辐射工作人员
	东墙外30 cm	0.15		自动分装室等,1	0.12	
	西墙外30 cm	7.73×10^{-2}		医护通道、 PET-CT操作区,1	6.44×10^{-2}	
	西门外30 cm	0.42		医护通道,1/4	8.75×10^{-2}	
	北墙外30 cm	0.17		医护通道,1/4	3.54×10^{-2}	
	顶棚外30 cm	6.41×10^{-2}		体检区,1	5.34×10^{-2}	公众

根据表6.16估算结果,示例中核医学科药物分装人员、PET-CT设备操作人员年有效剂量最大分别为5.96×10^{-2} mSv、0.42 mSv,PET-CT机房周围公众年有效剂量最大为5.34×10^{-2} mSv,能够满足GB 18871—2002中对职业人员受照剂量限值要求以及项目目标管理值要求:职业人员年有效剂量不超过5 mSv,公众年有效剂量不超过0.1 mSv。

第四节　DSA 项目环境影响评价

一、设备工作原理

DSA 是数字减影血管造影的简称,是利用计算机处理数字化的影像信息,以消除骨骼和软组织影的减影技术,是新一代血管造影的成像技术,是影像医学、临床医学、计算机技术结合而发展起来的边缘科学技术。DSA 设备因其整体结构像大写的"C",因此也称作 C 型臂 X 光机。DSA 设备主要由高压发生器、X 线管、探测器、计算机系统、导管床和专用机架等部件组成。常见的飞利浦 Azurion 7 M20 型 DSA 设备外观见图 6.8。

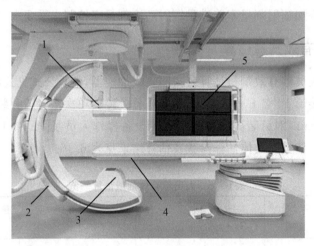

1—平板探测器;2—悬吊 C 臂;3—X 线球管;4—检查床;5—图像显示系统。

图 6.8　常见 Azurion 7 M20 型 DSA 设备的外观示意图

DSA 设备在进行曝光时可分为拍片和透视两种情况。

(1) 拍片检查:拍片是操作人员采取隔室操作的方式(即工作人员在控制室内通过操作台对病人进行曝光),工作人员通过铅玻璃观察窗观察机房内患者情况,并通过对讲系统与患者交流,曝光并通过电子计算机处理后得到最终的减影图像,根据减影图像对患者的病情进行诊断。

(2) 介入治疗:透视是病人需进行介入手术治疗时,为更清楚地了解病人的情况,会有连续透视和脉冲透视,此时介入手术医生位于铅帘后身着铅服、铅眼镜等个人防护用品在机房内对患者进行直接的介入手术操作。

拍片曝光时间很短,为毫秒级,形成的图像便于诊断和资料存储,但是无法从不同角度观察。拍片时 DSA 机球管可达到满功率,此时管电流较大,多达数百毫安。

连续透视是传统成像模式,脚闸接通情况下,球管 X 光一直处于发射状态,也被称为标准透视,可实时观察导管在人体内的穿插情况,是介入手术中辐射量最高的操作模式,也是患者和同处机房内的介入手术医生主要的辐射剂量来源。由于球管要长时间运行，为避免产生热量过大、球管损坏，连续透视时球管功率及电流均较小。脉冲透视是利用 X 射线管栅控技术，采用脉冲方式控制 X 射线的产生，利用视觉暂留效果读取连续脉冲影像，从而达到减少 X 射线剂量的同时不影响透视效果。脉冲透视的特点是超短时间（2～6 ms/脉冲，至多 50 F·s^{-1}，因此 1 秒内 X 射线累积出束时间至多 300 ms）、低电压大电流连续脉冲式动态采集，同时还能自动根据成像区衰减状态调整 kV/mA 等参数，使 X 线球管保持最佳负荷状态，在安全辐射剂量范围内获取最佳图像质量。实测表明，脉冲透视相比于连续透视，无论是对患者还是对手术人员均能够降低至少一半的辐射剂量。

DSA 设备的核心部件为 X 射线发生器，成像基本原理是：将受检部位没有注入造影剂和注入造影剂后的血管造影 X 射线荧光图像，经电子计算机处理并将两幅图像的数字信息相减，最终获得去除骨骼、肌肉和其他软组织，只留下单纯血管等影像的减影图像，通过显示器显示出来。通过 DSA 机处理的图像，使血管等的影像更为清晰，在进行介入手术时更为安全。

目前，大部分 DSA 设备均属于平板探测器型，其成像原理为：①曝光前对非晶硒两面的偏置电极板预先施加 1～5 000 V 正向电压形成偏执电场，像素矩阵处于预置初始状态；②X 线曝光时在偏执电场作用下形成电流→垂直运动→电荷采集电极→给储存电容充电；③读取 TFT 储存电容内的电荷→放大→A/D 转换成数字信号→计算机运算→形成数字图像；④消除残存电荷。

介入治疗是在医学影像设备的引导下，通过置入体内的各种导管的体外操作和独特的处理方法，对体内病变进行治疗。介入治疗具有不开刀、创伤小、恢复快、效果好的特点。

二、工作场所分区及其污染源

（一）工作场所分区

应按照 GB 18871—2002《电离辐射防护与辐射源安全基本标准》要求将 DSA 工作场所划分出控制区和监督区，并进行相应的管理。控制区主要指 DSA 机房，监督区一般包括 DSA 设备控制室、设备间以及与控制区相连的其他场所或区域。

某医院拟开展 DSA 放射诊断和介入治疗项目，工作场所包括 DSA 机房、控制室、设备间、缓冲区等，具体分区情况见图 6.9。

开展介入手术时，机房内 DSA 设备球管发射 X 射线，机房为"需要专门防护手段或安全措施的区域"，属 GB 18871—2002 定义的控制区。而控制室用于 DSA 设备的参数设置，设备间用于放置 DSA 设备相关附属设备，病患缓冲区用于准备手术的病人候诊，污洗间用于放置消毒、清洁工具，也是手术后产生的医疗废物送出的污物通道，均与机房相邻，为"在其中通常不需要专门的防护手段或安全措施，但需要经常对职业照射条件进行监督和评价的区域"，属 GB 18871—2002 定义的监督区。无菌室用于放置 DSA 手术相关耗材等，不属于"需要专门防护手段或安全措施的区域"，但考虑到人员需经 DSA 机房方能进

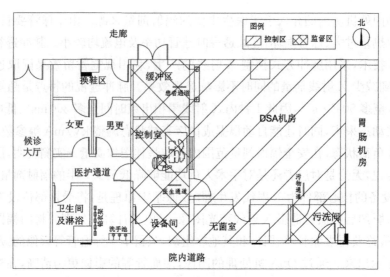

图 6.9 某医院 DSA 工作场所分区示例

入无菌室,从辐射安全角度考虑,仍将无菌室划为控制区。机房北侧走廊、东侧胃肠机房虽与控制区相邻,但因其不属于 DSA 工作场所,因此不划为监督区。

(二) 放射性污染源

根据 DSA 设备的工作原理可知,X 射线是随机器的开关而产生和消失。因此,在关机状态下不产生 X 射线,只有在开机处于出束状态时才会发出 X 射线。因此,在开机期间,X 射线为污染环境的主要因子。

(三) 剂量约束值与剂量率水平

辐射工作人员职业照射和公众照射的剂量限值应满足 GB 18871—2002 的要求。同时根据 GBZ 130—2020《放射诊断放射防护要求》等行业标准的要求,DSA 项目辐射防护的剂量约束值一般规定为:①辐射工作人员个人年有效剂量为 5 mSv;②公众成员个人年有效剂量为 0.1 mSv。同时,DSA 机房屏蔽体外 30 cm 及周围人员可居留处周围剂量当量率应不大于 2.5 μSv/h。

三、机房屏蔽符合性分析

示例 DSA 机房位于一层,无地下一层,机房上方为护士站,机房采用实体屏蔽,见图 6.9。具体屏蔽措施包括:机房四周墙壁均采用 24 cm 轻质隔墙 + 3 mm 铅板屏蔽,顶棚采用 120 mm 混凝土(2.35 g/cm^3) + 80 mm 硫酸钡水泥(4.35 g/cm^3)屏蔽,防护门(4 扇)采用内含 3 mm 铅板屏蔽,观察窗采用 3 mm 铅当量铅玻璃。

医院拟购 DSA 设备最大管电压为 125 kV,最大管电流为 1 000 mA,总滤过不小于 2.5 mm 铝,焦皮距不小于 38 cm。

(一) DSA 机房各屏蔽部位的铅当量厚度核算

按额定管电压 125 kV 有用线束的极端条件,保守核算 DSA 机房各屏蔽部位屏蔽材料的等效铅当量厚度。对于轻质隔墙,不具备屏蔽防护效果,不计铅当量。顶棚为两种屏蔽物质,需对顶棚的铅当量厚度进行核算。

DSA 机房顶棚内层屏蔽物质为 80 mm 硫酸钡水泥,外层屏蔽物质为 120 mm 混凝土,根据 GBZ 130—2020 中 C.2.1,对于给定两种屏蔽物质的厚度,计算铅当量:查表得到内层屏蔽物质的相当于外部屏蔽物质的当量厚度,加上外部屏蔽物质厚度,得到总的外部屏蔽物质的总当量厚度,查表 C.2~表 C.7 得到铅当量。

根据下式估算硫酸钡水泥的等效混凝土厚度 d(mm):

$$d = \frac{d_1 \times \rho_1}{\rho_2},\tag{6.16}$$

式中:d_1——硫酸钡水泥厚度,mm;

ρ_1——硫酸钡水泥密度,示例中取 4.35 g/cm³;

ρ_2——混凝土密度,取 2.35 g/cm³。

因此,可计算得出,80 mm 硫酸钡水泥的等效混凝土厚度为 148 mm。加上外部屏蔽物质厚度(120 mm 混凝土),得到 DSA 机房顶棚屏蔽的混凝土总等效厚度为 268 mm。

按照 GBZ 130—2020 中 C.1.2 b)给出的公式(下式),计算不同屏蔽物质的铅当量厚度 X(mm):

$$X = \frac{1}{\alpha\gamma} \times \ln\left(\frac{B^{-\gamma} - \frac{\beta}{\alpha}}{1 + \frac{\beta}{\alpha}}\right),\tag{6.17}$$

式中:α,β,γ——相应屏蔽物质对相应管电压 X 射线辐射衰减的有关的拟合参数;

B——给定铅厚度的屏蔽透射因子,对照 GBZ 130—2020 中 C.1.2 a)要求采用下式进行计算:

$$B = \left[\left(1 + \frac{\beta}{\alpha}\right) \times e^{\alpha\gamma X} - \frac{\beta}{\alpha}\right]^{-\frac{1}{\gamma}}。\tag{6.18}$$

由 GBZ 130—2020 中表 C.2 查取 125 kV(主束)管电压工况下 X 射线(主束)辐射衰减的有关的拟合参数,如表 6.17 所示。

表 6.17　125 kV(主束)管电压工况下 X 射线辐射衰减的有关的拟合参数

屏蔽材料	α	β	γ
铅	2.219	7.923	0.5386
混凝土	0.03502	0.07113	0.6974

为此,由前述公式可计算得出,DSA 机房顶棚(120 mm 混凝土+80 mm 硫酸钡水泥,即等效 268 mm 混凝土)的屏蔽透射因子 B 为 2.13×10^{-5}、铅当量厚度为 3.9 mm。

（二）屏蔽铅当量厚度与标准要求的相符性

根据前述等效铅当量厚度核算情况，可对本项目 DSA 机房屏蔽体等效铅当量进行汇总。四周墙体采用 24 cm 轻质隔墙＋3 mm 铅板屏蔽，等效铅当量为 3.0 mm；顶棚采用 120 mm 混凝土＋80 mm 硫酸钡水泥屏蔽，等效铅当量为 3.9 mm；防护门内含 3 mm 铅板，等效铅当量为 3.0 mm；观察窗为 3 mm 铅当量铅玻璃，等效铅当量为 3.0 mm。

因此，示例 DSA 机房的屏蔽防护措施能够满足 GBZ 130—2020《放射诊断放射防护要求》中 C 型臂 X 射线设备机房有用线束方向、非有用线束方向屏蔽防护铅当量厚度不小于 2.0 mm 铅当量的要求。

四、辐射影响估算

DSA 设备的 C 型臂上，X 射线球管及平板探测器分别在 C 型臂的两端，球管出束口恒定朝向平板探测器照射，出束主射线在平板探测器成像范围（照射野范围）内。

平板探测器由闪烁体层、光电二极管/非晶硅阵列层、信号读出电路和石英玻璃衬体等部分组成。X 射线球管发射的 X 射线光子穿过人体被检测部位，未被吸收的 X 射线光子撞击闪烁体层，闪烁体材料将其转化成可见光光子；接着可见光光子撞击光电二极管阵列，转化成电子；电子激活非晶硅层像素；激活的像素产生电子数据，被计算机转化成高质量的被检测物体的图像并在显示器上显示。在对 X 射线探测时，均要求闪烁体具有对电离辐射的高阻断能力，要求所有入射到发光材料上的 X 射线尽可能多地被吸收，闪烁体对射线的吸收能力越强，射线越不容易穿透晶体，因此，探测器的探测效率会越高。

球管主射线照射野小于平板探测器面积，无论 DSA 机的 C 型臂如何转动，球管主射线都将被平板探测器完全捕集。因此，DSA 机房的屏蔽，仅需考虑对球管漏射线及人体散射线进行屏蔽。

目前，DSA 设备基本都具有自动照射量控制调节功能（AEC），摄影时，如果受检者体型偏瘦，功率自动降低，照射量率减小；如果受检者体型较胖，功率自动增强，照射量率增大。为了防止球管烧毁并延长其使用寿命，实际使用时，管电压和管电流通常留有一定的裕量。

示例中 DSA 设备正常运行时，连续透视模式下正常使用的最大管电压为 80 kV，最大管电流为 20 mA；拍片和脉冲透视模式下正常使用的最大管电压为 80 kV，最大管电流为 500 mA。DSA 设备球管离机房东墙为 2 m，以 DSA 机房东墙为例，对东墙外 30 cm 处关注点的辐射剂量率进行理论估算。

（一）泄漏辐射剂量计算

根据国际放射防护委员会第 33 号出版物《医用外照射源的辐射防护》（ICRP 33，郑钧正等译，1984 年），用于诊断目的的每一个 X 射线管必须封闭在管套内，以使得位于该套管内的 X 射线管在制造厂规定的每个额定值时，离焦点 1 m 处所测得的泄漏辐射在空气中的比释动能率不超过 1 mGy/h，即在距离源 1 m 处不超过 100 cm² 的面积上或者在离管或源壳 5 cm 处的 10 cm² 面积上进行平均测量，取示例 DSA 离焦点 1 m 处的泄漏辐射空气比释动能率为 1.0 mGy/h。

泄漏辐射剂量率 $\dot{H}_{L}$（μGy/h）采用下式计算：

$$\dot{H}_{L}=\frac{H_{l}\times B}{R^{2}},\qquad(6.19)$$

式中：H_{L}——距靶 1 m 处泄漏射线的空气比释动能率（通常取 1.0 mGy/h），mGy/h；

　　R——靶点至关注点的距离（示例中取 2.54 m），m；

　　B——屏蔽透射因子，无量纲，计算公式见式（6.18）。

根据 GBZ 130—2020 表 C.2 中与 80 kV 邻近的 70,90,100 kV 等管电压数据，采用曲线拟合方法分别制作 α,β,γ 拟合曲线，由拟合曲线查取 80 kV 管电压相应的 α,β,γ 数值，得到三者取值分别为 3.722,21.356,0.699。东墙等效铅当量为 3 mm，则可估算得出 B 为 9.24×10^{-7}。为此，可计算出 DSA 机房东墙外 30 cm 处关注点的泄漏辐射剂量率 $\dot{H}_{L}$ 为 $1.43\times10^{-4}\ \mu$Gy/h。

（二）散射辐射剂量计算

DSA 设备的散射线主要考虑有用线束照射到人体上产生的侧向散射线，其强度与有用线束的 X 射线能量、X 射线机的输出量、散射面积和距离等有关。示例中 DSA 设备型号未定，滤过条件未知，根据 ICRP 33 号报告第 79 段关于"总过滤不得小于 2.5 mm 铝"的要求，同时根据《辐射防护导论》附图 3 曲线，示例 DSA 设备正常运行时离靶 1 m 处的 X 射线发射率保守取 5 mGy·m²·mA⁻¹·min⁻¹（80 kV 管电压、2.5 mm 铝滤过条件下的数值）。

在保守假设 DSA 设备对关注点照射的使用因子为 1，关注点人员居留因子也为 1 的情况下，散射线在关注点处的比释动能率 $\dot{K}_{s}$（μGy/h）采用下式计算：

$$\dot{K}_{s}=\frac{H_{0}\cdot I\cdot a\cdot(S/400)\cdot B_{s}}{d_{0}^{2}\cdot d_{s}^{2}},\qquad(6.20)$$

式中：H_{0}——离靶 1 m 处的 X 射线发射率（示例中保守取值 5 mGy·m²·mA⁻¹·min⁻¹），mGy·m²·mA⁻¹·min⁻¹；

　　I——管电流，mA；

　　a——人体对 X 射线的散射照射量与入射照射量的比值，根据《辐射防护手册》（第一分册）表 10.1 中管电压为 70,100,125 kV 对应散射角为 90° 的 a 值绘制拟合曲线，从曲线查取 80 kV 对应的 a 取值为 0.000 8；

　　S——主束在患者体上的散射面积（考虑手术需要的最大照射面积，取 100 cm²），cm²；

　　d_{0}——源至受照点的距离（示例中 d_{0} 保守取最小焦皮距 0.38 m），m；

　　d_{s}——受照体至关注点的距离，m；

　　B_{s}——屏蔽材料对散射线的透射因子［计算公式见式（6.18）］，参数及结果同泄漏辐射），无量纲。

将有关参数代入式(6.20),计算 DSA 机房东墙外 30 cm 处关注点的散射辐射空气比释动能率。当 DSA 为连续透视运行模式时,电流 I 为 20 mA,对应的比释动能率 $\dot{K}_s$ 为 1.19×10^{-3} μGy/h;当 DSA 为拍片/脉冲透视运行模式时,电流 I 为 500 mA,对应的比释动能率 $\dot{K}_s$ 为 2.97×10^{-2} μGy/h。

(三) 叠加剂量与评判

根据上述估算结果,可得到 DSA 机房东墙外 30 cm 处关注点泄漏辐射和散射辐射的叠加剂量率(简单相加)。

示例 DSA 设备在连续透视模式下,DSA 机房东墙外 30 cm 处关注点的辐射剂量率最大为 1.33×10^{-3} μSv/h,在拍片/脉冲透视模式下,DSA 机房东墙外 30 cm 处关注点的辐射剂量率最大为 2.98×10^{-2} μSv/h。从估算结果看,该屏蔽措施能够满足不大于 2.5 μSv/h 的辐射环境剂量率控制水平要求。

五、人员年有效剂量估算

DSA 机房外工作人员及公众成员的年有效剂量估算公式同直线加速器,估算公式见式(6.9),此处主要介绍 DSA 机房内介入手术医生的年有效剂量估算。

介入手术操作是在 X 射线透视引导下进行的,透视时射线出束时间相对较长,根据手术难易不同,单台介入手术透视曝光累计出束时间也不同。在手术过程中,介入手术医生要站在导管床边进行手术操作,其手部直接暴露在照射野内,而躯干距离 X 线球管照射野也非常近,受到 X 射线球管漏射和散射线的叠加辐射影响。

DSA 介入手术医生年有效剂量可根据 GBZ 128—2019《职业性外照射个人监测规范》中方法进行估算。根据该标准,对于介入放射学等全身受照不均匀的工作情况,应采用双剂量计监测方法(除在铅围裙锁骨对应的领口位置佩戴剂量计外,还应在铅围裙内躯干上再佩戴另一个剂量计)。

当佩戴铅围裙内、外两个剂量计时,采用下列公式估算介入手术人员有效剂量 E(主要指外照射分量):

$$E = \alpha H_u + \beta H_o, \tag{6.21}$$

$$H_u = \dot{H}_u \times T \times B, \tag{6.22}$$

$$H_o = \dot{H}_o \times T, \tag{6.23}$$

式中:E——有效剂量中的外照射分量,mSv;

α——系数,有甲状腺屏蔽时,取 0.79;

H_u——铅围裙内佩戴的个人剂量计测得的 $H_p(10)$,mSv;

β——系数,有甲状腺屏蔽时,取 0.051;

H_o——铅围裙外锁骨对应的衣领位置佩戴的个人剂量计测得的 $H_p(10)$,mSv;

$\dot{H}_u$——铅围裙外腰部附近的辐射水平,mSv/h;

T——每名介入手术工作人员年透视受照时间,h;

B——透射比,即屏蔽透射因子[一般医院配备的铅围裙的铅当量为 0.5 mm Pb,可由式(6.18)估算得出 B 为 $1.48×10^{-2}$];

$\dot{H}_。$——铅围裙外锁骨对应的衣领附近的辐射水平,mSv/h。

根据 WS 76—2020《医用 X 射线诊断设备质量控制检测规范》,DSA 设备属于"非直接荧光屏透视设备",验收检测和每年一次的状态检测,均需确保透视防护区检测平面上第一术者和第二术者的足部、下肢、腹部、胸部及头部的位置,周围剂量当量率应 $\leqslant$ 0.4 mSv/h。为此,实际估算时,上述公式中的 $\dot{H}_u$ 和 $\dot{H}_。$ 均按上限保守取 0.4 mSv/h。

示例 DSA 项目运行后,假设预计单名介入手术人员每年最多安排 300 台手术,平均每台手术透视时间为 20 min,则单名介入手术工作人员年透视受照时间最多为 100 h。将相关参数分别代入上述公式,可得 H_u 为 0.592 mSv,$H_。$ 为 40 mSv,再进一步计算可得,示例 DSA 设备介入手术人员年有效剂量 E 为 2.51 mSv。能够满足 GB 18871—2002 中剂量限值要求和项目管理目标剂量约束值:职业人员年有效剂量不超过 5 mSv。

但实际手术时,不同类型的手术,其减影或透视的管电压、管电流不同,投照方位根据需要而变化,且投照出束时间不同,机房内介入工作人员受到的照射剂量可能与理论估算值有偏差。还需依靠其佩戴的个人剂量计进行跟踪性检测,以个人剂量检测报告为依据,严格控制职业人员受照剂量,防止个人剂量超标。

第五节 射线探伤项目环境影响评价

射线探伤是利用某种射线开展无损检测的一种方法,主要包括 X 射线探伤、γ 射线探伤、工业加速器探伤和中子射线探伤,其中最常用的探伤方法为 X 射线探伤、γ 射线探伤。X 射线探伤常用的设备有 X 射线探伤装置、工业 CT,γ 射线探伤常用的设备有 γ 射线探伤机,常用的放射源有 Ir-192、Se-75、Co-60。

X 射线透照时间短、速度快,检查厚度小于 30 mm 时,显示缺陷的灵敏度高,但设备复杂、费用大,穿透能力比 γ 射线小。

γ 射线能透照 300 mm 厚的钢板,透照时不需要电源,方便野外工作,环缝时可一次曝光,但透照时间长,不宜用于小于 50 mm 构件的透照。

射线探伤工作过程主要包括两种,一种是探伤室探伤,即在探伤室内利用射线探伤装置产生的射线对被测物体内部结构进行检查;另一种是现场探伤,即在室外、生产车间或安装现场使用移动式探伤装置对物体内部结构进行检查。

一、项目设备工作原理

本小节主要介绍工业 X 射线、γ 射线探伤室探伤(即固定式 X 射线、γ 射线探伤)项目的环境影响评价。

(一) X 射线探伤机

X 射线探伤机核心部件是 X 射线管,它是一个内真空的玻璃管,其中一端是作为电子源的阴极,另一端是嵌有靶材料的阳极。当两端加有高压时,阴极的灯丝热致发射电子。由于阴极和阳极两端存在电位差,电子向阳极运动,形成静电式加速,获取能量。具有一定动能的高速运动电子,撞击靶材料,产生 X 射线。

　　X 射线无损检测过程中,由于被检工件内部结构密度不同,其对射线的阻挡能力也不一样,物质的密度越大,射线减弱强度越大,底片感光量越小。当工件内部存在气孔、裂缝、夹渣等缺陷时,射线穿过有缺陷的路径比没有缺陷的路径所透过的物质密度要小得多,其减弱强度较小,即透过的射线强度较大,底片感光量较大,从而可以从底片曝光强度的差异判断焊接的质量、缺陷位置和被检样品内部的细微结构等。图 6.10 为常见 X 射线探伤机外形和结构示意图。

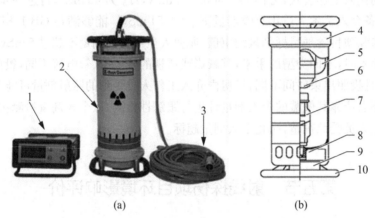

(a)　　　　　　(b)

1—控制箱;2—X 射线发生器;3—连接电缆;4—管桶;5—变压器铁芯;
6—高压包(灯丝线圈共用);7—X 射线管;8—铝散热器;9—冷却风扇;10—保护端环。

图 6.10　常见 X 射线探伤机外形和结构示意图
(a) 外形示意图　(b) 结构示意图

(二) γ 射线探伤机

　　γ 射线探伤机在工作过程中通过 γ 放射源产生的 γ 射线对受检工件进行照射,当射线在穿过裂缝等缺陷部位时其衰减明显减少,胶片接受的辐射增大,根据曝光强度的差异判断焊接的质量。如有焊接质量问题,在显影后的胶片上产生一个较强的图像显示缺陷所在的位置,γ 射线探伤机据此实现探伤目的。

　　γ 射线探伤机一般由放射源及源容器(贮源容器)、源托、输源管、遥控装置和其他附件组成,常用 γ 射线探伤机外部结构和内部构造示意见图 6.11。源容器是探伤机主体,用作放射源贮存和运输的屏蔽容器。其最外层为钢包壳,内部一般为贫铀屏蔽层。源容器的一端有联锁装置,用来连接控制缆;另一端通过管接头和输源管连接。未工作时放射源位于芯部的"S"形管道中央,以防射线的直通照射。工作时,转动快门环操作偏心轮,使偏心轮中的曝光通道和源通道对直,用快速接头把输源管和源容器连起来,输源导管的另一端部构成照射头,操作遥控装置将放射源移出源容器至照射头,进行曝光照相检测。

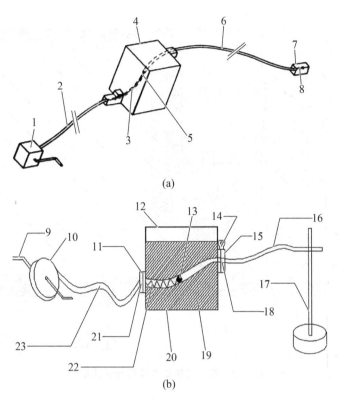

1—遥控装置(驱动装置);2—控制缆及导管;3—源托;4—源容器;5—密封源所处安全位置;
6—输源管;7—照射头;8—密封源工作位置;9—曲柄;10—驱动装置;11—安全锁;12—提手;
13—源;14—安全锁钥匙;15—安全锁;16—输源导管;17—源支架;18—源输出端;19—贫铀罐;
20—壳体;21—源输入端;22—源辫;23—输源导管。

图 6.11　常用 γ 射线探伤机外部结构和内部构造示意图

(a) 外部结构图　(b) 内部构造图

二、工作场所分区及其污染源分析

(一)工作场所分区

应按照《电离辐射防护与辐射源安全基本标准》(GB 18871—2002)、《工业探伤放射防护标准》(GBZ 117—2022)等要求将探伤工作场所划分出控制区和监督区,并进行相应的管理。控制区一般包括探伤室和放射源库(γ 射线探伤配套),监督区一般包括控制室以及与控制区外部相邻的区域。

某公司拟开展 X 射线和 γ 射线探伤项目,探伤工作场所包括探伤室、放射源库、控制室、评片室等。开展探伤工作时,探伤工作场所将划分控制区和监督区,控制区包括探伤室、放射源库,监督区包括控制室、评片室等与控制区相邻的配套辅房。其中与控制区相连的车间走道因不属于探伤工作场所,因此不划为监督区。具体分区情况见图 6.12。

(二)剂量约束值与环境剂量率控制水平

辐射工作人员职业照射和公众照射的剂量限值应满足 GB 18871—2002 的要求。同

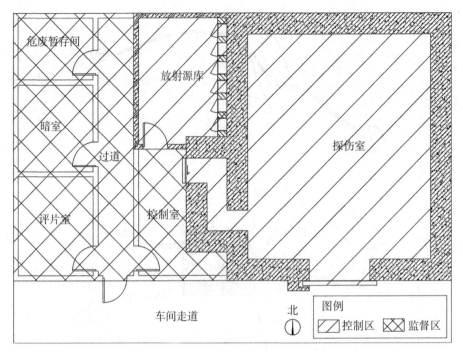

图 6.12 某公司探伤工作场所分区示例

时根据《工业探伤放射防护标准》(GBZ 117—2022)等行业标准的要求,射线探伤项目辐射防护的剂量约束值一般规定为:辐射工作人员个人年有效剂量为 5 mSv,公众成员个人年有效剂量为 0.1 mSv。

对于探伤室四周墙体和防护门,要求其外表面 30 cm 处关注点的辐射剂量率不大于 2.5 μSv/h。

对于探伤室顶,当探伤室上方已建、拟建建筑物或探伤室旁邻近建筑在自辐射源点到探伤室顶内表面边缘所张立体角区域内时,探伤室顶外表面 30 cm 处关注点的辐射剂量率不大于 2.5 μSv/h;对不需要人员到达的探伤室顶,探伤室顶外表面 30 cm 处的剂量率参考控制水平通常可取为 100 μSv/h。

如果放射源库外表面能接近公众,其屏蔽应能使设施外表面的辐射剂量率小于 2.5 μSv/h 或者审管部门批准的水平。

(三) 放射性污染源

由 X 射线探伤机工作原理可知,只有探伤机在开机并处于出束状态时才会发出 X 射线,因此 X 射线探伤机在开机曝光期间,X 射线是污染环境的主要因子。

γ 射线探伤机贮源位屏蔽层大多为一定厚度的贫铀材料,称其为贫铀罐。γ 射线探伤辐射污染主要是当放射源处于贮源位时,放射源发射的 γ 射线经不完全屏蔽对周围环境产生的外照射,以及放射源被摇出贫铀罐后进行曝光时发射的 γ 射线对周围环境产生的外照射,因此 γ 射线是污染环境的主要因子。

(四) 探伤室屏蔽情况

本部分示例中探伤室为单层建筑,探伤室上方无建筑,周围无邻近高层建筑,探伤室及放射源库采用实体屏蔽措施,放射源库内靠近东墙设置 18 个储源格(单层 6 个,共 3 层),用于贮存 γ 射线探伤机,具体屏蔽设计参数见表 6.18。

表 6.18　探伤室及放射源库屏蔽参数

屏 蔽 体		材质及厚度
探伤室	四周墙体、迷道	860 mm 混凝土
	屋顶	750 mm 混凝土
	工件门(位于南墙)	内含 50 mm 厚铅板
	迷道门(位于西墙)	内含 15 mm 厚铅板
放射源库	东墙、南墙东侧部分(与探伤室共用)	860 mm 混凝土
	南墙西侧部分、西墙、北墙	200 mm 混凝土
	屋顶	150 mm 混凝土
	入口门(位于南墙)	普通防盗门
单个储源格 (共 18 个)	东墙(与探伤室共用)	860 mm 混凝土
	南墙、北墙	240 mm 混凝土
	西墙(设置为含铅门)	4 mm 钢＋10 mm 铅
	顶板	120 mm 混凝土
	底板	120 mm 混凝土 (最下层底板为 150 mm 混凝土)

注:混凝土密度不低于 $2.35\,\mathrm{g/cm^3}$,铅的密度为 $11.3\,\mathrm{g/cm^3}$。

公司拟配备 3 台 X 射线探伤机,为定向机,型号未定,最大管电压为 300 kV,最大管电流为 5 mA;拟配备 18 台 γ 射线探伤机(使用 8 枚 ^{192}Ir 放射源和 10 枚 ^{75}Se 放射源),均为 P 类(手提式)探伤机,单台探伤机使用 1 枚放射源,放射源最大活度为 3.7×10^{12} Bq。每次探伤作业仅使用 1 台 γ 射线探伤机或 X 射线探伤机,X 射线探伤机固定向东照射,γ 射线探伤机照射头或 X 射线探伤机靶点距离探伤室各侧屏蔽墙的最小距离为 2 m,距离地面的最大高度为 1 m,迷道宽度为 84 cm。

三、射线探伤辐射影响估算

(一) γ 射线探伤机内放射源在屏蔽状态下辐射环境影响分析

示例中拟配备的 γ 射线探伤机均为 P 类(手提式)探伤机,当放射源处于探伤机源容器内时,根据《工业探伤放射防护标准》(GBZ 117—2022)表 2 规定,P 类探伤机离源容器外表面 5 cm 处周围剂量当量率 $\dot{K}_1 \leqslant 0.5\,\mathrm{mSv/h}$,外表面 1 m 处 $\dot{K}_1 \leqslant 0.02\,\mathrm{mSv/h}$。

由于周围剂量当量率与距离平方成反比,因此根据下式可计算得出距离探伤机不同位置处的辐射水平。

$$\dot{K}_1 = \dot{K}_0 \times \frac{R_0^2}{R_1^2}, \tag{6.24}$$

式中:$\dot{K}_1$——距探伤机外表面 R(m)处的周围剂量当量率,mSv/h;

$\dot{K}_0$——距离探伤机外表面 1 m 处的周围剂量当量率,mSv/h;

R_0——探伤机表面外 1 m 处与放射源之间的距离,m;

R_1——参考点与放射源之间的距离,m。

一般而言,源贮存位置至源表面距离取 5 cm。那么 R_1 与参考点距离探伤机外表面距离 R 的关系为 $R_1 = R + 0.05$(m),而 $R_0 = 1.0 + 0.05 = 1.05$(m)。 因此,当 $\dot{K}_0$ 为 0.02 mSv/h 时,可根据式(6.24)计算出参考点距离探伤机外表面不同距离 R 下的周围剂量当量率,结果如图 6.13 所示。

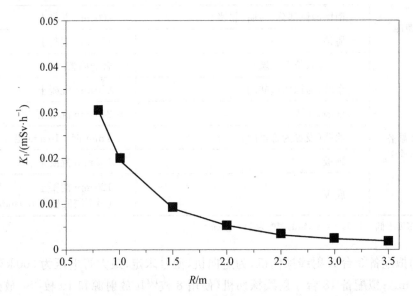

图 6.13　参考点与探伤机外表面距离与周围剂量当量率关系图

由图 6.13 可以看出,辐射工作人员领取探伤机、在探伤室内移动探伤机等过程中近距离接触 γ 射线探伤机将受到一定的外照射。因此,实际工作过程中工作人员应注意控制与探伤机接触时间,在探伤室内进行工件调运以及胶片贴、取等其他工作时还应注意与探伤机保持一定的距离。

(二) 探伤室辐射环境影响估算

γ 射线探伤时使用 4π 发射的放射源,主要考虑放射源发射的 γ 射线(即初级辐射)对探伤室屏蔽体的直接照射,以及散射辐射对迷道入口处的照射。选取辐射影响较大的 Ir－192 探伤机进行探伤室的辐射防护理论预测。

1. 探伤室外初级辐射屏蔽剂量估算

γ射线探伤时,探伤室外初级辐射屏蔽剂量估算采用γ点源计算公式,先计算出无屏蔽体情况下参考点的周围剂量当量率 $\dot{K}$（$\mu Sv/h$）,再计算有屏蔽体情况下参考点的周围剂量当量率 K（$\mu Sv/h$）：

$$\dot{K} = \frac{A \times \Gamma_K}{r^2}, \tag{6.25}$$

$$K = \dot{K} \times B = \dot{K} \times 2^{-\frac{X}{HVL}}, \tag{6.26}$$

式中：$\dot{K}$——周围剂量当量率,$\mu Sv/h$；

　　A——放射源活度,Bq；

　　Γ_K——周围剂量当量率常数,$\mu Sv \cdot m^2/(Bq \cdot h)$；

　　r——参考点到放射源的距离,m；

　　B——根据半值层计算的辐射屏蔽透射因子；

　　X——屏蔽物质厚度,mm；

　　HVL——半值层厚度（根据 GBZ 117—2022 表 A.2,Ir-192 对于混凝土和铅的半值层厚度分别为 50 mm 和 3 mm）,mm。

以 Ir-192 探伤机额定装源活度进行估算,其中放射源活度 A 为 3.7×10^{12} Bq,周围剂量当量率常数 Γ_K 为 $0.17\ \mu Sv \cdot m^2/(MBq \cdot h)$,混凝土和铅的半值层厚度 HVL 分别为 50 mm 和 3 mm。将相关参数代入上述公式,可计算得出探伤室外各参考点的初始辐射剂量率水平,计算结果见表 6.19。

表 6.19　探伤室外初级辐射屏蔽剂量的计算结果一览表

参数	四周屏蔽墙	工件门	迷道门	屋顶
X/cm	86 混凝土	5 铅	86 混凝土+1.5 铅	75 混凝土
r/m	3.16	3.16	4.86	3.3
无屏蔽体时参考点处周围剂量当量率 $\dot{K}/(\mu Sv \cdot h^{-1})$	6.30×10^4	6.30×10^4	2.66×10^4	5.78×10^4
屏蔽透射因子 B	6.64×10^{-6}	9.61×10^{-6}	2.08×10^{-7}	3.05×10^{-5}
有屏蔽体时参考点处周围剂量当量率 $K/(\mu Sv \cdot h^{-1})$	0.42	0.60	5.53×10^{-3}	1.76

2. 迷道门外辐射影响估算

探伤室一般采用"L"形外迷道设计,利用散射降低迷道处的辐射水平,避免 X、γ 射线直接照射迷道入口,探伤室迷道入口处设置铅防护门,铅厚度为 15 mm。探伤室迷道及射线进入迷道后散射示意图见图 6.14。

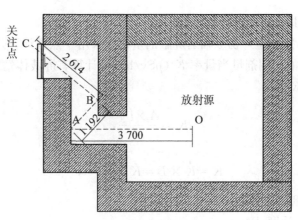

图 6.14   迷道散射示意图

迷道口处的反散射水平(反射点处辐射剂量率 $\dot{H}_{L,h}$)和光子散射后的能量 E 可分别通过下面的公式进行估算:

$$\dot{H}_{L,h}=\frac{F_{j0} \cdot a_\gamma \cdot a}{r_i^2 \cdot r_R^2},\tag{6.27}$$

$$E=\frac{E_0}{1+\dfrac{E_0(1-\cos\theta)}{0.511}},\tag{6.28}$$

式中:$\dot{H}_{L,h}$——反射点处辐射剂量率,Sv/h;

F_{j0}——辐射源处辐射水平,对于 γ 辐射源为放射源活度 A 与周围剂量当量率常数 Γ_K 的乘积,μSv·m²/h;

a_γ——反射物的反射系数;

a——射线束在反射物上的投照面积,m²;

r_i——辐射源同反射点之间的距离,m;

r_R——反射点到参考点的距离,m;

θ——散射角,度(°)。

如图 6.14 中散射路径(虚线条)所示,假设 γ 射线经迷道外墙(设为 A 点)一次散射后一部分射线经迷道内墙(设为 B 点)二次反散射经防护门后到达迷道口外 C 点。根据式(6.27)、(6.28)可计算得出迷道门外关注点处的散射辐射剂量率,结果见表 6.20。

表 6.20   迷道门外关注点处散射辐射剂量率计算参数及计算结果

参数	迷道入口(C 点)	参数	迷道入口(C 点)
A/Bq	3.7×10^{12}	r_i /m	3.7
Γ_K/(μSv·m²·MBq⁻¹·h⁻¹)	0.17	r_{R1}/m	1.192
F_{j0}/(μSv·m²·h⁻¹)	6.29×10^5	r_{R2}/m	2.614

（续表）

参数	迷道入口(C 点)	参数	迷道入口(C 点)
$\alpha_{\gamma 1}$	0.028	$\alpha_{\gamma 2}$	0.03
a_1/m^2	3.3	a_2/m^2	6.7
迷道门设计厚度 X/mm	15 铅	屏蔽透射因子 B	5×10^{-4}
迷道入口处(不考虑防护门屏蔽)辐射剂量率估算值 $H_{L,h}/$ $(\mu\mathrm{Sv}\cdot\mathrm{h}^{-1})$	87.89	迷道门外(考虑防护门屏蔽)关注点处辐射剂量率估算值 $K/(\mu\mathrm{Sv}\cdot\mathrm{h}^{-1})$	4.39×10^{-2}

注：反射系数为根据《辐射防护导论》图 6.4 取值，O–A–B 为垂直入射，入射光子能量为 0.37 MeV，散射角约为 145°，光子散射后的能量约为 0.3 MeV；A–B–C 为近似等角入射，入射光子能量为 0.3 MeV，散射角约为 95°，光子散射后的能量约为 0.18 MeV；根据《放射防护实用手册》附录 2.3.1，15 mm 铅对于 0.18 MeV 的 γ 射线的衰减倍数 K 约为 2×10^3，$B=1/K$。

因此，可得到探伤室迷道门外关注点的辐射剂量率(初级射线辐射和散射辐射之和)约为 $4.94\times10^{-2}\ \mu\mathrm{Sv/h}(5.53\times10^{-3}+4.39\times10^{-2})$。

由此可知：示例中探伤室内开展 γ 射线探伤时，探伤室四周墙体、防护门外各关注点处剂量率估算值为 $(4.94\times10^{-2}\sim0.60)\ \mu\mathrm{Sv/h}$(参考控制水平为 2.5 $\mu\mathrm{Sv/h}$)，屋顶外关注点处剂量率估算值最大为 1.76 $\mu\mathrm{Sv/h}$(参考控制水平为 100 $\mu\mathrm{Sv/h}$)，能够满足项目辐射环境剂量率控制水平要求。

探伤时产生的辐射源通过屋顶泄漏，再经过天空中大气的反散射，返回至探伤室周围的地面附近，形成附加的辐射场，这种现象称为天空反散射。示例探伤室四周屏蔽体外剂量率估算值最大为 0.60 $\mu\mathrm{Sv/h}$，屋顶外关注点处剂量率估算值最大为 1.76 $\mu\mathrm{Sv/h}$，穿出探伤室顶部的辐射在地面关注点处形成的天空反散射剂量率将远小于 1.76 $\mu\mathrm{Sv/h}$，探伤室周围的叠加剂量率能够满足项目辐射环境剂量率控制水平要求(不大于 2.5 $\mu\mathrm{Sv/h}$)。

（三）放射源库辐射环境影响估算

放射源库辐射环境影响的关注点主要包括四周墙壁(东墙、南墙、西墙、北墙)、入口门和屋顶，关注点平面示意图见图 6.15。

根据 GBZ 117—2022 表 A.2，Ir-192 对于混凝土、钢和铅的半值层厚度分别为 50,14 和 3 mm，Se-75 对于混凝土、钢和铅的半值层厚度分别为 30,9 和 1 mm。因此，可根据上述公式估算得出，当源库内处于满负荷状态时，经储源格和源库屏蔽后，γ 射线探伤机对源库外关注点产生的辐射

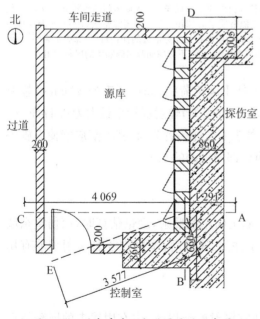

图 6.15　源库外关注点设置平面示意图

影响,估算结果见表 6.21。其中,K_0 为 0.02 mSv/h,R_0 为 1.05 m。

表 6.21　放射源库外屏蔽计算结果一览表

参数		东墙 (A 点)	南墙 (B 点)	入口门 (E 点)	西墙 (C 点)	北墙 (D 点)	屋顶
屏蔽材料及厚度		86 cm 混凝土	110 cm 混凝土 (24 cm+ 86 cm)	4 mm 钢+ 10 mm 铅	4 mm 钢+ 10 mm 铅+ 20 cm 混凝土	44 cm 混凝土 (24 cm+ 20 cm)	27 cm 混凝土 (12 cm+ 15 cm)
R_1/m		1.29	1.66	3.57	4.07	1.0	3.03
无屏蔽体时 $\dot{K}/$ $(\mu\text{Sv}\cdot\text{h}^{-1})$		13.25	8.0	1.73	1.33	22.05	2.4
1 台 Ir- 192 探伤机	B	6.64×10^{-6}	2.38×10^{-7}	0.081	5.09×10^{-3}	2.24×10^{-3}	0.024
	有屏蔽 体时 $\dot{K}/$ $(\mu\text{Sv}\cdot\text{h}^{-1})$	8.80×10^{-5}	1.91×10^{-6}	0.14	6.77×10^{-3}	4.95×10^{-2}	5.69×10^{-2}
1 台 Se- 75 探伤机	B	2.35×10^{-9}	9.17×10^{-12}	7.18×10^{-4}	7.06×10^{-6}	3.84×10^{-5}	1.95×10^{-3}
	有屏蔽 体时 $\dot{K}/$ $(\mu\text{Sv}\cdot\text{h}^{-1})$	3.11×10^{-8}	7.34×10^{-11}	1.24×10^{-3}	9.04×10^{-6}	8.48×10^{-4}	4.69×10^{-3}
8 台 Ir-192 探伤机和 10 台 Se-75 探伤机共 同作用 $\dot{K}/(\mu\text{Sv}\cdot\text{h}^{-1})$		7.04×10^{-4}	1.53×10^{-5}	1.13	5.43×10^{-2}	0.4	0.5

注:源贮存位置至探伤机表面距离取 15 cm,关注点取源库各侧表面外 30 cm,保守不考虑防盗门的等效屏蔽;$R_{1顶}$=最顶层探伤机离储源格顶 0.17 m+源离探伤机表面 0.15 m+储源格厚 0.12 m+储源格源库顶 2.14 m+源库顶厚 0.15 m+关注点 0.3 m=3.03 m,其余 R_1 值直接从图 6.15 中读出,取离各关注点最近的探伤机;估算叠加影响时,保守假设其余探伤机对关注点的影响均与离关注点最近探伤机的影响一致,不考虑储源格间隔墙的屏蔽作用。

根据表 6.21 估算结果可知,当放射源库内处于满负荷状态时,源库外 30 cm 处辐射剂量率为 $(1.53\times10^{-5}\sim1.13)\mu\text{Sv/h}$,公众可达处(北墙外)辐射剂量率最大为 $0.4\,\mu\text{Sv/h}$,满足项目辐射环境剂量率控制水平要求;源库外表面若能接近公众,其屏蔽应能使设施外表面的周围剂量当量率小于 $2.5\,\mu\text{Sv/h}$ 或者审管部门批准的水平。

四、X 射线探伤辐射影响估算

示例中拟配备的 X 射线探伤机为定向机,固定向东侧照射,理论估算时,探伤室东墙考虑 X 射线有用线束的影响,其余三侧墙体、工件门、迷道门、屋顶均考虑 X 射线非有用线束(漏射线和散射线)的影响。

(一)有用线束影响

采用 GBZ/T 250—2014《工业 X 射线探伤室辐射屏蔽规范》中有用线束的屏蔽估算

方法来估算探伤室东墙外 30 cm 处的辐射水平,估算公式如下:

$$\dot{H} = \frac{I \times H_0 \times B}{R^2},\qquad(6.29)$$

式中:$\dot{H}$ ——参考点处剂量率,μSv/h;

　　I——X 射线探伤装置在最高管电压下的常用最大管电流,mA;

　　H_0——距辐射源点(靶点)1 m 处输出量[以 mSv · m^2/(mA · min)为单位的值乘以 6×10^4,在未获得探伤机 X 射线输出量和滤过条件的情况下,保守查取 GBZ/T 250—2014 附录表 B.1 中较大值],μSv · m^2/(mA · h);

　　B——有用射线屏蔽透射因子(根据 GBZ/T 250—2014,在给定屏蔽物质厚度 X 时,由附录 B.1 曲线查出相应的屏蔽透射因子 B);

　　R——辐射源点(靶点)至关注点的距离,m。

探伤室的屏蔽材质为 86 cm 混凝土,探伤机最大管电流为 5 mA,距辐射源点(靶点)1 m 处输出量 H_0 为 1.254×10^6 μSv · m^2/(mA · h),屏蔽透射因子 B 为 1.6×10^{-9},辐射源点(靶点)至关注点的距离 R 为 3.16 m。将这些参数代入式(6.29),可估算出探伤室东墙外 30 cm 处的辐射剂量率 $\dot{H}$ 为 1.00×10^{-3} μSv/h,远小于控制值 2.5 μSv/h。评价结果为满足规定要求。

(二) 非有用线束影响

非有用线束主要包括泄漏射线和散射射线,在考察非有用线束的影响时,需要考虑两者的共同影响。

根据 GBZ/T 250—2014《工业 X 射线探伤室辐射屏蔽规范》规定,泄漏射线和散射射线产生的辐射剂量率 $\dot{H}_x$ 和 $\dot{H}_s$(μSv/h),可分别采用式(6.30)、(6.31)所示估算:

$$\dot{H}_x = \frac{\dot{H}_L \cdot B}{R^2},\qquad(6.30)$$

$$\dot{H}_s = \frac{I \cdot H_0 \cdot B}{R_s^2} \cdot \frac{F \cdot \alpha}{R_0^2},\qquad(6.31)$$

式中:$\dot{H}_L$ ——距靶点 1 m 处 X 射线管组装体的泄漏辐射剂量率(根据 GBZ/T 250—2014 中表 1 取值),μSv/h;

　　B——根据什值层计算的非有用线束屏蔽透射因子,$B = 10^{-\frac{X}{HVL}}$(X 为屏蔽物质厚度,mm);

　　R——辐射源点(靶点)至关注点的距离,m;

　　F——R_0 处的辐射野面积,m^2;

　　α——散射因子,指入射辐射被单位面积(1 m^2)散射体散射到距其 1 m 处的散射辐射剂量率与该面积上的入射辐射剂量率的比;

　　R_0——辐射源点(靶点)至探伤工件的距离,m;

　　R_s——散射体至关注点的距离,m;

H_0，I——意义同上；

TVL——见 GBZ/T 250—2014 附录 B 表 B.2，其中散射辐射按表 2 查出 X 射线 90° 散射辐射最高能量相应的 kV 值并查附录 B 表 B.2。

在本示例中，靶点至工件的距离为 0.5 m，距靶点 1 m 处 X 射线管组装体的泄漏辐射剂量率 $\dot{H}_L$ 为 5 000 μSv/h，90°散射辐射最高能量为 200 kV，探伤机最大管电流为 5 mA，距辐射源点（靶点）1 m 处散射辐射输出量 H_0 为 1.254×10^6 μSv · m²/(mA · h)。示例探伤机圆锥束中心轴和圆锥边界的夹角为 20°，根据 GBZ/T 250—2014 附录 B.4.2，$R_0^2/(F \cdot \alpha)$ 取 50。

将相关参数带入上式，可估算出探伤室南墙、西墙、北墙、工件门、屋顶外 30 cm 处的辐射剂量率，具体屏蔽防护参数及计算结果见表 6.22。

表 6.22 非有用线束屏蔽防护参数及计算结果

屏蔽体		南墙、北墙	西墙	工件门	屋顶
屏蔽材质及厚度		86 cm 混凝土	86 cm 混凝土	5 cm 铅	75 cm 混凝土
泄漏辐射	TVL/cm	10	10	0.57	10
	B	2.51×10^{-9}	2.51×10^{-9}	1.69×10^{-9}	3.16×10^{-8}
	R/m	3.16	3.16	3.16	3.3
	$\dot{H}$ 估算值/(μSv · h^{-1})	1.26×10^{-6}	1.26×10^{-6}	8.47×10^{-7}	1.45×10^{-5}
散射辐射	TVL/cm	8.6	8.6	0.14	8.6
	B	1.00×10^{-10}	1.00×10^{-10}	1.93×10^{-36}	1.90×10^{-9}
	R_s/m	3.16	3.66	3.16	3.3
	$\dot{H}$ 估算值/(μSv · h^{-1})	1.26×10^{-6}	9.36×10^{-7}	2.42×10^{-32}	2.19×10^{-5}
参考点处复合辐射剂量率 $\dot{H}$/(μSv/h)	$\dot{H}$ 估算值	2.52×10^{-6}	2.20×10^{-6}	8.47×10^{-7}	3.64×10^{-5}
	$\dot{H}$ 控制值	2.5	2.5	2.5	100
	评价结果	满足	满足	满足	满足

（三）迷道门外辐射影响估算

X 射线探伤时，迷道门外辐射剂量率主要来源于泄漏辐射和散射辐射。根据表 6.22，西墙外泄漏辐射剂量率为 1.26×10^{-6} μSv/h。在考虑迷道门防护和距离的进一步衰减后，迷道门外的泄漏辐射剂量率可忽略不计，主要估算散射辐射影响。散射辐射估算公式同式（6.31），此处不再重复估算。

根据上述估算结果可知：示例中 X 射线探伤机以满功率运行时，探伤室四周墙体、防护门、顶外各关注点处剂量率均能够满足项目辐射环境剂量率控制水平要求。

五、人员年有效剂量估算

探伤室内开展 X 射线探伤过程，室外工作人员及公众成员的年有效剂量估算公式同直线加速器,估算公式如式(6.9)所示,根据理论估算结果,示例中探伤室内开展 X 射线探伤时,对室外基本无附加辐射影响,此处主要介绍探伤室内开展 γ 射线探伤过程对人员的年有效剂量估算。

(一) 工作人员剂量评价

虽然 γ 射线探伤机表面处辐射水平较高(见图 6.13),但每次探伤时搬运时间很短,对工作人员影响相对较小;而探伤前、后搬运工件及贴取胶片的时间较长,对工作人员影响相对较大。因此,探伤操作人员开展 γ 射线探伤室探伤工作过程中受到的年有效剂量主要考虑:探伤前、后搬运工件及贴取胶片过程、探伤曝光过程受到的影响。

假设 γ 射线探伤工作期间,单名探伤操作人员在探伤室内搬运工件及贴取胶片约 400 h/a,距离探伤机最小距离为 3 m;探伤室年总探伤时间为 1 000 h,探伤曝光过程操作人员工作位处辐射剂量率保守取控制室内最大辐射剂量率估算值,即使用因子 U 和居留因子 T 均取 1。

那么,单名探伤操作人员开展固定式 γ 射线探伤工作过程中受到的年有效剂量包括两部分:搬运工件及贴取胶片过程和探伤曝光过程。搬运工件及贴取胶片过程参考点处剂量率 $\dot{H}$ 为 2.4 μSv/h,乘以年照射时间 t(400 h/a),得到年剂量 E 估算值为 0.96 mSv/a;对于探伤曝光过程,控制室内参考点处剂量率 $\dot{H}$ 为 4.94×10^{-2} μSv/h,乘以年照射时间 t(1 000 h/a),得到年剂量 E 估算值为 4.94×10^{-2} mSv/a。最后,得到叠加年剂量估算值约为 1.0 mSv/a,远低于年剂量控制值 5 mSv/a,评价结果为满足要求。

(二) 公众剂量评价

根据上述理论估算结果和式(6.9),可估算得出开展固定式 γ 射线探伤工作过程中,探伤室周围公众的年有效剂量。具体估算参数及估算结果见表 6.23。

表 6.23 探伤室周围公众的年有效剂量估算表

参数	东墙	南墙	工件门	北墙
居留场所	车间走道	车间走道	车间走道	车间走道
使用因子 U	1	1	1	1
居留因子 T	1/16	1/16	1/16	1/16
参考点处剂量率 $\dot{H}$ /(μSv·h^{-1})	0.42	0.42	0.60	0.42
年照射时间 t/(h·a^{-1})	1 000			
年剂量 E 估算值/(mSv·a^{-1})	0.026	0.026	0.038	0.026
年剂量控制值/(mSv·a^{-1})	0.1	0.1	0.1	0.1
分析评价	满足	满足	满足	满足

根据上述分析估算可知,单名探伤操作人员开展固定式 γ 射线探伤工作过程中受到

的年有效剂量最大为 1.0 mSv，探伤室周围公众年有效剂量最大为 0.038 mSv，能够满足 GB 18871—2002《电离辐射防护与辐射源安全基本标准》中对职业人员受照剂量限值要求以及项目剂量约束值要求：职业人员年有效剂量不超过 5 mSv，公众年有效剂量不超过 0.1 mSv。

习题 6

1. 列举 3 类核技术在医疗领域的应用。

2. 对于 X 射线能量大于 10 MV 的医用直线加速器，其放射性污染源主要包括哪些？

3. 后装治疗机房防护门外主要考虑哪些辐射？

4. 某 I-131 甲癌病房为单人间，患者口服 I-131 药物最大活度为 7.4×10^9 Bq，患者在病房内住院治疗时，离病房四周墙体最近为 1 m，病房墙体为 30 cm 厚混凝土（密度为 2.35 g/cm³），求墙体外 30 cm 处关注点的最大辐射剂量率为多少 μSv/h？

5. 已知 DSA 设备最大管电压为 125 kV，机房底板内层屏蔽物质为 2 mm 铅板，外层屏蔽物质为 120 mm 混凝土（密度 2.35 g/cm³），求机房底板的等效屏蔽铅当量。

6. 某探伤室顶外拟设置评片室等辅助用房，则探伤室顶外表面 30 cm 处关注点的辐射剂量率限值应为多少？

附　录

附录1　放射性核素的豁免活度浓度与豁免活度

附表 1.1　放射性核素的豁免活度浓度与豁免活度(四舍五入为整数)

核素	活度浓度/(Bq/g)	活度/Bq	核素	活度浓度/(Bq/g)	活度/Bq
H－3	1 E+06	1 E+09	Cr－51	1 E+03	1 E+07
Be－7	1 E+03	1 E+07	Mn－51	1 E+01	1 E+05
C－14	1 E+04	1 E+07	Mn－52	1 E+01	1 E+05
O－15	1 E+02	1 E+09	Mn－52m	1 E+01	1 E+05
F－18	1 E+01	1 E+06	Mn－53	1 E+04	1 E+09
Na－22	1 E+01	1 E+06	Mn－54	1 E+01	1 E+06
Na－24	1 E+01	1 E+05	Mn－56	1 E+01	1 E+05
Si－31	1 E+03	1 E+06	Fe－52	1 E+01	1 E+06
P－32	1 E+03	1 E+05	Fe－55	1 E+04	1 E+06
P－33	1 E+05	1 E+08	Fe－59	1 E+01	1 E+06
S－35	1 E+05	1 E+08	Co－55	1 E+01	1 E+06
Cl－36	1 E+04	1 E+06	Co－56	1 E+01	1 E+05
Cl－38	1 E+01	1 E+05	Co－57	1 E+02	1 E+06
Ar－37	1 E+06	1 E+08	Co－58	1 E+01	1 E+06
Ar－41	1 E+02	1 E+09	Co－58m	1 E+04	1 E+07
K－40	1 E+02	1 E+06	Co－60	1 E+01	1 E+05
K－42	1 E+02	1 E+06	Co－60m	1 E+03	1 E+06

（续表）

核素	活度浓度/(Bq/g)	活度/Bq	核素	活度浓度/(Bq/g)	活度/Bq
K-43	1 E+01	1 E+06	Co-61	1 E+02	1 E+06
Ca-45	1 E+04	1 E+07	Co-62m	1 E+01	1 E+05
Ca-47	1 E+01	1 E+06	Ni-59	1 E+04	1 E+08
Sc-46	1 E+01	1 E+06	Ni-63	1 E+05	1 E+08
Sc-47	1 E+02	1 E+06	Ni-65	1 E+01	1 E+06
Sc-48	1 E+01	1 E+05	Cu-64	1 E+02	1 E+06
V-48	1 E+01	1 E+05	Zn-65	1 E+01	1 E+06
Zn-69	1 E+04	1 E+06	Zr-97*	1 E+01	1 E+05
Zn-69m	1 E+02	1 E+06	Nb-93m	1 E+04	1 E+07
Ga-72	1 E+01	1 E+05	Nb-94	1 E+01	1 E+06
Ge-71	1 E+04	1 E+08	Nb-95	1 E+01	1 E+06
As-73	1 E+03	1 E+07	Nb-97	1 E+01	1 E+06
As-74	1 E+01	1 E+06	Nb-98	1 E+01	1 E+05
As-76	1 E+02	1 E+05	Mo-90	1 E+01	1 E+06
As-77	1 E+03	1 E+06	Mo-93	1 E+03	1 E+08
Se-75	1 E+02	1 E+06	Mo-99	1 E+02	1 E+06
Br-82	1 E+01	1 E+06	Mo-101	1 E+01	1 E+06
Kr-74	1 E+02	1 E+09	Tc-96	1 E+01	1 E+06
Kr-76	1 E+02	1 E+09	Tc-96m	1 E+03	1 E+07
Kr-77	1 E+02	1 E+09	Tc-97	1 E+03	1 E+08
Kr-79	1 E+03	1 E+05	Tc-97m	1 E+03	1 E+07
Kr-81	1 E+04	1 E+07	Tc-99	1 E+04	1 E+07
Kr-83m	1 E+05	1 E+12	Tc-99m	1 E+02	1 E+07
Kr-85	1 E+05	1 E+04	Ru-97	1 E+02	1 E+07
Kr-85m	1 E+03	1 E+10	Ru-103	1 E+02	1 E+06
Kr-87	1 E+02	1 E+09	Ru-105	1 E+01	1 E+06
Kr-88	1 E+02	1 E+09	Ru-106*	1 E+02	1 E+05
Rb-86	1 E+02	1 E+05	Rh-103m	1 E+04	1 E+08
Sr-85	1 E+02	1 E+06	Rh-105	1 E+02	1 E+07

（续表）

核素	活度浓度/(Bq/g)	活度/Bq	核素	活度浓度/(Bq/g)	活度/Bq
Sr－85m	1 E＋02	1 E＋07	Pd－103	1 E＋03	1 E＋08
Sr－87m	1 E＋02	1 E＋06	Pd－109	1 E＋03	1 E＋06
Sr－89	1 E＋03	1 E＋06	Ag－105	1 E＋02	1 E＋06
Sr－90*	1 E＋02	1 E＋04	Ag－110m	1 E＋01	1 E＋06
Sr－91	1 E＋01	1 E＋05	Ag－111	1 E＋03	1 E＋06
Sr－92	1 E＋01	1 E＋06	Cd－109	1 E＋04	1 E＋06
Y－90	1 E＋03	1 E＋05	Cd－115	1 E＋02	1 E＋06
Y－91	1 E＋03	1 E＋06	Cd－115m	1 E＋03	1 E＋06
Y－91m	1 E＋02	1 E＋06	In－111	1 E＋02	1 E＋06
Y－92	1 E＋02	1 E＋05	In－113m	1 E＋02	1 E＋06
Y－93	1 E＋02	1 E＋05	In－114m	1 E＋02	1 E＋06
Zr－93*	1 E＋03	1 E＋07	In－115m	1 E＋02	1 E＋06
Zr－95	1 E＋01	1 E＋06	Sn－113	1 E＋03	1 E＋07
Sn－125	1 E＋02	1 E＋05	Cs－135	1 E＋04	1 E＋07
Sb－122	1 E＋02	1 E＋04	Cs－136	1 E＋01	1 E＋05
Sb－124	1 E＋01	1 E＋06	Cs－137*	1 E＋01	1 E＋04
Sb－125	1 E＋02	1 E＋06	Cs－138	1 E＋01	1 E＋04
Te－123m	1 E＋02	1 E＋07	Ba－131	1 E＋02	1 E＋06
Te－125m	1 E＋03	1 E＋07	Ba－140*	1 E＋01	1 E＋05
Te－127	1 E＋03	1 E＋06	La－140	1 E＋01	1 E＋05
Te－127m	1 E＋03	1 E＋07	Ce－139	1 E＋02	1 E＋06
Te－129	1 E＋02	1 E＋06	Ce－141	1 E＋02	1 E＋07
Te－129m	1 E＋03	1 E＋06	Ce－143	1 E＋02	1 E＋06
Te－131	1 E＋02	1 E＋05	Ce－144*	1 E＋02	1 E＋05
Te－131	1 E＋02	1 E＋05	Pr－142	1 E＋02	1 E＋05
Te－131m	1 E＋01	1 E＋06	Pr－143	1 E＋04	1 E＋06
Te－132	1 E＋02	1 E＋07	Nd－147	1 E＋02	1 E＋06
Te－133	1 E＋01	1 E＋05	Nd－149	1 E＋02	1 E＋06
Te－133m	1 E＋01	1 E＋05	Pm－147	1 E＋04	1 E＋07

核素	活度浓度/ (Bq/g)	活度/ Bq	核素	活度浓度/ (Bq/g)	活度/ Bq
Te－134	1 E＋01	1 E＋06	Pm－149	1 E＋03	1 E＋06
I－123	1 E＋02	1 E＋07	Sm－151	1 E＋04	1 E＋08
I－125	1 E＋03	1 E＋06	Sm－153	1 E＋02	1 E＋06
I－126	1 E＋02	1 E＋06	Eu－152	1 E＋01	1 E＋06
I－129	1 E＋02	1 E＋05	Eu－152m	1 E＋02	1 E＋06
I－130	1 E＋01	1 E＋06	Eu－154	1 E＋01	1 E＋06
I－131	1 E＋02	1 E＋06	Eu－155	1 E＋02	1 E＋07
I－132	1 E＋01	1 E＋05	Gd－153	1 E＋02	1 E＋07
I－133	1 E＋01	1 E＋06	Gd－159	1 E＋03	1 E＋06
I－134	1 E＋01	1 E＋05	Tb－160	1 E＋01	1 E＋06
I－135	1 E＋01	1 E＋06	Dy－165	1 E＋03	1 E＋06
Xe－131m	1 E＋04	1 E＋04	Dy－166	1 E＋03	1 E＋06
Xe－133	1 E＋03	1 E＋04	Ho－166	1 E＋03	1 E＋05
Xe－135	1 E＋03	1 E＋10	Er－169	1 E＋04	1 E＋07
Cs－129	1 E＋02	1 E＋05	Er－171	1 E＋02	1 E＋06
Cs－131	1 E＋03	1 E＋06	Tm－170	1 E＋03	1 E＋06
Cs－132	1 E＋01	1 E＋05	Tm－171	1 E＋04	1 E＋08
Cs－134m	1 E＋03	1 E＋05	Yb－175	1 E＋03	1 E＋07
Cs－134	1 E＋01	1 E＋04	Lu－177	1 E＋03	1 E＋07
Hf－181	1 E＋01	1 E＋06	Po－205	1 E＋01	1 E＋06
Ta－182	1 E＋01	1 E＋04	Po－207	1 E＋01	1 E＋06
W－181	1 E＋03	1 E＋07	Po－210	1 E＋01	1 E＋04
W－185	1 E＋04	1 E＋07	At－211	1 E＋03	1 E＋07
W－187	1 E＋02	1 E＋06	Rn－220*	1 E＋04	1 E＋07
Re－186	1 E＋03	1 E＋06	Rn－222*	1 E＋01	1 E＋08
Re－188	1 E＋02	1 E＋05	Ra－223*	1 E＋02	1 E＋05
Os－185	1 E＋01	1 E＋06	Ra－224*	1 E＋01	1 E＋05
Os－191	1 E＋02	1 E＋07	Ra－225	1 E＋02	1 E＋05
Os－191m	1 E＋03	1 E＋07	Ra－226*	1 E＋01	1 E＋04

（续表）

核素	活度浓度/ (Bq/g)	活度/ Bq	核素	活度浓度/ (Bq/g)	活度/ Bq
Os - 193	1 E+02	1 E+06	Ra - 227	1 E+02	1 E+06
Ir - 190	1 E+01	1 E+06	Ra - 228*	1 E+01	1 E+05
Ir - 192	1 E+01	1 E+04	Ac - 228	1 E+01	1 E+06
Ir - 194	1 E+02	1 E+05	Th - 226*	1 E+03	1 E+07
Pt - 191	1 E+02	1 E+06	Th - 227	1 E+01	1 E+04
Pt - 193m	1 E+03	1 E+07	Th - 228*	1 E+00	1 E+04
Pt - 197	1 E+03	1 E+06	Th - 229*	1 E+00	1 E+03
Pt - 197m	1 E+02	1 E+06	Th - 230	1 E+00	1 E+04
Au - 198	1 E+02	1 E+06	Th - 231	1 E+03	1 E+07
Au - 199	1 E+02	1 E+06	Th - 天然（包括 Th - 232）	1 E+00	1 E+03
Hg - 197	1 E+02	1 E+07			
Hg - 197m	1 E+02	1 E+06	Th - 234*	1 E+03	1 E+05
Hg - 203	1 E+02	1 E+05	Pa - 230	1 E+01	1 E+06
Tl - 200	1 E+01	1 E+06	Pa - 231	1 E+00	1 E+03
Tl - 201	1 E+02	1 E+06	Pa - 233	1 E+02	1 E+07
Tl - 202	1 E+02	1 E+06	U - 230*	1 E+01	1 E+05
Tl - 204	1 E+04	1 E+04	U - 231	1 E+02	1 E+07
Pb - 203	1 E+02	1 E+06	U - 232*	1 E+00	1 E+03
Pb - 210*	1 E+01	1 E+04	U - 233	1 E+01	1 E+04
Pb - 212*	1 E+01	1 E+05	U - 234	1 E+01	1 E+04
Bi - 206	1 E+01	1 E+05	U - 235*	1 E+01	1 E+04
Bi - 207	1 E+01	1 E+06	U - 236	1 E+01	1 E+04
Bi - 210	1 E+03	1 E+06	U - 237	1 E+02	1 E+06
Bi - 212*	1 E+01	1 E+05	U - 238*	1 E+01	1 E+04
Po - 203	1 E+01	1 E+06	U - 天然	1 E+00	1 E+03
U - 239	1 E+02	1 E+06	Cm - 242	1 E+02	1 E+05
U - 240	1 E+03	1 E+07	Cm - 243	1 E+00	1 E+04
U - 240*	1 E+01	1 E+06	Cm - 244	1 E+01	1 E+04
Np - 237*	1 E+00	1 E+03	Cm - 245	1 E+00	1 E+03

（续表）

核素	活度浓度/(Bq/g)	活度/Bq	核素	活度浓度/(Bq/g)	活度/Bq
Np-239	1 E+02	1 E+07	Cm-246	1 E+00	1 E+03
Np-240	1 E+01	1 E+06	Cm-247	1 E+00	1 E+04
Pu-234	1 E+02	1 E+07	Cm-248	1 E+00	1 E+03
Pu-235	1 E+02	1 E+07	Bk-249	1 E+03	1 E+06
Pu-236	1 E+01	1 E+04	Cf-246	1 E+03	1 E+06
Pu-237	1 E+03	1 E+07	Cf-248	1 E+01	1 E+04
Pu-238	1 E+00	1 E+04	Cf-249	1 E+00	1 E+03
Pu-239	1 E+00	1 E+04	Cf-250	1 E+01	1 E+04
Pu-240	1 E+00	1 E+03	Cf-251	1 E+00	1 E+03
Pu-241	1 E+02	1 E+05	Cf-252	1 E+01	1 E+04
Pu-242	1 E+00	1 E+04	Cf-253	1 E+02	1 E+05
Pu-243	1 E+03	1 E+07	Cf-254	1 E+00	1 E+03
Pu-244	1 E+00	1 E+04	Es-253	1 E+02	1 E+05
Am-241	1 E+00	1 E+04	Es-254	1 E+01	1 E+04
Am-242	1 E+03	1 E+06	Es-254m	1 E+02	1 E+06
Am-242m*	1 E+00	1 E+04	Fm-254	1 E+04	1 E+07
Am-243*	1 E+00	1 E+03	Fm-255	1 E+03	1 E+06

* 长期平衡中的母核及其子体如下所列：

Sr-90	Y-90
Zr-93	Nb-93m
Zr-97	Nb-97
Ru-106	Rh-106
Cs-137	Ba-137m
Ba-140	La-140
Ce-134	La-134
Ce-144	Pr-144
Pb-210	Bi-210,Po-210
Pb-212	Bi-212,Tl-208(0.36),Po-212(0.64)
Bi-212	Tl-208(0.36),Po-212(0.64)
Rn-220	Po-216
Rn-222	Po-218,Pb-214,Bi-214,Po-214
Ra-223	Rn-219,Po-215,Pb-211,Bi-211,Tl-207
Ra-224	Rn-220,Po-216,Pb-212,Bi-212,Tl-208(0.36),Po-212(0.64)
Ra-226	Rn-222,Po-218,Pb-214,Bi-214,Po-214,Pb-210,Bi-210,Po-210

（续表）

Ra－228	Ac－228
Th－226	Ra－222,Rn－218,Po－214
Th－228	Ra－224,Rn－220,Po－216,Pb－212,Bi－212,Tl－208(0.36),Po－212(0.64)
Th－229	Ra－225,Ac－225,Fr－221,At－217,Bi－213,Po－213,Pb－209
Th－天然	Ra－228,Ac－228,Th－228,Ra－224,Rn－220,Po－216,Pb－212,Bi－212,Tl－208(0.36),Po－212(0.64)
Th－234	Pa－234m
U－230	Th－226,Ra－222,Rn－218,Po－214
U－232	Th－228,Ra－224,Rn－220,Po－216,Pb－212,Bi－212,Tl－208(0.36),Po－212(0.64)
U－235	Th－231
U－238	Th－234,Pa－234m
U－天然	Th－234,Pa－234m,U－234,Th－230,Ra－226,Rn－222,Po－218,Pb－214,Bi－214,Po－214,Pb－210,Bi－210,Po－210
U－240	Np－240m
Np－237	Pa－233
Am－242m	Am－242
Am－243	Np－239

附录 2　辐射环境监测推荐标准方法

附表 2.1　空气与 γ 辐射监测推荐标准方法

监测项目	标准号	标准名称
γ 辐射空气吸收剂量率（瞬时、连续）	GB/T 14583	环境地表 γ 辐射剂量率测定规范
氡及子体	GB/T 14582	环境空气中氡的标准测量方法
氡析出率	EJ/T 979	表面氡析出率测定积累法
气溶胶总 α、β	EJ/T 1075	水中总 α 放射性浓度的测定厚源法（参考）
	EJ/T 900	水中总 β 放射性测定蒸发法（参考）
沉降物总 α、β	EJ/T 1075	水中总 α 放射性浓度的测定厚源法（参考）
	EJ/T 900	水中总 β 放射性测定蒸发法（参考）
气溶胶 γ 核素	WS/T 184	空气中放射性核素的 γ 能谱分析方法
	HJ 1149	环境空气气溶胶中 γ 放射性核素的测定滤膜压片/γ 能谱法
沉降物 γ 核素	GB/T 11713	高纯锗 γ 能谱分析通用方法
沉降物中 ^{90}Sr	EJ/T 1035	土壤中 Sr-90 的分析方法（参考）
气溶胶中 ^{90}Sr	EJ/T 1035	土壤中 Sr-90 的分析方法（参考）
沉降物中 Cs-137	HJ 816	水和生物样品灰中 Cs-137 的放射化学分析方法（参考）
气溶胶中 Cs-137	HJ 816	水和生物样品灰中 Cs-137 的放射化学分析方法（参考）
H-3	HJ 1126	水中氚的分析方法（参考）
C-14	EJ/T 1008	空气中 C-14 的取样与测定方法
Po-210	HJ 813	水中 Po-210 的分析方法（参考）
Pb-210	EJ/T 859	水中 Pb-210 的分析方法（参考）
I-125、I-129	WS/T 184	空气中放射性核素的 γ 能谱分析方法
I-131	GB/T 14584	空气中 I-131 的取样与测定
	WS/T 184	空气中放射性核素的 γ 能谱分析方法

附表2.2　固体与表面污染放射性监测推荐标准方法

监测项目	标准号	标准名称
α、β 表面污染	GB/T 14056.1	表面污染测定 第一部分：β 发射体($E\beta max > 0.15$ MeV)和 α 发射体
C-14	GB/T 37865	生物样品中 C-14 的分析方法 氧弹燃烧法
H-3	GB 12375	水中氚的分析方法(参考)
Po-210	GB/T 16141	放射性核素的 α 能谱分析方法
	HJ 813	水中 Po-210 的分析方法(参考)
Pb-210	GB/T 16145	生物样品中放射性核素的 γ 能谱分析方法
	EJ/T 859	水中 Pb-210 的分析方法(参考)
γ 核素	GB/T 11713	高纯锗 γ 能谱分析通用方法

附表2.3　水体放射性监测推荐标准方法

监测项目	标准号	标准名称
γ 核素	GB/T 16140	水中放射性核素的 γ 能谱分析方法
	HY/T 235	海洋环境放射性核素监测技术规程
总 α、β	EJ/T 1075	水中总 α 放射性浓度的测定厚源法
	HJ 898	水质总 α 放射性的测定厚源法
	EJ/T 900	水中总 β 放射性测定蒸发法
	HJ 899	水质总 β 放射性的测定厚源法
Sr-90	HJ 815	水和生物样品灰中 Sr-90 的放射化学分析方法
Cs-137	HJ 816	水和生物样品灰中 Cs-137 的放射化学分析方法
H-3	HJ 1126	水中氚的分析方法
U	HJ 840	环境样品中微量铀的分析方法
	GB 14883.7	食品安全国家标准食品中放射性物质天然钍和铀的测定
Th	GB 11224	水中钍的分析方法
	GB 14883.7	食品安全国家标准食品中放射性物质天然钍和铀的测定
Ra-226	GB 11214 GB/T 11218	水中 Ra-226 的分析测定
		水中镭的 α 放射性核素的测定
K-40	GB/T 11338	水中 K-40 的分析方法
C-14	HJ 1056	核动力厂液态流出物中 14C 分析方法
Po-210	HJ 813	水中 Po-210 的分析方法
Pb-210	EJ/T 859	水中 Pb-210 的分析方法

（续表）

监测项目	标准号	标准名称
Pu	GB 14883.8	食品安全国家标准食品中放射性物质 Pu-239、Pu-240 的测定（参考）
	HJ 814	水和土壤样品中钚的放射化学分析方法
	HY/T 235	海洋环境放射性核素监测技术规程
I-131	HJ 841	水、牛奶、植物、动物甲状腺中 I-131 的分析方法
Co-60	GB/T 15221	水中钴-60 的分析方法
Ni-63	GB/T 14502	水中镍-63 的分析方法

附表2.4　生物放射性监测推荐标准方法

监测项目	标准号	标准名称
γ核素	GB/T 16145	生物样品中放射性核素的 γ 能谱分析方法
Sr-90	HJ 815	水和生物样品灰中 Sr-90 的放射化学分析方法
Cs-137	HJ 816	水和生物样品灰中 Cs-137 的放射化学分析方法
牛奶中 Cs-137	GB/T 16145	生物样品中放射性核素的 γ 能谱分析方法（参考）
	HJ 816	水和生物样品灰中 Cs-137 的放射化学分析方法
牛奶中 I-131	HJ 841	水、牛奶、植物、动物甲状腺中 I-131 的分析方法
U	HJ 840	环境样品中微量铀的分析方法
Th	GB/T 16145	生物样品中放射性核素的 γ 能谱分析方法（参考）
	GB 14883.7	食品安全国家标准食品中放射性物质天然钍和铀的测定（参考）
Ra-226、Ra-228	GB 14883.6	食品安全国家标准食品中放射性物质 Ra-226 和 Ra-228 的测定（参考）
	GB/T 16145	生物样品中放射性核素的 γ 能谱分析方法

附表2.5　土壤与沉积物放射性监测推荐标准方法

监测项目	标准号	标准名称
γ核素	GB/T 11743	土壤中放射性核素的 γ 能谱分析方法
总 α、β	EJ/T 1075	水中总 α 放射性浓度的测定厚源法（参考）
	EJ/T 900	水中总 β 放射性测定蒸发法（参考）
Sr-90	EJ/T 1035	土壤中 Sr-90 分析方法
Cs-137	HJ 816	水和生物样品灰中 Cs-137 的放射化学分析方法（参考）
	GB/T 11743	土壤中放射性核素的 γ 能谱分析方法

（续表）

监测项目	标准号	标准名称
U	HJ 840	环境样品中微量铀的分析方法
Th	GB 11224	水中钍的分析方法（参考）
	GB 14883.7	食品安全国家标准食品中放射性物质天然钍和铀的测定（参考）
	GB/T 11743	土壤中放射性核素的 γ 能谱分析方法
Ra - 226	GB 11214	水中 Ra - 226 的分析方法（参考）
	GB/T 11218	水中镭的 α 放射性核素的测定（参考）
	GB/T 11743	土壤中放射性核素的 γ 能谱分析方法
Po - 210	HJ 813	水中 Po - 210 的分析方法（参考）
	GB/T 16141	放射性核素的 α 能谱分析方法
Pb - 210	GB/T 11743	土壤中放射性核素的 γ 能谱分析方法
	EJ/T 859	水中 Pb - 210 的分析方法（参考）
Pu	HJ 814	水和土壤样品中钚的放射化学分析方法

附录 3　辐射环境监测常用仪器、样品量和典型探测下限

附表 3.1　辐射环境监测常用仪器、样品量和典型探测下限

测量项目	测量介质	测量仪器	样品量	典型探测下限[①]	单位
H-3	水	液闪谱仪	1~2.5 L	2.0	Bq/L
	水汽氚		1~2.5 L	25	mBq/m³
	生物组织自由水氚		叶菜:2 kg	1.0 [②]	Bq/kg（鲜）
	生物有机结合氚		叶菜:8 kg	0.5 [②]	Bq/kg（鲜）
C-14	空气	液闪谱仪	(3 m³) 2 g	0.1	Bq/g（碳）
	生物		2 g（灰）	0.1	Bq/g（碳）
总α、总β	气溶胶	低本底 α/β 测量仪	10 000 m³	α:15；β:10	μBq/m³
	沉降物		20 m²·d	α:30；β:20	mBq/(m²·d)
	土壤		100 mg	α:230；β:50	Bq/kg
	陆地水		2~5 L	α:50；β:30	mBq/L
	生物		100 mg（灰）	α:230；β:50	Bq/kg(灰)
	海水		2 L	α:2；β:0.8	Bq/L
γ 能谱	土壤、沉积物、底泥、潮间带土	γ 能谱仪	300 g（干）	1.0 (¹³⁷Cs)	Bq/kg（干）
	气溶胶		10 000 m³	10 (¹³⁷Cs)	μBq/m³
	沉降物		20 m²·d	3.0 (¹³⁷Cs)	mBq/(m²·d)
	生物		20 kg（鲜）	10 (¹³⁷Cs)	mBq/kg（鲜）
	淡水、海水		30 L	3.0 (137Cs)	mBq/L
Sr-90	气溶胶	低本底 α/β 测量仪	10 000 m³	2.0	μBq/m³
	沉降物		20 m²·d	1.0	mBq/(m²·d)
	水		10 L	1.0	mBq/L
	生物		10 g（灰）	2	mBq/g（灰）
	土壤、沉积物、潮间带土		50 g	0.5	Bq/kg
Cs-137	水	低本底 α/β 测量仪	40 L	0.5	mBq/L
	牛奶	γ 能谱仪	1 L	100	mBq/L

（续表）

测量项目	测量介质	测量仪器	样品量	典型探测下限①	单位
I-131	空气	γ能谱仪	100 m³	炭盒：2.0	mBq/m³
			10 000 m³	滤纸：0.5	mBq/m³
	牛奶	低本底 α/β 测量仪	4 L	5.0	mBq/L
	水		10 L	4.0	mBq/L
	生物		250 g	2.0	mBq/g（灰）
	气溶胶	γ能谱仪	10 000 m³	5.0	mBq/m³
U	气溶胶	激光、荧光铀分析仪	10 000 m³	1×10^{-4}	μg/m³
	沉降物		10 m²·d	0.3	μBq/(m²·d)
	土壤		1 g	0.5	μg/g
	生物		0.5 g（灰）	0.03	μg/g（灰）
	地表水		5 ml	0.05	μgL
	海水		5 ml	0.2	μg/L
Th	水	分光光度计	2 L	0.05	μgL
	海水		5 L	0.05	μg/L
Pu	水	α谱仪	50 L	²³⁹⁺²⁴⁰Pu：1.0×10^{-2}	mBq/L
		质谱仪	20 L	²³⁹Pu：0.6；²⁴⁰Pu：1.0	μBqL
	土壤、沉积物	α谱仪	30 g	²³⁹⁺²⁴⁰Pu：1.5×10^{-2}	mBq/g
		质谱仪	2 g	²³⁹Pu：2.5；²⁴⁰Pu：8.5	mBq/kg
	生物	α谱仪	2 g（灰）	²³⁹⁺²⁴⁰Pu：1.0×10^{-3}	Bq/g（灰）
Ra-226	淡水	氡钍分析仪、低本底 α/β测量仪	2 L	4.0	mBq/L
	海水		4 L	4.0	mBq/L
Po-210	水	α谱仪	5 L	1.0	mBq/L
	气溶胶		10 000 m³	10	μBq/m³
	生物		10 g（干）	0.1	mBq/g（干）
Pb-210	水	低本底 α/β 测量仪	5 L	2.0	mBq/L
	生物		10 g（灰）	1	mBq/g（灰）
	气溶胶	γ能谱仪	10 000 m³	20	μBq/m³
K-40	水	原子吸收分光光度计	500 ml	1.0	mBq/L

（续表）

测量项目	测量介质	测量仪器	样品量	典型探测下限①	单位
环境 γ 辐射空气吸收剂量率	实时连续监测	γ 剂量率仪	——	10	nGy/h
	瞬时测量		——	10	nGy/h
	累积剂量	热释光剂量仪	——	10	μGy
氡及其子体	空气	测氡仪	11 L/min	^{222}Rn：0.3	Bq/m³
				^{222}Rn 子体：5.7	nJ/m³
氡析出率	空气	氡析出率仪	150 L/h	0.004	Bq/(m²·s)

注：① 探测下限与测量仪器的效率、仪器的本底计数率、样品取样量和测量时间等参数相关，针对不同的测量目的和测量要求，实际测量中的探测下限会跟本表所示典型探测下限有所差异，通常本后底调查中的探测下限应优于本表的给定值。

② 根据水氚的探测下限和典型的生物样品成分计算得到。

附录4　水中可能存在的 γ 放射性核素表

附表4.1　水中可能存在的 γ 放射性核素表

γ-能量（keV）	核素	半衰期	发射几率	γ-能量（keV）	核素	半衰期	发射几率
46.5	Pb-210	22.3a	0.041	140.5	Tc-99m	6.02h	0.889
59.5	Am-241	432.2a	0.359	143.8	U-235	7E8a	0.109
59.5	U-227	6.75d	0.335	145.4	Ce-141	32.5d	0.484
63.3	Th-234	L	0.038	151.2	Kr-85m	4.48h	0.751
80.1	Ce-144	284.3d	0.016	153.2	Cs-136	13.0d	0.075
80.1	I-131	8.04d	0.026	162.6	Ba-140	12.8d	0.056
81.0	Ba-133	3981d	0.329	163.4	U-236	7E8a	0.051
81.0	Xe-133	5.25d	0.371	163.9	Cs-136	13.0d	0.046
86.3	Cs-136	13.0d	0.063	163.9	Xe-131m	12.0d	0.020
86.5	Eu-155	4.53a	0.308	165.9	Ce-139	137.7d	0.800
88.0	Cd-109	464.0d	0.036	166.0	Kr-88	2.84h	0.031
91.1	Nd-147	11.0d	0.279	176.3	Sb-125	2.77a	0.069
92.4	Th-234	L	0.027	176.6	Cs-136	13.0d	0.136
92.8	Th-234	L	0.027	181.1	Mo-99	66.0h	0.065
105.3	Eu-155	4.53a	0.205	185.7	U-235	7E8a	0.561
106.1	Np-239	2.36d	0.227	186.2	Ra-226	1602a	0.033
109.3	U-235	7E8a	0.014	192.3	Fe-59	44.6d	0.031
111.8	Te-132	78.2h	0.019	196.3	Kr-88	2.84h	0.263
116.3	Te-132	78.2h	0.019	197.9	Rh-101	3.0a	0.750
121.8	Eu-152	4869d	0.284	205.3	U-235	7E8a	0.047
122.1	Co-57	270.9d	0.856	208.0	U-237	6.75d	0.217
123.1	Eu-154	8.49a	0.405	228.2	Np-239	2.36d	0.107
127.2	Rh-101	3.0a	0.880	228.2	Te-132	78.2h	0.882
133.5	Ce-144	284.3d	0.108	233.2	Xe-133m	2.19d	0.103
136.0	Se-75	119.8d	0.590	238.6	Pb-212	L	0.446
137.5	Co-57	270.9d	0.106	241.0	Ra-224	L	0.040
140.5	Mo-99	66.0h	0.057	242.0	Pb-214	L	0.075

γ-能量 （keV）	核素	半衰期	发射几率	γ-能量 （keV）	核素	半衰期	发射几率
224.7	Eu-152	13.5a	0.075	351.9	Pb-214	L	0.372
248.0	Eu-154	8.6a	0.066	355.7	Au-196	6.183d	0.869
249.8	Xe-135	9.08h	0.899	356.0	Ba-133	3981d	0.626
256.3	Th-227	L	0.067	364.5	I-131	8.04d	0.812
264.7	Se-75	119.8d	0.566	366.4	Mo-99	66.0h	0.014
270.2	Ac-228	L	0.038	380.5	Sb-125	2.77a	0.016
273.7	Cs-136	13.0d	0.127	383.9	Ba-133	3981d	0.089
276.4	Ba-133	10.7a	0.073	391.7	Sn-113	116.1d	0.642
277.2	Tl-208	L	0.024	402.6	Kr-87	1.272h	0.495
277.6	Np-239	2.36d	0.141	409.5	Ac-228	L	0.021
279.2	Hg-203	46.62	0.816	411.1	Eu-152	13.5a	0.022
279.5	Se-75	119.8d	0.252	411.8	Au-198	2.696d	0.955
284.3	I-131	8.04d	0.061	415.3	Rh-102	2.89a	0.021
293.3	Ce-143	1.38d	0.420	418.5	Rh-102	2.89a	0.094
295.2	Pb-214	L	0.192	420.4	Rh-102	2.89a	0.032
300.1	Pb-212	L	0.034	423.8	Ba-140	12.8d	0.025
302.9	Ba-133	3981d	0.187	427.9	Sb-125	2.77a	0.294
304.8	Be-140	12.8d	0.034	432.6	La-140	40.2h	0.029
304.9	Kr-85m	4.48h	0.137	434.0	Ag-108m	127.0a	0.907
315.9	Np-239	2.36d	0.016	437.6	Ba-140	12.8d	0.015
319.4	Nd-147	11.1d	0.020	439.9	Nd-147	11.1d	0.012
320.1	Cr-51	27.7d	0.099	446.8	Ag-110m	251.0d	0.037
326.0	Rh-101	3.0a	0.110	463.0	Ac-228	L	0.047
328.0	Ac-228	L	0.033	463.4	Sb-125	2.77a	0.106
328.8	La-140	40.2h	0.200	468.6	Rh-102m	206.0d	0.029
333.0	Au-196	6.183d	0.229	475.0	Rh-102m	206.0d	0.460
334.2	Np-239	2.36d	0.020	475.1	Rh-102	2.89a	0.950
338.5	Ac-228	L	0.123	475.4	Cs-134	2.06a	0.015
340.6	Cs-136	13.0d	0.468	477.6	Be-7	53.3d	0.103
344.3	Eu-152	4869d	0.267	487.0	La-140	40.2h	0.455

（续表）

γ-能量 （keV）	核素	半衰期	发射几率	γ-能量 （keV）	核素	半衰期	发射几率
497.1	Ru－103	39.95h	0.895	628.1	Rh－102	2.89a	0.083
510.7	Tl－208	L	0.090	631.3	Rh－102	2.89a	0.560
511.0	Zn－65	244.0d	0.029	635.9	Sb－125	2.77d	0.113
511.0	Co－56	70.8d	0.300	637.0	I－131	8.04d	0.073
511.0	Na－22	2.60a	1.808	645.8	Sb－124	60.2d	0.072
511.9	Ru－106	368.2d	0.206	657.8	Ag－110m	251.0a	0.944
514.0	Kr－85	10.72a	0.004	661.6	Cs－137	30.17a	0.852
514.0	Sr－85	64.84d	0.983	665.6	Bi－214	L	0.016
529.5	Br－83	2.39h	0.013	667.7	I－132	2.30h	0.987
529.9	I－131	20.8h	0.873	671.4	Sb－125	2.77a	0.018
531.0	Nd－147	11.0d	0.131	677.6	Ag－110m	251.0d	0.106
537.3	Ba－140	12.8d	0.244	687.0	Ag－110m	251.0d	0.065
554.3	Br－82	1.47d	0.706	692.4	Rh－102	2.89a	0.016
556.6	Rh－102m	206.0a	0.020	692.4	Eu－154	8.6a	0.017
563.2	Cs－134	2.06a	0.084	695.2	Rh－102	2.89a	0.029
569.3	Cs－134	2.06a	0.154	696.5	Ce－144	284d	0.013
569.7	Bi－207	38.0a	0.978	697.5	Rh－102	2.89a	0.440
583.2	Tl－208	L	0.300	706.7	Ag－110m	251.0d	0.164
591.7	Eu－154	8.6a	0.048	709.3	Sb－124	60.2d	0.014
600.6	Sb－125	2.77a	0.178	713.8	Sb－124	60.2d	0.024
602.7	Sb－124	60.2d	0.979	722.8	Sb－124	60.2d	0.113
604.7	Cs－136	2.06a	0.976	723.0	Ag－110m	127.0a	0.915
606.7	Sb－125	2.77a	0.050	723.3	Eu－154	8.49a	0.197
609.3	Bi－214	L	0.463	724.2	Zr－95	65.0d	0.437
610.3	Ru－103	39.95d	0.056	727.2	Bi－212	L	0.076
614.4	Ag－108m	127.0a	0.907	739.5	Mo－99	66.0h	0.130
619.1	Br－82	1.47d	0.431	744.3	Ag－110m	251.0d	0.047
620.3	Ag－110m	251d	0.028	751.9	La－140	40.2h	0.043
621.8	Rh－106	368.2d	0.098	755.1	Ac－228	L	0.011
626.1	Rh－102m	206a	0.045	756.7	Zr－95	65.0d	0.553

（续表）

γ-能量 （keV）	核素	半衰期	发射几率	γ-能量 （keV）	核素	半衰期	发射几率
763.9	Ag-110m	251.0d	0.224	911.0	Ac-228	L	0.277
765.8	Nb-95	35.1d	0.998	919.7	La-140	40.2d	0.027
766.8	Rh-102	2.89a	0.340	925.2	La-140	40.2d	0.071
758.4	Bi-214	L	0.050	934.1	Bi-214	L	0.032
771.9	Ac-228	L	0.017	937.5	Ag-110m	251.0d	0.344
772.6	I-132	2.03h	0.762	964.0	Eu-152	4869d	0.146
773.7	Te-131m	30.0h	0.381	964.6	Ac-228	L	0.055
776.5	Br-82	1.47d	0.834	968.3	Sb-124	60.2d	0.018
777.9	Mo-99	66.0h	0.046	968.9	Ac-228	L	0.175
778.9	Eu-152	4.869d	0.130	996.3	Eu-154	8.6a	0.103
785.5	Bi-212	L	0.013	1001.0	Pa-234m	L	0.006
793.8	Te-131m	30.0h	0.138	1004.8	Eu-154	8.6a	0.174
794.9	Ac-228	L	0.049	1038.6	Cs-134	2.06a	0.010
795.9	Cs-134	2.06a	0.854	1045.2	Sb-124	60.2d	0.018
801.9	Cs-134	2.06a	0.087	1046.6	Rh-102	2.89a	0.340
806.2	Bi-214	L	0.012	1048.1	Cs-136	13.0d	0.797
810.8	Co-58	70.8d	0.994	1050.5	Rh-106	368.2d	0.017
815.8	La-140	40.2d	0.235	1063.6	Bi-207	38.0a	0.740
818.0	Ag-110m	251.0d	0.073	1085.3	La-140	40.2d	0.011
818.5	Cs-136	13.0d	1.000	1085.8	Eu-152	4.869d	0.102
834.8	Mn-54	312.7d	1.000	1099.2	Fe-59	44.6d	0.565
845.4	Kr-87	1.272h	0.073	1103.2	Rh-102m	206d	0.029
852.2	Te-131m	30.0h	0.206	1103.2	Rh-102	2.89a	0.046
860.6	Tl-208	L	0.047	1112.1	Eu-152	4869d	0.136
867.4	Eu-152	4.869d	0.042	1112.8	Rh-102	2.89a	0.190
867.9	La-140	40.2d	0.055	1115.5	Zn-65	244.0d	0.507
873.2	Eu-154	8.6a	0.115	1120.3	Bi-214	L	0.151
884.7	Ag-110m	251.0d	0.730	1120.5	Sc-46	83.85	1.000
889.3	Sc-46	83.85d	1.000	1121.3	Ta-182	114.7d	0.350
898.0	Y-88	106.66	0.950	1131.5	I-135	6.61h	0.225

（续表）

γ-能量 （keV）	核素	半衰期	发射几率	γ-能量 （keV）	核素	半衰期	发射几率
1 136.0	I-132	2.30h	0.030	1 377.8	Bi-214	L	0.048
1 155.3	Bi-214	L	0.019	1 384.3	Ag-110m	251.0d	0.247
1 167.9	Cs-134	2.06a	0.018	1 408.0	Eu-152	4 869d	0.209
1 173.2	Co-60	5.26a	0.999	1 436.7	Sb-124	60.2d	0.010
1 189.1	Ta-182	114.7d	0.163	1 460.8	K-40	1.28E10a	0.107
1 212.8	Eu-152	4.869d	0.014	1 475.8	Ag-110m	251.0d	0.040
1 216.0	As-76	1.097d	0.038	1 505.0	Ag-110m	251.0d	0.133
1 221.4	Ta-182	114.7d	0.271	1 596.5	La-140	440.2h	0.955
1 235.3	Cs-136	13.0d	0.198	1 678.0	I-135	6.61h	0.095
1 238.2	Bi-214	L	0.059	1 691.0	Sb-124	60.2d	0.488
1 260.4	I-135	6.61h	0.286	1 764.5	Bi-214	L	0.158
1 274.5	Eu-154	8.6a	0.355	1 770.2	Bi-207	38.0a	0.073
1 274.5	Na-22	950.4d	1.000	1 836.0	Y-88	106.66d	0.994
1 291.6	Fe-59	44.6d	0.432	2 091.0	Sb-124	60.2d	0.056
1 293.6	Ar-41	1.83h	0.992	2 118.9	Bi-214	L	0.012
1 299.0	Eu-152	4.869h	0.016	2 204.5	Bi-214	L	0.049
1 325.5	Sb-124	60.2d	0.014	2 392.1	Kr-88	2.84h	0.350
1 332.5	Co-60	5.26a	1.000	1 448.0	Bi-214	L	0.016
1 368.5	Sb-124	60.2d	0.024	2 614.5	Tl-208	L	0.360
1 368.2	Na-24	15.0h	1.000	2 753.9	Na-22	15.0h	0.998

注：半衰期为"L"者，是天然衰变系列长寿命母体核素的衰变子体。
　　发射几率定义为核素每次衰变发射该能量 γ 光子的个数。

参 考 文 献

[1] 中华人民共和国卫生部，国家环境保护总局，中国核工业总公司. 电离辐射防护与辐射源安全标准：GB 18871—2002 [S]. 北京：中国标准出版社，2002.

[2] 国家环境保护局. 环境核辐射监测规定：GB 12379—1990 [S]. 北京：中国标准出版社，1990.

[3] 中国核工业总公司. 电离辐射工作场所监测的一般规定：EJ 381—1989 [S]. 北京：中国标准出版社，1989.

[4] 国家环境保护局. 核辐射环境质量评价一般规定：GB 11215—1989 [S]. 北京：中国标准出版社，1989.

[5] 国家环境保护局. 辐射环境监测技术规范：HJ/T 61—2001 [S]. 北京：中国标准出版社，2001.

[6] 国家环境保护局. 核设施流出物监测的一般规定：GB 11217—1989 [S]. 北京：中国标准出版社，1989.

[7] 国家环境保护局. 核设施流出物和环境放射性监测质量保证计划的一般要求：GB 11216—1989 [S]. 北京：中国标准出版社，1989.

[8] 环境保护部. 核电厂放射性液态流出物排放技术要求：GB 14587—2011 [S]. 北京：中国标准出版社，2011.

[9] 环境保护部. 核动力厂环境辐射防护规定：GB 6249—2011 [S]. 北京：中国标准出版社，2011.

[10] 黄仁杰，张荣锁，沈钢，等. 我国辐射环境监测网络质量管理现状及发展对策[J]. 辐射防护，2009，29(5)：305 - 310，316.

[11] 刘华，赵顺平，梁梅燕，等. 我国辐射环境监测的回顾与展望[J]. 辐射防护，2008，28(6)：362 - 376，391.

[12] 生态环境部. 辐射环境监测技术规范：HJ 61—2021 [S]. 北京：中国标准出版社，2021.

[13] 中国核工业集团公司. 铀矿冶辐射环境监测规定：GB 23726—2009 [S]. 北京：中国标准出版社，2009.

[14] 生态环境部. 环境γ辐射剂量率测量技术规范：HJ 1157—2021 [S]. 北京：中国标准出版社，2021.

[15] 生态环境部. 核设施安全监管司、法规与标准司. 电离辐射监测质量保证通用要求：GB 8999—2021[S]. 北京：中国标准出版社，2021.

[16] 北京市辐射安全研究会. 核电厂流出物监测技术规范：T/BSRS 001—2019 [S]. 北京：中国标准出版社，2019.

[17] 生态环境部. 环境监测管理办法(国家环境保护总局令第 39 号)[Z/OL](2007 - 07 - 25). https://www. mee. gov. cn/gzk/gz/202112/t20211203_962836. shtml.

[18] 袁之伦. 辐射环境监测与事故应急监测[R/OL]. (2011 - 05 - 27). https://wenku. baidu. com/view/d635aa495122aaea998fcc22bcd126fff6055d4b. html? _wkts_=1704367613306&need WelcomRecommand=1

[19] 岳会国. 核事故应急准备与响应手册[M]. 北京:中国环境科学出版社,2012.

[20] 毛亚虹. 放射性豁免过程中应关注的几个问题[J]. 中国辐射卫生, 2015(4):381 - 383.

[21] 杨浩然, 邓治国. 核电厂电离辐射常规监测[J]. 中国仪器仪表, 2016(8):46 - 48.

[22] 安洪振, 李斌, 宋大虎, 等. 核电厂流出物监测的监管要求的初步分析[J]. 核电子学与探测技术, 2013, 3(11): 1301 - 1305.

[23] 袁之伦, 赵善桂. 关于核设施流出物监测和环境监测中存在问题的探讨[J]. 核安全, 2010(3): 42 - 45, 58.

[24] 乔亚华, 王亮, 叶远虑, 等. 核电站氚的排放量及浓度限值比较分析[J]. 核科学与工程, 2017, 37(3): 434 - 441.

[25] 白玉. 三种不同设计核电厂放射性废液处理系统差异性分析[J]. 中国核电, 2014, 7(1): 86 - 91.

[26] IEAE. Generic models for use in assessing the impact of discharges of radioactive substances to the environment: IAEA safety report series No. 19 [R]. Vienna: IAEA, 2001.

[27] 马稳林, 曹建主, 方栋. 核设施正常工况下液态放射性流出物环境影响评价模型简介及应用举例[J]. 辐射防护, 2008, 28(2):90 - 96, 107.

[28] 方栋, 李红. 核设施正常工况下放射性气态流出物对公众影响评价的现状与建议[J]. 辐射防护, 2000, 20(6): 333 - 340.

[29] 黄彦君, 陈超峰, 上官志洪. 核电厂流出物排放氚的化学类别及监测方法[J]. 核安全, 2015, 14(4): 83 - 89.

[30] 朱晓翔, 陆继根. 核应急辐射环境监测的准备和响应[J]. 环境监控与预警, 2011, 3(5): 1 - 3, 8.

[31] 李锦, 唐丽丽, 喻正伟, 等. 福岛核事故后核电厂应急监测技术改进[J]. 核电子学与探测技术, 2015, 35(10): 1038 - 1042.

[32] 中国建筑材料联合会. 建筑材料放射性核素限量[S]:GB 6566—2010. 北京:中国标准出版社,2010.

[33] 蔡珂. 内蒙古包头放射性废物库安全运行 25 年[J]. 北方环境, 2011, 23(4): 13 - 14, 22.

[34] NOMATA Y, CHIBA M, IGARASHI Y, et al. Seasonal and spatial variations of enhanced gamma ray dose rates derived from ^{222}Rn progeny during precipitation in Japan [J]. Atmospheric Environment, 2007, 41(37): 8043 - 8057.

[35] MERCIER J F, TRACY B L, D'AMOURS R, et al. Increased environmental gamma-ray dose rate during precipitation: a strong correlation with contributing air mass [J]. Journal of Environmental Radioactivity, 2009, 100(7): 527 - 533.

[36] HASSAN N M, HOSODA M, ISHIKAWA T, et al. Radon migration process and its influence factors: Review [J]. Japanese Journal of Health Physics, 2010, 44(2): 218 - 231.

[37] WANG Q, SU W, CUI Y, et al. Residual lateral stress effect on the swelling pressure measurements of compacted bentonite/claystone mixture [J]. Engineering Geology, 2021, 295(20): 152 - 159.

[38] 谷韶中,朱月龙. 秦山核电基地辐射环境监测 20 年[J]. 辐射防护,2013,33(3):129-138.

[39] 吴治华. 原子核物理实验方法[M]. 第 3 版. 北京:原子能出版社,1997.

[40] 王芝英. 核电子技术原理[M]. 北京:原子能出版社,1989.

[41] KNOLL G F. Radiation Detection and Measurement[M]. New York, 1981.

[42] 吕晓侠,刘浩然,陈细林,等. TDCR 法测量氚水活度比对[J]. 核电子学与探测技术,2015,35(9):887-890.

[43] 张辉,杨永刚,马彦,等. TDCR 液闪分析仪 Hidex 300SL 和 SIM-MAX LSA3000 在 β 核素测量中的性能比较[J]. 辐射防护,2021(2):105-111.

[44] 李元东. 便携式 α/β 表面污染仪探头改进设计及性能研究[D]. 成都:成都理工大学,2017.

[45] 王自路. 放射性稀有气体⁸⁵Kr 活度量值传递技术方法研究[D]. 北京:中国疾病预防控制中心,2020.

[46] 陈峰. 放射性气体气溶胶监测系统数据采集技术与控制软件设计[D]. 北京:中国科学院研究生院,2015.

[47] 韩文秋. 复合双闪烁体粒子甄别技术研究[D]. 成都:成都理工大学,2019.

[48] 莫顺权. 铀矿通风井尾气核素氡大气迁移数值模拟[D]. 衡阳:南华大学,2015.

[49] 党雪晨. 液闪 TDCR 信号处理装置的研制[D]. 北京:中国地质大学,2020.

[50] 仓基荣. 无机闪烁体波形差异物理机制与甄别方法研究[D]. 北京:清华大学,2019.

[51] 刘墨忠. 全身表面 β 污染监测仪设计与数据处理研究[D]. 北京:国防科学技术大学,2007.

[52] 龚玉巍,刘明健,张燕,等. 基于 Geant4 的盖革计数管能量补偿研究[J]. 核电子学与探测技术,2011,31(8):4.

[53] 王利华,陆照,沈乐园. 厚源法测量水中总 α 放射性[J]. 环境监测管理与技术,2019,31(4):43-45,56.

[54] 沙向东,黄彦君,张海英,等. 国产超低本底液闪谱仪性能评价与对比研究[J]. 核电子学与探测技术,2020,40(6):960-964.

[55] 龚蕾. 高纯锗 γ 谱仪测量高浓度氡的方法研究[D]. 衡阳:南华大学,2019.

[56] 张星明. 氡测量仪中脉冲电离室的性能研究[D]. 南昌:东华理工大学,2021.

[57] 王晨毅. 基于 G(E)函数法的 γ 能谱-剂量转换研究应用及计算软件开发[D]. 衡阳:南华大学,2018.

[58] 龚晓明. 量热法电子束吸收剂量测量方法的研究[D]. 北京:中国计量科学研究院,2010.

[59] 刘坤琳,李叶凡,曹智. 离子液体中电沉积锕系元素的研究现状[J]. 核化学与放射化学,2022,44(4):412-420.

[60] 容易. 基于高压静电收集法的新型测氡仪研制[D]. 四川:成都理工大学,2020.

[61] 中华人民共和国国家卫生和计划生育委员会. 水中放射性核素的 γ 能谱分析方法:GB/T 16140—2018 [S]. 北京:中国标准出版社,2018.

[62] 中华人民共和国卫生部. 土壤中放射性核素的 γ 能谱分析方法:GB/T 11743—2013 [S]. 北京:中国标准出版社,2013.

[63] 中华人民共和国国家卫生和计划生育委员会. 食品安全国家标准食品中放射性物质检验总则:GB 14883.1—2016[S]. 北京:中国标准出版社,2016.

[64] 中华人民共和国国家卫生和计划生育委员会. 食品安全国家标准食品中放射性物质锶-89 和锶-90 的测定:GB 14883.3—2016[S]. 北京:中国标准出版社,2016.

[65] 中华人民共和国国家卫生和计划生育委员会. 食品安全国家标准食品中放射性物质钋-210 的测定:GB 14883.5—2016[S]. 北京:中国标准出版社,2016.

[66] 中华人民共和国国家卫生和计划生育委员会. 食品安全国家标准食品中放射性物质镭- 226 和镭- 228 的测定:GB 14883.6—2016[S].北京:中国标准出版社,2016.

[67] 中华人民共和国国家卫生和计划生育委员会. 食品安全国家标准食品中放射性物质天然钍和铀的测定:GB 14883.7—2016[S].北京:中国标准出版社,2016.

[68] 中华人民共和国国家卫生和计划生育委员会. 食品安全国家标准食品中放射性物质钚- 239、钚- 240 的测定:GB 14883.8—2016[S].北京:中国标准出版社,2016.

[69] 中华人民共和国国家卫生和计划生育委员会. 食品安全国家标准食品中放射性物质碘- 131 的测定:GB 14883.9—2016[S].北京:中国标准出版社,2016.

[70] 中华人民共和国国家卫生和计划生育委员会. 食品安全国家标准食品中放射性物质铯- 137 的测定:GB 14883.10—2016[S].北京:中国标准出版社,2016.

[71] 国家环境保护局. 水中钍的分析方法:GB/T 11224—1989[S].北京:中国标准出版社,1989.

[72] 国家环境保护局. 空气中碘- 131 的测定:GB/T 14584—1993[S].北京:中国标准出版社,1993.

[73] 环境保护部辐射环境监测技术中心. 水中钋- 210:HJ 813—2016[S].北京:中国环境科学出版社,2016.

[74] 环境保护部辐射环境监测技术中心. 水和土壤样品中钚的放射化学分析方法:HJ 814—2016[S].北京:中国环境科学出版社,2016.

[75] 环境保护部辐射环境监测技术中心. 水和生物样品灰中锶- 90 的放射化学分析方法:HJ 815—2016[S].北京:中国环境科学出版社,2016.

[76] 环境保护部辐射环境监测技术中心. 水和生物样品灰中铯- 137 的放射化学分析方法:HJ 816—2016[S].北京:中国环境科学出版社,2016.

[77] 浙江省辐射环境监测站. 环境保护部辐射环境监测技术中心. 环境样品中微量铀的分子方法:HJ 840—2017[S].北京:中国环境科学出版社,2017.

[78] 浙江省辐射环境监测站. 水、牛奶、植物、动物甲状腺中碘- 131 的分析方法:HJ 841—2017[S].北京:中国环境科学出版社,2017.

[79] 浙江省辐射环境监测站. 环境空气气溶胶中 γ 放射性核素的测定滤膜压片- γ 能谱法:HJ 1149—2020[S].北京:中国环境科学出版社,2020.

[80] 浙江省辐射环境监测站. 环境空气中氡的测量方法:HJ 1212—2021[S].北京:中国环境科学出版社,2021.

[81] 陈冰,查玉华. 建筑材料样品放射性核素测量方法与结果分析[J].江苏陶瓷,2013,4(1):17 - 20.

[82] 宝文宏,常瑞卿,蔡隆九. 利用工业废渣生产建筑材料的放射性影响分析[J].宝钢科技,2010,36(4):76 - 79.

[83] 江苏省核与辐射安全监督管理局. 水质总 α 放射性的测定厚源法:HJ 898—2017[S].北京:中国环境科学出版社,2017.

[84] 江苏省核与辐射安全监督管理局. 水质总 β 放射性的测定厚源法:HJ 899—2017[S].北京:中国环境科学出版社,2017.

[85] ERIC J H, AMATO J G.放射生物学:放射与放疗学者读本(中文翻译版)[M].卢铀,刘青杰,译.北京:科学出版社,2015.

[86] 张宝树. 游离辐射防护[M].新北:合记图书出版社,2014.

[87] 刘树铮,鞠桂芝,李修义,等. 医学放射生物学[M].北京:原子能出版社,2006.

[88] 吴宜灿,等. 辐射安全与防护[M].合肥:中国科学技术大学出版社,2017.

［89］ 孙亮,李士骏. 电离辐射剂量学基础［M］. 3 版. 北京：中国原子能出版社,2014.

［90］ SINCLAIR W K. The shape of radiation survival curves of mammalian cells cultured in vitro ［M］. Biophysical Aspects of Radiation Quality, Technical Report Series No. 58. IAEA, Vienna, 1966：21－43.

［91］ ICRU. ICRU report 9：Report of the International Commission on Radiological Units and Measurements 1959 ［M］. Journal of the ICRU, 1961, os－5(1).

［92］ ICRU. ICRU report 10b：Physical Aspects of Irradiation ［M］. Journal of the ICRU, 1964, os－6(1).

［93］ ICRU. ICRU report 46：Photon, Electron, Proton and Neutron Interaction Data for Body Tissues ［M］. Journal of the ICRU, 1992, os－24(1).

［94］ ICRU. ICRU report 85：fundamental quantities and units for ionizing radiation ［M］. Journal of the ICRU, 2011, 11(1).

［95］ 郑钧正,曾志. 常用 4 对剂量学量的主要区别和相互关联［J］. 辐射防护，2011, 31(01)：50－56,61.

［96］ 郑钧正. 放射防护领域的新进展［J］. 辐射防护，2016, 36(06)：393－407.

［97］ 杨华庭. 关于 ICRU 60 号报告中的两个新量［J］. 辐射防护，2001,21(02)：123－127.

［98］ 周永增. 国际放射防护委员会第二委员会工作进展及对内照射剂量学中某些问题的讨论 ［J］. 辐射防护，2002,22(6)：363－368.

［99］ ICRP. ICRP Publication 2：Permissible Dose for Internal Radiation ［M］. Pergamon Press, 1960.

［100］ ICRP. ICRP Publication 26：Recommendations of the ICRP ［M］. Pergamon Press, 1977.

［101］ ICRP. ICRP Publication 30：Limits for Intakes of Radionuclides by Workers ［M］. Pergamon Press, 1979.

［102］ ICRP. ICRP Publication 35：General Principles of Monitoring for Radiation Protection of Workers ［M］. Pergamon Press, 1982.

［103］ ICRP. ICRP Publication 54：Individual Monitoring for Intakes of Radionuclides by Workers ［M］. Pergamon Press, 1988.

［104］ ICRP. ICRP Publication 56：Age-dependent Doses to Members of the Public from Intake of Radionuclides—Part 1 ［M］. Pergamon Press, 1990.

［105］ ICRP. ICRP Publication 60：1990 Recommendations of the International Commission on Radiological Protection ［M］. Pergamon Press, 1991.

［106］ ICRP. ICRP Publication 66：Human Respiratory Tract Model for Radiological Protection ［M］. Pergamon Press, 1994.

［107］ ICRP. ICRP Publication 67：Age-dependent Doses to Members of the Public from Intake of Radionuclides—Part 2 Ingestion Dose Coefficients ［M］. Pergamon Press, 1993.

［108］ ICRP. ICRP Publication 68：Dose Coefficients for Intakes of Radionuclides by Workers ［M］. Pergamon Press, 1994.

［109］ ICRP. ICRP Publication 69：Age-dependent Doses to Members of the Public from Intake of Radionuclides—Part 3 Ingestion Dose Coefficients ［M］. Pergamon Press, 1995.

［110］ ICRP. ICRP Publication 70：Basic Anatomical & Physiological Data for use in Radiological Protection—The Skeleton ［M］. Pergamon Press, 1995.

［111］ ICRP. ICRP Publication 71：Age-dependent Doses to Members of the Public from Intake of

Radionuclides—Part 4 Inhalation Dose Coefficients［M］. Pergamon Press, 1995.

[112] ICRP. ICRP Publication 72: Age-dependent Doses to the Members of the Public from Intake of Radionuclides—Part 5 Compilation of Ingestion and Inhalation Coefficients ［M］. Pergamon Press, 1996.

[113] ICRP. ICRP Publication 78: Individual Monitoring for Internal Exposure of Workers (preface and glossary missing)［M］. Pergamon Press, 1997.

[114] ICRP. ICRP Publication 89: Basic Anatomical and Physiological Data for Use in Radiological Protection Reference Values［M］. Pergamon Press, 2002.

[115] ICRP. ICRP Publication 95: Doses to Infants from Ingestion of Radionuclides in Mothers' Milk［M］. Pergamon Press, 2004.

[116] ICRP. ICRP Publication 100: Human Alimentary Tract Model for Radiological Protection ［M］. Pergamon Press, 2006.

[117] ICRP. ICRP Publication 103: The 2007 Recommendations of the International Commission on Radiological Protection［M］. Pergamon Press, 2007.

[118] ICRP. ICRP Publication 130: Occupational Intakes of Radionuclides: Part 1［M］. Pergamon Press, 2015.

[119] 环境保护部. 辐射环境保护管理导则核技术利用建设项目环境影响评价文件的内容和格式：HJ 10.1—2016[S]. 北京：中国环境科学出版社，2016.

[120] 生态环境部. 放射治疗辐射安全与防护要求：HJ 1198—2021[S]. 北京：中国环境科学出版社，2021.

[121] 中华人民共和国国家卫生健康委员会. 放射治疗放射防护要求：GBZ 121—2020[S]. 北京：中国标准出版社，2020.

[122] 卫生部放射卫生防护标准专业委员会. 放射治疗机房的辐射屏蔽规范第 1 部分：一般原则：GBZ/T 201.1—2007[S]. 北京：人民卫生出版社，2008.

[123] 卫生部放射卫生防护标准专业委员会. 放射治疗机房的辐射屏蔽规范第 2 部分：电子直线加速器放射治疗机房：GBZ/T 201.2—2011[S]. 北京：中国标准出版社，2011.

[124] 中华人民共和国国家卫生和计划生育委员会. 放射治疗机房的辐射屏蔽规范第 3 部分：γ 射线源放射治疗机房：GBZ/T 201.3—2014[S]. 北京：中国标准出版社，2015.

[125] 中华人民共和国国家卫生和计划生育委员会. 后装 γ 源近距离治疗质量控制检测规范：WS 262—2017.[S]. 北京：中国标准出版社，2017.

[126] 中华人民共和国国家卫生健康委员会. 核医学放射防护要求：GBZ 120—2020[S]. 北京：中国标准出版社，2021.

[127] 生态环境部. 核医学辐射防护与安全要求：HJ 1188—2021[S/OL].（2021-09-06）. https://www.mee.gov.cn/ywgz/fgbz/bz/bzwb/hxxhj/xgbz/202109/W020210922368889711824.pdf。

[128] 中华人民共和国国家卫生健康委员会. 放射诊断放射防护要求：GBZ 130—2020[S]. 北京：中国标准出版社，2020.

[129] 中华人民共和国国家卫生健康委员会. 医用 X 射线诊断设备质量控制检测规范：WS 76—2020[S]. 北京：中国标准出版社，2021.

[130] 中华人民共和国国家卫生和计划生育委员会. 工业探伤放射防护标准：GBZ 117—2022[S]. 北京：中国标准出版社，2022.

[131] 北京市疾病预防控制中心. 工业 X 射线探伤室辐射屏蔽规范：GBZ/T 250—2014[S]. 北京：中国标准出版社，2014.

[132] 李德平,潘自强. 辐射防护手册:辐射源与屏蔽[M]. 北京:原子能出版社,1987.

[133] 方杰,王明谦,桂立明. 辐射防护导论[M]. 北京:原子能出版社,1991.

[134] 卢玉楷,曹盘年,方吉东,等. 简明放射性同位素应用手册[M]. 上海:上海科学普及出版社,2004.

[135] 赵兰才,张丹枫. 放射防护实用手册[M]. 济南:济南出版社,2009.

[136] 郑钧正,卢正福,李隆德,等. 国际放射防护委员会第 33 号出版物医用外照射源的辐射防护[M].北京:人民卫生出版社,1984.